Digital Logic Circuits Design

3판

이론, 실험, 시뮬레이션을 통합한

디지털 **논리회로** 설계

서열규 오수환

JINSAEM 진샘미디어

PREFACE

최근 인터넷과 컴퓨터로 대표되는 IT 산업은 짧은 기간에 눈부신 발전을 이루어왔으며 우리의 생활환경을 급속도로 변화 시켰다. 이제 우리는 인터넷을 통해 언제 어디서나 필요한 정보에 접근할 수 있으며 손 안의 작은 컴퓨터인 스마트폰은 생활의 필수품으로 사용되고 있다. 이러한 IT 산업의 기초가 되는 것이 바로 디지털 논리회로이다.

우리가 주변에서 흔히 볼 수 있는 정보를 연속적인 값으로 표현하는 방법을 아날로그라 한다. 이에 반해 디지털은 데이터나 물리적인 양을 0과 1이라는 이진 부호로 표현하는 방법이다. 디지털은 이진 부호로 표현된 정보를 다양한 방법으로 처리하여 저장하고 전달할 수 있도록 만든다.

TV와 같은 가전기기, 컴퓨터나 스마트폰과 같은 정보기기, PLC와 같은 산업용 제어기기, 로봇 등도 기존의 아날로그 방식에서 벗어나 지금은 거의 모든 전자기기들이 디지털 방식으로 만들어지고 있다. 자동차에도 네비게이션이나 각종 제어를 위해 다양한 디지털 기기들이 사용되고 있다. 유통과 서비스도 인터넷을 활용한 온라인으로 점차 옮겨가고 있고, 다양한 서비스들이 온라인 시장 내에서 점차 많은 비중을 차지하고 있다.

이와 같이 많은 기기들이 디지털 방식으로 만들어지고 정보가 디지털 방식으로 표현되어 전달되는 이유는 아날로그 방식에 비해 다음과 같은 많은 장점을 가지고 있기 때문이다.

- 설계가 쉽다.
- 정보의 저장이 쉽다.
- 정확도와 정밀도가 높다.
- 동작을 프로그램으로 변경할 수 있다.
- 잡음에 강하다.
- 제조가 용이하고 종류가 다양하다.

PREFACE

디지털 논리회로의 중요성 때문에 대부분 대학의 전기 전자 관련 학과에서는 1~2 학년 과정 속에 디지털 논리회로를 편성하고 있다. 이 책은 다른 전자회로에 대한 사전 지식이 없어도 이러한 디지털 논리회로의 기초 과정을 학습할 수 있는 교재로 집필되었다.

본 교재는 이론과 실험 또는 시뮬레이션을 병행하면서 공부 할 수 있도록 만들어진 이론 실험 통합 교육용 교재이다. 일반적으로 이론과 실험을 따로 교육함으로써 이론 중심의 교육에 치우치기 쉬운데 실무교육을 지향하는 공학 교육에서 이러한 방법은 적절치 않다고 생각된다.

이러한 문제를 해결하기 위하여 교내 교재로 사용하던 내용을 수정 보완하여 이론과 실험을 병행할 수 있는 디지털 논리회로 교재로 출판하게 되었다.

본 교재는 매장마다 시뮬레이션과 함께 이론적인 부분을 설명하고 있으며 습득한 이론적 지식을 실험을 통해 더욱 깊이 이해할 수 있도록 구성되어 있다. DesignWorks Solution사의 대화형 논리회로 설계 도구인 LogicWorks를 이용하여 각종 디지털 논리회로나 논리소자의 구성과 동작을 시뮬레이션 함으로써 학생들이 시각적으로 쉽게 이해할 수 있도록 하였다.

1~2장에서는 디지털 시스템의 기본 개념과 정보의 표현 방법인 수의 체계와 디지털 코드에 대해 설명하였다. 2진법을 이용한 수의 표현과 연산 방법이 자세히 설명되어 있다.

3~4장에서는 디지털 논리회로를 표현하는 불 대수와 기본 논리소자들의 동작과 특성에 대해 설명하고 실험을 통하여 이를 확인 할 수 있도록 하였다.

5장은 조합 논리회로를 불 대수로 표현하는 방법과 불 대수로 표현된 조합 논리회로를 논리소자를 이용하여 구현하는 방법에 대해 다루고 있다.

6장에서는 불 대수와 K-map을 이용하여 논리식을 간소화하는 방법과 오픈 소스 프로그램인 QMCLogicMinimizer 등 실제 논리회로 설계에 활용할 수 있는 논리회로 간소화 기법들을 설명하고 실험하도록 하였다.

PREFACE

7~8장에서는 코드 변환기, 가산기, 비교기 등 다양한 조합 논리회로의 설계 방법에 대하여 서술하고, 디코더, 엔코더, 멀티플렉서 등과 같은 조합논리 응용소자들의 동작과 응용 방법에 대해 기술하였다.

9장은 순차 논리회로를 위한 플립플롭의 종류와 구성 방법 및 동작 특성에 관한 내용을 다루고 있다.

10~11장에서는 기본 순차 논리회로인 카운터와 이동 레지스터의 구성과 동작을 기술하였다. 카운터와 이동 레지스터의 구성과 응용 방법을 설명하고 다양한 카운터와 이동 레지스터 소자의 동작을 시뮬레이션을 통해 설명하였다.

12장에서는 플립플롭 제어 입력식, 다음 상태식, 상태표, 상태도의 기본 개념을 설명하고 이를 이용하여 여러 가지 플립플롭으로 구성된 순차 논리회로를 해석하는 방법을 자세히 다루었다.

마지막으로 13장에서는 상태축소와 상태할당의 기본 개념과 방법을 설명하고 여러 가지 플립플롭을 이용하여 동기 순차 논리회로를 설계하는 방법에 대해 서술하였다. 특히 시퀀스 발생기, 시퀀스 검출기, 시퀀스 변환기의 설계 방법을 설명하고 실험을 통하여 익히도록 하였다.

하나의 작업을 마무리 하고 나면 항상 부족하고 아쉬운 점이 많은 것은 어쩔 수 없는 것 같다. 실험을 포함하여 매주 4시간씩 한 학기 강의 분량으로 편성하다 보니 부족한 면이 많을 것으로 생각되며, 이는 개정판을 통해 수정해 나갈 것이다.

이 책이 나오기까지 도움을 주신 동료 교수들과 학생들에게 감사의 말씀을 전한다. 끝으로 본서의 출판을 위해 도움을 주신 진샘미디어 김경태 이사님과 편집부 여러분께 감사드린다.

CONTENTS

CONTENTS

CONTENTS

CONTENTS

CONTENTS

CHAPTER

1

디지털 시스템의 개요

학습목표

1 디지털과 아날로그의 차이를 설명할 수 있다.
2 디지털 시스템에서의 정보 표현 방법을 설명할 수 있다.

1.1 디지털과 아날로그

물리적인 양이나 신호(signal)를 표현하는 방법에는 아날로그(analog)와 디지털(digital)의 두 가지가 있다.

(1) 아날로그

그림 1-1에서 청색(①)으로 표시된 것처럼 아날로그는 연속적으로 변화하는 물리량(예: 전압, 전류, 온도, 속도 등)을 나타내는 신호이다. 아날로그 신호는 시간에 대해 연속적으로 발생하며, 신호의 값도 연속적(모든 실수의 값을 다 갖는다)이다. 아날로그 신호를 기반으로 만들어진 전형적인 아날로그 장치는 알코올 온도계, 시계(숫자로 표시되지 않는), 차량 속도 계기판, 카세트 등이 있다.

(2) 디지털

그림 1-1에서 검은색(②)으로 표시된 것처럼 디지털은 물리적인 양을 불연속적인 데이터 또는 사건(event)에 기반한 장치나 시스템에서 사용하는 신호이다. 스위치처럼 'On'과 'Off'의 상태만 갖지 중간 상태가 없는 신호를 표현하는 데 적합한 신호이다. 대표적인 디지털 시스템으로는 컴퓨터가 있다. 컴퓨터는 0과 1 또는 'Off'와 'On'이라는 두 가지 값만을 사용한다. 그 외에 숫자로 표시되는 디지털 온도계, 디지털 시계, 차량 속도 계기 판, DVD 플레이어 등이 있다.

▌그림 1-1 ▌ 아날로그 신호와 디지털 신호의 모양

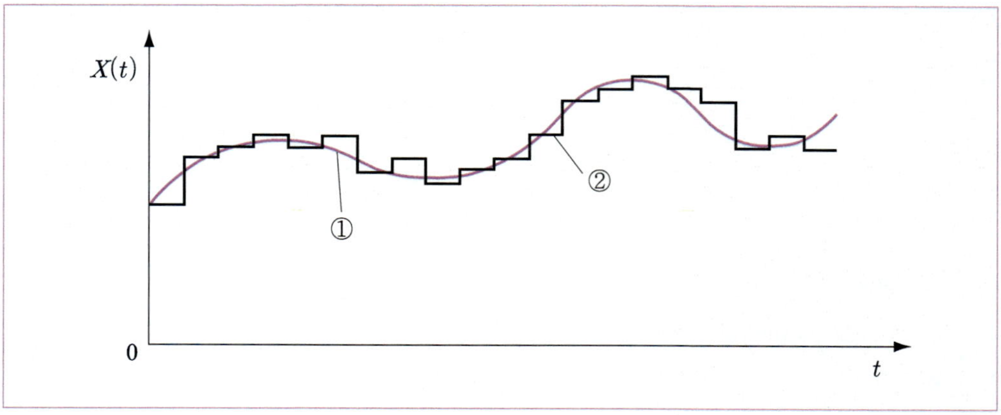

(3) 디지털 시스템의 특징

최근에는 우리 주변에서 보는 거의 모든 시스템이나 장치들이 디지털로 구성되어 있다. 디지털 기술은 계산 및 자료처리, 제어시스템, 통신 분야, 그리고 계측 분야에 이르기까지 널리 이용되고 있다. 디지털 시스템은 아날로그 시스템에 비해 다음과 같은 장점을 갖는다.

○ 설계가 용이하다.

디지털 시스템은 On/Off와 같은 스위치 동작을 기본으로 한다. 따라서 전압이나 전류의 정확한 크기가 중요한 것이 아니라, 논리적인 레벨만 고려하면 된다. 뿐만 아니라 지금까지 많은 연구 결과, 디지털 시스템의 설계 기법은 잘 정리되어 있으며, 또한 컴퓨터 프로그램으로 많이 개발되어 있다.

○ 정보의 저장이 용이하다.

디지털로 표현된 정보는 반도체를 기반으로 한 컴퓨터 및 저장 장치의 발달로 저렴한 비용으로 많이 저장할 수 있다.

○ 정확도와 정밀도가 높다.

정보를 디지털로 표시하면 읽는 사람에 따른 오차가 없으며, 또한 필요한 만큼 회로를 추가하면 시스템의 정밀도를 높이는 것도 용이하다. 이에 비해 아날로그 정보는 사용자에 따라 정확도가 차이가 나며, 또한 시스템의 정밀도를 높이는 것이 매우 어렵다.

○ 동작을 프로그램할 수 있다.

디지털 시스템은 프로그램할 수 있는 소자를 이용하여 구성되거나 컴퓨터를 이용하여 구성되므로 프로그램을 변경하면 쉽게 시스템의 기능을 바꿀 수 있다.

○ 잡음에 강하다.

아날로그 정보는 약간의 잡음이 가해져도 정보 신호가 손상되어 원래의 정보를 정확히 재생하는 것이 매우 어렵다. 그러나 디지털 시스템에서는 전압의 크기가 아니라 전압의 레벨에 따라 값을 나타내므로 어느 정도의 잡음은 완벽하게 제거할 수 있다.

○ 부품의 제조가 용이하고 종류가 다양하다.

실제로 아날로그나 디지털 시스템을 구성할 때는 IC를 주로 이용한다. 아날로그 IC의 제작도 가능하지만 디지털 IC의 제작이 훨씬 용이하며, 또한 종류도 매우 다양하다. 따라서 디지털 시스템은 아날로그에 비해 저렴하고 간단하게 구성할 수 있다.

디지털 시스템은 아날로그 시스템에 비해 장점만 있는 것이 아니라 다음과 같은 단점도 있다.

○ A/D(Analog-to-Digital)와 D/A(Digital-to-Analog)변환 과정이 필요하다.

실제 신호는 아날로그 신호이기 때문에 이를 디지털 시스템에서 사용하려면 아날로그 신호를 디지털 신호로 변환하여야 하고, 디지털 신호로 저장되거나 처리된 신호를 이용하기 위해서는 아날로그 신호로 변환이 필요하다. 이를 위한 부가적인 과정인 A/D와 D/A 변환이 필요하다. 예를 들면, MP3 음악의 경우 가수나 연주가가 연주한 원래 소리는 아날로그 신호이지만 이를 컴퓨터에 저장하기 위해 디지털 신호로 변환하여야 하고, 저장된 MP3 음악을 듣기 위해서는 다시 우리 귀가 들을 수 있도록 아날로그 신호로 변환하여야 한다.

○ 변환 과정에서 실제 값과의 차이가 발생한다.

A/D 변환 과정에서 하드웨어의 한계로 인해 아날로그 신호에서 표현하는 모든 실수 값에 해당하는 값들을 디지털 값으로 변환하지 못한다. 이 과정에서 원 신호와 변환된 신호 사이에 오차가 발생한다. 이러한 오차가 문제가 되지 않도록 오차를 최대한 줄이거나 이용 과정에서 오차를 무시할 수 있을 정도로 하여야 한다.

예제 1-1

주변에서 볼 수 있는 아날로그 장치와 디지털 장치를 찾아보자.

1.2 디지털 시스템의 정보 표현

정보라는 단어는 여러 가지 뜻이 있지만, 컴퓨터 분야에서는 여러 형태로 표시된 자료의 집단, 또는 여러 가지 선택 상대들로부터 특별히 하나를 지시하는 기호들의 집단이라고 정의되어 있다.[1] 컴퓨터에서 주로 다루는 정보는 수, 문자, 기호, 그림 등이다.

디지털 시스템에서는 신호나 장치의 상태를 두 가지로 나타낸다. 예를 들어 스위치는 열린 상태와 닫힌 상태가 있고, 전구의 상태는 불이 켜진 상태와 불이 꺼진 상태가 있다. 전압의 크기도 연속적인 값으로 나타내는 것이 아니라 높은 전압(high level)과 낮은 전압(low level)으로 표시된다.

1) 민중국어사전

그림 1-2 디지털의 두 가지 상태

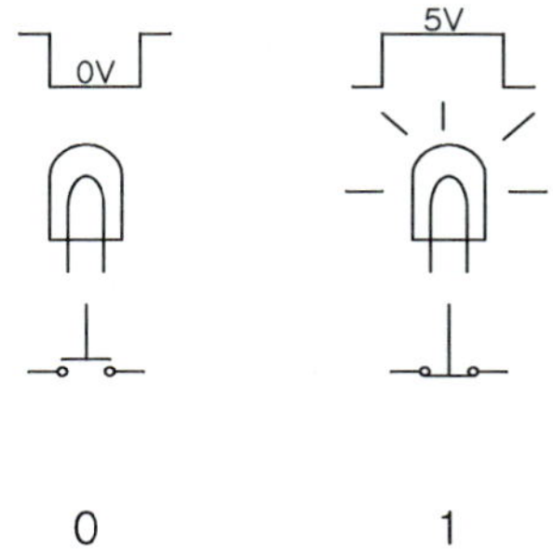

이와 같은 두 가지 상태를 0과 1의 기호로 나타낼 수 있다. 그림 1-2에서 스위치가 On인 상태가 1이라면, Off인 상태는 0으로 표시할 수 있다. 따라서 디지털 논리회로를 스위칭 회로라고도 하며, 0과 1의 기호로 모든 값을 나타내기 때문에 2진법이 주로 사용된다.

디지털 시스템에서 정보를 저장하고 표현하는 가장 최소단위를 **비트**(bit)라고 한다. 즉, 1비트에는 0 또는 1이 저장될 수 있다. 8비트가 모이면 1 **바이트**(byte)가 된다.

$$1\,byte = 8\,bits$$

예제 1-2

다음에서 바이트는 비트로, 비트는 바이트로 변환하라.

(a) 3 바이트
(b) 48비트
(c) 128비트
(d) 8 바이트

풀이

(a) 24비트
(b) 6 바이트
(c) 16 바이트
(d) 64비트

디지털 시스템에서 사용하는 수의 크기에 대한 접두어는 일반 생활에서 사용하는 것과 차이가 있다. 표 1-1에 비교하였다.

표 1-1 | 수의 크기에 대한 접두어

접두어	읽는법	10진	디지털(2진)
K	kilo	$10^3=1,000$	$2^{10}=1,024$
M	mega	$10^6=1,000,000$	$2^{20}=1,048,576$
G	giga	$10^9=1,000,000,000$	$2^{30}=1,073,741,824$
T	tera	$10^{12}=1,000,000,000,000$	$2^{40}=1,099,511,627,776$

디지털 시스템에서는 2진수를 기준으로 1비트씩 자리수가 증가하므로 2의 제곱 형태로 수나 자리가 늘어나므로 표 1-1에서와 같이 2^{10} 단위로 표현한다.

디지털 시스템에서 사용하는 수는 2진수이다. 우리가 일상생활에서 사용하는 수인 10진수는 0, 1, 2, 3, 4, 5, 6, 7, 8, 9라는 10개의 기호로 모든 수를 표현하지만, 2진수는 0과 1이라는 2개의 기호로 모든 숫자를 표현한다. 1비트로는 2진수 1 자릿수만 표현 가능하므로 2 보다 큰 수를 표현하기 위해서는 많은 비트가 필요하다. 이것은 10진수 체계에서 큰 수를 표현하는 방법으로 자릿수를 늘리는 것과 같이 2진수 체계에서도 마찬가지이다.

디지털 시스템에서는 기호와 문자도 0과 1이라는 두 개의 기호를 조합하여 표현한다. 예를 들면, 영어에서 사용하는 'A'라는 글자는 01000001, 'B'는 01000010으로 정의되어 있다. 문자나 기호에 대한 정보를 표현하는 방식을 '코드 체계(Code System)'라고 하며, 각 시스템에 적합한 여러 가지 코드 체계가 있다. 문자와 기호에 대한 대표적인 코드 체계로 유니코드(Unicode), KS 코드, ASCII 코드 등이 있다. 우리가 문장을 표현할 때에 한글 자모들을 배열하여 글자를 만들고 글자들을 모아서 단어, 문장을 완성하는 것처럼 디지털 시스템에서도 많은 정보를 표현하고 저장할 때에 0과 1을 정해진 규칙에 맞게 조합하고 배열하여 정보를 완성한다.

예제 1-3

1 KBytes는 ASCII 코드로 표현한 영문자 몇 글자를 저장할 수 있는 공간인가?

풀이

1 KBytes=1 × 1,024 Bytes이고, ASCII 코드는 1 문자 당 1 Byte를 사용하므로 1,024개의 문자를 저장할 수 있다.

연습문제

1.1 스위치처럼 'On'과 'Off'의 동작만 하는 디지털 신호로 작동하는 것을 주변에서 찾아보자.

1.2 디지털 신호와 아날로그 신호의 차이를 설명하여 보자.

1.3 아날로그 음악 장치인 카세트와 디지털 음악 장치인 MP3를 비교하면서 아날로그와 디지털의 장, 단점을 비교하여 보자.

1.4 디지털 시스템에서 정보를 저장하는 최소 단위는 무엇인가?

1.5 1 바이트는 몇 비트인가?

1.6 1 GBytes는 몇 KBytes인가?

1.7 다음 괄호 속에 적당한 수를 적어라.

① 2 KBytes = (   ) bits
② 256 bits = (   ) Bytes
③ 1 T Bytes = (   )G Bytes
④ 1024 Mbits = (   )G Bytes

1.8 한글 코드 중 하나인 KS 코드에서는 한 글자를 정의하는 데 16비트를 사용한다. 한글 100자로 된 문장을 저장하는 데에 몇 바이트가 필요한가?

CHAPTER

2 수의 체계와 디지털 코드

학습목표

1 2진수의 체계에 대해 설명할 수 있다.
2 10진수와 2진수, 16진수 간의 진법 변환을 할 수 있다.
3 2진수 연산을 할 수 있다.
4 2의 보수법에 의한 수의 표현과 연산을 할 수 있다.
5 2진 코드와 문자 코드 체계를 설명할 수 있다.

2.1 수의 체계

수를 표현하는 방법을 진법이라고 한다. 진법은 수를 표현하는 기호의 수에 따라 정해지며, 10진법, 2진법, 16진법 등이 있다.

(1) 10진수

우리가 사용하고 있는 수의 표현법은 10진법이다. 10진법에서는 0, 1, 2, 3, 4, 5, 6, 7, 8, 9 까지 10개의 기호를 이용하여 수를 표현한다. 9보다 큰 수는 자릿수(digit)를 확장하여 표현하며, 이 때 자릿수마다 가중치를 다르게 갖는다. 예를 들어, 3,936이라는 수에서 '3'이 두 번 나오지만 첫 번째 3은 1,000의 자리로 3,000의 의미를 갖고, 두 번째 3은 10의 자리로 30의 크기를 갖는다. 이를 풀어서 표현하면 다음과 같다.

$$\begin{aligned} 3{,}936 &= 3\times10^3 + 9\times10^2 + 3\times10^1 + 6\times10^0 \\ &= 3{,}000 \quad +900 \quad\quad +30 \quad\quad +6 \end{aligned}$$

1보다 작은 수는 소수점을 사용하여 표현한다.

$$\begin{aligned} 0.232 &= 2\times10^{-1} + 3\times10^{-2} + 2\times10^{-3} \\ &= \frac{2}{10} \quad\quad + \frac{3}{100} \quad\quad + \frac{2}{1000} \end{aligned}$$

10진법을 **기수(Radix 또는 Base)**가 10인 진법이라고도 하는데 이는 10개의 서로 다른 기호를 이용하기 때문이다.

예제 2-1

다음 10진수에서 '4'가 나타내는 수의 크기는 각각 얼마인가?

(a) 1,234

(b) 72,341

(c) 35.143

풀이

(a) 1의 자리에 있으므로 크기는 4이다.

(b) 10의 자리에 있으므로 크기는 40이다.

(c) 소수 둘째자리에 있으므로 크기는 0.04이다.

(2) 2진수

10진법이 0~9까지 10개의 기호를 이용하여 수를 표현하는 것과 달리 2진법(Binary Number System)은 단지 2개의 기호(0과 1)만을 이용하여 수를 표현한다. 따라서 2진법의 기수는 2이다. 10진수의 각 자리를 디지트(digit)라 하고 2진수의 각 자리를 *binary digit* 즉, 비트(bit)라고 한다.

2진수의 기수는 2이므로 2진수 101111_2를 2의 거듭제곱으로 표시하면 다음과 같다.

$$\begin{aligned}101111_2 &= 1\times2^5 + 0\times2^4 + 1\times2^3 + 1\times2^2 + 1\times2^1 + 1\times2^0\\ &= 32 \quad +0 \quad +8 \quad +4 \quad +2 \quad +1\end{aligned}$$

2진수 1.101_2을 2의 거듭제곱으로 표시하면 다음과 같다.

$$\begin{aligned}1.101_2 &= 1\times2^0 + 1\times2^{-1} + 0\times2^{-2} + 1\times2^{-3}\\ &= 1 \quad +\frac{1}{2} \quad +\frac{0}{4} \quad +\frac{1}{8}\end{aligned}$$

수를 표현할 때, 기수를 구별하기 위해 계수는 괄호로 묶고 사용할 기수는 아래첨자로 표시하기도 한다. 괄호는 생략하기도 한다.

예 $(4021.2)_5$, $(511.4)_{10}$, $(10101)_2$, 4021.2_5, 511.4_{10}, 10101_2

디지털 전자 회로나 컴퓨터 시스템에서는 10진법 대신 2진법(Binary Number System)이 널리 쓰인다. 16진법(Hexadecimal)과 8진법(Octal)은 2진수의 그룹을 나타내기 위해 사용된다. 이 중에서 2진법과 16진법이 디지털 컴퓨터에서 널리 쓰이므로 상호 변환 방법 등을 충분히 익혀 두어야한다.

(3) 8진수와 16진수

디지털 논리회로나 디지털 컴퓨터에서 수를 표현할 때 2진수를 주로 이용한다. 그러나 2진수는 같은 값의 10진수 보다 3배 또는 4배나 되는 자리수가 필요하므로 다루기가 어렵다. 예를 들면 2진수 111111111111_2은 10진수로 4095이다. 2진수를 8진수나 16진수로 나타내면 1/3 또는 1/4의 자릿수 밖에 들지 않기 때문에 2진수를 표현할 때는 8진수나 16진수를 대신 이용하기도 한다.

8진수는 기수가 8이므로 0, 1, 2, 3, 4, 5, 6, 7의 8개의 기호를 사용하여 수를 표현한다. 8진수의 기수는 8이므로 8진수 3512_8를 8의 거듭제곱으로 표시하면 다음과 같다.

$$3512_8 = 3\times8^3 + 5\times8^2 + 1\times8^1 + 2\times8^0$$

16진수는 기수가 16이므로 0, 1, 2, 3, 4, 5, 6, 7, 8, 9, A, B, C, D, E, F의 16개의 기호를 사용하여 수를 표현한다. A부터 F까지의 알파벳은 10보다 큰 값을 한 자리로 표현하기 위해 사용하며, 각각 10부터 15까지의 크기를 갖는다. 16진수의 기수는 16이므로 16진수 $A7B9_{16}$를 16의 거듭제곱으로 표시하면 다음과 같다.

$$\begin{aligned} A7B9_{16} &= A \times 16^3 + 7 \times 16^2 + B \times 16^1 + 9 \times 16^0 \\ &= 10 \times 16^3 + 7 \times 16^2 + 11 \times 16^1 + 9 \times 16^0 \end{aligned}$$

예제 2-2

다음 16진수를 16의 거듭제곱 형태로 표시하고 계산하여 보자.

(a) $B65F_{16}$

(b) $5E_{16}$

(c) CD_{16}

풀이

(a) $B65F_{16} = 11 \times 16^3 + 6 \times 16^2 + 5 \times 16^1 + 15 = 46687_{10}$

(b) $5E_{16} = 5 \times 16^1 + 14 = 94_{10}$

(c) $CD_{16} = 12 \times 16^1 + 13 = 205_{10}$

2.2 진법 변환

우리가 일상생활에서 주로 사용하는 수는 10진수이고 컴퓨터와 같은 디지털 시스템에서는 2진수나 16진수를 이용하여 수를 표시한다. 따라서 수의 표현 방법이 다르면 상호 변환이 필요하다.

10진수를 r진수로 변환할 때, **r진수의 정수부는 10진수의 정수부를 r로 계속 나누어 갈 때 나머지로 만들어지고, r진수의 소수부는 10진수의 소수부에 r을 계속 곱할 때마다 생기는 정수로 만들어진다**. 123_{10}을 10으로 나누면 몫은 12가 되고 나머지는 3이 된다. 몫을 다시 10으로 나누는 과정을 반복하면 2, 1의 나머지가 차례로 얻어진다. 마찬가지로 어떤 수를 기수 r로 계속 나누었을 때 차례로 얻어지는 나머지가 바로 r진법의 각 자리수가 된다. N을 10진수라 할 때, N을 r진법으로 표현하면

$$N = (a_n a_{n-1} \cdots a_2 a_1 a_0)_r = a_n r^n + a_{n-1} r^{n-1} + \cdots a_2 r^2 + a_1 r^1 + a_0$$

가 된다. N을 r로 나누면 나머지는 a_0이다.

$$N/r = a_n r^{n-1} + a_{n-1} r^{n-2} + \cdots a_2 r^1 + a_1 = Q_1,\ \text{나머지}\ a_0$$

Q_1을 다시 r로 나누면

$$Q_1/r = a_n r^{n-2} + a_{n-1} r^{n-3} + \cdots + a_3 r^1 + a_2 = Q_2,\ \text{나머지}\ a_1$$

가 된다. 이와 같은 과정을 계속하면 최종적으로 a_n을 얻게 된다. 이 과정 중에 구해진 나머지가 바로 r진법의 각 자리 수이며 가장 낮은 자리 수가 가장 먼저 얻어진다.

예제 2-3

53_{10}을 2진수로 변환하라.

풀이

53_{10}을 2로 계속 나누어 나가면서 구해지는 나머지를 가장 낮은 자릿수부터 차례로 적으면 110101_2가 된다.

```
2 | 53
2 | 26 ·········1 ↑
2 | 13 ·········0
2 |  6 ·········1
2 |  3 ·········0
      1 ·········1
```

10진수의 소수 부분을 r진법으로 바꾸는 방법은 계속 r을 곱하는 것이다. 10진수의 소수 부분을 F라 할 때 이는 다음과 같이 표현된다.

$$F = (0.a_{-1}a_{-2}a_{-3} \cdots a_{-m})_r = a_{-1}r^{-1} + a_{-2}r^{-2} + \ \cdots \ a_{-m}r^{-m}$$

위 식의 양변에 r을 곱하면

$$F \times r = a_{-1} + a_{-2}r^{-1} + \cdots a_{-m}r^{-m+1} = a_{-1} + F_1$$

이 된다. 여기서 F_1은 결과의 소수부이고 a_{-1}은 정수부이다.

결과의 소수부에 r을 곱하는 과정을 반복하여 얻어지는 정수부의 값이 바로 r진법의 각 자리 수이다. 이때는 처음 얻어지는 값이 가장 높은 자리 수이다.

예제 2-4

0.625_{10}을 2진수로 변환하라.

풀이

$F = 0.625$라 하면 $F \times 2 = 1.250 \rightarrow a_{-1} = 1$

$F_1 = 0.250 \rightarrow F_1 \times 2 = 0.500 \rightarrow a_{-2} = 0$

$F_2 = 0.500 \rightarrow F_2 \times 2 = 1.000 \rightarrow a_{-3} = 1$

따라서 $0.625_{10} = 0.101_2$가 된다.

예제 2-5

0.7_{10}을 2진수로 변환하라.

풀이

0.7_{10}에 2를 계속 곱하면 $0.7_{10} = 0.1011001100110\cdots_2$가 된다.

예제 2-5에서 보는 바와 같이 어떤 수를 다른 진법으로 변환할 때 반드시 유리수로 변환되는 것은 아니다.

$r_1(\neq 10)$ 진법의 수를 $r_2(\neq 10)$ 진법의 수로 변환하는 방법은 **r_1 진법의 수를 먼저 10진수로 변환한 다음 이를 다시 r_2 진법으로 변환**하는 것이다.

예제 2-6

231.3_4를 7진법으로 변환하라.

풀이

먼저 231.3_4를 10진수로 바꾸면 45.75_{10}가 되므로 이를 다시 7진법으로 변환하면

정수부: 45를 7로 나누면 몫은 6이고 나머지는 3이므로 63_7이 된다.

소수부: 0.75에 7을 곱하면 정수부는 5가 된다. 다시 나머지 0.25에 7을 곱하면 정수는 1이 된다. 이와 같은 과정을 반복하면 $63.5151\cdots_7$이 된다.

표 2-1 | 10진수, 2진수 및 16진수의 관계

10진수	2진수	8진수	16진수	10진수	2진수	8진수	16진수
0	0000	0	0	16	10000	20	10
1	0001	1	1	17	10001	21	11
2	0010	2	2	18	10010	22	12
3	0011	3	3	19	10011	23	13
4	0100	4	4	20	10100	24	14
5	0101	5	5	21	10101	25	15
6	0110	6	6	22	10110	26	16
7	0111	7	7	23	10111	27	17
8	1000	10	8	24	11000	30	18
9	1001	11	9	25	11001	31	19
10	1010	12	A	26	11010	32	1A
11	1011	13	B	27	11011	33	1B
12	1100	14	C	28	11100	34	1C
13	1101	15	D	29	11101	35	1D
14	1110	16	E	30	11110	36	1E
15	1111	17	F	31	11111	37	1F

2진수의 3자리는 8진수 한 자리가 되고 2진수 4자리는 16진수의 한 자리가 되기 때문에 2진수를 8진수나 16진수로 상호 변환하는 방법은 아주 간단하다. 2진수를 8진수로 변환하려면 **2진수의 소수점을 중심으로 왼쪽과 오른쪽으로 각각 2진수의 3자리씩을 8진수의 한 자리수로 변환**하면 된다.

예 $11010111110.0011_2 = 011\ \ 010\ 111\ \ 110\ \ .001\ \ 100 = 3276.14_8$

또한 2진수를 16진수로 변환하려면 **소수점을 중심으로 2진수의 4자리씩을 16진수의 한 자리수로 변환**한다.

예 $1001101.010111_2 = 0100\ \ 1101\ \ .\ \ 0101\ 1100_2 = 4D.5C_{16}$

반대로 8진수나 16진수를 2진수로 변환하려면 **8진수의 한 자리를 2진수 3자리로** 변환하고, **16진수 한 자리는 2진수 4자리로** 변환한다.

예 $751.64_8 = 111\ \ 101\ \ 001.\ \ 110\ \ 100_2$

$F86A_{16} = 1111\ \ 1000\ \ 0110\ \ 1010_2$

2.3 2진수의 정수 연산과 보수

(1) 2진수 연산

2진수의 사칙연산은 10진법에서와 같다. 단지 사용하는 숫자가 0과 1 밖에 없어 자리 올림과 내림을 할 때 10이 아닌 2를 기준으로 이루어지는 점이 다르다.

덧셈과 뺄셈은 표 2-2와 표 2-3과 같이 계산한다.

표 2-2 | 2진법에서의 덧셈

x	y	합	올림수
0	0	0	0
0	1	1	0
1	0	1	0
1	1	0	1

표 2-3 | 2진법에서의 뺄셈

x	y	차	빌림수
0	0	0	0
0	1	1	1
1	0	1	0
1	1	0	0

예제 2-7

다음 2진수 연산을 하여라.

(a) $1011_2 + 1001_2$

(b) $10101_2 + 10011_2$

(c) $1011_2 - 0110_2$

(d) $10101_2 - 10011_2$

풀이

(a) $1011_2 + 1001_2 = 10100_2$

```
 1011  ← 자리올림수
  1011
+ 1001
------
 10100
```

(b) $10101_2 + 10011_2 = 101000_2$

(c) $1011_2 - 0110_2 = 0101_2$

```
  0100 ← 자리빌림수
  1011
- 0110
------
  0101
```

(d) $10101_2 - 10011_2 = 10_2$

2진수의 곱셈과 나눗셈은 예로서만 보인다.

```
     1011
   x 1001
   ------
     1011 ┐
    0000  │
   0000   ├─ 부분곱
 + 1011   ┘
 --------
  1100011
```

```
          1101 ← 몫
1011 ⟌ 10010011
       - 1011
       ------
         1110
        -1011
        -----
         01111
        - 1011
        ------
          0100 ← 나머지
```

(2) 보수

디지털 컴퓨터가 수행할 수 있는 연산은 덧셈이다. 컴퓨터에서 뺄셈을 하려면 빼는 수의 보수(complements)를 더하면 된다. 이와 같이 보수는 뺄셈이나 논리적 처리를 쉽게 하기 위해 사용된다. 기수가 r일 때, 보수에는 (1) r의 보수와 (2) (r−1)의 보수 두 가지가 있다. 즉, 2진수는 2의 보수(2's complement)와 1의 보수(1's complement)가 있으며 10진수는 10의 보수와 9의 보수가 있다.

기수가 r인 양수 M이 있을 때, 정수 부분의 자리수가 m 이면 M의 r의 보수는 다음과 같이 정의된다.

$$\text{M의 보수} = \begin{cases} r^m - M, & M \neq 0 \\ 0, & M = 0 \end{cases}$$

예제 2-8

다음 각 수의 r의 보수를 구하라.

(a) $(12345)_{10}$의 10의 보수

(b) $(0.7623)_{10}$의 10의 보수

(c) $(57.937)_{10}$의 10의 보수

(d) $(110101)_2$의 2의 보수

풀이

(a) $(12345)_{10}$의 10의 보수$=10^5-12345=87655$

(b) $(0.7623)_{10}$의 10의 보수$=1 - 0.7623=0.2377$

(c) $(57.937)_{10}$의 10의 보수$=10^2 - 57.937=42.063$

(d) $(110101)_2$의 2의 보수$=(2^6)_2-(110101)_2=(1000000-110101)_2$

$=001011_2$ ← 반드시 자리수를 맞추어야 한다.

정수 부분이 n 자리이고 소수 부분이 m 자리인 양수를 N이라 할 때, N의 (r-1)의 보수는 다음과 같이 정의된다.

$$\text{N의 } (r-1)\text{의 보수} = r^n - r^{-m} - N$$

예제 2-9

다음 각 수의 (r-1)의 보수를 구하라

(a) $(52520)_{10}$의 9의 보수

(b) $(0.3267)_{10}$의 9의 보수

(c) $(101100)_2$의 1의 보수

(d) $(0.0110)_2$의 1의 보수

풀이

(a) $(52520)_{10}$의 9의 보수 $= (10^5 - 1 - 52520) = 99999 - 52520 = 47479$

(b) $(0.3267)_{10}$의 9의 보수 $= (1 - 10^{-4} - 0.3267) = 0.9999 - 0.3267 = 0.6732$

(c) $(101100)_2$의 1의 보수 $= (2^6 - 1) - (101100) = (111111 - 101100)_2 = 010011$

(d) $(0.0110)_2$의 1의 보수 $= (1 - 2^{-4})_2 - (0.0110)_2 = (0.1111 - 0.0110)_2 = 0.1001_2$

예제 2-8과 예제 2-9에서 알 수 있듯이 10진수의 9의 보수는 모든 숫자를 9에서 빼기만 하면 되고, 2진수의 1의 보수는 1을 0으로, 0을 1로 바꾸기만 하면 쉽게 구해지고, 그것에 1을 더하면 10의 보수와 2의 보수가 각각 구해진다. 이와 같이 (r-1)의 보수는 아주 쉽게 얻어지기 때문에, r의 보수가 필요하면 (r-1)의 보수를 사용하는 것이 편하다.

정의와 예에서 얻어진 결과를 비교해 보면, r의 보수는 (r-1)의 보수의 최하위 숫자에 r^{-m}을 더해서 얻을 수 있다. 예를 들면, 10110100의 2의 보수인 01001100은 1의 보수인 01001011에 1을 더해서 얻어진다. 보수의 보수를 취하면 원래 값이 나온다. N의 r의 보수는 $r^n - N$이고, $r^n - N$의 보수는 $r^n - (r^n - N) = N$이다.

(3) 디지털 시스템에서의 수의 표현

컴퓨터와 같은 디지털 시스템에서 사용하는 기호는 0과 1뿐이다. 컴퓨터에서는 양수와 음수를 나타내는 기호(+와 -)를 사용할 수 없으므로 디지털 시스템에서 숫자를 나타내는데 2의 보수법을 이용한다. 2의 보수법을 이용하면 숫자의 크기와 함께 부호도 나타낼 수 있다. 8비트의 2진수가 있다고 가정할 때 가장 높은 자릿수(MSB; Most Significant Bit)가 부호 비트(Sign Bit)이다.

S b_6 b_5 b_4 b_3 b_2 b_1 b_0

부호 비트(S)가 0이면 양수이고 이 비트가 1 이면 음수를 의미한다. 8비트 중에서 나머지 비트($b_6 \sim b_0$)는 숫자의 크기를 나타낸다. 숫자의 크기는 양수이면 크기를 그대로 2진수로 나타내고, 음수의 경우는 크기(절대값)를 2의 보수로 변환한 후에 나타낸다.

예 $+50_{10}$은 양수이므로 부호 비트 0이고 50에 대한 크기를 7비트 2진수로 표현하면 0110010_2가 된다. 따라서, $+50_{10}$은 00110010_2이다.

-1을 2의 보수로 표현하는 과정을 알아보기로 하자. 이는 다음과 같이 다섯 단계로 진행된다.

① 어떤 수의 부호에 따라 부호 비트를 결정한다. -1의 부호가 음이므로 부호 비트는 1이다.

② 숫자의 크기를 7비트의 2진수로 표현한다. 크기 1을 7비트의 2진수로 변환하면 0000001이다.

③ 2진수로 표현된 크기를 1의 보수로 변환한다. 0000001을 1의 보수로 변환하면 1111110이 된다.

④ 1의 보수를 2의 보수로 변환한다. 1의 보수에 1을 더하여 2의 보수로 변환하면 1111111이다.

⑤ 부호 비트와 7비트의 크기를 하나로 묶으면 8비트의 2의 보수가 된다.
즉, 11111111_2이다.

예 -3_{10}은 음수이므로 부호 비트 1이고 3에 대한 크기를 7비트 2진수로 표현하면 0000011_2이 된다. 음수이므로 2의 보수를 구하면 1111101_2이 된다. 따라서, -3_{10}은 11111101_2이다.

표 2-4는 8비트로 표시할 수 있는 숫자에 대한 2의 보수들을 보여준다. 예를 들어 +127을 2의 보수로 표현하면 '01111111'이고 -128은 '10000000'이다. 한 가지 주의할 점은 양수를 2의 보수로 표현하면 이는 2진수와 같다.

표 2-4 | 2의 보수 표현

10진수	2의 보수 표현	
+127	0	111 1111
+126	0	111 1110
+125	0	111 1101
…	…	…
…	…	…
+3	0	000 0011
+2	0	000 0010
+1	0	000 0001
+0	0	000 0000
−1	1	111 1111
−2	1	111 1110
−3	1	111 1101
…	…	…
…	…	…
−126	1	000 0010
−127	1	000 0001
−128	1	000 0000
	부호	크 기

| 그림 2-1 | 부호를 포함한 수의 표현

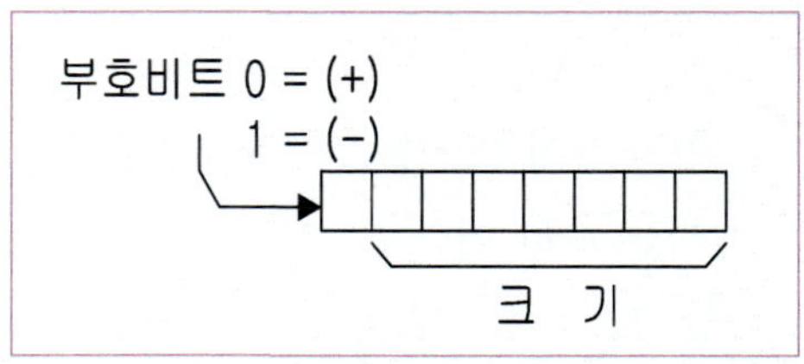

지금까지의 과정을 그림으로 나타내면 그림 2-2와 같다. 또한 2의 보수로 표현된 숫자를 다시 부호 있는 10진수로 변환하는 과정은 그림 2-3과 같다.

| 그림 2-2 | 부호있는 숫자를 2의 보수로 변환

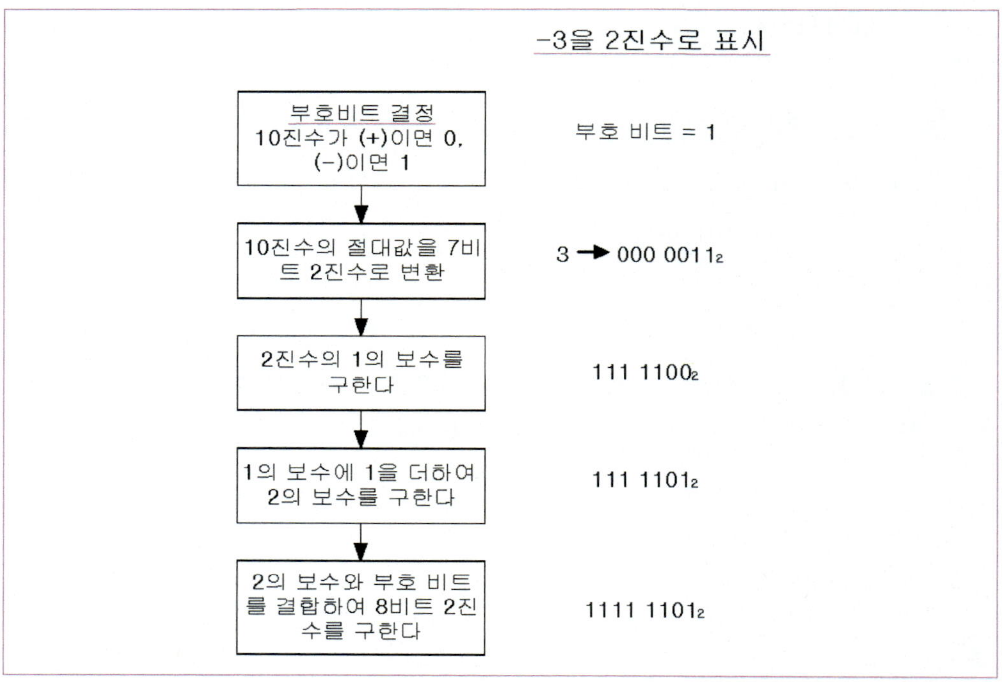

▌그림 2-3▌ 2의 보수를 10진수로 변환하는 과정

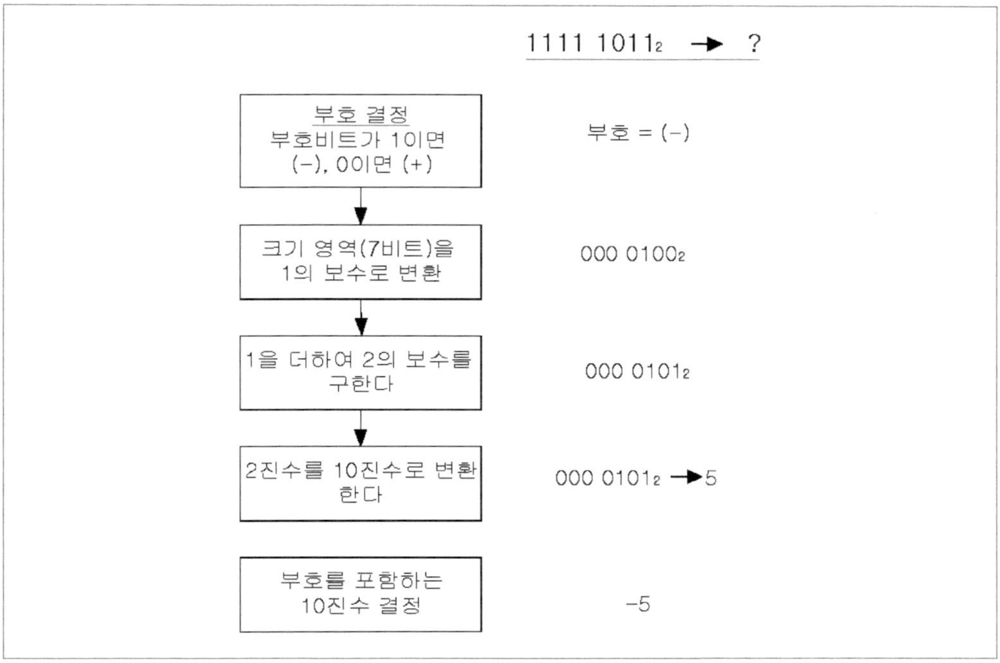

예제 2-10

다음 10진수를 2의 보수법을 적용하여 8비트 2진수로 변환하라.

(a) 45

(b) -45

(c) 123

(d) -4

풀이

(a) $45 = 00101101_2$

(b) $-45 = 11010011_2$

(c) $123 = 01111011_2$

(d) $-4 = 11111100_2$

예제 2-11

다음 부호있는 8비트 2진수를 10진수로 변환하라.

(a) 10100100_2

(b) 00100100_2

(c) 11101100_2

(d) 01001101_2

풀이

(a) $10100100_2 = -92$

(b) $00100100_2 = 36$

(c) $11101100_2 = -20$

(d) $01001101_2 = 77$

(4) 보수를 이용한 연산

보수를 사용하여 수를 표현하는 이유가 음수와 양수를 표현하는 것 외에 연산을 쉽게 할 수 있기 때문이기도 하다. 덧셈은 일반 덧셈과 같으나, 뺄셈은 다음과 같이 보수를 사용하여 덧셈을 하는 것이 디지털 시스템에서는 더 효율적이다.

가 덧셈

2의 보수법으로 표현된 2진수의 덧셈은 일반적인 덧셈과 같은 방법으로 진행한다. 단, 컴퓨터에서는 정해진 비트 수로 수를 표현하므로 표현할 수 있는 수의 범위가 있다. 계산 결과가 이 범위를 벗어나면 전혀 다른 결과(Overflow라고 함)가 나오게 되므로 주의하여야 한다.

경우 ① 2진수 덧셈

10진수		2진수
11	→	00001011
+ 9	→	+00001001
20		00010100

10진수		2진수
-11	→	11110101
2	→	+00000010
-9		11110111

경우 ② 자릿수가 고정되어 있으므로 부호비트(MSB)에서 자리올림(carry)이 발생하면 버림

10진수		2진수
11	→	00001011
-2	→	+11111110
9		1 00001001 (1: 버림)

10진수		2진수
-11	→	11110101
-2	→	+11111110
-13		1 11110011 (1: 버림)

경우 ③ 범위를 벗어난 결과를 만드는 계산은 오버플로우(overflow) 오류 발생

120	→	01111000
+ 9	→	+00001001
129		10000001
		-127 (Overflow)

-120	→	10001000
+ -9	→	+11110111
-129		1 01111111
	버림 ↑	+127 (Overflow)

나 뺄셈

기수 r인 두 양수의 뺄셈(M-N)은 다음 순서를 따른다.

① 피감수(Minuend) M에 감수(Subtrahend) N의 r의 보수를 더한다.

② 위에서 얻어진 결과를 끝자리 올림수가 있으면 그것을 무시한다.

예 1 2진수 뺄셈(결과가 양수)

$$11-2=11+(-2)=9$$

11	→	00001011
-2	→	+11111110
9		1 00001001
		↑ 버림

예 2 2진수 뺄셈(결과가 음수)

$$2-11=2+(-11)=-9$$

2	→	00000010
-11	→	+11110101
-9		11110111

예 3 2진수 뺄셈(Overflow 발생)

$$-120-9=-120+(-9)=-129$$

-120	→	10001000
+ -9	→	+11110111
-129		1 01111111
	버림 ↑	+127 (Overflow)

예제 2-12

다음 8비트 2진수(2의 보수법 사용)에 대한 연산을 한 후 10진수로 나타내어라.

(a) $01010100_2 - 01000100_2$

(b) $01000100_2 - 01010100_2$

풀이

(a) $01010100_2 - 01000100_2 = 16_{10}$

01000100_2의 2의 보수$= 10111100_2$

$01010100_2 + 10111100_2 = ①00010000_2 \rightarrow 00010000_2 \rightarrow 16_{10}$

(b) $01000100_2 - 01010100_2 = -16_{10}$

01010100_2의 2의 보수$= 10101100_2$

$01000100_2 + 10101100_2 = 11110000_2 \rightarrow -16_{10}$

(5) 부동소수점 수의 표현

디지털 시스템에서는 소수를 표현하는 방법은 그림 2-4에서와 같이 IEEE754에 정의된 규정을 따른다. 부호 비트(sign bit), 지수(exponent), 유효숫자에 해당하는 가수(mantissa)의 3부분으로 구분하여 표현한다. 이러한 방식으로 표현된 수를 부동소수점(floating point) 수라고 한다. 전체가 32비트로 표현하는 단정도(single precision) 부동소수점 수와 64비트로 표현하는 배정도(double precision) 부동소수점 수가 있다.

그림 2-4 IEEE754의 부동소수점 표현 형식

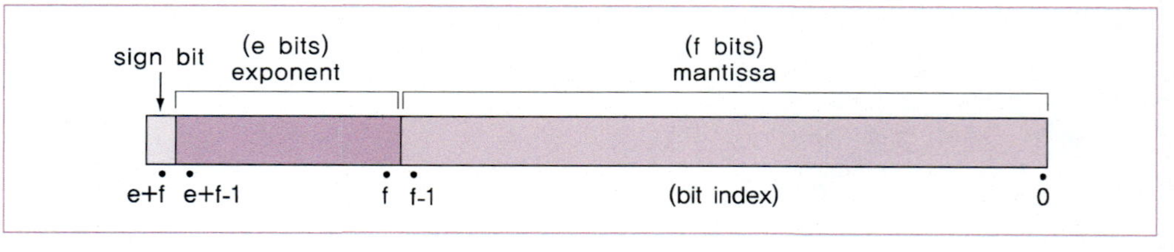

표 2-5 | IEEE754의 부동소수점 표현 비트 수

	부호비트 수	지수비트 수	가수비트 수
단정도	1	8	23
배정도	1	11	52

2.4 BCD 코드와 다양한 2진 코드

(1) 디지털 코드

그림 2-5 바코드와 QR 코드

코드(code)란 정보의 조각을 다른 것으로 변환하는 규칙이라고 할 수 있다. 여기서, 정보는 문자, 단어, 숫자, 동작, 위치 등 다양한 형태를 가질 수 있다. 흔히 접할 수 있는 코드는 국가 코드, 국가별 통화 코드, 우편번호, 바코드(bar code), QR 코드 등이 있다.

디지털 코드는 디지털 시스템에서 사용 가능한 형태로 변환한 코드를 말하며 2진 코드(Binary Code)라고도 한다. 디지털 시스템은 2개의 구별되는 값을 갖는 신호와 2가지의 안정 상태를 갖는 회로 소자들을 사용한다. 2진 신호, 2진 회로 소자와 2진 숫자 사이에는 직접적인 유사성이 있다. 예를 들면, n 자리 수의 2진수는 각각 0 또는 1에 대응된 출력을 내는 n개의 2진 회로 소자에 의해 표시할 수 있다. 디지털 시스템은 2진수 뿐만 아니라 다른 많은 정보의 이산 원소를 표시하고 처리한다. 개별적인 정보의 이산 원소는 2진 코드로 나타낼 수 있다.

정의에 의해서 비트는 2진 숫자(binary digit)의 약자이다. 이것이 2진 코드에서 사용될 때, 비트는 0이나 1을 나타내는 2진 크기로 생각할 수 있다. 2진 코드에서 2^n개의 이산 원소의 집단을 나타내기 위해서는 최소한 n개의 비트가 필요하다. 예를 들면, 4개의 개별 원소를 2비트 코드로 표시할 수 있는데 각 원소에는 2비트의 조합인 00, 01, 10, 11 중의 하나를 할당한다. 8개 원소의 표시는 3비트가 필요하며 각 원소에는 000, 001, 010, 011, 100, 101, 110, 111 중의 하나가 할당된다. 이들 예는 n비트 코드의 개별적인 비트 조합은 원소의 개수가 2의 거듭제곱의 배수가 아닐 때는 모든 비트 조합이 다 할당되지 않는다. 10개의 10진 숫자 0, 1, 2, 3, 4, 5, 6, 7, 8, 9가 그 예이다. 이들 숫자를 표시하는 데에 3비트로는 모자라기 때문에 적어도 4비트가 필요하다. 4비트로는 16개의 조합을 얻을 수 있기 때문에 10개만 할당하고 6개는 쓰지 않는다.

2^n개의 별개의 코드를 나타내는데 필요한 최소한의 비트 수는 n이지만 최대 수는 존재하지 않는다. 예를 들면, 10개의 10진 숫자는 각 숫자에 9개의 0과 1개의 1로 된 비트 조합을 할당하는 10개의 비트로 표시할 수 있다. 이 특별한 2진 코드에서 숫자 6은 비트 조합 0001000000을 할당할 수 있다.

디지털 코드를 만드는 방법에 대하여 정리하면 다음과 같다.

○ 필요한 최소 비트 이상을 사용하여야 한다.

2^n개의 이산 원소의 집단을 나타내기 위해서는 최소한 n개의 비트가 필요하다.

○ 동일한 정보를 2진 코드로 만드는 방법은 무궁무진하다.

남자와 여자를 구분하기 위한 2진 코드를 만드는 경우 1비트를 사용하는 경우에도 남자를 1, 여자를 0으로 하는 방법과 반대로 남자를 0, 여자를 1로 하는 방법이 있을 수 있다. 사용 비트 수를 늘리면 더 많은 방법으로 정의할 수 있다.

○ 효율적으로 활용할 수 있게 규칙(사용 비트 수, 내용 등)을 정해야 한다.

사용 비트 수가 많으면 저장 공간이나 처리를 위한 하드웨어가 복잡해지고, 너무 적은 비트 수를 사용하면 활용에 제한이 있을 수 있으므로 적절하게 정하는 것이 필요하다.

○ 정해진 규칙은 반드시 지켜야 한다.

코드란 약속이므로 정해진 규칙을 따르지 않으면 사용에 혼란이 발생하게 된다.

(2) 10진 코드

10진 숫자에 대한 2진 코드는 적어도 4비트가 필요하다. 4개 혹은 그 이상의 비트들을 써서 10가지의 각기 다른 조합으로 배치함으로써 많은 여러 가지 코드를 만들 수 있다. 몇 가지 구성 방법이 표 2-6에 나와 있다. 2진 코드화 10진수(Binary Coded Decimal, BCD)는 대응된 2진수 그대로 할당한 것이다.

표 2-6 | 10진 숫자에 관한 2진 코드

10진 숫자	(BCD) 8421	3초과	84-2-1	2421	(이중 5) 5043210
0	0000	0011	0000	0000	0100001
1	0001	0100	0111	0001	0100010
2	0010	0101	0110	0010	0100100
3	0011	0110	0101	0011	0101000
4	0100	0111	0100	0100	0110000
5	0101	1000	1011	1011	1000001
6	0110	1001	1010	1100	1000010
7	0111	1010	1001	1101	1000100
8	1000	1011	1000	1110	1001000
9	1001	1100	1111	1111	1010000

① 8421(BCD) 코드

4비트로 표시되는 10진 코드이며 각 비트의 자리 수에는 각각 8, 4, 2, 1의 가중치가 주어져 있다. 예를 들면, 0110은 $0\times8+1\times4+1\times2+0\times1=6$이기 때문에 10진 숫자 6을 나타내는 것으로 가중치에 의해 해석될 수 있다.

② 3-초과 코드(Excess-3 code)

옛날 컴퓨터에서 쓰던 코드이며 8421 코드에 3을 더해서 얻어진다.

③ 84-2-1코드와 2421 코드

각 비트에 8, 4, -2, -1의 가중치와 2, 4, 2, 1의 가중치가 주어져 만들어진 코드들이다.

3-초과 코드, 2421 코드, 84-2-1 코드는 모두 자기 보수성 코드(Self-complementary code)이다. 자기 보수성 코드란 각 코드에 대응하는 10진수의 9의 보수가 0은 1로, 1은 0으로 대치함으로써 쉽게 얻어지는 코드이다. 예를 들면,

$$395_{10} \rightarrow 0011\ 1111\ 1011_{2421}$$

로 표시된다. 이 숫자의 9의 보수는

$$604_{10} \rightarrow 1100\ 0000\ 0100_{2421}$$

으로서 1은 0으로, 0은 1로 대치함으로써 쉽게 얻어진다. 이 성질은 9의 보수에 의한 감산을 행할 때 유용하게 쓰인다.

④ 이중5(biquinary) 코드 또는 5043210 코드

이중 5 코드는 오류 검출 능력을 가진 7비트 코드의 예이다. 이 코드의 각 숫자는 5개의 0과 2개의 1로 구성되어 있다. 한 장소에서 다른 장소로 신호를 전송하는 도중에 오류가 발생할지도 모른다. 즉, 1개 또는 여러 개의 비트가 값이 바뀔 수 도 있다. 수신측 회로에서는 1의 개수가 2개 이상(또는 이하) 존재하는 것을 탐지할 수 있다. 또 수신한 비트의 조합이 허용할 수 있는 조합과 일치하지 않으면 오류가 검출된다.

예제 2-13

다음 10진수를 8421 코드, 84-2-1 코드와 3초과 코드로 각각 나타내어라.

(a) 123

(b) 2016

(c) 784

풀이

(a) 123

8421 코드 ⇒ 0001 0010 0011

84-2-1 코드 ⇒ 0111 0110 0101

3 초과 코드 ⇒ 0100 0101 0110

(b) 2016

8421 코드 ⇒ 0010 0000 0001 0110

84-2-1 코드 ⇒ 0110 0000 0111 1010

3 초과 코드 ⇒ 0101 0011 0100 1001

(c) 784

8421 코드 ⇒ 0111 1000 0100

84-2-1 코드 ⇒ 1001 1000 0100

3 초과 코드 ⇒ 1010 1011 0111

(3) 그레이 코드

연속적인 아날로그(Analog) 신호를 이산적인 디지털 신호로 변환할 때 많이 사용되는 코드가 그레이(Gray) 코드이다. 그레이 코드는 교번(Reflected) 2진 코드라고도 하는데 2진수에 비해서 **그레이 코드의 장점은 한 수에서 다른 수로 진행함에 따라 오직 1비트만이 변한다는 점**이다.

그레이 코드를 얻기 위해서는 어느 비트 조합으로부터도 시작할 수 있다. 원하는 형태로 0을 1로, 또는 1을 0으로 오직 한 비트씩만 바꾸어서 그 다음 비트 조합을 얻으면서 진행시켜 가면 된다. 이렇게 만든 코드 중에 2개 이상의 같은 수가 있어서는 안된다.

표 2-7 | 그레이 코드와 2진코드

Gray 코드	10진 숫자	2진 코드
0000	0	0000
0001	1	0001
0011	2	0010
0010	3	0011
0110	4	0100
0111	5	0101
0101	6	0110
0100	7	0111
1100	8	1000
1101	9	1001
1111	10	1010
1110	11	1011
1010	12	1100
1011	13	1101
1001	14	1110
1000	15	1111

2진코드를 그레이 코드로 변환하는 방법은 다음과 같다.

(1) 2진 코드의 MSB는 그대로(0은 0으로, 1은 1로)

(2) 2진 코드의 왼쪽부터 인접한 비트와의 합을 그레이 코드 비트로

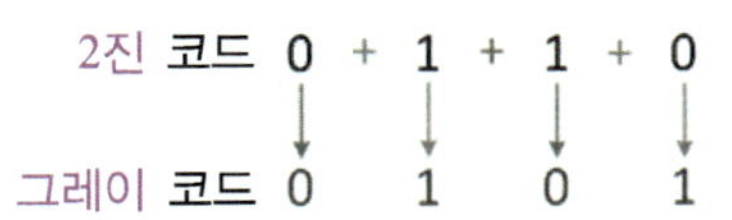

그레이 코드를 2진 코드로 변환하는 방법은 다음과 같다.

(1) 그레이 코드의 MSB는 그대로(0은 0으로, 1은 1로)

(2) 새로 결정된 2진 코드의 비트와 그레이 코드의 다음 비트의 합을 2진 코드로

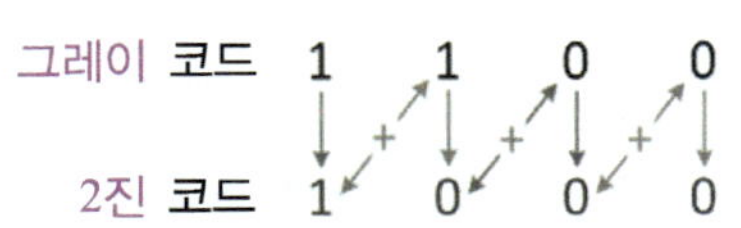

예제 2-14

다음 2진 코드는 그레이 코드로, 그레이 코드는 2진 코드로 변환하라.

(a) 2진 코드 0101

(b) 그레이 코드 0110

풀이

(a) 첫 번째 비트는 그대로 0
두 번째 비트는 0 + 1 ⇒ 1
세 번째 비트는 1 + 0 ⇒ 1
네 번째 비트는 0 + 1 ⇒ 1
따라서 0111이 된다.

(b) 첫 번째 비트는 그대로 0
두 번째 비트는 0 + 1 ⇒ 1
세 번째 비트는 1 + 1 ⇒ 0
네 번째 비트는 0 + 0 ⇒ 0
따라서 0100이 된다.

(4) 영숫자 코드

디지털 시스템은 숫자로 이루어진 데이터 뿐 만 아니라 문자로 구성된 데이터도 처리해야 한다. 예를 들면, 수백만 명의 가입자를 가진 보험회사는 가입자의 파일(file)을 처리하기 위해 컴퓨터를 사용할 것이다. 2진 형태로 가입자의 이름을 나타내기 위해서는 알파벳에 대한 2진 코드가 필요하다. 또한, 10진 숫자와 다른 특별 문자들도 2진 코드로 나타내야 한다. 영문·숫자 코드는 10개의 10진 숫자, 26개의 알파벳 문자, 그리고 *, $ 등과 같은 특수 문자로 구성된 원소들에 대한 2진 코드이다. 영문 · 숫자 군에 포함된 원소의 총 개수는 36개 이상이다. 따라서 이것들이 코드화되기 위해서는 최소한 6비트가 필요하다. 컴퓨터에서 내부적으로 문자, 숫자, 기호 등을 나타내기 위해서는 64개 이상의 조합이 필요하기 때문에 7비트, 8비트 영문 숫자 코드가 만들어졌다.

그 중 하나가 ASCII(American Standard Code for Information Interchange) 코드이고, 다른 하나가 EBCDIC(Extended BCD Interchange Code) 코드이다. 표 2-8에서 ASCII 코드는 7비트로 구성되어 있으나 실제로는 확장성을 고려하여 8비트가 사용되고 있다. 실제 사용되는 ASCII 코드표를 표 2-9에 보인다.

표 2-8 | 문자숫자 코드

문자	6비트 내부 코드	7비트 ASCII 코드	8비트 EBCDIC 코드	12비트 카드 코드
A	010 001	100 0001	1100 0001	12,1
B	010 010	100 0010	1100 0010	12,2
C	010 011	100 0011	1100 0011	12,3
D	010 100	100 0100	1100 0100	12,4
E	010 101	100 0101	1100 0101	12,5
F	010 110	100 0110	1100 0110	12,6
G	010 111	100 0111	1100 0111	12,7
H	011 000	100 1000	1100 1000	12,8
I	011 001	100 1001	1100 1001	12,9
J	100 001	100 1010	1101 0001	11,1
K	100 010	100 1011	1101 0010	11,2
L	100 011	100 1100	1101 0011	11,3
M	100 100	100 1101	1101 0100	11,4
N	100 101	100 1110	1101 0101	11,5
O	100 110	100 1111	1101 0110	11,6
P	100 111	101 0000	1101 0111	11,7
Q	101 000	101 0001	1101 1000	11,8
R	101 001	101 0010	1101 1001	11,9
S	110 010	101 0011	1110 0010	0,2
T	110 011	101 0100	1110 0011	0,3
U	110 100	101 0101	1110 0100	0,4
V	110 101	101 0110	1110 0101	0,5
W	110 110	101 0111	1110 0110	0,6
X	110 111	101 1000	1110 0111	0,7
Y	111 000	101 1001	1110 1000	0,8
Z	111 001	101 1010	1110 1001	0,9
0	000 000	011 0000	1111 0000	0
1	000 001	011 0001	1111 0001	1
2	000 010	011 0010	1111 0010	2
3	000 011	011 0011	1111 0011	3
4	000 100	011 0100	1111 0100	4
5	000 101	011 0101	1111 0101	5
6	000 110	011 0110	1111 0110	6
7	000 111	011 0111	1111 0111	7
8	001 000	011 1000	1111 1000	8
9	001 001	011 1001	1111 1001	9
blank	110 000	010 0000	0100 0000	천공안함
.	011 011	010 1110	0100 1011	12,8,3
(	111 100	010 1000	0100 1101	12,8,5
+	010 000	010 0111	0100 1110	12,8,6
$	101 011	010 0100	0100 1011	11,8,3
*	101 100	010 1010	0100 1100	11,8,4
)	011 100	010 1001	0100 1101	11,8,5
−	100 000	010 1101	0110 0000	11,
/	110 001	010 1111	0110 0001	0,1
,	111 011	010 1100	0110 1011	0,8,3
=	001 011	011 1101	0111 1110	8,6

표 2-9 | ASCII 코드표

ASCII	16진	2진	ASCII	16진	2진	ASCII	16진	2진	ASCII	16진	2진
NULL	00	0000000	SP	20	0100000	@	40	1000000	.	60	1100000
SOH	01	0000001	!	21	0100001	A	41	1000001	a	61	1100001
STX	02	0000010	"	22	0100010	B	42	1000010	b	62	1100010
ETX	03	0000011	#	23	0100011	C	43	1000011	c	63	1100011
EOT	04	0000100	$	24	0100100	D	44	1000100	d	64	1100100
ENQ	05	0000101	%	25	0100101	E	45	1000101	e	65	1100101
ACK	06	0000110	&	26	0100110	F	46	1000110	f	66	1100110
BEL	07	0000111	'	27	0100111	G	47	1000111	g	67	1100111
BS	08	0001000	(	28	0101000	H	48	1001000	h	68	1101000
HT	09	0001001	)	29	0101001	I	49	1001001	i	69	1101001
LF	0A	0001010	*	2A	0101010	J	4A	1001010	j	6A	1101010
VT	0B	0001011	+	2B	0101011	K	4B	1001011	k	6B	1101011
FF	0C	0001100	'	2C	0101100	L	4C	1001100	l	6C	1101100
CR	0D	0001101	−	2D	0101101	M	4D	1001101	m	6D	1101101
SO	0E	0001110	.	2E	0101110	N	4E	1001110	n	6E	1101110
SI	0F	0001111	/	2F	0101111	O	4F	1001111	o	6F	1101111
DLE	10	0010000	0	30	0110000	P	50	1010000	p	70	1110000
DC1	11	0010001	1	31	0110001	Q	51	1010001	q	71	1110001
SC2	12	0010010	2	32	0110010	R	52	1010010	r	72	1110010
SC3	13	0010011	3	33	0110011	S	53	1010011	s	73	1110011
SC4	14	0010100	4	34	0110100	T	54	1010100	t	74	1110100
NAK	15	0010101	5	35	0110101	U	55	1010101	u	75	1110101
SYN	16	0010110	6	36	0110110	V	56	1010110	v	76	1110110
ETB	17	0010111	7	37	0110111	W	57	1010111	w	77	1110111
CAN	18	0011000	8	38	0111000	X	58	1011000	x	78	1111000
EM	19	0011001	9	39	0111001	Y	59	1011001	y	79	1111001
SUB	1A	0011010	:	3A	0111010	Z	5A	1011010	z	7A	1111010
ESC	1B	0011011	;	3B	0111011	[	5B	1011011	{	7B	1111011
FS	1C	0011100	<	3C	0111100	\	5C	1011100	|	7C	1111100
GS	1D	0011101	=	3D	0111101	]	5D	1011101	}	7D	1111101
RS	1E	0011110	>	3E	0111110	^	5E	1011110	~	7E	1111110
US	1F	0011111	?	3F	0111111	_	5F	1011111	DEL	7F	1111111

예제 2-15

Korea를 표 2-9에서 MSB에 0을 추가한 8비트 ASCII 코드로 나타내어라.

풀이

표 2-9에서 각 문자에 대한 2진 코드를 찾아서 나열하면 다음과 같다.

01001011 01101111 01110010 01100101 01100001

(4) 오류 검출 코드

2진 정보는 전선이나 전파와 같은 통신 매체를 통하여 전달될 수 있다. 통신 매체에서 외부 잡음이 생기면 이로 인해 0을 1로, 또는 그 반대로 비트를 바꾸어 놓는다. 오류 검출 코드(error detection codes)는 전송 중에 생길지도 모르는 이런 오류를 검출하는 데 쓰인다. 검출된 오류는 수정되지는 않으나 오류가 존재함을 나타낸다.

패리티(parity) 비트는 메시지 내의 1의 총 개수를 홀수로 만들거나 짝수로 만드는 1개의 특수 비트이다. 4비트 메시지와 패리티 비트 P를 표 2-10에 나타내었다. 홀수 패리티는 1의 개수가 홀수가 되도록(5비트 전체에서) 선택되며 짝수 패리티는 모든 1의 개수가 짝수가 되도록 선택된다. 한 장소에서 다른 장소로 정보를 전송하는 동안에 패리티 비트는 다음과 같이 처리된다.

표 2-10 | 패리티 비트

메시지	P(홀수)	메시지	P(짝수)
0000	1	0000	0
0001	0	0001	1
0010	0	0010	1
0011	1	0011	0
0100	0	0100	1
0101	1	0101	0
0110	1	0110	0
0111	0	0111	1
1000	0	1000	1
1001	1	1001	0
1010	1	1010	0
1011	0	1011	1
1100	1	1100	0
1101	0	1101	1
1110	0	1110	1
1111	1	1111	0

송신 마지막 단계에서 메시지(처음 4비트)는 패리티 비트를 발생시키기 위해서 패리티 발생 회로에 가해진다. 그리고 패리티 비트를 포함한 메시지가 도착점으로 전송된다. 수신 측에서 입력 비트(5비트 전부)는 적절한 패리티가 적용되었는지를 검사하기 위하여 패리티 비트 검사 회로에 가해진다. 검사된 패리티가 채택된 패리티와 다르면 오류가 검출된다.

예제 2-16

3초과 코드 각각에 대해 짝수 패리티를 적용하여 5비트 코드로 만들어라.

3초과 코드	짝수 패리티 포함 3초과 코드
0011	00110
0100	01001
0101	01010
0110	01100
0111	01111
1000	10001
1001	10010
1010	10100
1011	10111
1100	11000

연습문제

2.1 다음 10진수를 2진수, 8진수 16진수로 변환하라.

① 64 ② 132
③ 242 ④ 13
⑤ 317

2.2 다음 수를 10진수로 변환하라.

① 10110111_2 ② 1001_2
③ 243_8 ④ $1AD3_{16}$
⑤ $42E_{16}$

2.3 다음 수를 2진수는 8진수와 16진수로, 8진수는 2진수와 16진수로, 16진수는 2진수와 8진수로 각각 변환하라.

① 11011011011_2 ② 1010110.011_2
③ 2342_8 ④ $1FBD3_{16}$
⑤ $4A.E_{16}$

2.4 다음 2진수의 1의 보수와 2의 보수를 구하라.

① 1010101 ② 0110010
③ 1001001 ④ 10000
⑤ 0011

2.5 다음 2진수의 감산을 2의 보수를 써서 수행하라.

① 11011 - 1001 ② 10010 - 10001
③ 11010 - 10010 ④ 100 - 110000

2.6 다음 수를 2의 보수법에 의해 8비트로 표현하라.

① 67 ② −34
③ −73 ④ 111
⑤ 28 ⑥ −47

2.7 2의 보수법을 사용하여 다음 계산을 하여라. 단, 10진수는 8비트 2진수로 변환하여 계산하며, 결과는 10진수로 나타낸다.

① 67 + 34 ② 67 - 34

③ 111 + 28 ④ 28 - 73

⑤ -28 - 47

2.8 10진수 7825를 (a) BCD로, (b) 3-초과 코드로, (c) 2421 코드로, (d) 그레이 코드로 나타내어라.

2.9 10개의 10진 숫자를 10비트의 2진 코드로 나타내고자 한다. 각 숫자에 9개의 0과 1개의 1이 할당된다. 예를 들면, 숫자 6에 대한 코드는 0001000000이다. 나머지 10진 숫자에 대한 2진 코드를 만들어라.

2.10 표 2-9의 7비트 ASCII 코드와 짝수 패리티로 만들어지는 최상위 비트를 가진 8비트 코드로 각자의 이름을 써라. 각 이름 사이에는 공란을 넣는다.

2.11 자신의 학번을 BCD 코드와 ASCII 코드로 표현하라.

2.12 자신의 영문 이름을 ASCII 코드로 표현하라.

2.13 2진 코드의 각 비트에서 1은 0으로, 0은 1로 바꿈에 의해서 5의 보수를 얻을 수 있도록 모든 6진수에 대한 2진 코드를 구하라.

CHAPTER

3

불 대수

학습목표

1 불 대수의 정의를 설명할 수 있다.
2 불 대수의 법칙을 설명할 수 있다.
3 불 대수의 법칙을 활용할 수 있다.

3.1 불 대수의 개요

불 대수는 2진수를 기본으로 하는 디지털 시스템의 논리설계를 공부하는데 필요한 기본 수학이다.

(1) 불 대수의 정의

대수란 원소의 집합과 원소들에 대한 연산자로 정의된다. 그 중에서도 불 대수(Boolean Algebra)는 원소의 집합이 {0, 1}이고 정의된 연산자가 {AND, OR, NOT}인 대수를 의미한다. 원소의 집합이 2진 값(two-value)을 가지므로 이들에 대한 연산의 결과도 2진 값을 갖는다. 따라서 이를 2진 연산이라 한다. 연산자의 기호는 표 3-1과 같다.

표 3-1 | 불 대수의 연산자

연산자	기호	기능
AND	· 또는 생략	논리곱
OR	+	논리합
NOT	‾ 또는 ′	논리부정

(2) 논리변수와 논리함수

그림 3-1과 같은 스위칭 논리회로의 입력이나 출력 신호의 상태를 나타내기 위해 사용되는 변수를 논리변수 또는 불변수라고 한다. 논리변수는 반드시 2가지 값 중에 하나만 가질 수 있으며, “0”과 “1”의 2가지 기호를 사용하여 값을 나타낸다. 일반적으로 논리변수는 알파벳 1 글자(A, B, C, D 등)로 표현한다. A라는 논리변수는 A=0이거나 A=1이다.

그림 3-1 ▌ 스위치로 구성된 회로

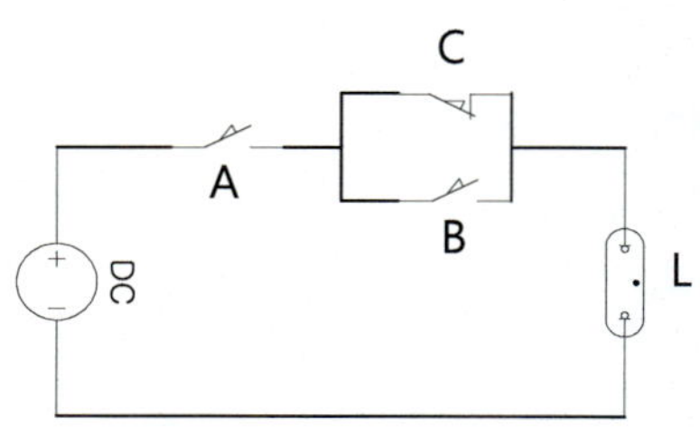

기호 0과 1이 2진수처럼 보이지만, 이들은 숫자가 아니라 논리변수의 두 가지 값을 나타내는 기호이다. 예를 들어 기호 0은 낮은 전압을 나타내고 기호 1은 높은 전압을 의미한다. 또는 기호 0이 스위치의 Off 상태를, 기호 1은 스위치의 On 상태를 나태내기 위해서도 사용된다.

그림 3-1과 같은 스위치로 구성되는 회로에 대해 생각해 보자. 세 개의 스위치 A, B, C는 각각 On 또는 Off 상태를 갖는다. 그림 3-1의 회로에서는 A=Off, B=Off, C=On이다. 이를 0과 1의 기호로 나타내면, A=0, B=0, C=1이 된다. 또한 전구 L은 켜지거나 꺼지는 두 가지 상태를 가지므로 각각 1과 0으로 나타낼 수 있다. 그림에서는 꺼진 상태이므로 L=0으로 표현된다. 전등의 상태 L은 스위치의 조합으로 결정된다.

이 때 스위치의 상태를 나타내는 A, B, C를 논리 변수라 한다. 논리 변수에 의해 값이 결정되는 L은 불 함수 또는 논리함수이며, A, B, C의 함수이다. 이를 다시 나타내면

$$L(A,B,C)$$

가 된다. 이와 같이 불 대수는 논리 변수(A, B, C)와 불 함수(L) 사이의 관계를 나타내기 위해 사용된다.

(3) 기본 연산

불 대수의 기본연산은 AND, OR, NOT(Inverse 또는 Complement; 보수)이다. 0의 보수는 1이고 1의 보수는 0이다. 이를 기호로 표시하면 다음과 같다.

$$\overline{0}=1,\quad \overline{1}=0$$

여기서 바($\overline{\ }$)는 보수를 나타내며 논리부정(NOT 연산)이라고도 한다.

x가 논리변수일 때 x = 0이면 $\overline{x}=1$이고 x = 1이면 $\overline{x}=0$이다.

x의 논리부정을 x′로 표시하기도 한다. 논리부정에 대한 진리표는 표 3-2와 같다.

표 3-2 | NOT 진리표

x	$\overline{x}$
0	1
1	0

표 3-3 | AND 진리표

A	B	C=A · B
0	0	0
0	1	0
1	0	0
1	1	1

AND 연산은 다음과 같이 정의된다.

$$0 \cdot 0=0 \quad 0 \cdot 1=0 \quad 1 \cdot 0=0 \quad 1 \cdot 1=1$$

여기서 · 는 AND를 의미한다.

만약 불 대수식(또는 논리식)을 $C=A \cdot B$와 같이 표시한다면 A, B의 값이 주어질 때 C의 값은 표 3-3과 같이 결정된다.

표 3-3에서 알 수 있는 바와 같이 C의 값은 A, B가 모두 1일 때만 1이다. 일반적으로 불 대수식을 표현할 때 · 기호는 생략하므로 $A \cdot B$ 대신 AB로 표현한다. AND 연산을 **논리곱**이라고도 한다.

OR 연산은 다음과 같이 정의된다.

$$0+0=0 \quad 0+1=1 \quad 1+0=1 \quad 1+1=1$$

여기서 +는 OR를 나타낸다. $C=A+B$라고 쓰며 A와 B의 값이 주어질 때 C의 값은 표 3-4와 같이 결정된다.

표 3-4에서 A 또는 B의 값이 1이면 C의 값이 1이 됨을 알 수 있다. 따라서 OR라는 명칭이 부여되어 있고 이를 **논리합**이라고도 한다.

표 3-4 | OR 진리표

A	B	C=A+B
0	0	0
0	1	1
1	0	1
1	1	1

(4) 논리식과 진리표

논리식은 불 대수식이며, 논리변수나 상수에 기본적인 연산을 적용하여 만들어진다. 가장 간단한 식은 0, X, $\overline{Y}$와 같이 단일 변수나 상수로 표시된다. 보다 복잡한 식은 둘 이상의 식을 AND나 OR를 이용하여 결합하거나 다른 식의 보수를 취하여 만들어진다. 예를 들면

$$A\overline{B} + C$$
$$\overline{[A(C+D)]} + BE$$

와 같은 것이 논리식이다.

불 대수식에서의 연산자 우선순위

① 괄호

② NOT

③ AND

④ OR

위의 첫 번째 식에서 $\overline{B}$가 먼저 처리되고 다음에 $A\overline{B}$ 다음에 $A\overline{B}+C$의 순서로 연산이 진행된다. 이들 식의 값은 각 변수에 0 또는 1의 값을 대입하여 구해진다.

두 번째 식에서 $A=B=C=1$이고 $D=E=0$이면

$$\overline{[A(C+D)]} + BE = \overline{[1(1+0)]} + 1 \cdot 0 = \overline{[1(1)]} + 0 = 0 + 0 = 0$$

이다.

그림 3-1의 회로는 스위치 A가 닫히고(AND), B 또는(OR) C가 닫히면 전구(L)가 켜지므로, 불 대수로 표현하면 다음과 같다.

$$L(A,B,C) = A(B+C)$$

논리식이 갖는 값을 나타내기 위해 진리표(Truth Table)가 이용되는데 이는 논리식에 포함되는 모든 변수 값의 조합에 대한 논리식의 값을 나타낸 표이다. 따라서 진리표는 입력에 대한 디지털 시스템의 출력을 나타내기 위해 사용된다.

표 3-5 | 진리표 $F=\overline{A}+B$

A	B	$\overline{A}$	$F=\overline{A}+B$
0	0	1	1
0	1	1	1
1	0	0	0
1	1	0	1

표 3-5는 입력 논리변수 A, B의 모든 값의 조합에 대한 논리식 $F=\overline{A}+B$의 값을 나타낸 것이다. 첫 열에는 A, B값의 4가지 조합을 모두 나타내고 다음 열에는 $\overline{A}$에 대응하는 값을 나타낸다. 마지막 열에는 $\overline{A}+B$의 값이 $\overline{A}$와 B의 값을 OR하여 나와 있다.

입력변수 A, B, C의 모든 값의 조합에 대해 논리식 $A\overline{B}+C$의 값을 나타내는 진리표를 만들어 보기로 하자. 입력변수 A, B, C의 값을 표의 왼쪽에 나열한다. 각각의 변수가 0 또는 1의 값을 가지므로 입력변수 값의 조합은 $2\times2\times2=8$가지가 가능하다.

다음에는 $\overline{B}$, $A\overline{B}$, $A\overline{B}+C$의 값을 계산하여 진리표의 해당하는 칸에 적는다.

표 3-6 | 진리표 $F=A\overline{B}+C$

A	B	C	$\overline{B}$	$A\overline{B}$	$A\overline{B}+C$
0	0	0	1	0	0
0	0	1	1	0	1
0	1	0	0	0	0
0	1	1	0	0	1
1	0	0	1	1	1
1	0	1	1	1	1
1	1	0	0	0	0
1	1	1	0	0	1

어떤 논리식이 n개의 변수를 가지면 변수의 값의 조합은 다음과 같다.

$$2\times2\times2\times\cdots\times2=2^n$$

따라서 n개의 변수를 갖는 논리식을 위한 진리표는 2^n개의 줄을 갖는다.

예제 3-1

논리 변수 x, y, z에 포함된 1의 개수가 홀수일 때 1이 되는 논리 함수 $f(x,y,z)$를 진리표로 나타내어라.

풀이

불함수 $f(x,y,z)$는 0 또는 1의 값을 가지므로 1의 개수가 홀수이면 1을 할당하고 짝수이면 0을 할당한다.

x	y	z	$f(x, y, z)$
0	0	0	0
0	0	1	1
0	1	0	1
0	1	1	0
1	0	0	1
1	0	1	0
1	1	0	0
1	1	1	1

만약 어떤 두 논리식이 모든 입력변수의 조합에 대해 같은 값을 가지면 이 두 논리식은 같은 식이다. $(A+C)(\overline{B}+C)$의 값은 A, B, C의 모든 조합에 대해 $A\overline{B}+C$의 값과 같으므로

$$A\overline{B}+C=(A+C)(\overline{B}+C)$$

이다. 진리표를 이용하여 논리식의 같음을 증명할 수 있다.

예제 3-2

다음 논리식이 성립함을 진리표를 이용하여 증명하라.

$A\overline{B}+C=(A+C)(\overline{B}+C)$

풀이

A	B	C	$A\overline{B}$	(좌변)$=A\overline{B}+C$	$A+C$	$\overline{B}+C$	(우변)$=(A+C)(\overline{B}+C)$
0	0	0	0	0	0	1	0
0	0	1	0	1	1	1	1
0	1	0	0	0	0	0	0
0	1	1	0	1	1	1	1
1	0	0	1	1	1	1	1
1	0	1	1	1	1	1	1
1	1	0	0	0	1	0	0
1	1	1	0	1	1	1	1

표에서 보는 바와 같이 (좌변)과 (우변)의 결과가 같으므로 논리식은 성립한다.

3.2 불 대수의 법칙

(1) 공리

$$X=0 \quad \text{또는} \quad X=1$$
$$0 \cdot 0=0$$
$$1 \cdot 1=1$$
$$0+0=0$$
$$1+1=1$$
$$1 \cdot 0=0 \cdot 1=0$$
$$1+0=0+1=1$$

(2) 기본 정리

① $X+0=0+X=X$

X	0	$X+0$
0	0	0
1	0	1

0	X	$0+X$
0	0	0
0	1	1

② $X \cdot 1=1 \cdot X=X$

X	1	$X \cdot 1$
0	1	0
1	1	1

1	X	$1 \cdot X$
1	0	0
1	1	1

③ $X+1=1+X=1$

X	1	$X+1$
0	1	1
1	1	1

1	X	$1+X$
1	0	1
1	1	1

④ $X \cdot 0=0 \cdot X=0$

X	0	$X \cdot 0$
0	0	0
1	0	0

0	X	$0 \cdot X$
0	0	0
0	1	0

⑤ $X+X=X$

X	X	$X+X$
0	0	0
1	1	1

⑥ $X \cdot X=X$

X	X	$X \cdot X$
0	0	0
1	1	1

⑦ $X+\overline{X}=1$

X	$\overline{X}$	$X+\overline{X}$
0	1	1
1	0	1

⑧ $X \cdot \overline{X}=0$

X	$\overline{X}$	$X \cdot \overline{X}$
0	1	0
1	0	0

⑨ $\overline{(\overline{X})}=X$

X	$\overline{X}$	$\overline{(\overline{X})}$
0	1	0
1	0	1

(3) 기본 법칙

일반 대수에서 성립되는 교환 법칙이나 결합 법칙이 불 대수에도 적용된다.

AND나 OR에 대한 교환 법칙은

$$XY=YX$$
$$X+Y=Y+X$$

이다. 이는 AND 또는 OR 연산에서 변수의 연산 순서는 결과와 무관함을 의미한다.

결합 법칙도 AND나 OR 연산에 적용되는데

$$(XY)Z=X(YZ)=XYZ$$
$$(X+Y)+Z=X+(Y+Z)=X+Y+Z$$

이다. 이는 세 변수의 AND나 OR 연산을 할 때 그 결과는 어느 두 변수가 먼저 결합되느냐와 무관함을 의미한다.

진리표를 이용하면 교환 법칙과 결합 법칙의 증명을 간단히 할 수 있다. AND, OR 연산에 배분 법칙을 적용하면

$$X(Y+Z)=XY+XZ$$

가 된다. 또한 일반 대수에서는 성립되지 않는 2차 배분 법칙이 불 대수에서는 성립된다.

$$X+YZ=(X+Y)(X+Z)$$

2차 배분 법칙에 대한 증명은 다음과 같다.

$$\begin{aligned}(X+Y)(X+Z)&=X(X+Z)+Y(X+Z)=XX+XZ+YX+YZ\\&=X+XY+XZ+YZ=X\cdot 1+XY+XZ+YZ\\&=X(1+Y+Z)+YZ=X+YZ\end{aligned}$$

(4) 따름정리

불 대수의 기본 정리와 기본 법칙으로부터 다음과 같은 따름 정리가 성립된다.

① $XY+X\overline{Y}=X$
② $(X+Y)(X+\overline{Y})=X$
③ $X+XY=X$
④ $X(X+Y)=X$
⑤ $(X+\overline{Y})Y=XY$
⑥ $X\overline{Y}+Y=X+Y$
⑦ $\overline{(X+Y)}=\overline{X}\,\overline{Y}$, $\overline{(XY)}=\overline{X}+\overline{Y}$ (De Morgan의 법칙)

증명:
③: $X+XY=X\cdot 1+XY=X(1+Y)=X$
④: $X(X+Y)=XX+XY=X+XY=X$
⑥: $Y+X\overline{Y}=(Y+X)(Y+\overline{Y})=(Y+X)\cdot 1=Y+X$

(5) 드모르간의 법칙

드 모르간(De Morgan)의 법칙을 대수적으로 증명하려면 길어지게 되므로 표 3-7과 같은 진리표로 간단히 증명할 수 있다.

표 3-7 | De Morgan의 법칙

x y	$x+y$	$\overline{(x+y)}$	$\overline{x}$	$\overline{y}$	$\overline{x}\,\overline{y}$
0 0	0	1	1	1	1
0 1	1	0	1	0	0
1 0	1	0	0	1	0
1 1	1	0	0	0	0

표 3-7로부터 $\overline{(x+y)}=\overline{x}\,\overline{y}$임을 알 수 있다.

예제 3-3

논리식 $Z=\overline{A}BC+\overline{A}$을 간소화 하라.

풀이

$X=\overline{A}$라 하고 $Y=BC$라 놓으면 $Z=XY+X$가 된다. 위의 따름 정리 ③을 이용하면 $Z=X=\overline{A}$이 된다.

예제 3-4

다음 논리식을 가장 적은 수의 문자로 간소화하라.

(a) $x+\overline{x}y$

(b) $x(\overline{x}+y)$

(c) $\overline{x}\,\overline{y}z+\overline{x}yz+x\overline{y}$

(d) $xy+\overline{x}z+yz$

풀이

(a) $x+\overline{x}y=(x+\overline{x})(x+y)$ ← 배분 법칙
$=1\cdot(x+y)=x+y$

(b) $x(\overline{x}+y)=x\overline{x}+xy$ ← 배분 법칙
$=0+xy=xy$

(c) $\overline{x}\,\overline{y}z+\overline{x}yz+x\overline{y}=\overline{x}z(\overline{y}+y)+x\overline{y}$ ← 배분 법칙
$=\overline{x}z+x\overline{y}$ ← $y+\overline{y}=1$

(d) $xy+\overline{x}z+yz=xy+\overline{x}z+yz(x+\overline{x})$ ← $x\cdot1=x$
$=xy+\overline{x}z+xyz+\overline{x}yz$ ← 배분 법칙
$=xy(1+z)+\overline{x}z(1+y)$
$=xy+\overline{x}z$

예제 3-5

배분 법칙을 이용하여 다음 논리식을 합의 곱의 형태로 변환하라.

(a) $A+\overline{B}CD$

(b) $A\overline{B}+\overline{C}D$

(c) $\overline{C}D+\overline{C}\,\overline{E}+\overline{G}H$

풀이

(a) $A+\overline{B}CD=(A+\overline{B})(A+CD)$

$=(A+\overline{B})(A+C)(A+D)$

(b) $A\overline{B}+\overline{C}D=(A\overline{B}+\overline{C})(A\overline{B}+D)$

$=(A+\overline{C})(\overline{B}+\overline{C})(A+D)(\overline{B}+D)$

(c) $\overline{C}D+\overline{C}\overline{E}+\overline{G}H=\overline{C}(D+\overline{E})+\overline{G}H$

$=(\overline{C}+\overline{G}H)(D+\overline{E}+\overline{G}H)$

$=(\overline{C}+\overline{G})(\overline{C}+H)(D+\overline{E}+\overline{G})(D+\overline{E}+H)$

예제 3-6

드 모르간(De Morgan)의 법칙을 이용하여 논리식 $(\overline{A}+B)\overline{C}$의 논리 부정을 표시하라.

풀이

$\overline{[(\overline{A}+B)\overline{C}]}=\overline{(\overline{A}+B)}+\overline{(\overline{C})}$

$=A\overline{B}+C$

(6) 논리식의 쌍대성

어떤 논리식이 주어질 때 **AND는 OR로, OR는 AND로 대치하고, 0 은 1로, 1은 0으로 대치해도 논리식은 그대로 성립**한다. 이를 **논리식의 쌍대성(duality)**이라 한다. 이때 변수와 그 보변수는 변하지 않는다.

이를 요약하면 다음과 같다.

$$[f(X_1, X_2, \cdots, X_n, 0, 1, +, \cdot)]^D = f(X_1, X_2, \cdots, X_n, 1, 0, \cdot, +)$$

예제 3-7

논리식 $F=a\overline{b}+c+0\cdot\overline{d}(1+e)$에 대응하는 식은 $F^D=(a+\overline{b})c(1+\overline{d}+0\cdot e)$가 된다.

예제 3-8

예제 3-4의 (d)번 식과 쌍대성을 이용하여 $(x+y)(\overline{x}+z)(y+z)$를 간소화 하라.

풀이

$(x+y)(\overline{x}+z)(y+z)$에 쌍대성을 적용하면 예제 3-4의 (d)번 식이 된다. 이 식은 $xy+\overline{x}z$로 간소화되므로 쌍대성에 의해 $(x+y)(\overline{x}+z)$가 된다.

연습문제

3.1 다음 논리식에 대해 입력 값이 각각 주어질 때의 논리식의 값은 얼마인가?

$$F(a,b,c) = a + b\overline{c} + \overline{b}c$$

① $a=0,\ b=1,\ c=1$
② $a=1,\ b=1,\ c=1$
③ $a=0,\ b=1,\ c=0$

3.2 다음 논리식의 진리표를 작성하라.

$$F(x,y,z) = xy + x\overline{y} + \overline{y}z$$

3.3 논리 변수 x, y, z에 포함된 1의 개수가 짝수일 때 1이 되는 불 함수 $f(x,y,z)$를 진리표로 나타내어라.

3.4 논리 변수 x, y, z에 포함된 1의 개수가 0의 개수보다 많을 때 1이 되는 불 함수 $f(x,y,z)$를 진리표로 나타내어라.

3.5 $\overline{(XY)} = \overline{X} + \overline{Y}$을 진리표를 사용하여 증명하라.

3.6 $A + \overline{B}CD = (A+\overline{B})(A+C)(A+D)$가 됨을 증명하라.

3.7 다음 불 함수를 불 대수 법칙을 이용하여 간소화하라.

① $xy + x\overline{y}$
② $(x+y)(x+\overline{y})$
③ $xyz + \overline{x}y + xy\overline{z}$
④ $xz + \overline{x}yz$
⑤ $\overline{(A+B)}\,\overline{(\overline{A}+\overline{B})}$
⑥ $y(w\overline{z} + wz) + xy$
⑦ $(x+y)(\overline{x}+z)(y+z)$
⑧ $(x+y)(x+\overline{y})(\overline{x}+\overline{y})(\overline{x}+y)$

CHAPTER

4

논리 게이트

학습목표

1 디지털 시스템에서의 논리값과 그에 대응하는 전압값을 설명할 수 있다.
2 기본 게이트의 동작 원리를 설명할 수 있다.
3 진리표를 사용하여 게이트의 동작을 표현할 수 있다.
4 타이밍다이어그램을 사용하여 게이트의 동작을 설명할 수 있다.
5 게이트의 입력 신호에 대해 설명할 수 있다.
6 게이트의 출력 종류에 대해 설명할 수 있다.
7 정논리와 부논리를 적용하여 게이트의 동작을 정의할 수 있다.
8 게이트의 특성을 실제 회로 설계 등에 적용할 수 있다.
9 IC의 종류와 사용법을 활용할 수 있다.

4.1 논리값과 전압

표 4-1 | 논리값과 전압값

논리	논리값	전압상태	TTL 로직 전압
참(True)	1	High	+5V(+3.3V)
거짓(False)	0	Low	0V

디지털 시스템은 전자회로로 구현이 되며, 전자회로의 동작은 신호의 전압 변화로 이루어진다. 디지털 시스템을 구성하는 가장 기본적인 소자를 논리 게이트(Logic Gate)라고 한다. 논리 게이트의 동작은 2진수로 표현할 수 있으며, 따라서 논리 게이트를 2진 논리 소자라고도 한다. 디지털 시스템의 2진수에 대응하는 전압을 정의하여야 하는데, 논리 소자에서 이용되는 전압은 High이거나 또는 Low이다. 여기서 High는 2진수의 1을 의미하고, Low는 0을 뜻한다. 따라서 논리 소자는 High 또는 Low 전압에만 응답하고 논리 소자의 출력도 High 또는 Low만 나온다.

실제 디지털 시스템에서의 신호의 변화는 그림 4-1에서 보는 것과 같이 "1" 또는 "0"에 해당하는 전압 "High" 또는 "Low"의 전압 변화만 나타난다. 즉, 중간 값은 사용하지 않는다. 디지털 논리 소자 중 대표적인 것으로 TTL(Transistor-Transistor Logic)의 경우에 "High" 상태는 +5[V](또는 +3.3[V]도 있음), "Low" 상태를 0[V]로 정하고 있다. 그림 4-1과 같이 신호의 시간에 따른 변화를 그린 것을 타이밍 다이어그램이라고 한다.

디지털 시스템과 같이 2가지의 상태만 갖는 주변에서 볼 수 있는 부품이 스위치이다.

그림 4-1 디지털 시스템에서의 신호의 변화

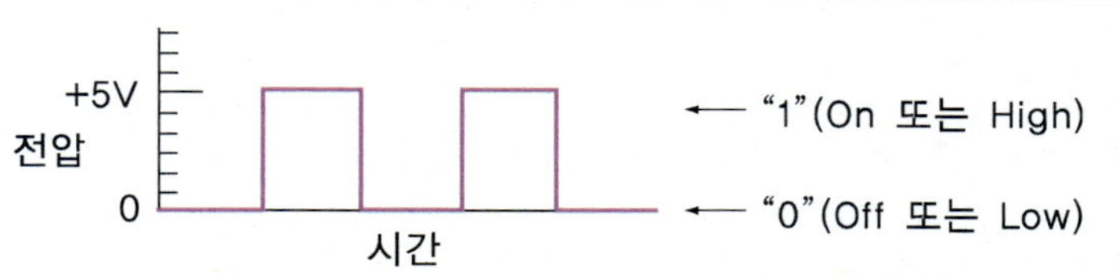

그림 4-2 스위치의 동작 상태("On")

그림 4-3 스위치의 동작 상태("Off")

스위치는 그림 4-2와 그림 4-3에서와 같이 2개의 접점을 이어주거나 또는 끊어서 전기의 연결을 제어하는 부품이다. "On" 상태는 2 접점이 연결된 상태로 단락 상태 또는 Short 상태라고도 한다. "Off" 상태는 2 접점이 끊어진 상태로 개방 상태 또는 Open 상태라고도 한다. 디지털 시스템에서 1과 0의 2가지 상태와 스위치의 On과 Off 2가지 상태가 일치하기 때문에 디지털 시스템을 스위칭 회로라고도 한다.

일반 기계 스위치는 사람의 손이나 기계적인 힘을 가해 스위치의 상태를 변경한다. 디지털 회로는 반도체 소자로 구성하는데, 반도체 소자는 기계적인 힘을 가해 스위치의 상태를 바꾸는 것이 아니라 스위치의 상태를 제어하는 별도의 제어 신호가 있다. 이를 개념적으로 보이는 것이 그림 4-4이다.

그림 4-4에서는 CONTROL 신호가 "Low"이기 때문에 접점 1과 2는 끊어져 스위치는 "Off" 상태가 된다. 그림 4-5에서는 CONTROL 신호가 "High"이기 때문에 접점 1과 2는 이어져 스위치는 "On" 상태가 된다.

▌그림 4-4 ▌ 반도체 스위치 동작 상태(CONTROL=L, SW=Off)

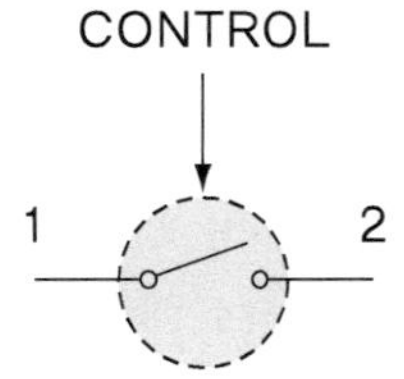

▌그림 4-5 ▌ 반도체 스위치 동작 상태(CONTROL=H, SW=On)

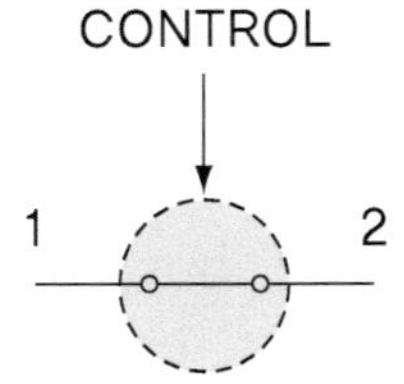

반도체스위치는 트랜지스터로 구성한다. 트랜지스터는 그림 4-6에서 보는 것과 같으며, C와 E가 스위치의 접점 1과 2에 대응되며, B가 CONTROL 신호에 대응된다. NPN형 트랜지스터의 스위칭 동작은 B가 "High"이면 C와 E 사이에 전류가 흐르고 즉, "On" 상태가 되고, B가 "Low"이면 C와 E 사이에 전류가 흐르지 않는 즉, "Off" 상태가 된다.

▌그림 4-6▌ 트랜지스터

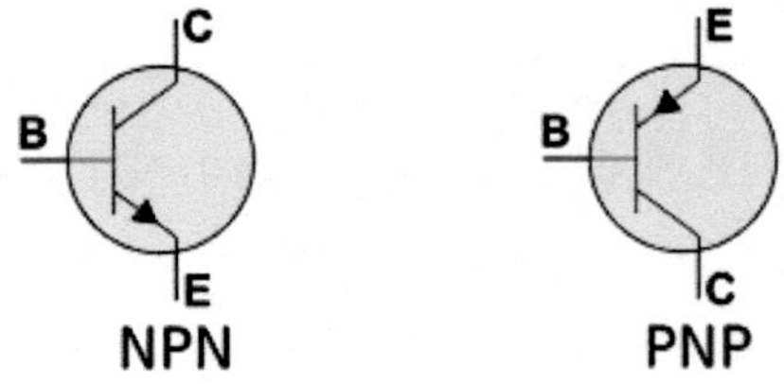

스위치를 디지털 회로에 적용할 때에는 그림 4-7과 같다. 그림 4-7에서 IN 신호가 "High"가 되면 SW는 On이 되고, OUT은 0[V] 즉, "Low"가 된다. IN 신호가 "Low"가 되면 SW는 Off가 되고, OUT은 5[V] 즉, "High"가 된다. 이 동작은 그림 4-8과 같이 나타낼 수 있고, 이를 타이밍 다이어그램이라고 한다.

디지털 논리회로에서 출력의 상태를 변화시키는 신호를 입력이라 하고, 입력 신호의 상태 변화에 따라 신호의 상태가 결정되는 신호를 출력이라고 한다. 그림 4-7에서는 IN이 입력, OUT이 출력이 된다.

디지털 시스템의 논리 동작을 구현한 회로를 논리회로라고 한다. 논리회로를 구현하기 위해 필요한 불 대수의 기본 연산인 AND, OR, NOT의 기능을 구현한 반도체 소자를 기본 논리 게이트(Logic Gate)라고 한다. 논리 게이트는 논리 기능을 수행하는 집적회로(IC: Integrated Circuits)이다. 기본 논리 게이트에는 NOT 게이트, AND 게이트, OR 게이트가 있으며, 이를 확장한 확장 논리 게이트로 NAND, NOR, XOR 등이 있다.

▌그림 4-7▌ 스위치 회로

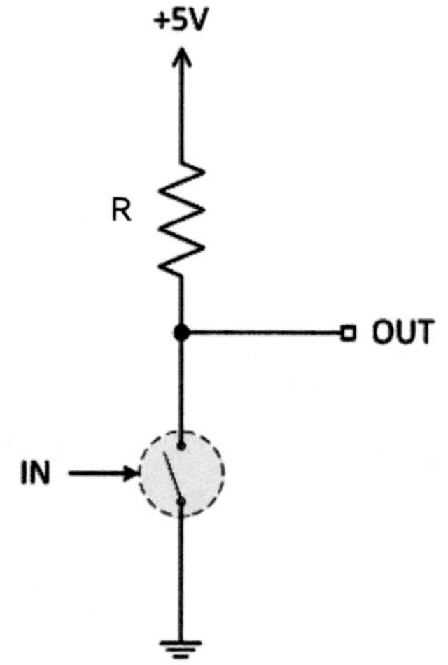

▌그림 4-8▌ 스위치 회로의 동작

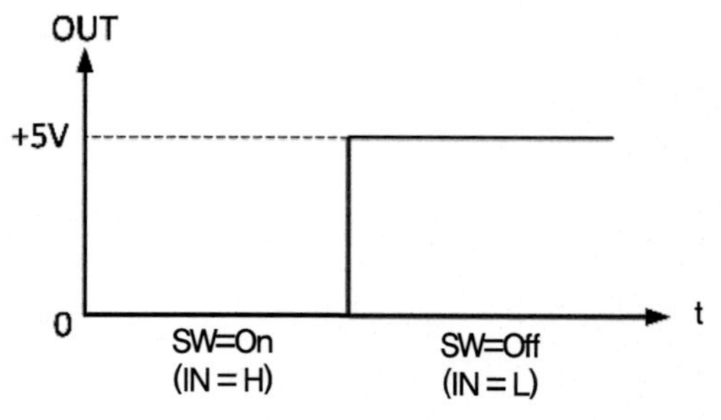

4.2 NOT 게이트

NOT 게이트는 논리 부정을 수행하는 소자이다. 하나의 입력과 하나의 출력을 가진다. 논리 부정은 출력을 입력의 반대 상태로 만드는 동작으로, 입력이 0이면 출력은 1, 입력이 0이면 출력은 1이 된다. NOT 게이트는 인버터(Inverter) 라고도 한다.

NOT 게이트의 동작은 그림 4-9의 회로로 설명할 수 있다. 스위치의 상태를 Off로 하기 위해서는 IN 신호가 0[V] 즉 "L" 상태가 되어야 하고 이 때, OUT은 5[V] 즉 "H"가 된다. 반대로 스위치가 On이 되려면 IN 신호가 5[V] 즉, "H"가 되어야 하고 이 때, OUT은 0[V] 즉, "L"이 된다. NOT 게이트는 입력을 반대 상태로 하는 동작을 한다.

그림 4-9 NOT 게이트의 동작

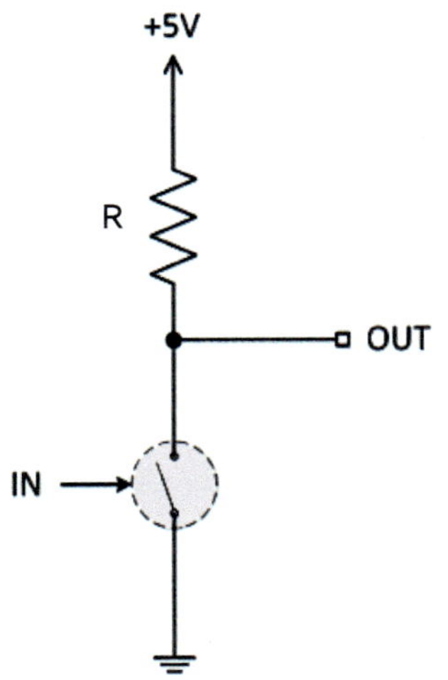

스위치	IN	OUT
Off	0V	5V
On	5V	0V

IN	OUT
L	H
H	L

IN	OUT
0	1
1	0

NOT 게이트의 회로 기호는 그림 4-10과 같다. 그림 4-10의 왼쪽 단자가 입력이고, 오른쪽 단자가 출력이다. 논리식 $Y=\overline{A}$를 회로로 표현하면 그림 4-11과 같다. 입력 A가 0이면, 출력 Y가 1이 되고, 입력 A가 1이면, 출력 Y가 0이 된다. 이를 진리표로 나타내면 표 4-2와 같다.

그림 4-10 NOT 게이트의 논리회로 기호

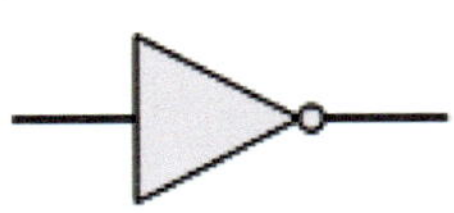

▌그림 4-11▌ NOT 게이트 논리회로와 동작 타이밍 다이어그램

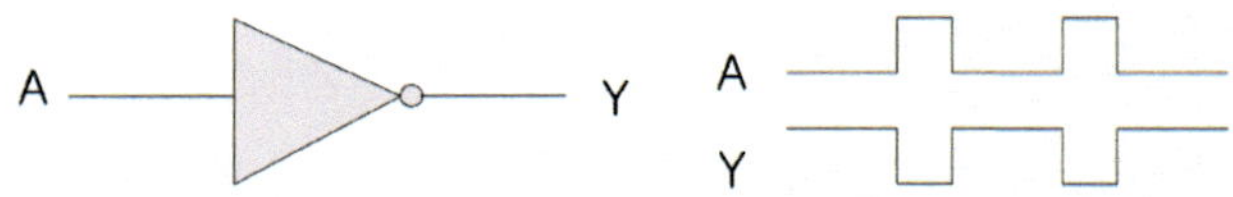

표 4-2 | NOT 게이트 진리표

A	Y
0	1
1	0

표 4-3 | 이중부정에 대한 진리표

A	$\overline{A}$	Y
0	1	0
1	0	1

이중 부정은 $Y=\overline{(\overline{A})}=A$로 표현되며, 이를 회로로 나타내면 그림 4-12와 같다. 표 4-3에 이중 부정에 대한 진리표를 보인다.

▌그림 4-12▌ 이중부정 회로

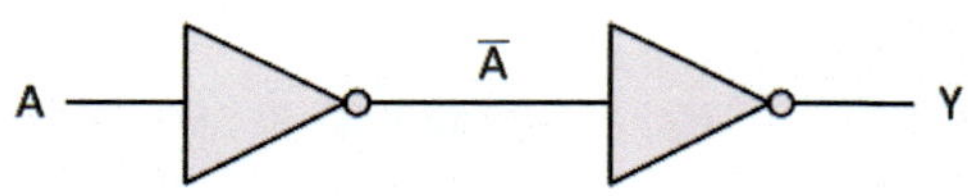

NOT 게이트 기능을 하는 TTL 소자는 표 4-4와 같이 여러 가지 종류가 있다.

표 4-4 | NOT 게이트 소자

부품 번호	설 명
7404	
7405	오픈 컬렉터형
7406	오픈 컬렉터형
7414	Schmitt Trigger

▌그림 4-13▌ 외형

▌그림 4-14▌ 7404의 내부

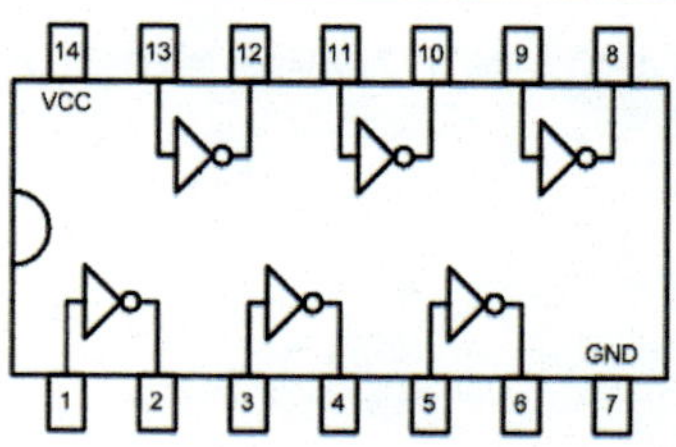

실제 부품은 그림 4-13에서 보는 것과 같으며, 하나의 부품 안에 6개의 NOT 게이트가 있다. 핀 다이어그램은 그림 4-14와 같다.

예제 4-1

그림 4-11의 회로의 입력(A)에 다음과 같은 파형이 인가될 때, 출력(Y)의 파형을 그려라.

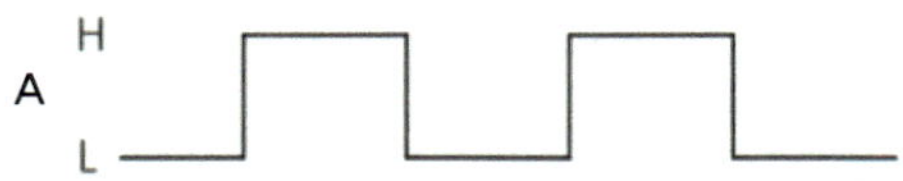

풀이

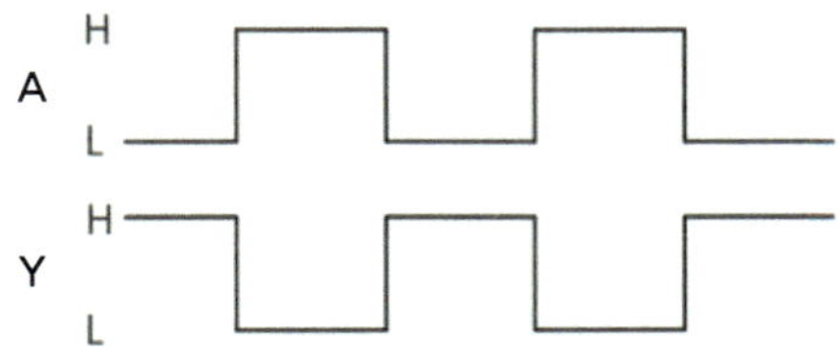

4.3 AND 게이트

▌그림 4-15 ▌ AND 게이트의 동작

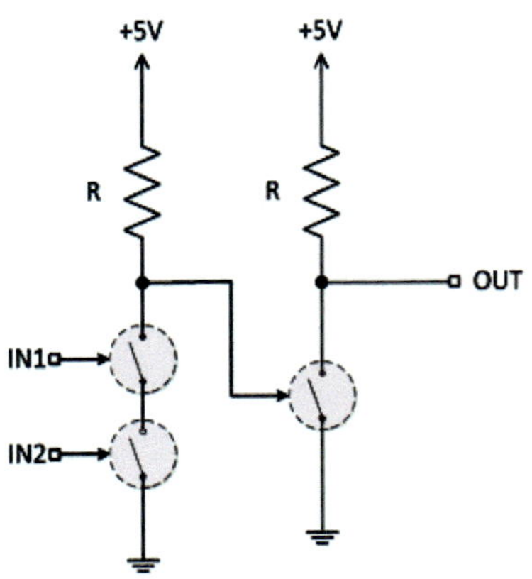

IN1	IN2	OUT
0V	0V	0V
0V	5V	0V
5V	0V	0V
5V	5V	5V

IN1	IN2	OUT
L	L	L
L	H	L
H	L	L
H	H	H

IN1	IN2	OUT
0	0	0
0	1	0
1	0	0
1	1	1

AND 게이트는 논리곱 즉, AND 연산을 수행하는 소자이다. 논리곱은 입력이 모두 1일 때에만 출력이 1이 되고, 그 외의 경우는 출력이 0이 된다.

2 입력 AND 게이트의 동작은 그림 4-15로 설명할 수 있다. 2개의 입력인 IN1과 IN2 스위치가 모두 On이 되어야 OUT에 연결된 스위치의 제어신호가 0[V] 즉, "Low"가

되어 OUT에 연결된 스위치가 Off가 되며, OUT이 5[V] 즉, "High"가 된다. IN1과 IN2의 스위치 중 어느 하나라도 Off가 되면 OUT에 연결된 스위치의 제어신호가 5[V] 즉, "High"가 되어 OUT에 연결된 스위치가 On이 되며, OUT이 0[V] 즉, "Low"가 된다.

2 입력 AND 게이트의 논리 기호는 그림 4-16과 같으며, 왼쪽의 2 단자가 입력이고, 오른쪽 단자가 출력이다. 3 입력 AND 게이트는 그림 4-17과 같다.

두 입력을 A, B라 할 때, 출력 $Y = A \cdot B = AB$이다. 또한 입력이 A, B, C 세 개인 경우에도 AND 게이트의 출력은 $Y = A \cdot B \cdot C = ABC$로 표시된다. 2 입력 AND 게이트와 3 입력 AND 게이트에 대한 진리표는 각각 표 4-5와 표 4-6과 같다.

AND 게이트 기능을 하는 TTL 소자는 표 4-7과 같이 여러 가지 종류가 있다.

그림 4-16 입력 AND 게이트의 논리기호

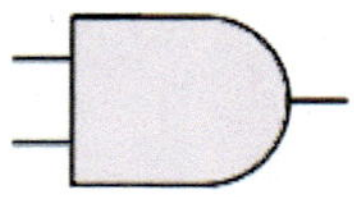

그림 4-17 3 입력 AND 게이트의 논리기호

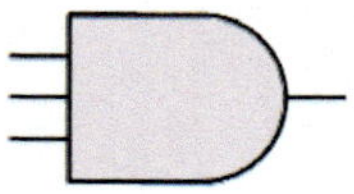

표 4-5 | 2 입력 AND 게이트의 진리표

A	B	Y
0	0	0
0	1	0
1	0	0
1	1	1

표 4-6 | 3 입력 AND 게이트의 진리표

A	B	C	Y
0	0	0	0
0	0	1	0
0	1	0	0
0	1	1	0
1	0	0	0
1	0	1	0
1	1	0	0
1	1	1	1

표 4-7 | TTL 계열 AND 게이트의 종류

부품 번호	설 명
7408	2-입력
7409	2-입력, 오픈 컬렉터형
7411	3-입력
7415	3-입력, 오픈 컬렉터형
7421	4-입력

| 그림 4-18 | AND 게이트 외관

| 그림 4-19 | 7408의 내부

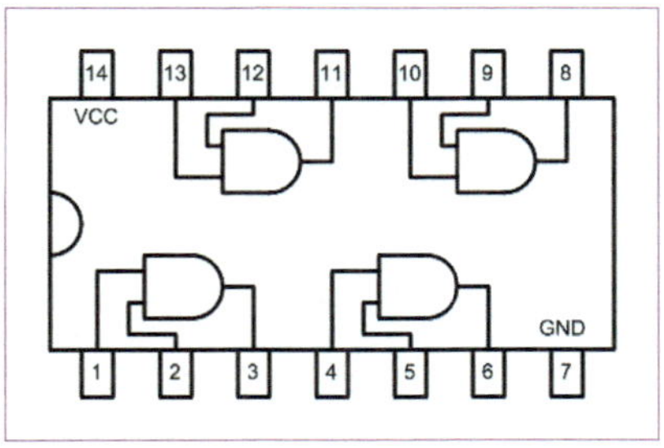

| 그림 4-20 | 7411의 내부

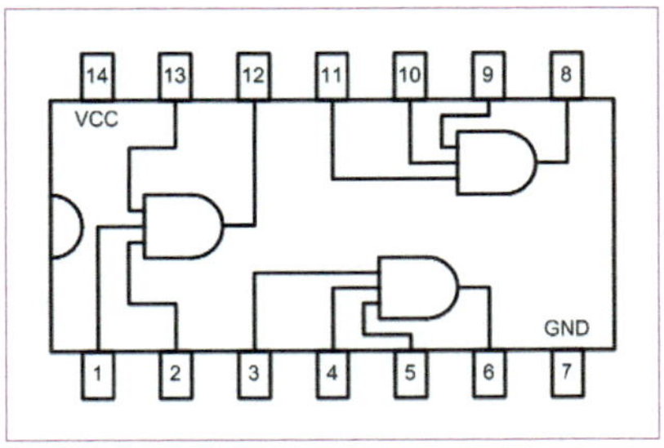

| 그림 4-21 | 7421의 내부

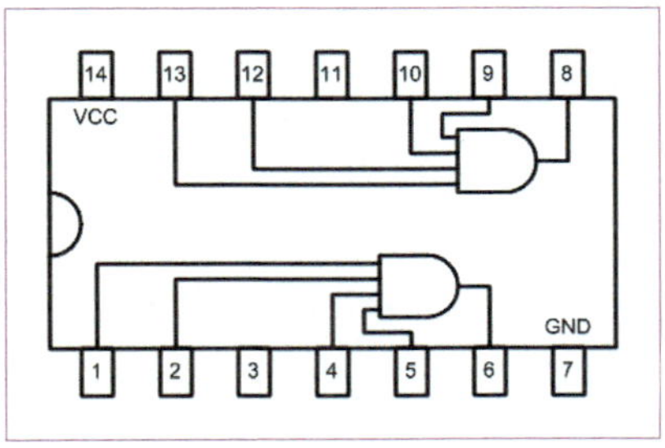

예제 4-2

아래 왼쪽 회로의 AND 게이트의 입력에 오른쪽 그림과 같은 파형이 입력 신호로 인가되었을 때, 출력을 표시하라.

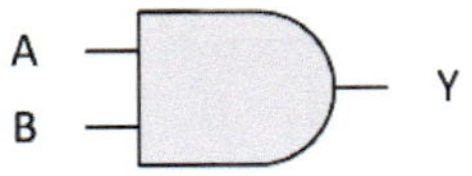

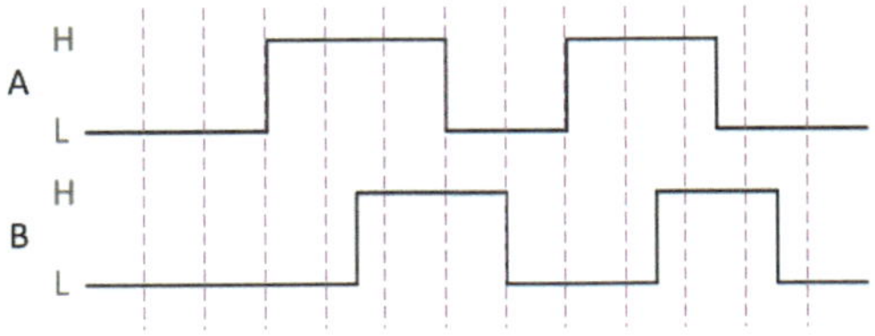

풀이

AND 게이트는 입력이 모두 "H"일 때에만 출력이 "H"가 되고 그 외에는 출력이 "L"이 된다. 따라서, 출력 파형은 다음과 같다.

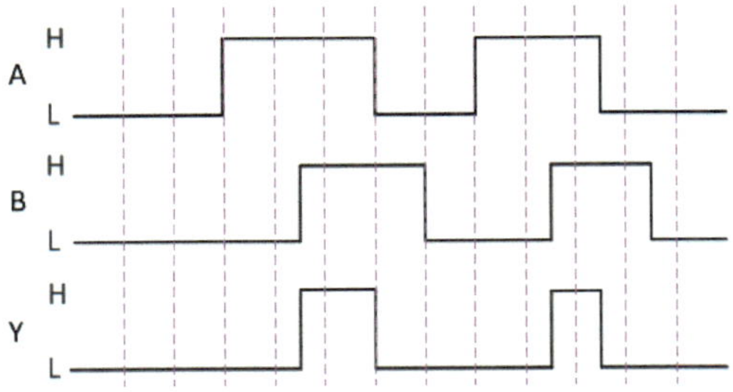

예제 4-3

예제 4-2 AND 게이트의 입력에 그림 4-22의 A, B와 같은 신호가 주어졌을 때, 출력의 파형을 표시하라.

그림 4-22 입력 신호 파형

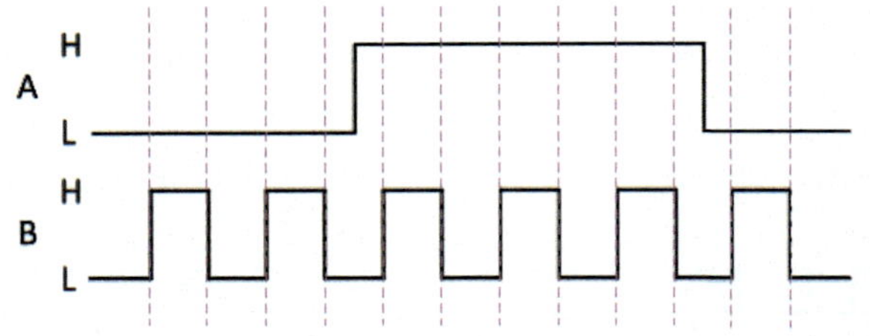

풀이

A 신호가 "H"일 때에만 출력 Y는 B와 같은 모양이 되고, A 신호가 "L"일 때에는 B의 신호와 관계없이 출력 Y는 항상 "L"가 된다. 그림 4-23과 같이 출력이 나온다.

그림 4-23 출력 신호 파형

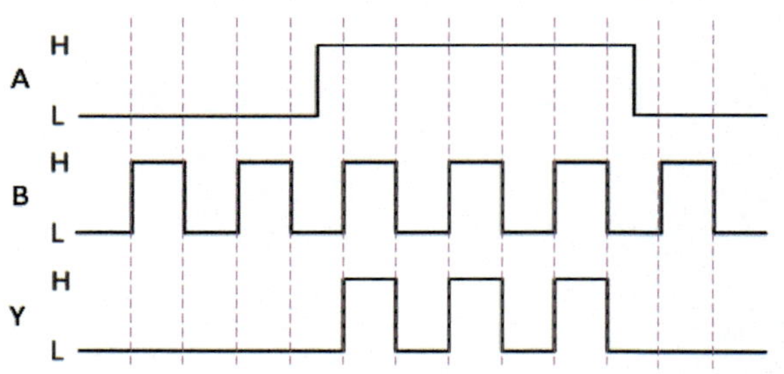

예제 4-3의 결과로부터 입력 A는 출력 Y의 제어 입력으로 생각할 수 있다. 즉 A=High이면 입력 B는 출력에 나타나지만, A=Low이면 나타나지 않는다. 이와 같이 동작하는 회로를 **금지회로(inhibit circuit)**라 한다. A=Low은 비활성조건(disable condition)이며, A=High는 활성조건(enable condition)이다.

4.4 OR 게이트

OR 게이트는 논리합 즉, OR 연산을 수행하는 소자이다. 두 개 이상의 입력과 한 개의 출력을 가진다. 논리합은 입력이 모두 0일 때에만 출력이 0이 되고, 그 외의 경우는 출력이 1이 된다.

2 입력 OR 게이트의 동작은 그림 4-24로 설명할 수 있다. 2개의 입력인 IN1과 IN2 스위치가 모두 Off가 되어야 OUT에 연결된 스위치의 제어신호가 5[V] 즉, "High"가 되어 OUT에 연결된 스위치가 On이 되며, OUT이 0[V] 즉, "Low"가 된다. IN1과 IN2의 스위치 중 어느 하나라도 On이 되면 OUT에 연결된 스위치의 제어신호가 0[V] 즉, "Low"가 되어 OUT에 연결된 스위치가 Off가 되며, OUT이 5[V] 즉, "High"가 된다.

2 입력 OR 게이트의 논리 기호는 그림 4-25와 같으며, 왼쪽의 2 단자가 입력이고, 오른쪽 단자가 출력이다. 3 입력 OR 게이트는 그림 4-26과 같다.

▌그림 4-24▐ OR 게이트의 동작

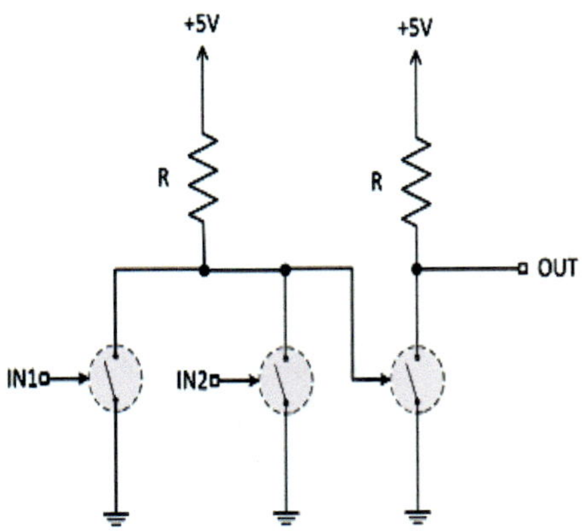

IN1	IN2	OUT
0V	0V	0V
0V	5V	5V
5V	0V	5V
5V	5V	5V

IN1	IN2	OUT
L	L	L
L	H	H
H	L	H
H	H	H

IN1	IN2	OUT
0	0	0
0	1	1
1	0	1
1	1	1

▌그림 4-25▐ 2 입력 OR 게이트 논리 기호

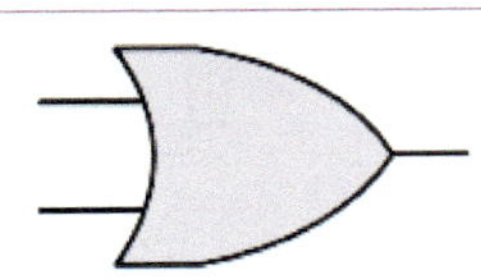

▌그림 4-26▐ 3 입력 OR 게이트 논리기호

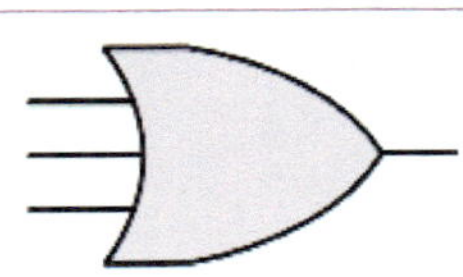

표 4-9 | 3 입력 OR 게이트의 진리표

A	B	C	Y
0	0	0	0
0	0	1	1
0	1	0	1
0	1	1	1
1	0	0	1
1	0	1	1
1	1	0	1
1	1	1	1

표 4-8 | 2 입력 OR 게이트의 진리표

A	B	Y
0	0	0
0	1	1
1	0	1
1	1	1

두 입력을 A, B라 할 때, 출력 $Y = A + B$이다. 또한 입력이 A, B, C 세 개인 경우에도 OR 게이트의 출력은 $Y = A + B + C$로 표시된다. 2 입력 OR 게이트와 3 입력 OR 게이트에 대한 진리표는 각각 표 4-8과 표 4-9와 같다.

OR 게이트 기능을 하는 TTL 소자는 표 4-10과 같이 여러 가지 종류가 있다.

표 4-10 | TTL 계열 OR 게이트의 종류

부품 번호	설 명
7432	2-입력
74HC4075	3-입력

그림 4-27 OR 게이트 외관

그림 4-28 7432의 내부

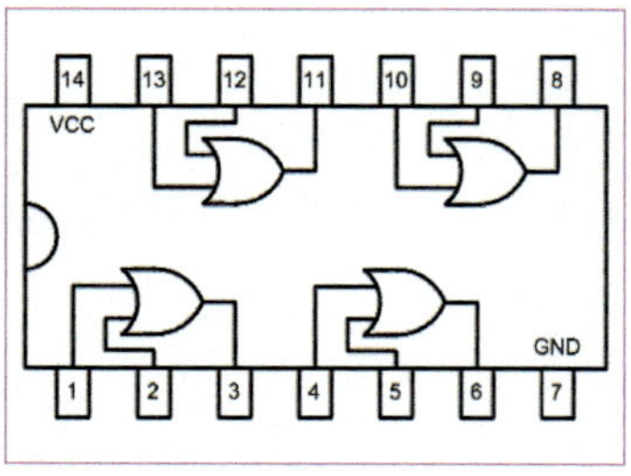

그림 4-29 74HC4075

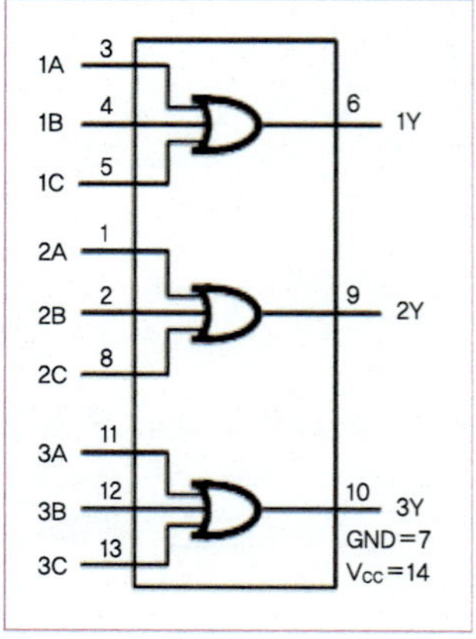

예제 4-4

아래 왼쪽 회로의 OR 게이트의 입력에 오른쪽 그림과 같은 파형이 입력 신호로 인가되었을 때, 출력을 표시하라.

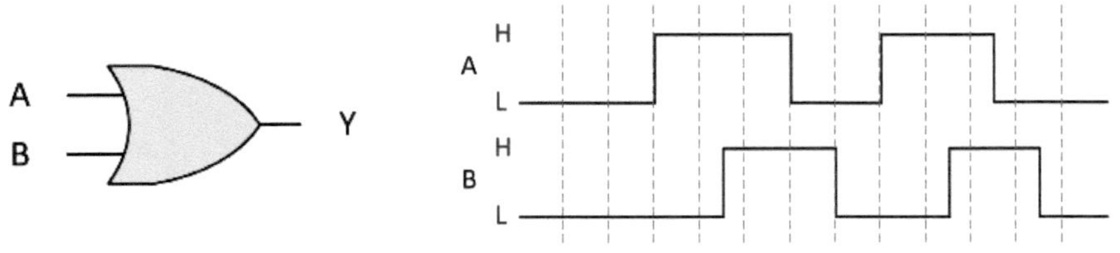

풀이

OR 게이트는 입력이 모두 "L"일 때에만 출력이 "L"이 되고 그 외에는 출력이 "H"가 된다. 따라서, 출력 파형은 다음과 같다.

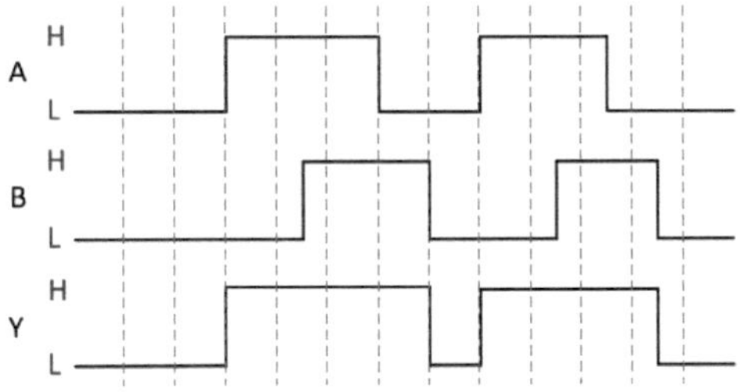

예제 4-5

OR 게이트의 입력에 그림 4-30의 A, B와 같은 신호가 주어졌을 때, 출력의 파형을 표시하라.

▌그림 4-30 ▌ 입력 신호 파형

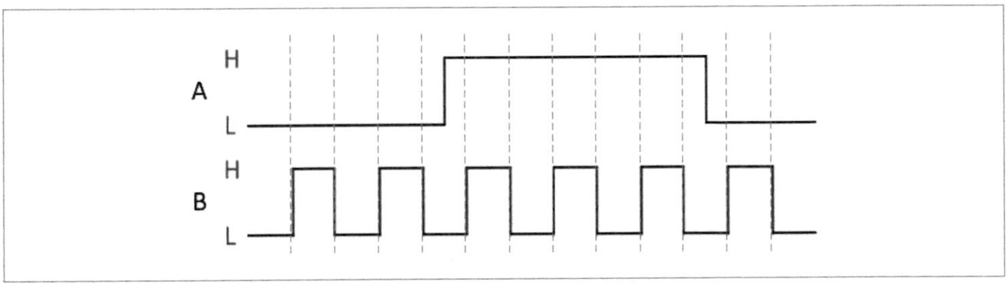

풀이

A 신호가 "L"일 때에만 출력 Y는 B와 같은 모양이 되고, A 신호가 "H"일 때에는 B의 신호와 관계없이 출력 Y는 항상 "H"가 된다. 그림 4-31과 같이 출력이 나온다.

▌그림 4-31▌ OR 게이트 출력 파형

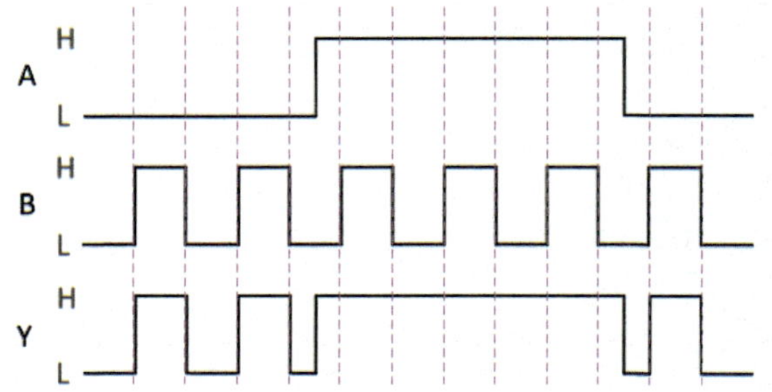

따라서 입력 A는 출력 Y의 제어 입력으로 생각할 수 있다. 즉 A=Low이면 입력 B는 출력에 나타나지만, A=High이면 나타나지 않는다.

4.5 NAND 게이트

NAND(AND + NOT) 게이트는 논리곱의 부정 즉, AND 연산 후 NOT을 수행하는 소자이다. NAND 연산은 입력이 모두 1일 때에만 출력이 0이 되고, 그 외의 경우는 출력이 1이 된다. 즉, 그림 4-32와 같은 동작을 하며, 결과는 AND의 반대이다.

▌그림 4-32▌ NAND 게이트의 등가 회로

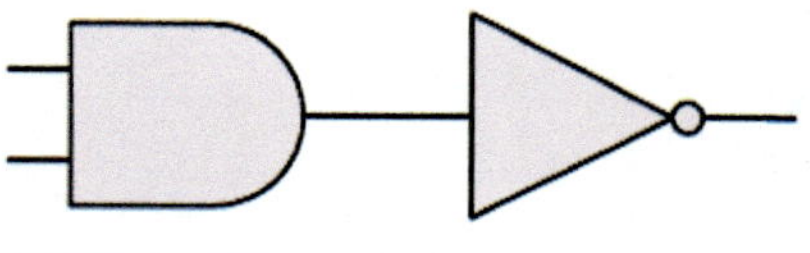

2 입력 NAND 게이트의 동작은 그림 4-33으로 설명할 수 있다. 2개의 입력인 IN1과 IN2 스위치가 모두 On이 되어야 OUT 신호가 0[V] 즉, "Low"가 된다. IN1과 IN2의 스위치 중 어느 하나라도 Off가 되면 OUT신호가 5[V] 즉, "High"가 된다.

2 입력 NAND 게이트의 논리 기호는 그림 4-34와 같으며, 왼쪽의 2 단자가 입력이고, 오른쪽 단자가 출력이다. 3 입력 NAND 게이트는 그림 4-35와 같다.

▌그림 4-33▌ NAND 게이트의 동작

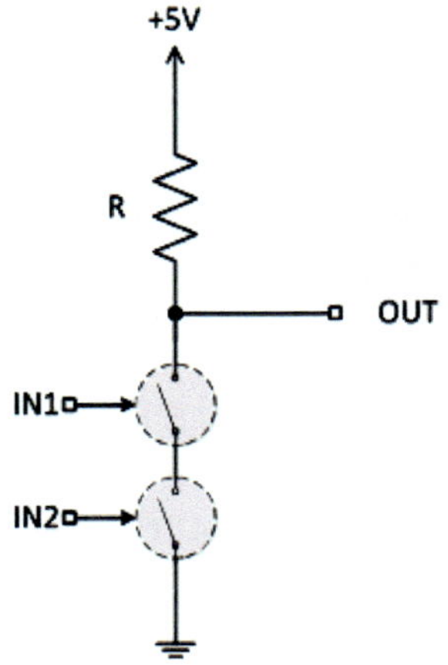

IN1	IN2	OUT
0V	0V	5V
0V	5V	5V
5V	0V	5V
5V	5V	0V

IN1	IN2	OUT
L	L	H
L	H	H
H	L	H
H	H	L

IN1	IN2	OUT
0	0	1
0	1	1
1	0	1
1	1	0

▌그림 4-34▌ 2 입력 NAND 게이트의 논리기호

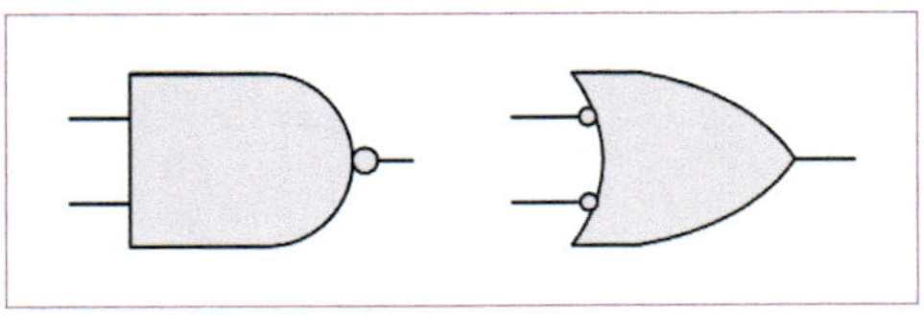

▌그림 4-35▌ 3 입력 NAND 게이트의 논리기호

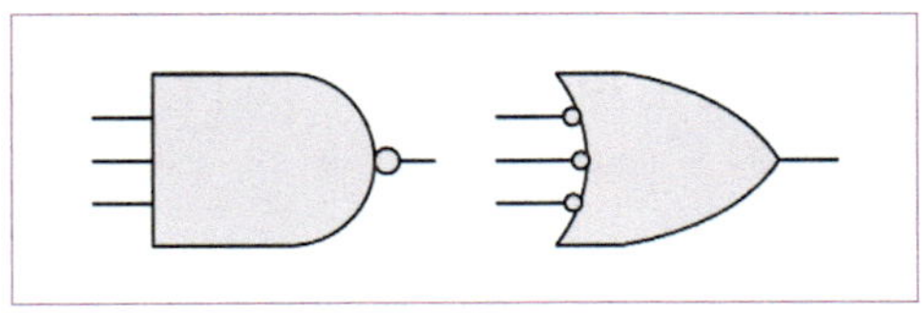

두 입력을 A, B라 할 때, 출력 $Y=\overline{(A \cdot B)}=\overline{(AB)}$이다. 또한 입력이 A, B, C 세 개인 경우에도 NAND 게이트의 출력은 $Y=\overline{(A \cdot B \cdot C)}=\overline{(ABC)}$로 표시된다. 2 입력 NAND 게이트와 3 입력 NAND 게이트에 대한 진리표는 각각 표 4-11과 표 4-12와 같다.

AND 게이트 기능을 하는 TTL 소자는 표 4-13과 같이 여러 가지 종류가 있다.

표 4-11 | 2 입력 NAND 게이트의 진리표

A	B	Y
0	0	1
0	1	1
1	0	1
1	1	0

표 4-12 | 3 입력 NAND 게이트의 진리표

A	B	C	Y
0	0	0	1
0	0	1	1
0	1	0	1
0	1	1	1
1	0	0	1
1	0	1	1
1	1	0	1
1	1	1	0

표 4-13 | TTL 계열 NAND 게이트의 종류

부품 번호	설 명
7400	2-입력
7403	2-입력, 오픈 컬렉터형
7410	3-입력
7420	4-입력
7430	8-입력

그림 4-36 NAND 게이트 외관

그림 4-37 7400

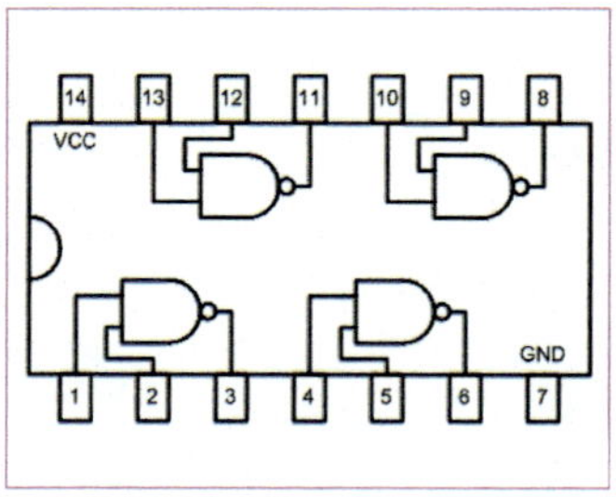

그림 4-35 7410

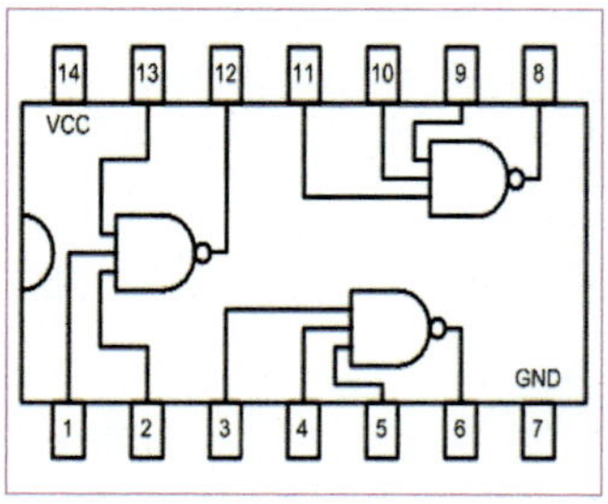

그림 4-39 7420

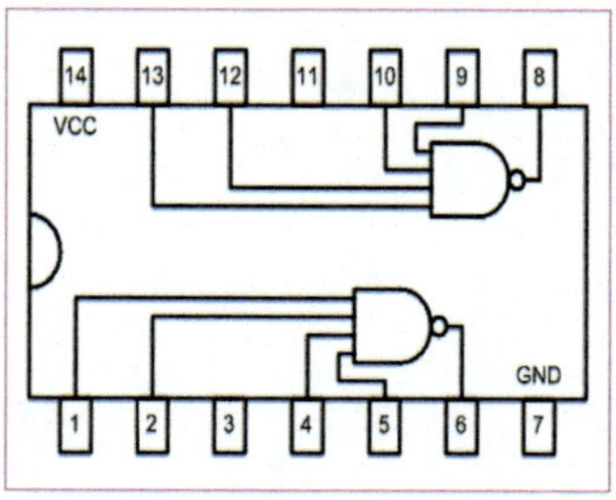

예제 4-6

아래 왼쪽 회로의 NAND 게이트의 입력에 오른쪽 그림과 같은 파형이 입력 신호로 인가되었을 때, 출력을 표시하라.

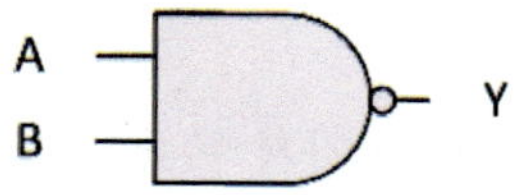

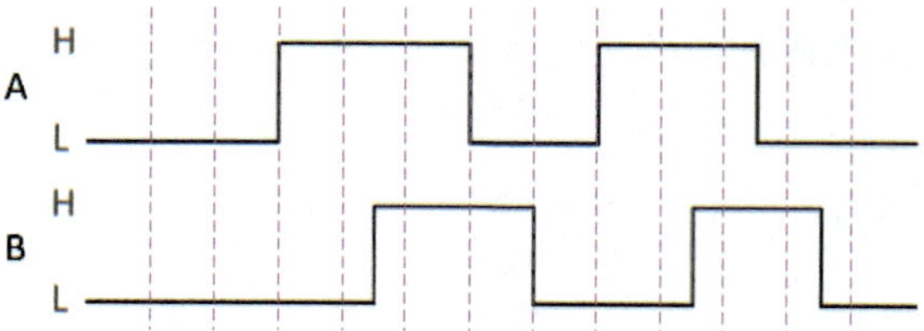

풀이

NAND 게이트는 입력이 모두 "H"일 때에만 출력이 "L"이 되고 그 외에는 출력이 "H"가 된다. 따라서, 출력 파형은 다음과 같다.

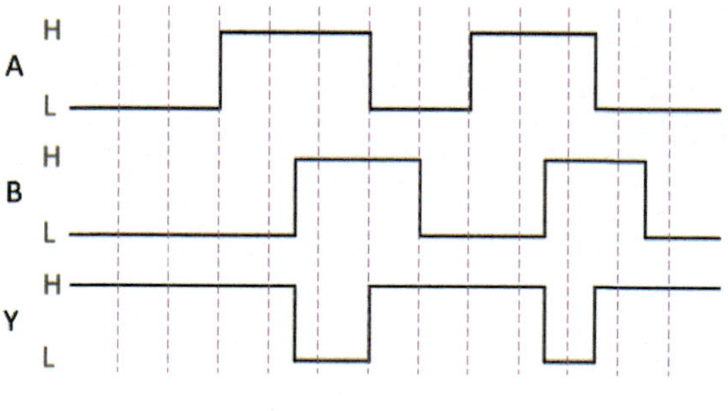

예제 4-7

NAND 게이트의 입력에 그림 4-40의 A, B와 같은 신호가 주어졌을 때, 출력의 파형을 표시하라.

▌그림 4-40 ▌ 입력 신호 파형

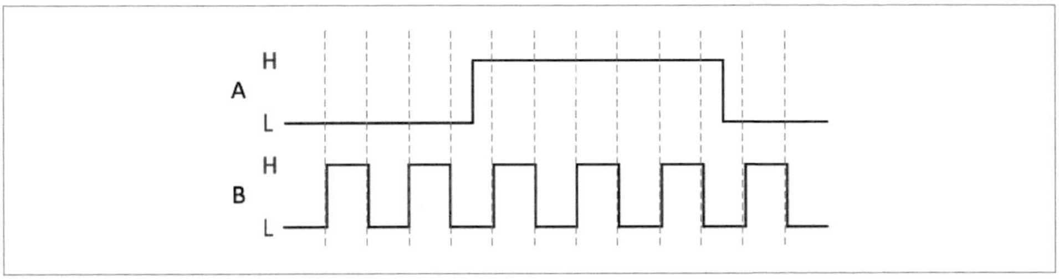

풀이

A 신호가 "H"일 때에만 출력 Y는 B의 반전 상태가 되고, A 신호가 "L"일 때에는 B의 신호와 관계없이 출력 Y는 항상 "H"가 된다. 그림 4-41과 같이 출력이 나온다.

▌그림 4-41 ▌ 출력 신호 파형

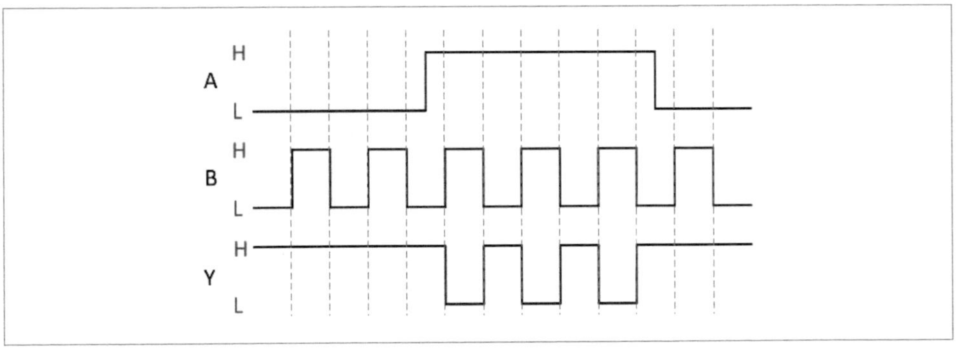

따라서 입력 A는 출력 Y의 제어 입력으로 생각할 수 있다. 즉 A=High이면 입력 B는 반전이 되어 출력에 나타나지만, A=Low이면 나타나지 않는다.

4.6 NOR 게이트

NOR(OR + NOT) 게이트는 논리합의 부정 즉, OR 연산 후 NOT을 수행하는 소자이다. NOR 연산은 입력이 모두 0일 때에만 출력이 1이 되고, 그 외의 경우는 출력이 0이 된다. 즉, 그림 4-42와 같은 동작을 하며, 결과는 OR의 반대이다.

그림 4-42 NOR 게이트의 등가 회로

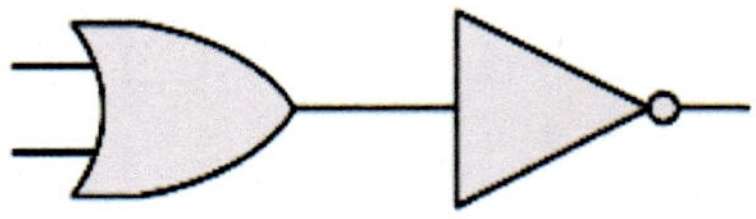

2 입력 NOR 게이트의 동작은 그림 4-43으로 설명할 수 있다. 2개의 입력인 IN1과 IN2 스위치가 모두 Off가 되어야 OUT 신호가 5[V] 즉, “High”가 된다. IN1과 IN2의 스위치 중 어느 하나라도 On이 되면 OUT신호가 0[V] 즉, “Low”가 된다.

그림 4-43 NOR 게이트의 동작

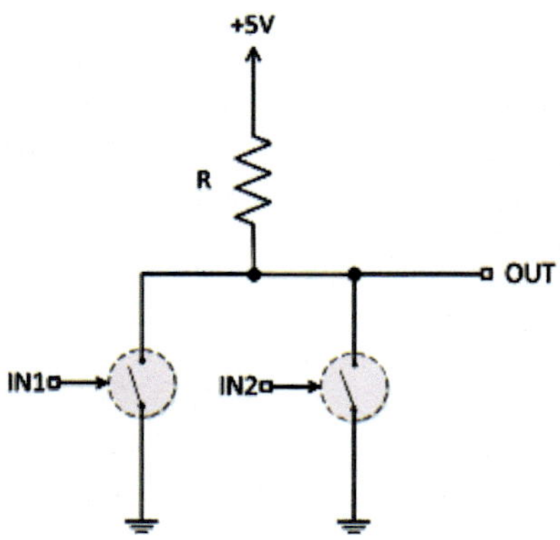

IN1	IN2	OUT
0V	0V	5V
0V	5V	0V
5V	0V	0V
5V	5V	0V

IN1	IN2	OUT
L	L	H
L	H	L
H	L	L
H	H	L

IN1	IN2	OUT
0	0	1
0	1	0
1	0	0
1	1	0

2 입력 NOR 게이트의 논리 기호는 그림 4-44와 같으며, 왼쪽의 2 단자가 입력이고, 오른쪽 단자가 출력이다. 3 입력 NOR 게이트는 그림 4-45와 같다.

그림 4-44 2 입력 NOR 게이트의 논리기호

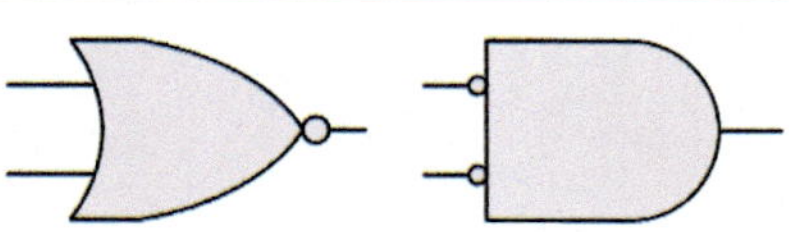

그림 4-45 3 입력 NOR 게이트의 논리기호

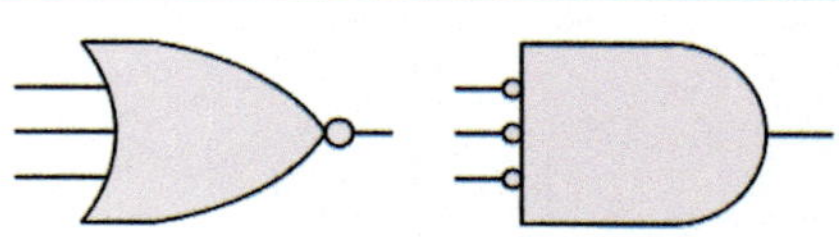

표 4-14 | 2 입력 NOR 게이트의 진리표

A	B	Y
0	0	1
0	1	0
1	0	0
1	1	0

표 4-15 | 3 입력 NOR 게이트의 진리표

A	B	C	Y
0	0	0	1
0	0	1	0
0	1	0	0
0	1	1	0
1	0	0	0
1	0	1	0
1	1	0	0
1	1	1	0

두 입력을 A, B라 할 때, 출력 $Y = \overline{(A+B)}$이다. 또한 입력이 A, B, C 세 개인 경우에도 NOR 게이트의 출력은 $Y = \overline{(A+B+C)}$로 표시된다. 2 입력 NOR 게이트와 3 입력 NOR 게이트에 대한 진리표는 각각 표 4-14와 표 4-15와 같다.

NOR 게이트 기능을 하는 TTL 소자는 표 4-16과 같이 여러 가지 종류가 있다.

표 4-16 | TTL 계열 NOR 게이트의 종류

부품 번호	설 명
7402	2-입력
7427	3-입력

그림 4-46 ▌ NOR 게이트 외관

그림 4-47 ▌ 7402

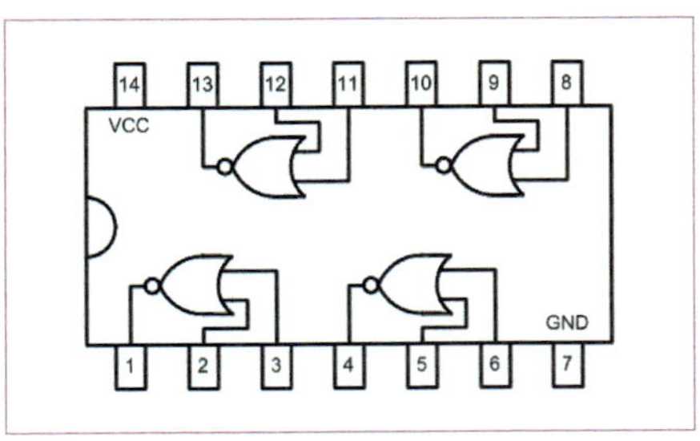

그림 4-48 ▌ 7427

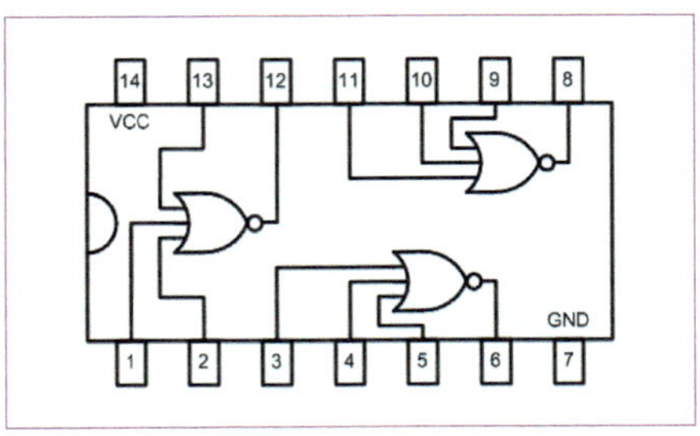

예제 4-8

아래 왼쪽 회로의 NOR 게이트의 입력에 오른쪽 그림과 같은 파형이 입력 신호로 인가되었을 때, 출력을 표시하라.

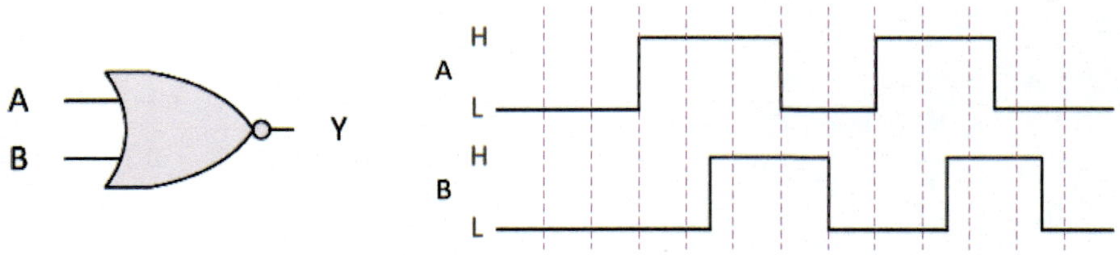

풀이

NOR 게이트는 입력이 모두 "L"일 때에만 출력이 "H"가 되고 그 외에는 출력이 "L"이 된다. 따라서, 출력 파형은 다음과 같다.

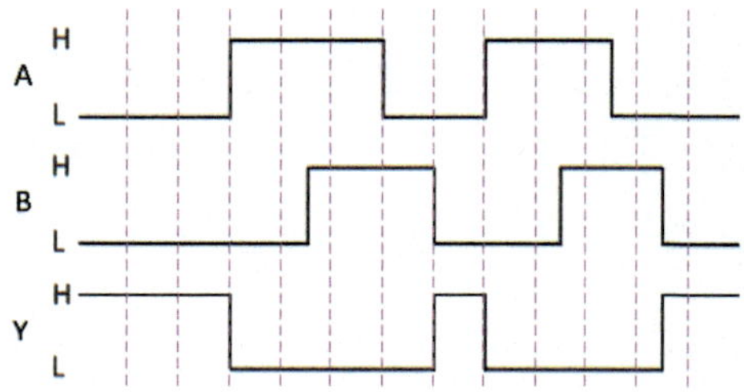

예제 4-9

NOR 게이트의 입력에 그림 4-49의 A, B와 같은 신호가 주어졌을 때, 출력의 파형을 표시하라.

▌그림 4-49▌ 입력 신호 파형

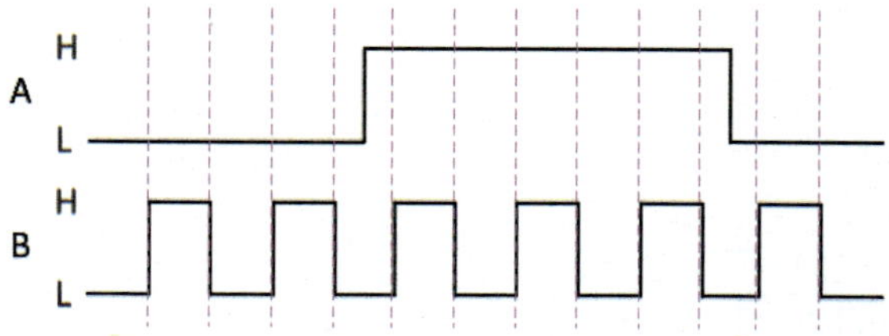

풀이

A 신호가 "L"일 때에만 출력 Y는 B의 반전 상태가 되고, A 신호가 "H"일 때에는 B의 신호와 관계없이 출력 Y는 항상 "L"이 된다. 그림 4-50과 같이 출력이 나온다.

그림 4-50 출력 신호의 파형

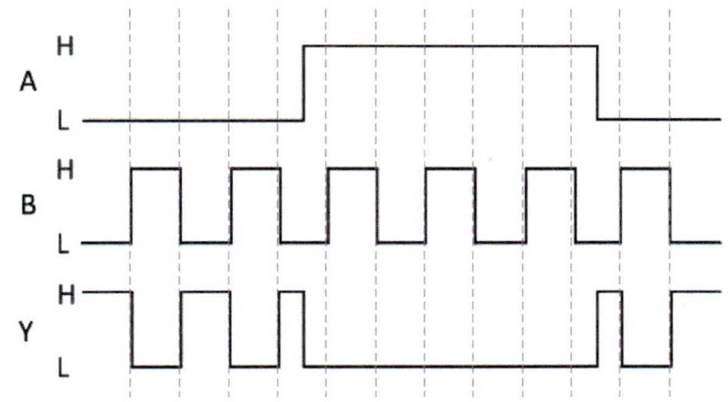

따라서 입력 A는 출력 Y의 제어 입력으로 생각할 수 있다. 즉 A=Low이면 입력 B는 반전이 되어 출력에 나타나지만, A=High이면 나타나지 않는다.

4.7 XOR / XNOR 게이트

XOR 게이트는 입력 중에서 1의 개수가 홀수일 때만 출력이 1이 되는 게이트이다. 따라서 XOR 게이트에 대한 진리표는 표 4-17과 같이 표시된다. 진리표에서 둘째 줄과 셋째 줄에서는 1의 개수가 홀수이므로 출력은 1이고, 첫째 줄과 마지막 줄에서는 1의 개수가 짝수이므로 출력은 0이다.

표 4-17의 진리표에서 XOR 게이트에 대한 불 함수를 구하면 $Y = A\overline{B} + \overline{A}B$이다. 이러한 불 함수를 AND, OR, 인버터로 구현하면 그림 4-51과 같다. 그러나 XOR 게이트를 나타내기 위해서는 그림 4-52와 같은 다른 기호가 사용된다. XOR 연산은 ⊕기호로 표시되며, 따라서 그림 4-51에서 XOR 게이트의 두 입력을 A와 B, 출력을 Y라고 하면 논리식은 $Y = A \oplus B$로 표시된다.

표 4-17 | XOR게이트 진리표

A	B	Y
0	0	0
0	1	1
1	0	1
1	1	0

▌그림 4-51▌ XOR 게이트의 동작

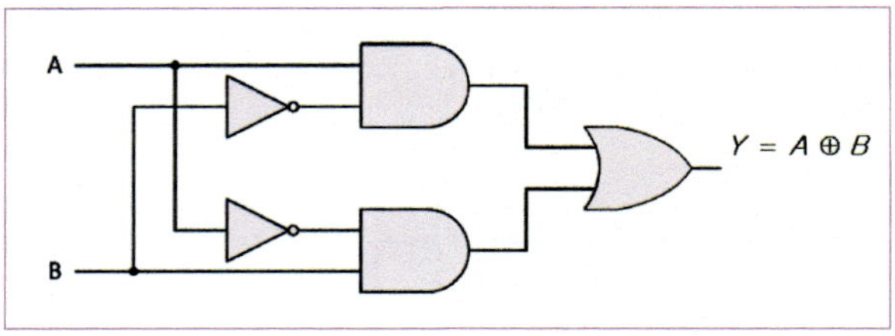

▌그림 4-52▌ XOR 게이트의 논리 기호

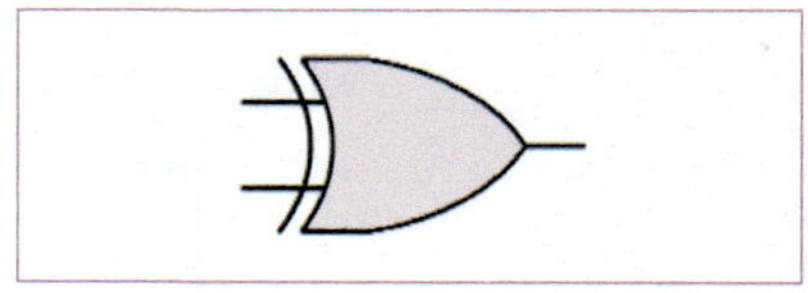

XOR 게이트는 패리티 발생 회로, 패리티 검사 회로, 가산기 회로(Adder), 그리고 비교기 회로에 사용될 수 있으며 대표적인 XOR 게이트로는 7486이 있다.

▌그림 4-53▌ 7486 XOR 게이트

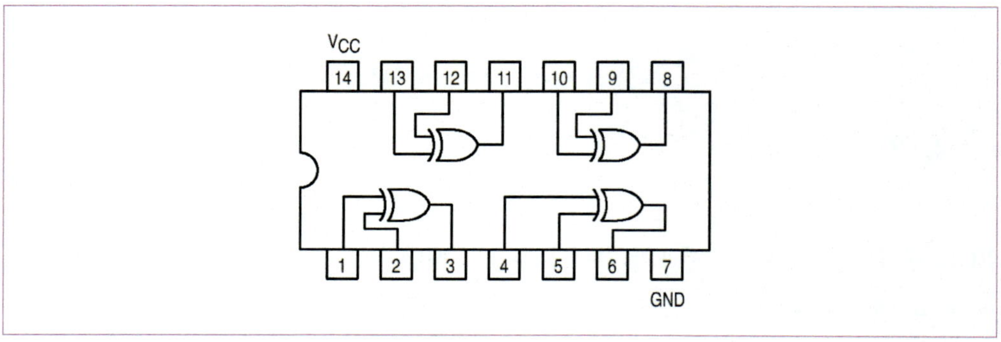

예제 4-10

XOR 게이트에 그림 4-54와 같은 파형을 입력했을 때 출력 파형을 그려라.

▌그림 4-54▌ XOR 게이트의 출력 파형

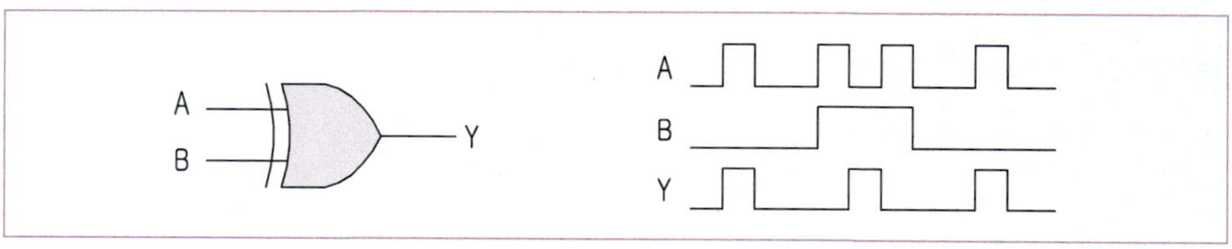

그림 4-54에서 알 수 있는 바와 같이 XOR 게이트의 입력(B)이 0이면 출력은 다른 입력(A)과 같고, 1이면 다른 입력이 반전되어 출력에 나타난다. 따라서 XOR 게이트는 입력을 반전시켜 출력할 때 많이 사용된다.

ENOR 게이트는 표 4-18의 진리표와 같이 XOR 게이트와 반대로 동작한다. 그림 4-55에 XNOR 게이트의 동작 회로를 보인다. XNOR 게이트의 논리 기호는 그림 4-56과 같다. XNOR 게이트의 출력은 $F(A,B) = AB + \overline{A}\,\overline{B} = \overline{(A \oplus B)} = A \odot B$로 표시된다.

표 4-18 | XNOR 게이트의 진리표

A	B	Y
0	0	1
0	1	0
1	0	0
1	1	1

따라서 **두 입력이 같을 때 출력은 1이 되고, 다르면 0**이 되는 것을 알 수 있다. 이와 같은 회로를 **동치(同値)회로**라 한다.

그림 4-55 XNOR 게이트의 동작

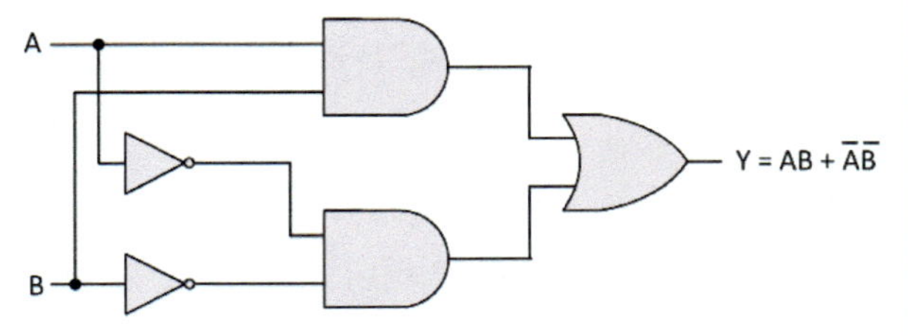

그림 4-56 XNOR의 논리 기호

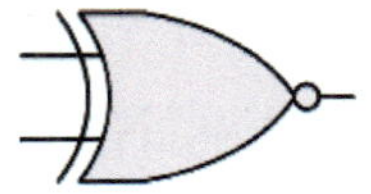

XNOR 게이트로는 74266이 있다.

그림 4-57 74266 XNOR

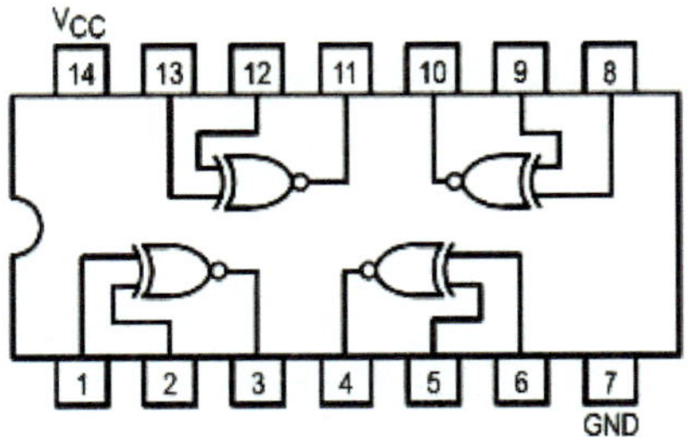

4.8 정논리와 부논리

어떤 게이트의 입력 또는 출력은 논리 1이나 논리 0이다. 2개의 전압 값에 2개의 논리값이 부여되므로 논리에 대한 전압의 할당은 2가지 방법이 가능하다.

그림 4-58에 나와 있는 2진 신호의 2개 값을 생각해 보자. 2개의 값은 구분되어야 하므로 하나의 값은 다른 것보다 반드시 높아야 한다. 높은 전위를 H로 하고 낮은 전위를 L로 표시한다면 논리값의 할당 방법은 두 가지가 가능하다.

논리 1을 High로 선택하고, 논리 0을 Low로 선택한 방법을 정논리라 한다. 이와 반대로 Low를 논리 1, High를 논리 0으로 선택한 것을 부논리라 한다.

많은 경우에 정논리가 사용되지만, 부논리가 사용되는 경우도 있다. 직렬 통신을 위해 주로 사용되는 RS-232C [2])에서 논리 1은 -3~-15[V]이며, 논리 0은 +3~+15[V]의 부논리를 사용한다.

논리소자의 기능을 설명할 때 *active low* 또는 *active high*라는 용어가 사용되는데, 이는 정·부논리를 의미하는 것이 아니다. *active low*란 입력이 low일 때 활성상태(enable state)가 된다는 뜻이며, *active high*는 입력이 high일 때 활성화된다는 의미이다.

▌그림 4-58▐ 신호값과 논리값

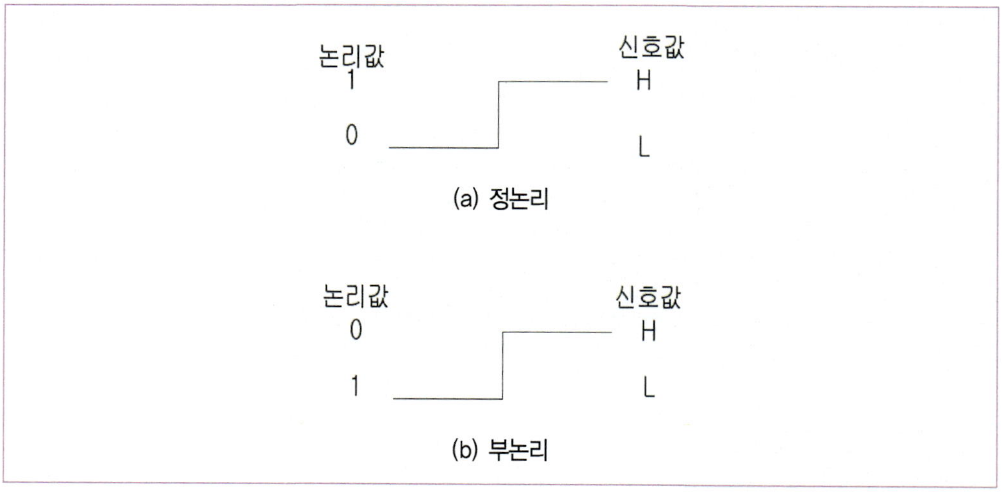

2) 통신 규격의 일종이다

4.9 논리 게이트의 입력 신호

그림 4-59 논리 게이트의 입력 상태

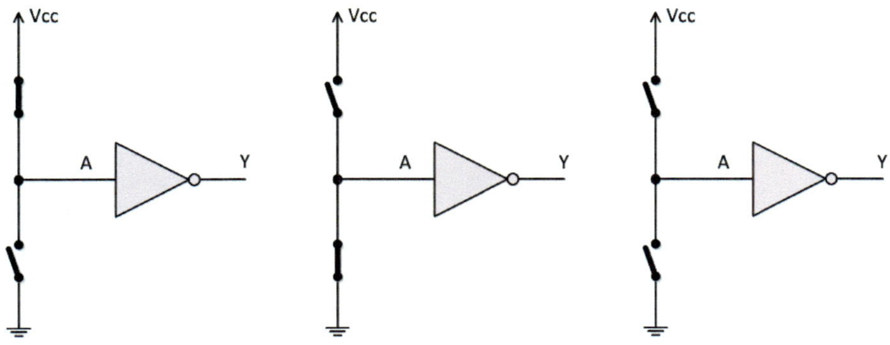

(a) A=high (b) A=low (c) A=floating

논리 게이트가 동작을 하기 위해서는 입력 신호가 필요하다. 논리 게이트의 입력 신호는 반드시 0 또는 1의 상태를 가져야만 한다. 즉, 항상 low 전압 또는 high 전압에 해당하는 전압 상태를 가져야만 한다. 그림 4-59의 (a)와 (b)와 같이 되어야 한다. 그림 4-59의 (c)와 같이 입력 신호 A에 "H"도 "L" 중 어느 것도 연결되지 않은 상태를 floating 상태라고 한다. 이 상태가 되면 입력 단자의 전압 상태가 매우 불안정하게 되어 입력 단자 근처의 정전기나 전자기 유도 현상에 의해 예상할 수 없는 전압이 인가될 수 있어 회로의 동작을 보장할 수 없게 된다. 따라서, 디지털 논리회로의 입력을 floating 상태로 두어서는 되지 않는다. 이를 해결하기 위해 그림 4-60과 같이 풀업(pull-up) 또는 풀다운(pull-down) 저항을 사용한다.

그림 4-60 스위치 연결 방법

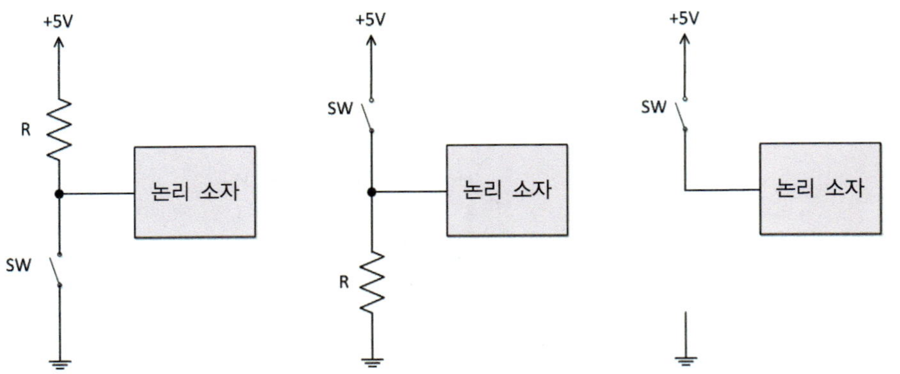

(a) 풀업 저항 (b) 풀다운 저항 (c) 플로팅(금지)

"H" 보다 높은 전압이나 "L" 보다 낮은 전압이 인가되면 방해 전류가 발생하여 회로를 파괴할 수 있다. "H"와 "L"의 중간 전압이 인가되면 소자의 내부 회로 상태가 불안정하게 되거나 소비 전력이 증가(과도한 전류 흐름)가 발생한다.

4.10 게이트의 출력

논리 게이트의 출력은 0, 1과 Hi-Z(High Impedance) 상태를 가질 수 있다. Hi-Z 상태는 출력 단자에서 어떤 전압도 드라이브하지 않는 상태로 자기 자신이 전압을 결정하지 않는다. 모든 논리 소자가 Hi-Z 출력을 만들 수 있는 것은 아니다. 별도의 출력 enable 신호를 사용하여 Hi-Z 상태를 만드는 경우도 있다.

논리 게이트의 기본 구조는 그림 4-61, 4-62와 같이 (a) 토템폴(Totempole) 형과 (b) 오픈 컬렉터(Open-collector) 형이 있다.

▌그림 4-61 ▌ 토템폴형 출력

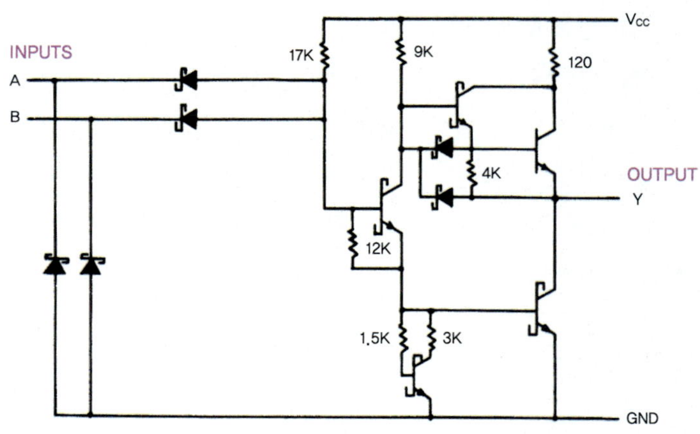

▌그림 4-62 ▌ 오픈 컬렉터 출력

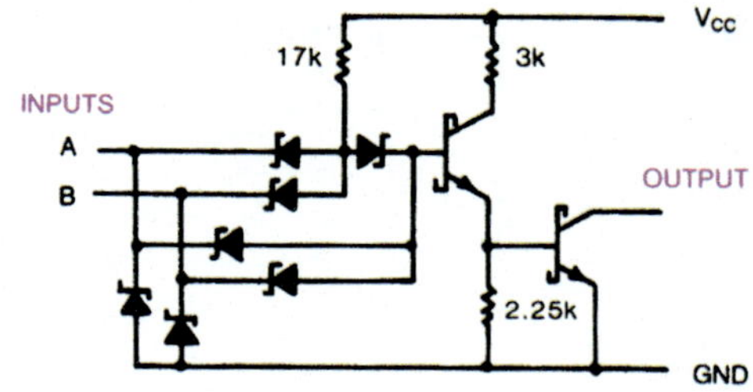

NAND 게이트 뿐 만 아니라 다른 논리소자들도 이와 같은 두 가지 형이 있다. 토템폴 형은 출력 트랜지스터의 컬렉터가 다른 회로에 연결되어 항상 0 또는 1의 논리 값이 출력되는 소자이며, 오픈 컬렉터 형은 출력 트랜지스터의 컬렉터가 다른 회로에 연결되지 않고 오픈되어 있다. 따라서 오픈 컬렉터 형은 실제 사용할 때 그림 4-63과 같이 반드시 풀업(pull-up) 저항을 통하여 전원에 연결시켜 주어야 한다.

오픈 컬렉터 형은 동작 속도는 느리나 출력 전압 레벨을 변경시킬 수 있는 장점이 있다. 토템폴 형은 출력 레벨은 고정되어 있으나 동작 속도가 오픈 컬렉터 형 보다 빠르다.

▌그림 4-63▌ 풀업 저항

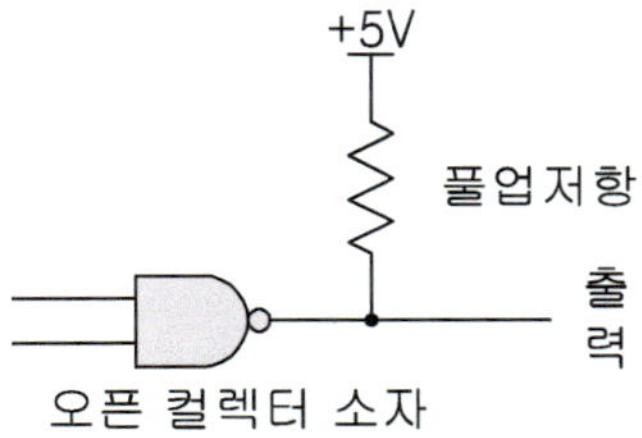

4.11 논리소자의 특성

논리 소자가 동작을 하기 위한 조건과 동작할 때의 전기적 특성, 시간적 특성 등은 종류와 제조사에 따라 다르다. 실제 회로를 설계하거나 구현할 때 이러한 특성들을 고려하여야 한다. 논리 게이트의 특성은 데이터 시트(Data Sheet)에 상세하게 기술되어 있다.

논리 게이트의 특성은 크게 3가지로 구분할 수 있다. IC가 작동하기 위한 조건인 동작 조건, 논리 소자의 입력과 출력 신호의 전압, 전류에 대한 사항인 전기적 특성, 그리고 동작 시간에 따른 동작 특성인 스위칭 특성이다.

(1) 동작 특성

게이트의 동작 특성의 예를 그림 4-64에 보인다. 논리 게이트 소자의 최대 정격, 동작 조건, 그리고 사용 온도 등에 관한 사항들을 기술하고 있다.

▌그림 4-64▐ 게이트의 동작 특성 예 (출처 : Texas Instruments)

Absolute Maximum Ratings

DC Supply Voltage, V_{CC} .... -0.5V to 7V
DC Input Diode Current, I_{IK}
For $V_I < -0.5V$ or $V_I > V_{CC} + 0.5V$ .... ±20mA
DC Output Diode Current, I_{OK}
For $V_O < -0.5V$ or $V_O > V_{CC} + 0.5V$ .... ±20mA
DC Output Source or Sink Current per Output Pin, I_O
For $V_O > -0.5V$ or $V_O < V_{CC} + 0.5V$ .... ±25mA
DC V_{CC} or Ground Current, I_{CC} or I_{GND} .... ±50mA

Thermal Information

Thermal Resistance (Typical, Note 1) θ_{JA} (°C/W)
E (PDIP) Package 80
M (SOIC) Package 86
Maximum Junction Temperature .... 150°C
Maximum Storage Temperature Range .... -65°C to 150°C
Maximum Lead Temperature (Soldering 10s) .... 300°C
(SOIC - Lead Tips Only)

Operating Conditions

Temperature Range (T_A) .... -55°C to 125°C
Supply Voltage Range, V_{CC}
HC Types .... 2V to 6V
HCT Types .... 4.5V to 5.5V
DC Input or Output Voltage, V_I, V_O .... 0V to V_{CC}
Input Rise and Fall Time
2V .... 1000ns (Max)
4.5V .... 500ns (Max)
6V .... 400ns (Max)

CAUTION: Stresses above those listed in "Absolute Maximum Ratings" may cause permanent damage to the device. This is a stress only rating and operation of the device at these or any other conditions above those indicated in the operational sections of this specification is not implied.

NOTE:

1. The package thermal impedance is calculated in accordance with JESD 51-7.

(2) 전기적 특성

IC는 종류에 따라 전기적 특성이 다르다. 예를 들어 TTL IC를 동작시키기 위해서는 5V의 전원을 공급해야 하지만 CMOS는 15V 이상의 높은 전압에서도 동작한다. 본 절에서는 논리 IC의 데이터시트에 나오는 용어를 중심으로 특성을 살펴보기로 하자.

가 논리 전압 레벨

논리 소자가 동작하기 위해 필요한 전원 전압(supply voltage)은 종류에 따라 다르다. TTL의 전원 전압은 V_{CC}로 표시되며, +5.0V이다. ECL은 V_{EE}=-5.2V, CMOS는 V_{DD}=3~15V이며, 표준 값은 5 또는 10[V]가 사용된다.

지금까지 설명한 논리 1과 0은 각각 높은 전압과 낮은 전압으로 가정하였으나, 실제로 논리 소자의 전압은 연속적으로 변하기 때문에 논리 값을 단일 전압으로 표시할 수는 없다. 표 4-19와 같이 논리 1은 2.4 ~ 5V 사이의 전압으로 나타나며, 논리 0은 0 ~ 0.4V의 전압으로 표시된다. TTL은 High=3.5[V]와 Low=0.2[V]가 표준이며, ECL은 High=-0.8[V] 와 Low=-1.8[V]의 음(negative)의 값을 가진다. 비록 두 값이 모두 음이라도 높은 전압은 -0.8[V]이다. CMOS에서 신호값은 High=V_{DD}와 Low=0[V]이다. 또한 TTL IC의 경우, 입력 신호와 출력 신호에 대한 논리 전압의 레벨이 다르다.

표 4-19 | IC의 동작 전압

종류	전원전압(V)	높은 전압(V)		낮은 전압(V)	
		범위	표준	범위	표준
TTL	+5	2.4~5	3.5	0.0~0.4	0.2
ECL	−5.2	−0.95~−0.7	−0.8	−1.9~−1.6	−1.8
CMOS	3~15	V_{DD}	V_{DD}	0.0~0.5	0

그림 4-65 IC의 논리 신호 레벨

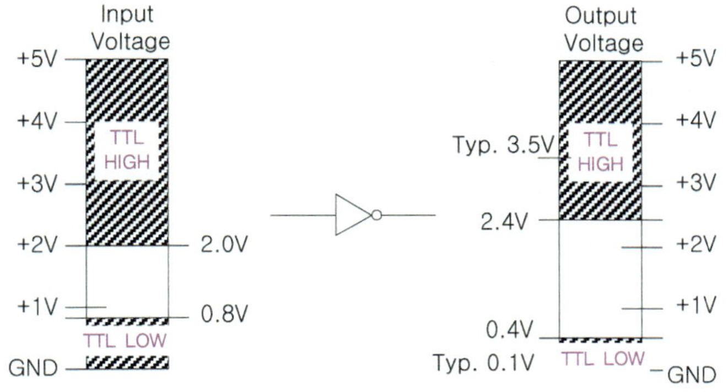

(a) TTL 입출력 신호의 정의

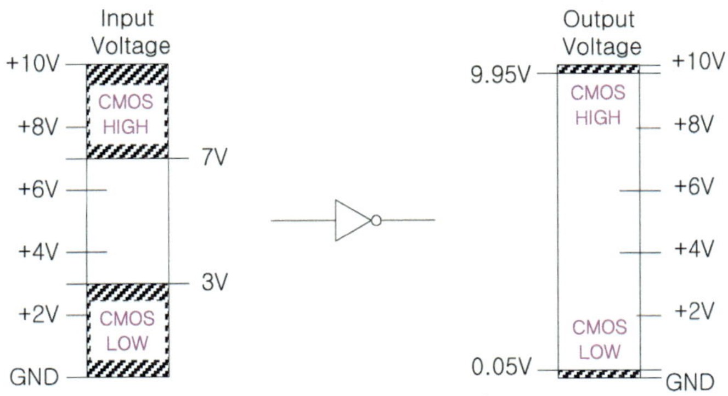

(b) CMOS 입출력 신호의 정의

그림 4-65가 보여주는 것과 같이 입력 신호에 대해서는 High=2.0~5.0[V], Low=0~0.8[V]인데 반해 출력 신호에 대해서는 High=2.4~5.0[V], Low=0~0.4[V]이다. 이와 같이 입력 신호 레벨과 출력 신호 레벨이 다른 이유는 신호에 대한 잡음 허용도(noise margin)를 제공하기 위해서이다. 예를 들어, 어떤 게이트의 출력이 다른 게이트의 입력으로 도선을 통하여 연결될 때, 신호가 전달되는 중간에 잡음이 실릴 가능성이 있다. 만약 Low의 출력이 연결된다면 출력은 0~0.4[V]로 제한되므로 약 0.4[V] 이하의 잡음이 신호에 실리더라도 전체 신호 레벨은 0.8[V]이하로 유지되고 따라서 다른 게이트의 입

력단자에서는 이 신호를 논리 Low로 인식할 수 있게 된다. 이와 같이 신호에 대해 허용되는 잡음 전압의 크기를 **잡음 허용도**라 한다.

CMOS IC의 신호 레벨은 TTL IC와는 다르다. 그림 4-65(b)에 이것이 나와 있는데, CMOS의 잡음 허용도가 TTL 보다는 크다는 것을 알 수 있다.

나 동작 파라미터

IC 제조업체에서 제공하는 data sheet에는 IC의 논리 신호 레벨이 표시되어 있다. 그 이외에도 data sheet는 IC를 사용할 때 필요한 중요한 정보를 제공한다. Data sheet에 제공되는 내용을 자세히 검토해 보기로 한다.

○ 전압 · 전류 파라미터

IC의 입력 논리나 출력 논리를 나타내는데 필요한 전압의 크기나 이 때 흐르는 전류를 나타낸다. 예를 들어 IC의 입력을 논리 1로 만들려면 입력 전압은 $V_{IH(min)}$보다 커야 한다. 또 출력이 논리 0일 때 IC의 출력 단자에 흐르는 전류의 최대값은 I_{OL}이다. Data sheet에는 이러한 전압이나 전류의 크기가 명기되어 있다.

- $V_{IH(min)}$: High-level Input Voltage
  논리 1을 표시하기 위한 최소 입력 전압
- $V_{IL(max)}$: Low-level Input voltage
  논리 0을 표시하기 위한 최대 입력 전압
- $V_{OH(min)}$: High-level Output Voltage
  특정 부하 조건에서 논리 1의 상태를 나타내는 출력 전압의 최소값
- $V_{OL(max)}$: Low-level Output Voltage
  특정 부하 조건에서 논리 0의 상태를 나타내는 출력 전압의 최대값
- I_{IH}: High level Input Current
  논리 1의 전압을 입력 단자에 가했을 때 입력 단자로 흘러 들어가는 전류
- I_{IL}: Low level Input Current
  논리 0의 전압을 입력 단자에 가했을 때 입력 단자로 흘러 들어가는 전류
- I_{OH}: High level Output Current
  출력이 논리 1일 때, 특정 부하 조건에서 출력 단자에서 흘러나오는 전류(Current Sourcing), 실제는 단자에서 흘러나오므로 -값으로 표시
- I_{OL}: Low level Output Current
  출력이 논리 0일 때, 특정 부하 조건에서 출력 단자에서 흘러나오는 전류(Current Sinking), 실제는 단자로 흘러 들어가므로 +값으로 표시

대표적인 TTL과 CMOS의 전압, 전류 파라미터는 표 4-20, 4-21과 같다.

표 4-20 | TTL/CMOS의 전압 파라미터

파라미터	CMOS					TTL			
	4000B	74HC	74HCT	74AC	74ACT	74	74LS	74AS	74ALS
V_{IH}	3.5	3.5	2.0	3.5	2.0	2.0	2.0	2.0	2.0
V_{IL}	1.5	1.0	0.8	1.5	0.8	0.8	0.8	0.8	0.8
V_{OH}	4.95	4.9	4.9	4.9	4.9	2.4	2.7	2.7	2.7
V_{OL}	0.05	0.1	0.1	0.1	0.1	0.4	0.5	0.5	0.4

표 4-21 | TTL/CMOS의 전류 파라미터

파라미터	CMOS			TTL			
	4000B	74HC/HCT	74AC/ACT	74	74LS	74AS	74ALS
I_{IH}	1uA	1uA	1uA	40uA	20uA	200uA	20uA
I_{IL}	1uA	1uA	1uA	1.6mA	0.4mA	2mA	100uA
I_{OH}	0.4mA	4mA	24mA	0.4mA	0.4mA	2mA	400uA
I_{OL}	0.4mA	4mA	2.4mA	16mA	8mA	20mA	8mA

그림 4-66 | TTL IC의 전기적 특성 예 (출처 : Texas Instruments)

DC CHARACTERISTICS OVER OPERATING TEMPERATURE RANGE (unless otherwise specified)

Symbol	Parameter		Limits Min	Limits Typ	Limits Max	Unit	Test Conditions	
V_{IH}	Input HIGH Voltage		2.0			V	Guaranteed Input HIGH Voltage for All Inputs	
V_{IL}	Input LOW Voltage	54			0.7	V	Guaranteed Input LOW Voltage for All Inputs	
		74			0.8			
V_{IK}	Input Clamp Diode Voltage			−0.65	−1.5	V	V_{CC} = MIN, I_{IN} = −18 mA	
I_{OH}	Output HIGH Current	54, 74			100	µA	V_{CC} = MIN, V_{OH} = MAX	
V_{OL}	Output LOW Voltage	54, 74		0.25	0.4	V	I_{OL} = 4.0 mA	V_{CC} = V_{CC} MIN, V_{IN} = V_{IL} or V_{IH} per Truth Table
		74		0.35	0.5	V	I_{OL} = 8.0 mA	
I_{IH}	Input HIGH Current				20	µA	V_{CC} = MAX, V_{IN} = 2.7 V	
					0.1	mA	V_{CC} = MAX, V_{IN} = 7.0 V	
I_{IL}	Input LOW Current				−0.4	mA	V_{CC} = MAX, V_{IN} = 0.4 V	
I_{CC}	Power Supply Current Total, Output HIGH				2.4	mA	V_{CC} = MAX	
	Total, Output LOW				6.6			

그림 4-66에 실제 IC의 전기적 특성에 대한 데이터시트의 일부를 보인다.

예제 4-11

TTL IC를 이용하여 LED(Light Emitting Diode)를 구동하기 위해 그림 4-67과 같이 회로를 구성할 경우 각 LED에 흐르는 전류의 크기를 구하라. 단, $I_{OH} = -0.4\text{mA}$, $I_{OL} = 8\text{mA}$, $V_{OH,min} = 2.7\text{V}$, $V_{OL,max} = 0.5\text{V}$ 이고 LED의 전압강하 $V_D = 1.0\text{V}$ 이다.

그림 4-67 LED 구동회로

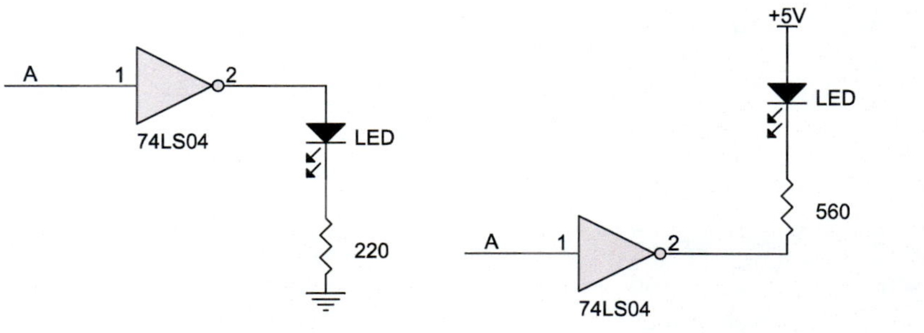

(a) I_{OH}를 이용한 구동 (b) I_{OL}를 이용한 구동

풀이

(a) 회로에서 LED가 켜지려면 출력이 1이어야 하므로

$V_{OH} = V_D + I_D \times 220$

$2.7\text{V} = 1.0 + I_D \times 220$

$\therefore I_D = 7.7\text{mA}$

가 된다. 이 값은 I_{OH}보다 크기 때문에 이 회로는 LED를 구동하기에 부적절하다. $I_D = I_{OH}$가 되도록 저항 값을 높이면 LED에 흐르는 전류가 작기 때문에 LED가 거의 켜지지 않는다.

(b) 회로에서 LED가 켜지려면 출력이 0이어야 하므로

$V_{OL} = 5 - V_D - I_D \times 560$

$0.5 = 5 - 1.0 - I_D \times 560$

$\therefore I_D = 6.5\text{mA}$

가 된다. 이 회로에서는 $I_{OL} \geq I_D$이므로 LED를 구동할 수 있다.

따라서 TTL IC를 이용하여 LED를 구동할 경우, 그림 4-67(b)와 같이 구성해야 한다.

예제 4-12

그림 4-68과 같이 스위치를 IC의 입력 단자에 연결하였다. 스위치가 Off 상태일 때 저항이 없으면 TTL의 입력 단자는 플로팅(floating) 상태가 되고, 논리 1로 인식된다. 따라서 스위치가 Off 상태일 때 입력을 low 상태로 유지하기 위해 필요한 최대 저항 값을 구하라. 이와 같은 저항을 풀다운(Pull Down) 저항이라 한다.

그림 4-68 풀다운 저항

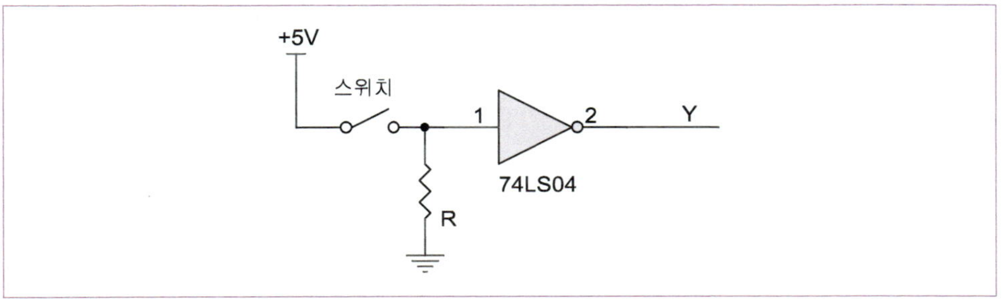

$$R_{max} = V_{IL,max}/I_{IL}$$
$$= 0.8/0.4mA$$
$$= 2K \rightarrow 1.8K$$

예제 4-13

TTL과 CMOS는 전압 특성이 다르기 때문에 서로 연결할 때 주의가 필요하다. TTL IC와 CMOS IC를 연결하는 방법을 설명하라.

풀이

(a) TTL-CMOS 연결

그림 4-69 TTL-CMOS 연결

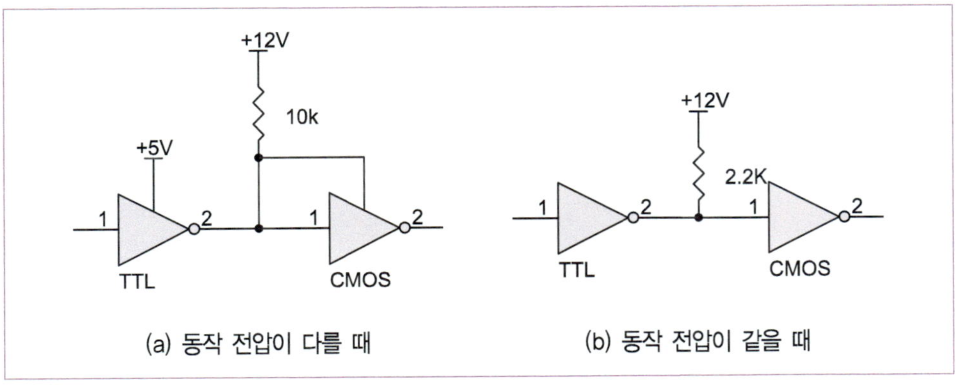

(b) CMOS-TTL 연결

그림 4-70 CMOS-TTL 연결

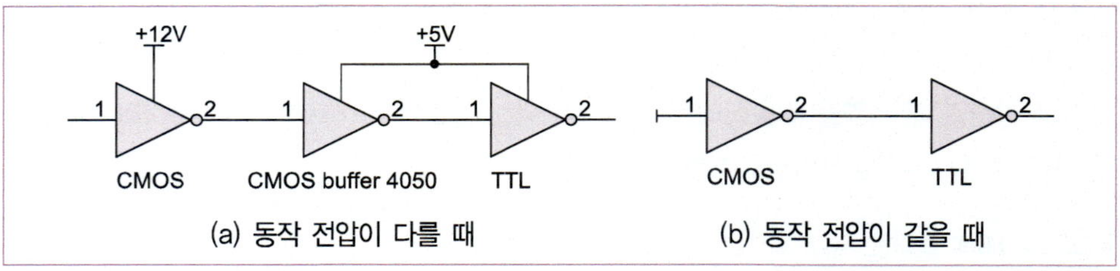

TTL의 출력을 +24V 논리 전압을 요구하는 회로에 연결할 때는 다음과 같이 트랜지스터를 이용하여 출력 전압을 변환한다.
그림 4-71에서 트랜지스터의 출력 Y는 TTL 출력에 의해 제어된다. TTL 입력이 1이면 트랜지스터는 OFF되므로 Y=24[V]가 된다. TTL 입력이 0이면 트랜지스터는 ON되므로 Y=0[V]가 되어, 0~24[V]의 논리전압으로 동작한다.

그림 4-71 TTL을 24V 레벨로 변환하는 회로

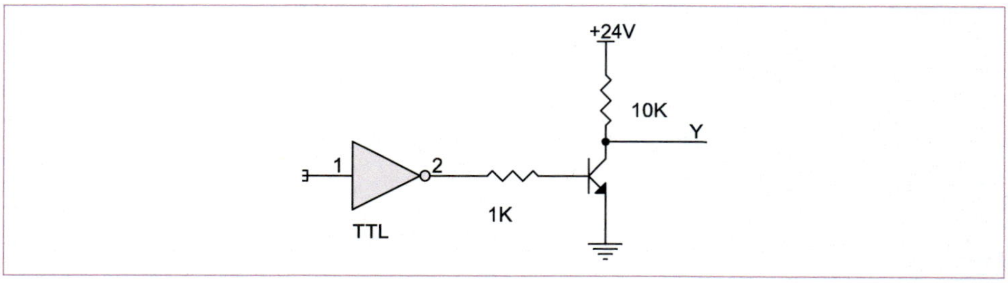

다 스위칭 특성

스위칭 특성은 논리 게이트가 동작하는 시간적인 조건을 정의한다. IC의 입력이 결정되면, 내부의 트랜지스터가 동작하여 출력이 결정될 때까지 시간이 소요된다. 이와 같이 입력이 가해진 다음 출력이 결정될 때까지의 시간을 **전파 지연 시간**이라 한다. 전파 지연 시간은 출력의 상태 변화에 따라 서로 다른 값을 갖는다.

- t_{PLH}: low 상태에서 high 상태가 될 때 발생하는 지연시간
- t_{PHL}: high 상태에서 low 상태가 될 때 발생하는 지연시간

그림 4-72 전파지연시간

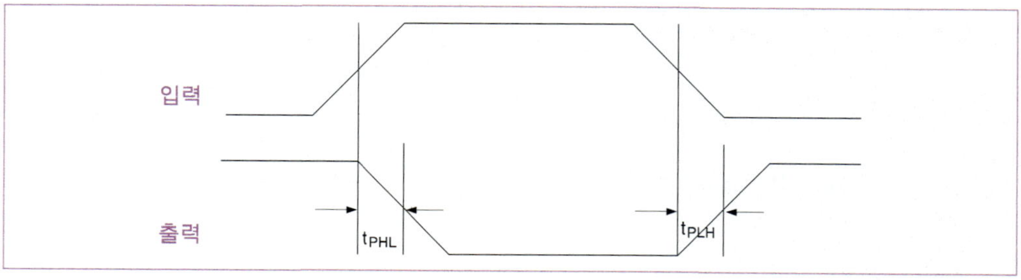

그림 4-73 스위칭 특성의 예 (출처 : Texas Instruments)

Switching Specifications Input t_r, t_f = 6ns

PARAMETER	SYMBOL	TEST CONDITIONS	V_{CC} (V)	25°C MIN	25°C TYP	25°C MAX	-40°C TO 85°C MIN	-40°C TO 85°C MAX	-55°C TO 125°C MIN	-55°C TO 125°C MAX	UNITS
HC TYPES											
Propagation Delay, Input to Output (Figure 1)	t_{PLH}, t_{PHL}	C_L = 50pF	2	-	-	100	-	125	-	150	ns
			4.5	-	-	20	-	25	-	30	ns
			6	-	-	17	-	21	-	26	ns
Propagation Delay, Data Input to Output Y	t_{PLH}, t_{PHL}	C_L = 15pF	5	-	8	-	-	-	-	-	ns

예제 4-14

여러 가지 7404의 최대 전파 지연 시간은 표 4-22와 같다.

표 4-22 | 7404의 전파 지연 시간

IC 종류	t_{PLH}	t_{PHL}
7404	22	15
74LS04	10	10
74F04	3	4

그림 4-74와 같은 회로의 전파 지연 시간을 구하라.

그림 4-74 예제 4-14의 회로

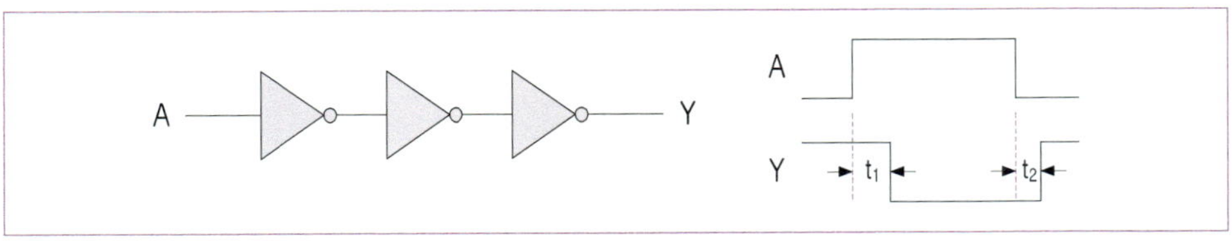

풀이

t_1은 $t_{PHL} + t_{PLH} + t_{PHL}$이고 t_2는 $t_{PLH} + t_{PHL} + t_{PLH}$이므로

IC 종류	t_1	t_2
7404	15+22+15=52ns	22+15+22=59ns
74LS04	10+10+10=30ns	10+10+10=30ns
74F04	4+3+4=11ns	3+4+3=10ns

가 된다.

그 외 동작을 나타내는 다음과 같은 특성이 있다.

○ 소비전력

IC가 동작할 때 소모하는 전력으로 전원 단자(TTL: V_{CC}, CMOS: V_{DD})에 흐르는 전류를 I_{CC}라 할 때

$$P = V_{CC} \times I_{CC}$$

이다.

○ 잡음 허용도

잡음 허용도는 높은 상태 잡음 허용도(V_{NH})와 낮은 상태 잡음 허용도(V_{NL})가 있다. 잡음 허용도는 신호의 논리 값이 변하지 않고 허용되는 잡음의 크기를 나타내므로 클수록 좋다.

$$V_{NH} = V_{OH(min)} - V_{IH(min)}$$
$$V_{NL} = V_{IL(max)} - V_{OL(max)}$$

○ 팬 아웃(Fan-out)

팬 아웃은 하나의 게이트 출력 단자에 연결할 수 있는 같은 형의 게이트의 개수이다. 즉, 저 전력 schottky (LS) TTL의 팬 아웃이 20이라는 의미는 74LSxx IC의 출력단에 LS 형의 TTL을 20개까지 연결할 수 있다는 것이다.

4.12 디지털 집적회로

디지털 논리회로는 집적회로(IC, Integrated Circuit)로 만들어진다. IC는 실리콘과 같은 반도체 물질(substrate라고 함) 위에 저항, 다이오드, 트랜지스터를 혼합하여 회로를 구성하고, 핀을 연결하여 패키지 형태로 만들어진다.

가장 일반적인 형태는 DIP(Dual Inline Package)이며 그림 4-75와 같이 여러 가지 형태가 있다.

▌그림 4-75▐ IC의 여러 가지 형태

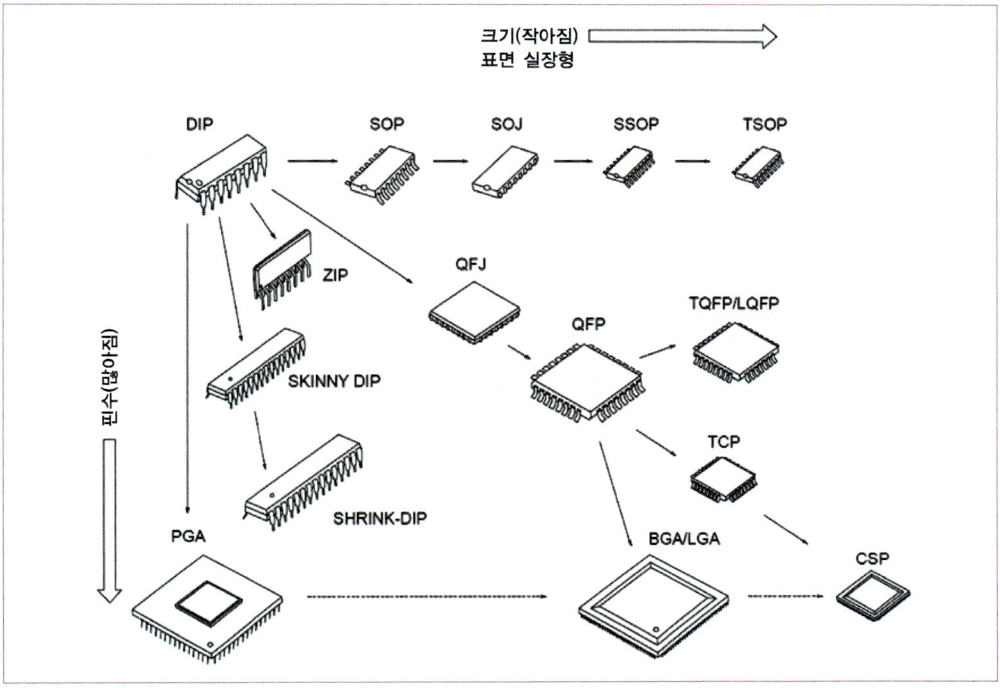

IC는 논리 동작 뿐 만 아니라 복잡도, 회로 구성 요소에 따라 계열(series)로 분류된다. 복잡도는 IC를 구성하는데 소요되는 게이트 수를 의미하며 다음과 같은 종류가 있다.

표 4-23 | 복잡도에 따른 IC의 분류

복잡도	게이트 수
SSI (Small Scale IC)	12개 이하
MSI (Medium Scale IC)	12~99개
LSI (Large Scale IC)	100~9,999
VLSI (Very Large Scale IC)	10,000~99,999
ULSI (Ultra Large Scale IC)	100,000개 이상

최근에는 반도체 집적 기술의 발달에 따라 집적도는 엄청나게 높아지고 있으며, 이러한 추세는 계속되고 있다. PC에 주로 사용되는 펜티엄 계열 CPU의 집적도는 10,000,000에 이르고 있다.

IC를 회로 구성 요소에 따라 분류하면,

① 바이폴라(bipolar) IC

② 유니폴라(unipolar) IC

가 있다.

바이폴라 IC는 바이폴라 트랜지스터로 만들어지며, 주로 SSI, MSI에서 주로 사용된다. 가장 대표적인 계열로는 TTL(Transistor–Transistor Logic)이 있다.

유니폴라 IC는 유니폴라 MOSFET(Metal Oxide Semiconductor Field Effect Transistor)로 만들어지며, 소비전력이 낮고 집적도가 높기 때문에 LSI 이상에서 주로 사용된다. 바이폴라나 유니폴라 트랜지스터로 만들어지는 실제 논리 IC 계열은 다음과 같다.

TTL	Transistor–transistor logic
ECL	Emitter–coupled logic
MOS	Metal–oxide semiconductor
CMOS	Complementary metal–oxide semiconductor
I^2L	Integrated injection logic

TTL은 다양한 논리 기능을 가진 종류가 있으며 현재 가장 널리 쓰이고있는 IC계열이다. ECL은 고속의 동작을 요하는 시스템에서 사용된다. MOS와 I^2L은 고집적도를 요하는 회로에서 사용되며, CMOS는 적은 소비 전력을 요구하는 시스템에서 사용된다. 일반적인 논리 소자로 디지털 회로를 구성하는 경우 대부분의 경우는 TTL이 사용된다. MOS, CMOS, I^2L은 고집적이 가능하기 때문에 LSI 이상에서 주로 사용된다. TTL, ECL도 LSI가 가능하며 MSI, SSI로도 많이 쓰인다.

(1) TTL

TTL IC는 대개 74xx, 54xx 시리즈로 구분되어지며, 전자는 동작 온도 범위가 좁기 때문에 산업용으로 쓰이며 후자는 온도 범위가 넓기 때문에 군사용으로 쓰인다. 74xx 시리즈란 7400, 74LS08, 74ALS10 등의 숫자를 가진 IC를 의미한다. "74xxNNN"의 표기에서 "xx"는 TTL의 종류를 나타내고, "NNN"는 논리 동작의 식별번호이다.

TTL 시리즈는 소비전력과 신호 지연 시간에 따라 표 4-24와 같이 분류된다.

표 4-24 | TTL의 종류

표기	TTL 종류
74	표준 TTL
74S	Schottky TTL
74LS	저전력 Schottky TTL
74AS	Advanced Schottky TTL
74ALS	저전력 AS TTL
74F	Fast TTL

TTL 종류에 따른 소비전력과 지연시간은 표 4-25와 같다.

AS 시리즈는 속도가 가장 빠르나 소비전력이 크다. 가장 많이 사용되는 LS 시리즈는 표준형과 속도는 같으나 소비전력이 훨씬 적음을 알 수 있다.

표 4-25 | TTL의 동작 특성

특 성	74	74S	74LS	74AS	74ALS	74F
전파지연시간(ns)	9	3	9.5	1.7	4	3
전력소모(mW)	10	20	2	8	1.2	6
최대 동작 주파수(MHz)	35	125	45	200	70	100
팬-아웃	10	20	20	40	20	33
V_{OH}	2.4	2.7	2.7	2.5	2.5	2.5
V_{OL}	0.4	0.5	0.5	0.5	0.4	0.5
V_{IH}	2.0	2.0	2.0	2.0	2.0	2.0
V_{IL}	0.8	0.8	0.8	0.8	0.8	0.8

한 개의 TTL IC에는 여러 개의 논리 소자가 들어 있다. 그림 4-76과 4-77는 대표적인 TTL IC의 블록도이다.

그림에서 7404는 6개의 인버터를, 7400은 4개의 2-입력을 가진 NAND 게이트를 포함하고 있다. V_{CC}와 GND로 표시된 단자는 각각 정상적인 동작을 위하여 +5V와 접지선이 연결되는 단자이다.

| 그림 4-76 | 7400 블록도

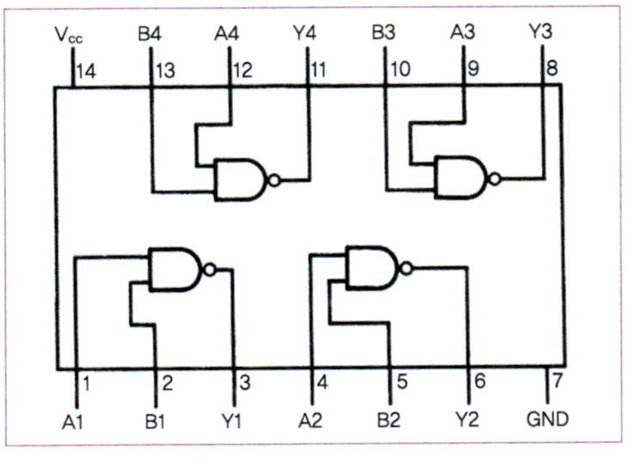

| 그림 4-77 | 7404 블록도

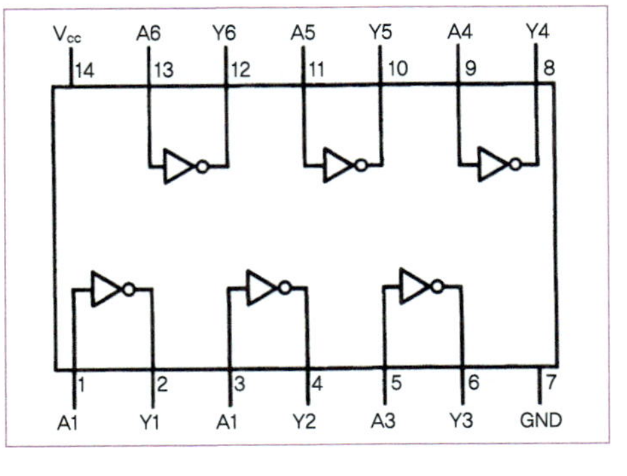

(2) CMOS

정상 상태에서 CMOS의 전력(정전력, static power) 소모는 무시될 정도로 작으며 평균 약 10[nW]이다. 게이트 신호가 변할 때 그 회로가 작동하는 주파수에 따라 변하는 전력을 동전력(Dynamic Power)이라 하는데 이는 TTL과 비슷하다. CMOS의 특성은 전력 공급 전압 V_{DD}에 따라 다르다. 전력 소모는 공급 전압에 따라 늘어나며 전파 지연 시간은 감소한다.

최근에는 배터리로 동작하는 디지털 시스템과 같이 소비 전력을 최소화해야 하는 시스템에 주로 쓰인다.

CMOS 논리 IC는 4000, 14000시리즈와 74C, 74HC, 74HCT, 74AC, 74ACT시리즈가 있다. 4000, 14000 시리즈는 74시리즈와는 다른 논리 동작을 하는 CMOS형 논리 소자이며, TTL과 핀 호환이 아니다.

그림 4-78의 CMOS 회로는 4000 시리즈이다. 그림 4-78(a)는 4001B이고 4-78(b)는 4011B이다. 각각 한 개의 IC 속에 4개씩의 게이트가 들어 있다. V_{DD} 단자는 3 - 15[V]의 전원 공급을 필요로 하며 V_{SS}는 대개 접지 된다.

74C, 74HC, 74HCT 시리즈는 같은 식별번호를 가진 TTL과 핀 호환이 된다. 74AC, 74ACT 시리즈는 비교적 최근에 등장하였으며, TTL과 호환이 아니다.

▌그림 4-78▌ CMOS 시리즈

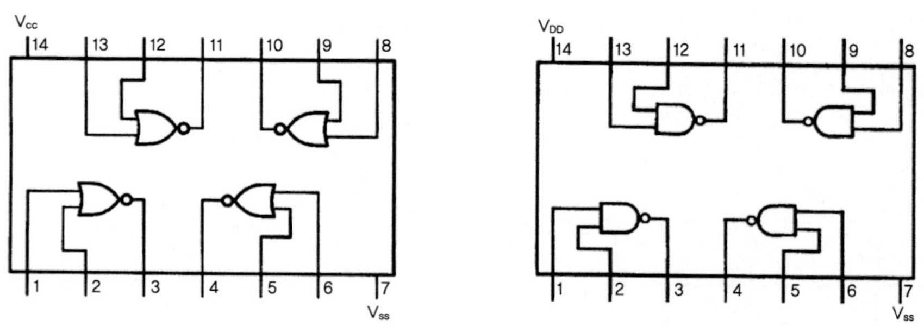

(a) 4001B (b) 4011B

표 4-26 | CMOS의 종류

표기	CMOS 종류
40, 140	Metal Gate CMOS
74C	Metal Gate CMOS, TTL과 핀 호환
74HC	Silicon Gate CMOS, TTL과 핀 호환, 고속
74HCT	Silicon Gate CMOS, TTL과 핀/전기적 특성 호환, 고속

(3) IC의 핀 번호

실험에서 사용하는 대부분의 IC는 그림 4-79와 같이 DIP으로 되어 있다. 핀의 순서는 그림 4-79와 같이 IC를 위에서 내려다보았을 때 반시계 방향의 순서로 되어 있다. 1번 핀의 위치는 점으로 표시하든지 1 번 핀과 14번(또는 16번) 핀 사이에 index notch를 파 놓아서 1번 핀과 14번(또는 16번) 핀의 위치를 표시한다.

그림 4-79 | IC 핀의 표시 방법

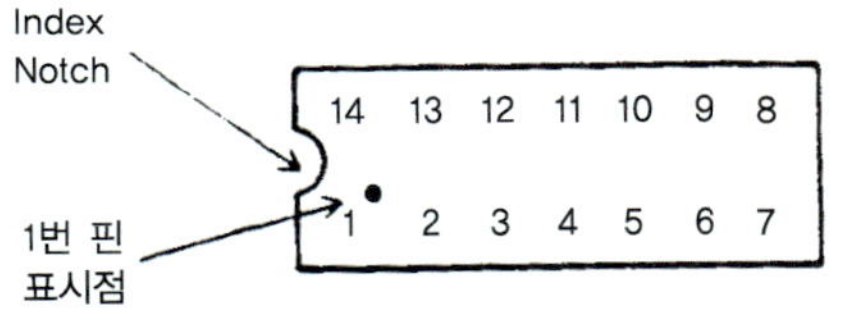

(a) 14핀의 경우

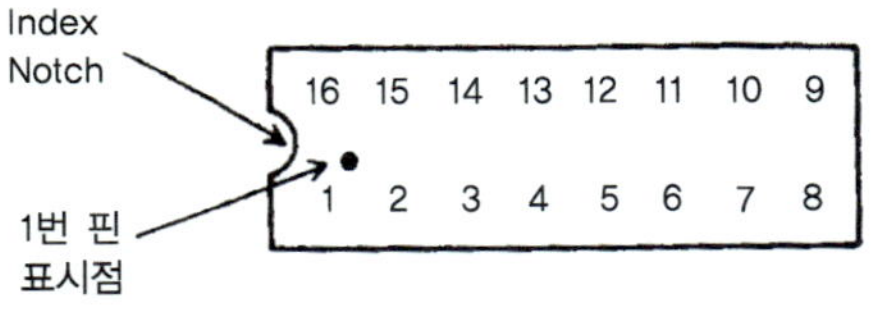

(b) 16핀의 경우

논리 게이트 실험

(1) 사용 부품

부품명	규격	수량
IC	7400	1
IC	7402	1
IC	7404	1

부품명	규격	수량
IC	7406	1
IC	7408	1
IC	7432	1

부품명	규격	수량
IC	7486	1
저항	3.3k	5
전선		

(2) 사용 기자재

- 논리회로 실험장치(Logic Lab)
- 멀티미터 또는 전압계
- 파워 서플라이

(3) 실험 1: NOT 게이트 실험

실험순서

① 7404를 이용하여 그림 4-80과 같은 논리회로를 구성하라. 입력 A는 그림처럼 스위치 회로를 만들거나 배포한 LED & SWITCH 보드나 로직랩 등에 이미 만들어진 스위치 회로에 연결한다.

▌그림 4-80 ▌ NOT 게이트 실험 회로

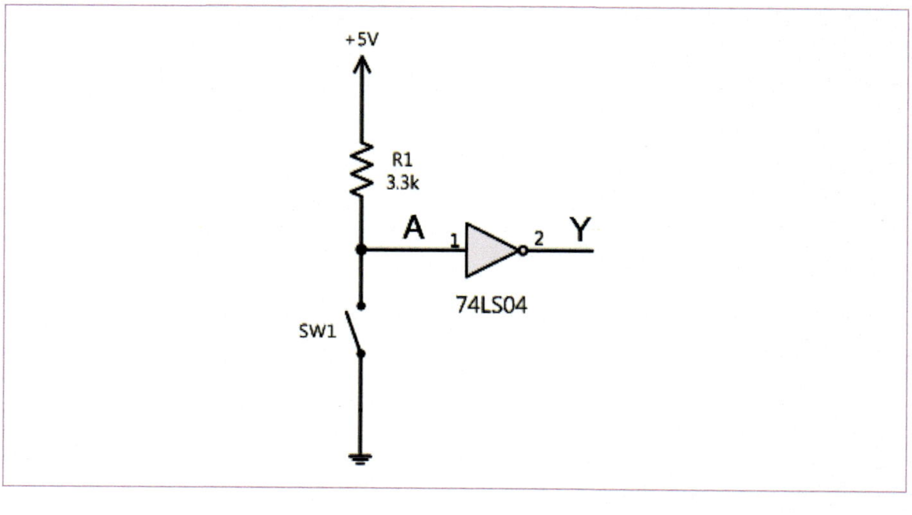

② 7404의 전원(V_{CC}와 GND) 연결을 확인한다.

③ 전원을 인가한 후 표 4-26에 따라 전압을 측정하고, 전압에 대한 논리값을 정논리로 부여한다.

표 4-26 | NOT 게이트 실험 결과표

SW1의 상태	A		Y	
	측정전압	논리값	측정전압	논리값
OFF				
ON				

④ 7404를 이용하여 그림 4-81과 같은 논리회로를 구성하라. 입력 A는 그림처럼 스위치 회로를 만들거나 배포한 LED & SWITCH 보드나 로직랩 등에 이미 만들어진 스위치 회로에 연결한다.

그림 4-81 이중부정 실험 회로

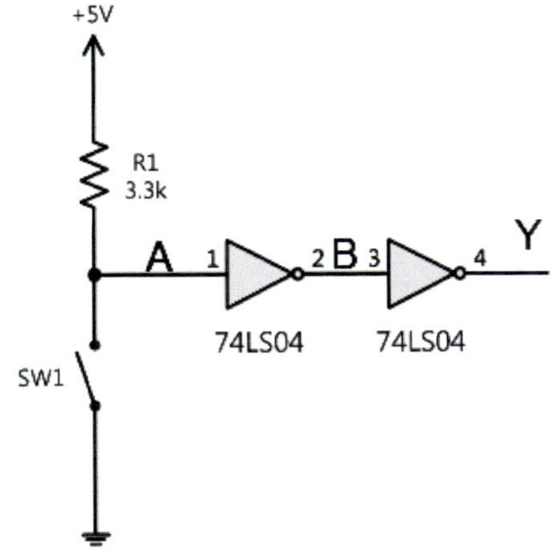

⑤ 7404의 전원(V_{CC}와 GND) 연결을 확인한다.

⑥ 전원을 인가한 후 표 4-27에 따라 전압을 측정하고, 전압에 대한 논리값을 정논리로 부여한다.

표 4-27 | 이중부정 실험 결과표

SW1의 상태	A		B		Y	
	측정전압	논리값	측정전압	논리값	측정전압	논리값
OFF						
ON						

(4) 실험 2: AND 게이트 실험

실험순서

① 7408을 이용하여 그림 4-82와 같은 논리회로를 구성하라. 입력 A와 B는 그림처럼 스위치 회로를 만들거나 배포한 LED & SWITCH 보드나 로직랩 등에 이미 만들어진 스위치 회로에 연결한다.

그림 4-82 AND 게이트 실험 회로

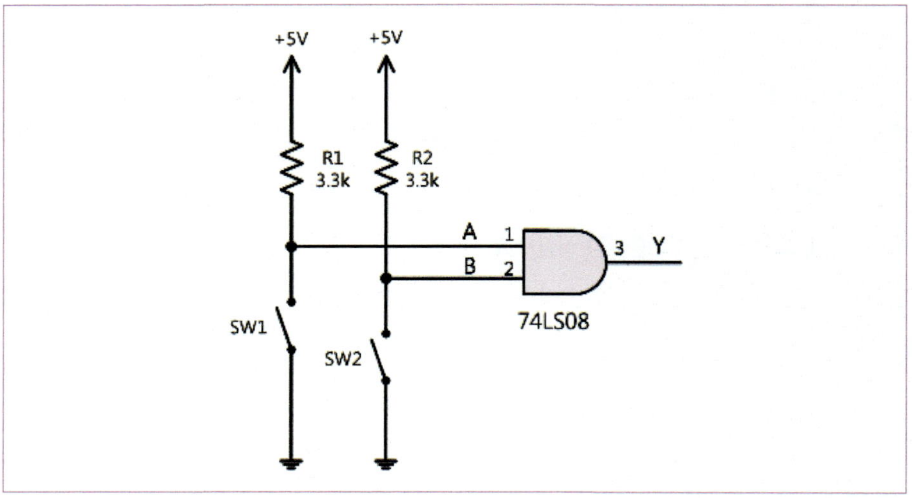

② 7408의 전원(Vcc와 GND) 연결을 확인한다.

③ 전원을 인가한 후 표 4-28에 따라 전압을 측정하고, 전압에 대한 논리값을 정논리로 부여한다.

표 4-28 | AND 게이트 실험 결과표

SW1	SW2	A		B		Y	
		측정전압	논리값	측정전압	논리값	측정전압	논리값
OFF	OFF						
OFF	ON						
ON	OFF						
ON	ON						

(5) 실험 3: NAND 게이트 실험

실험순서

① 7400을 이용하여 그림 4-83과 같은 논리회로를 구성하라. 입력 A와 B는 그림처럼 스위치 회로를 만들거나 배포한 LED & SWITCH 보드나 로직랩 등에 이미 만들어진 스위치 회로에 연결한다.

▌그림 4-83▌ NAND 게이트 실험 회로

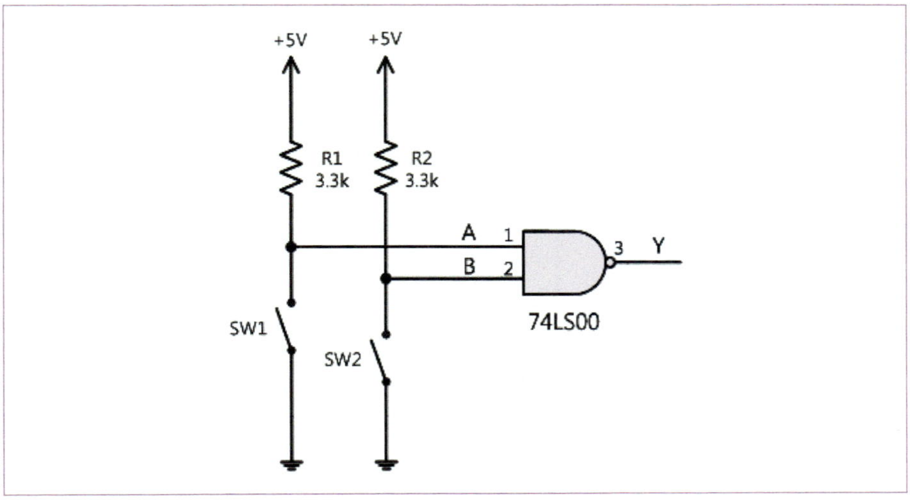

② 7400의 전원(V_{CC}와 GND) 연결을 확인한다.

③ 전원을 인가한 후 표 4-29에 따라 전압을 측정하고, 전압에 대한 논리값을 정논리로 부여한다.

표 4-29 | NAND 게이트 실험 결과표

SW1	SW2	A		B		Y	
		측정전압	논리값	측정전압	논리값	측정전압	논리값
OFF	OFF						
OFF	ON						
ON	OFF						
ON	ON						

④ 7400을 이용하여 그림 4-84와 같은 논리회로를 구성하라. 입력 A, B와 C는 그림처럼 스위치 회로를 만들거나 배포한 LED & SWITCH 보드나 로직랩 등에 이미 만들어진 스위치 회로에 연결한다.

▍그림 4-84 ▍ 3 입력 NAND 게이트 실험 회로

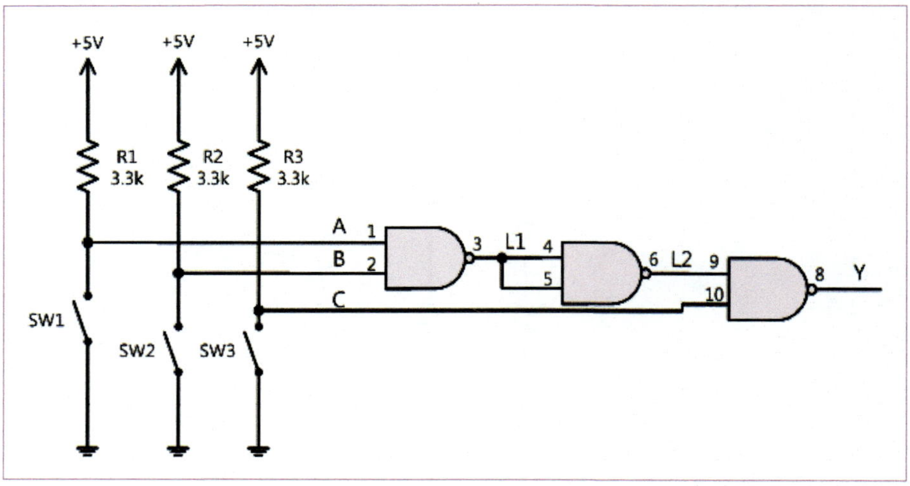

⑤ 7400의 전원(V_{CC}와 GND) 연결을 확인한다.

⑥ 전원을 인가한 후 표 4-30에 따라 전압을 측정하고, 전압에 대한 논리값을 정논리로 부여한다.

표 4-30 | 3 입력 NAND 게이트 실험 결과표

입력			출력					
A	B	C	$L1=\overline{(AB)}$		$L2=AB$		$Y=\overline{(ABC)}$	
			측정전압	논리값	측정전압	논리값	측정전압	논리값
0	0	0						
0	0	1						
0	1	0						
0	1	1						
1	0	0						
1	0	1						
1	1	0						
1	1	1						

(6) 실험 4: OR 게이트 실험

실험순서

① 7432를 이용하여 그림 4-85와 같은 논리회로를 구성하라. 입력 A와 B는 그림처럼 스위치 회로를 만들거나 배포한 LED & SWITCH 보드나 로직랩 등에 이미 만들어진 스위치 회로에 연결한다.

그림 4-85 OR 게이트 실험 회로

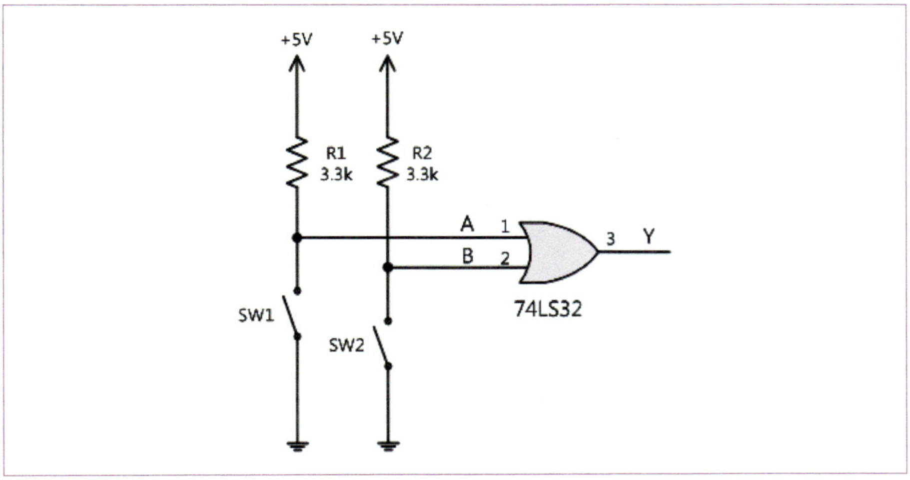

② 7432의 전원(V_{CC}와 GND) 연결을 확인한다.

③ 전원을 인가한 후 표 4-31에 따라 전압을 측정하고, 전압에 대한 논리값을 정논리로 부여한다.

표 4-31 | OR 게이트 실험 결과표

SW1	SW2	A		B		Y	
		측정전압	논리값	측정전압	논리값	측정전압	논리값
OFF	OFF						
OFF	ON						
ON	OFF						
ON	ON						

(7) 실험 5: NOR 게이트 실험

실험순서

① 7402를 이용하여 그림 4-86과 같은 논리회로를 구성하라. 7402의 핀 배열은 다른 게이트와는 다르니 주의한다. 입력 A와 B는 그림처럼 스위치 회로를 만들거나 배포한 LED & SWITCH 보드나 로직랩 등에 이미 만들어진 스위치 회로에 연결한다.

그림 4-86 NOR 게이트 실험 회로

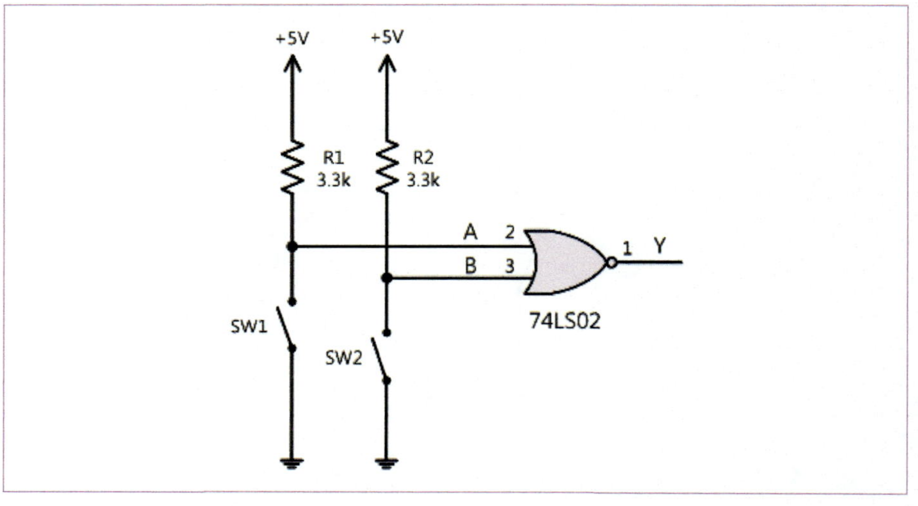

② 7402의 전원(V_{CC}와 GND) 연결을 확인한다.

③ 전원을 인가한 후 표 4-32에 따라 전압을 측정하고, 전압에 대한 논리값을 정논리로 부여한다.

표 4-32 | NOR 게이트 실험 결과표

SW1	SW2	A		B		Y	
		측정전압	논리값	측정전압	논리값	측정전압	논리값
OFF	OFF						
OFF	ON						
ON	OFF						
ON	ON						

(8) 실험 6: XOR 게이트 실험

실험순서

① 7486를 이용하여 그림 4-87과 같은 논리회로를 구성하라. 입력 A와 B는 그림처럼 스위치 회로를 만들거나 배포한 LED & SWITCH 보드나 로직랩 등에 이미 만들어진 스위치 회로에 연결한다.

그림 4-87 XOR 게이트 실험 회로

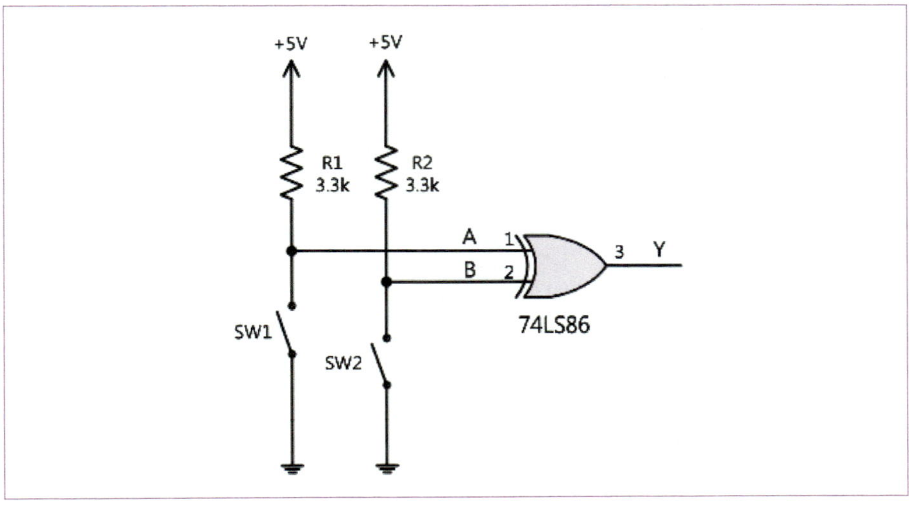

② 7486의 전원(V_{CC}와 GND) 연결을 확인한다.

③ 전원을 인가한 후 표 4-33에 따라 전압을 측정하고, 전압에 대한 논리값을 정논리로 부여한다.

표 4-33 | XOR 게이트 실험 결과표

SW1	SW2	A		B		Y	
		측정전압	논리값	측정전압	논리값	측정전압	논리값
OFF	OFF						
OFF	ON						
ON	OFF						
ON	ON						

(9) 실험 7: 오픈 컬렉터 출력 회로 실험

실험순서

① 7406과 저항을 이용하여 그림 4-88과 같은 논리회로를 구성하라. 입력 A는 그림처럼 스위치 회로를 만들거나 배포한 LED & SWITCH 보드나 로직랩 등에 이미 만들어진 스위치 회로에 연결한다.

▌그림 4-88▌ 오픈 컬렉터 출력 실험 회로(1)

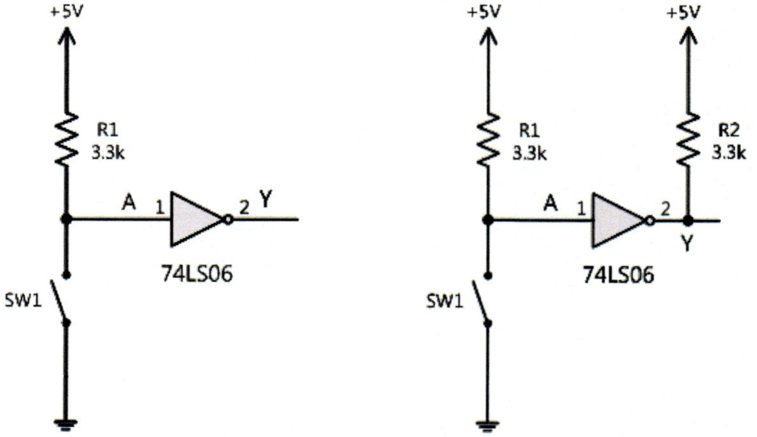

(a) 풀업 저항(R2) 없음　　(b) 풀업 저항(R2) 있음

② 7406의 전원(V_{CC}와 GND) 연결을 확인한다.

③ 전원을 인가한 후 표 4-34에 따라 전압을 측정하고, 전압에 대한 논리값을 정논리로 부여한다.

표 4-34 | 오픈 컬렉터 출력 실험 결과표(1)

SW1	입력(A)		출력(Y)			
			Pull-up 저항 없음 (a) 회로		Pull-up 저항 있음 (b) 회로	
	측정전압	논리값	측정전압	논리값	측정전압	논리값
OFF						
ON						

④ 7406과 저항을 이용하여 그림 4-89와 같은 논리회로를 구성하라. 입력 A는 그림처럼 스위치 회로를 만들거나 배포한 LED & SWITCH 보드나 로직랩 등에 이미 만들어진 스위치 회로에 연결한다.

그림 4-89 오픈 컬렉터 출력 실험 회로(2)

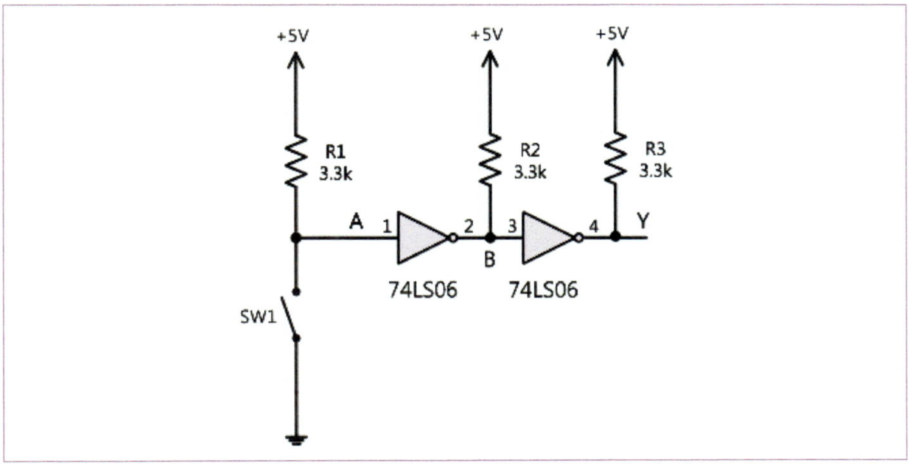

⑤ 7406의 전원(V_{CC}와 GND) 연결을 확인한다.

⑥ 전원을 인가한 후 표 4-35와 표 4-36에 따라 전압을 측정하고, 전압에 대한 논리값을 정논리로 부여한다. 전압 측정할 때에는 전압계에 표시된 값을 정확하게 기입하고, TTL 소자의 전압과 논리값의 관계에 따라 논리값을 부여한다.

표 4-35 | 오픈 컬렉터 출력 실험 결과표(2)

입력(A)		출력(B)		출력(Y)			
		R2 없음		R3 연결		R3없음	
전압	논리	전압	논리	전압	논리	전압	논리
0							
+5V							

표 4-36 | 오픈 컬렉터 출력 실험 결과표(3)

입력(A)		출력(B)		출력(Y)			
		R2 연결		R3 연결		R3 없음	
전압	논리	전압	논리	전압	논리	전압	논리
0							
+5V							

(10) 실험결과 및 검토

① 인버터에 대한 실험 결과로부터 정논리를 사용하여 인버터의 진리표를 작성하라.

② 인버터 실험 (1)의 ④~⑥에서 얻은 결과로부터 알 수 있는 내용을 불 함수로 표현하라.

③ AND 게이트 실험 결과로부터 AND 게이트의 진리표를 작성하라.

④ 그림의 회로에 대해서 다음 물음에 답하라.

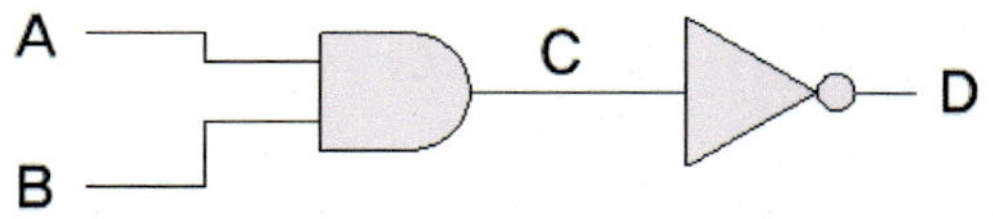

(a) A, B, C 사이의 논리 함수는 어떤 관계인가?

(b) A, B, D 사이의 논리 함수는 어떤 관계인가?

(c) A, B, C 및 D 사이의 논리 관계를 아래 표에 기입하라.

A	B	C	D
0	0		
0	1		
1	0		
1	1		

⑤ NAND 게이트 실험 결과로부터 NAND 게이트의 진리표를 작성하고, 이론과 일치하는지 확인하라.

⑥ OR 게이트 실험 결과로부터 OR 게이트의 진리표를 작성하고, 이론과 일치하는지 확인하라.

⑦ NOR 게이트 실험 결과로부터 NOR 게이트의 진리표를 작성하고, 이론과 일치하는지 확인하라.

⑧ XOR 게이트 실험 결과로부터 XOR 게이트의 진리표를 작성하고, 이론과 일치하는지 확인하라.

⑨ Open Collector 출력 회로 실험에서 Pull-up저항의 역할에 대해 설명하라.

⑩ Open Collector 출력회로 실험에서 Pull-up 저항의 크기를 200Ω 저항으로 변경하면 어떤 현상이 발생하는가? 그 이유는 무엇인가?

연습문제

4.1 부논리를 적용하여 다음 NOT 게이트의 진리표를 완성하라. 왼쪽 표에는 NOT 게이트의 입력(IN) 단자에서 측정한 전압 상태를 보인다. 오른쪽에는 부논리를 적용한 논리값을 채워 넣는다.

IN	OUT
L	
H	

IN	OUT

4.2 다음 진리표에 대한 논리 게이트의 이름과 논리 기호는 무엇인가?

(a)

A	B	Y
0	0	0
0	1	0
1	0	0
1	1	1

(b)

A	B	Y
0	0	0
0	1	1
1	0	1
1	1	1

(c)

A	B	Y
0	0	1
0	1	0
1	0	0
1	1	0

(d)

A	B	Y
0	0	0
0	1	1
1	0	1
1	1	0

4.3 (a) 3-입력 NAND 게이트와 (b) 3-입력 NOR 게이트의 진리표를 만들어라.

4.4 (a) 3-입력 XOR 게이트와 (b) 3-입력 XNOR 게이트의 진리표를 만들어라.

4.5 다음 각 논리회로의 출력 파형(Y)을 그려라.

(a)

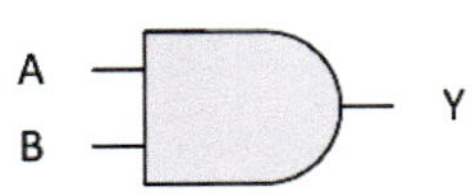

(b)

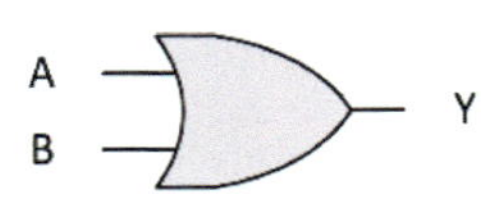

(c)

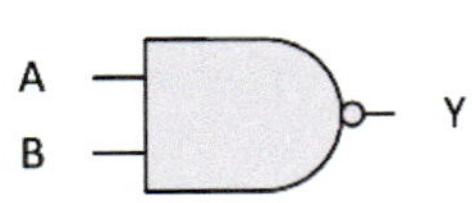

(d)

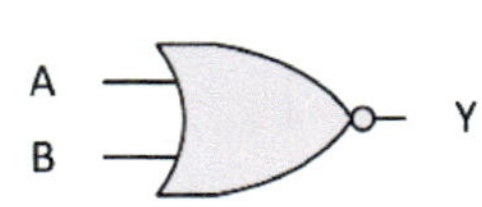

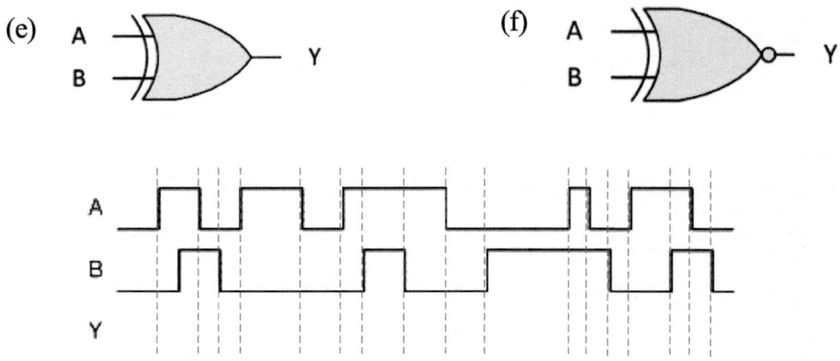

4.6 다음 각 논리회로의 출력 파형(Y)을 그려라.

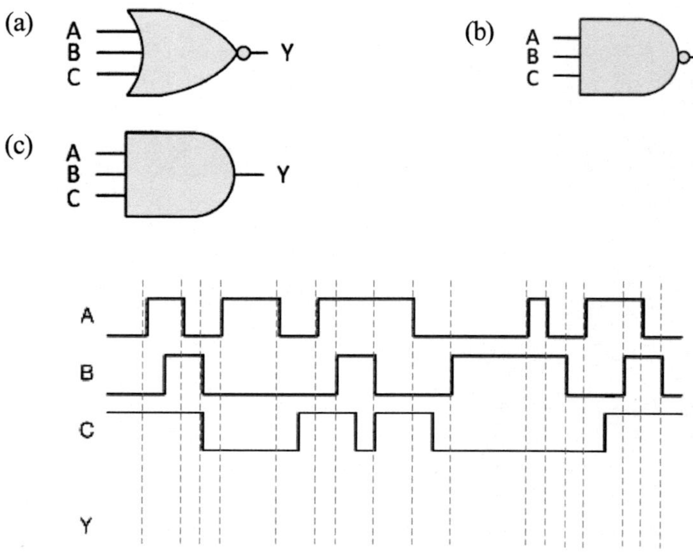

4.7 7400 NAND 게이트를 이용하여 OR 게이트를 구현하는 논리 회로도를 그려라.

4.8 풀업 저항에 대해 설명하라.

4.9 풀업 저항과 풀다운 저항의 차이를 설명하라.

4.10 오픈 컬렉터 출력이 필요한 이유는 무엇인가?

4.11 다음 전압이 TTL 게이트의 입력에 인가될 때 H인지 L인지 판정하라.

① 0.3[V] ② 4.5[V]

③ 1.2[V] ④ 3.3[V]

4.12 게이트의 입력 단자에 어떤 신호도 연결하지 않으면 어떤 현상이 발생할 수 있는가?

4.13 TTL 게이트의 잡음 허용도는 얼마인가?

4.14 팬아웃 10은 어떤 의미인가?

4.15 다음 표를 참조하여 아래 회로에서 A가 H에서 L로 변할 때 Y의 전파 지연 시간을 계산하라.

IC 종류	t_{PLH}	t_{PHL}
7404	16	12
74LS04	8	4
74F04	1	3

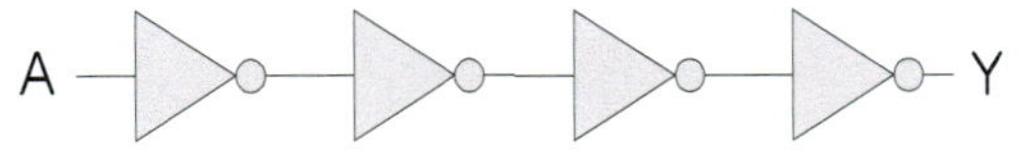

CHAPTER

5

논리식과 논리회로

학습목표

1 디지털논리회로의 동작을 논리식으로 표현할 수 있다.
2 논리회로를 논리식으로 표현할 수 있다.
3 논리식을 논리회로로 구성할 수 있다.
4 논리식을 곱의 합형 또는 합의 곱형으로 표현할 수 있다.
5 논리회로를 NAND 게이트 또는 NOR 게이트만 사용하여 설계할 수 있다.

5.1 기본 논리식의 표현

(1) 논리식의 의미

논리식은 논리 함수라고도 하며, 디지털 논리회로의 동작을 표현하는 대수식이다. 대수식은 불 함수로 표현한다. 논리식의 예는 식 (5-1)과 같다.

$$Y = A + B \cdot \overline{C} = A + B\overline{C} \tag{5-1}$$

논리식을 보고 논리회로로 변환할 수 있다. 식 (5-1)을 논리회로로 변환하면 그림 5-1과 같다.

▌그림 5-1▌ 식 (5-1)의 논리회로

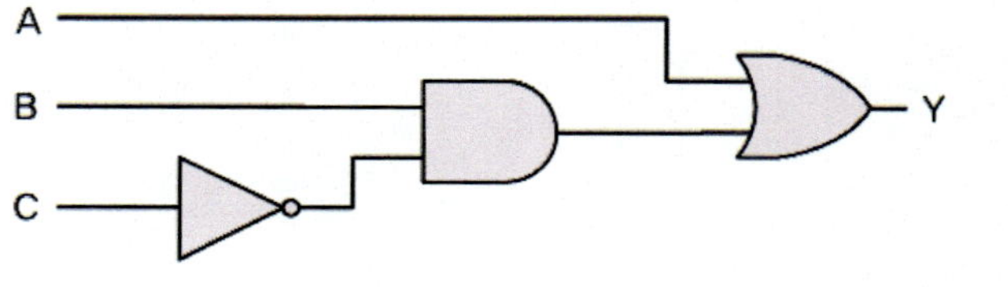

식 (5-1)에서 보는 것과 같이 논리식을 표현하는 데에는 3가지 요소가 있다.

① 입력 변수

입력 변수는 디지털 논리회로의 입력 신호를 나타내며, 보통 1 글자의 알파벳으로 표현한다. 그림 5-1에서는 A, B, C이다.

② 출력 변수

출력 변수는 디지털 논리회로의 출력 신호를 나타내며, 보통 1 글자의 알파벳으로 표현한다. 출력 변수의 값은 입력 신호의 상태에 따라 결정된다. 그림 5-1에서는 Y이다.

③ 식

출력 변수 하나에 식 하나가 있어야 한다. 식의 좌변에 출력 변수를, 우변에는 입력 변수들과 연산자를 조합하여 **출력이 1이 되는 조건**을 나타낸다.

$Y = A\overline{B}$ 라는 논리식은 입력 A=1이고, B=0일 때 출력 Y=1이 되고, 그 외의 경우에는 출력 Y=0이라는 의미이다. $Y = A + B\overline{C}$ 라는 논리식은 입력 A=1이거나, B=1이고 C=0일 때 출력 Y=1이 되고, 그 외의 경우에는 출력 Y=0이라는 의미이다.

예제 5-1

다음 각 논리식에서 출력 Y가 1이 되는 경우는?

(a) $Y = AB + A\overline{B}$
(b) $Y = AB + AC$
(c) $Y = A\overline{B} + AC$
(d) $Y = AB + C$
(e) $Y = E + \overline{F}\,\overline{G}$

풀이

(a) $A=1$이고 $B=1$이거나, $A=1$이고 $B=0$일 때
(b) $A=1$이고 $B=1$이거나, $A=1$이고 $C=1$일 때
(c) $A=1$이고 $B=0$이거나, $A=1$이고 $C=1$일 때
(d) $A=1$이고 $B=1$이거나, $C=1$일 때
(e) $E=1$이거나, $F=0$이고 $G=0$일 때

디지털 논리회로의 동작을 논리식으로 표현하는 경우 다음과 같이 하면 된다.

① 입력 변수가 1이다.
입력 변수 명을 그대로 사용한다.

② 입력 변수가 0이다.
입력 변수 명에 NOT 기호(‾)를 붙인다.

③ 이거나
OR 즉 +로 바꾼다.

④ 이고
AND 즉 · 으로 바꾼다.

예제 5-2

다음 표현을 논리식으로 변환하라.

(a) A가 0이거나, B가 1일 때, 출력 Y가 1이 된다.
(b) A가 1이고, B가 0일 때 출력 Y가 1이 된다.
(c) A가 0이고 B가 1이거나, C가 1이고 D가 0일 때 출력 Y가 1이 된다.
(d) A와 B의 상태가 서로 다를 때, 출력 Y가 1이 된다.

풀이

(a) $Y = \overline{A} + B$
(b) $Y = A \cdot \overline{B} = A\overline{B}$

(c) $Y=\overline{A}\cdot B+C\cdot\overline{D}=\overline{A}B+C\overline{D}$

(d) A와 B가 서로 다른 상태라는 뜻은 A가 0이고 B는 1이 되거나, A가 1이고 B는 0이라는 것이다. 따라서, 논리식을 구하면 다음과 같다.

$Y=\overline{A}\cdot B+A\cdot\overline{B}=\overline{A}B+A\overline{B}$

(2) 논리식과 진리표

진리표는 모든 입력의 경우에 대해 출력의 상태를 표로 나타낸 것이다. 진리표를 이용하여 논리회로의 동작을 표현할 수 있다. 논리식의 같음을 증명하는 방법으로 진리표를 사용하기도 한다. 모든 입력의 경우에 대해 2개의 논리식의 출력 값이 모두 같으면 2개의 논리식은 같다.

진리표를 작성하는 방법은 입력 변수가 가질 수 있는 모든 입력 조합들을 표의 왼쪽 편에 나열하고, 출력을 진리표의 오른쪽에 배치하여 각 입력 조합에 대한 출력의 상태를 표시한다.

입력 변수가 A, B이고, 출력이 Y이면 진리표의 형태는 표 5-1과 같다. 입력 변수가 3개이면 입력 변수 조합의 경우의 수는 8가지이고 이 경우의 진리표는 표 5-2와 같다. 입력이 4 변수이면 16가지가 된다. n개의 입력 변수가 있으면, 2^n개의 입력 조합이 있다.

논리식 $Y=\overline{A}+\overline{B}$와 $Y=\overline{(AB)}$에 대한 진리표는 각각 표 5-3과 표 5-4와 같다.

표 5-1 | 2 입력 진리표

A	B	Y
0	0	
0	1	
1	0	
1	1	

표 5-2 | 3 입력 진리표

A	B	C	Y
0	0	0	
0	0	1	
0	1	0	
0	1	1	
1	0	0	
1	0	1	
1	1	0	
1	1	1	

표 5-3 | $Y=\overline{A}+\overline{B}$의 진리표

A	B	Y
0	0	1
0	1	1
1	0	1
1	1	0

표 5-4 | $Y=\overline{(AB)}$의 진리표

A	B	Y
0	0	1
0	1	1
1	0	1
1	1	0

논리식 $Y=\overline{A}+\overline{B}+\overline{C}$와 $Y=\overline{(ABC)}$에 대한 진리표는 각각 표 5-5와 표 5-6과 같다. 표 5-5와 표 5-6에서 보는 것과 같이 모든 입력값 조합에 대해 출력값이 모두 같으므로 $\overline{A}+\overline{B}+\overline{C}=\overline{(ABC)}$임을 알 수 있다.

표 5-5 | $Y=\overline{A}+\overline{B}+\overline{C}$ 진리표

A	B	C	Y
0	0	0	1
0	0	1	1
0	1	0	1
0	1	1	1
1	0	0	1
1	0	1	1
1	1	0	1
1	1	1	0

표 5-6 | $Y=\overline{(ABC)}$ 진리표

A	B	C	Y
0	0	0	1
0	0	1	1
0	1	0	1
0	1	1	1
1	0	0	1
1	0	1	1
1	1	0	1
1	1	1	0

예제 5-3

다음 논리식에 대한 진리표를 작성하라.

(a) $Y=ABC+\overline{A}B$

(b) $Y=\overline{A}B+BC$

(c) $Y=A+\overline{B}C$

풀이

(a) 표 5-7 | $Y=ABC+\overline{A}B$ 진리표

A	B	C	Y
0	0	0	0
0	0	1	0
0	1	0	1
0	1	1	1
1	0	0	0
1	0	1	0
1	1	0	0
1	1	1	1

(b) 표 5-8 | $Y=\overline{A}B+BC$ 진리표

A	B	C	Y
0	0	0	0
0	0	1	0
0	1	0	1
0	1	1	1
1	0	0	0
1	0	1	0
1	1	0	0
1	1	1	1

(c) 표 5-9 | $Y=A+\overline{B}C$ 진리표

A	B	C	Y
0	0	0	0
0	0	1	1
0	1	0	0
0	1	1	0
1	0	0	1
1	0	1	1
1	1	0	1
1	1	1	1

1~3개의 입력 신호 조합에 대한 각 경우에 대해 논리식을 표로 나타내면 표 5-10~5-12와 같다.

진리표로 표현된 디지털 논리회로의 동작을 논리식으로 표현하는 방법은 진리표의 출력이 1인 항들을 OR로 결합하면 된다.

표 5-10 | 1 입력

A	Y
0	$Y=\overline{A}$
1	$Y=A$

표 5-11 | 2 입력

A	B	Y
0	0	$Y=\overline{A}\,\overline{B}$
0	1	$Y=\overline{A}B$
1	0	$Y=A\overline{B}$
1	1	$Y=AB$

표 5-12 | 3 입력

A	B	C	Y
0	0	0	$Y=\overline{A}\,\overline{B}\,\overline{C}$
0	0	1	$Y=\overline{A}\,\overline{B}C$
0	1	0	$Y=\overline{A}B\overline{C}$
0	1	1	$Y=\overline{A}BC$
1	0	0	$Y=A\overline{B}\,\overline{C}$
1	0	1	$Y=A\overline{B}C$
1	1	0	$Y=AB\overline{C}$
1	1	1	$Y=ABC$

예제 5-4

다음 진리표를 보고 논리식으로 나타내어라.

(a) 표 5-13 | 예제 5-4(a)

A	B	Y
0	0	1
0	1	0
1	0	0
1	1	1

(b) 표 5-14 | 예제 5-4(b)

A	B	C	Y
0	0	0	1
0	0	1	1
0	1	0	0
0	1	1	0
1	0	0	1
1	0	1	1
1	1	0	0
1	1	1	0

풀이

(a) $Y=\overline{A}\,\overline{B}+AB$

(b) $Y=\overline{A}\,\overline{B}\,\overline{C}+\overline{A}\,\overline{B}\,C+A\overline{B}\,\overline{C}+A\overline{B}\,C$

5.2 논리회로의 논리식 변환

모든 논리회로는 AND, OR 게이트 및 인버터를 이용하여 나타낼 수 있고, 게이트는 불 대수의 기본 연산과 동일하므로 어떤 논리회로라도 앞절에서 설명한 불 대수를 이용하여 표현할 수 있다. 예를 들어 그림 5-2에 대해 살펴보자. 이 회로는 2개의 입력 A, B와 1개의 출력 Y를 가지고 있다. 각 게이트에 대한 불 대수를 이용하면, 출력을 입력에 대한 불 대수식으로 표현할 수 있다.

▌그림 5-2▐ 논리회로 예

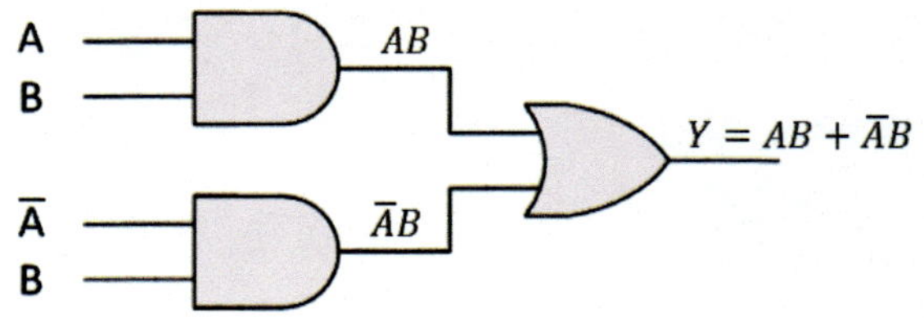

그림 5-2에서 위쪽의 AND 게이트는 입력이 A와 B이므로 출력은 AB가 된다. 아래쪽 AND 게이트는 입력이 $\overline{A}$와 B이므로 출력이$\overline{A}B$가 된다. 이들이 OR게이트의 입력으로 사용되므로 OR 게이트의 출력$Y = AB + \overline{A}B$가 된다.

논리회로를 논리식으로 변환하는 과정을 요약하면 다음과 같다.

① 입력 변수를 확인하고, 입력 변수 명이 지정되어 있지 않으면 적당한 기호를 부여한다.

② 회로 내의 각 게이트 별로 논리식을 만든다.

③ 최종 출력에 대한 논리식을 정리한다.

예제 5-5

다음 회로를 논리식으로 나타내어라.

▌그림 5-3▐ 예제 5-5의 논리회로

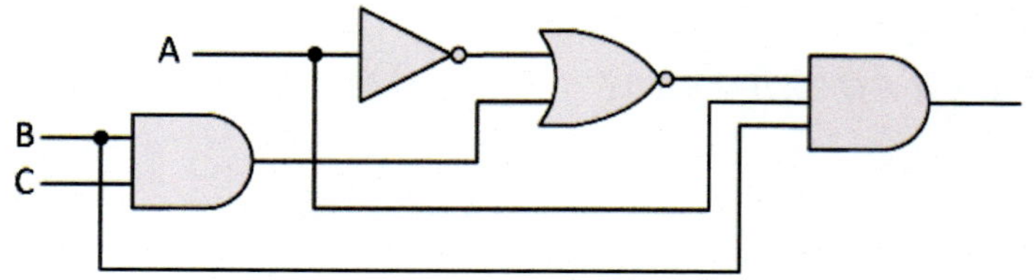

풀이

▌그림 5-4▐ 예제 5-5의 논리회로에 대한 풀이

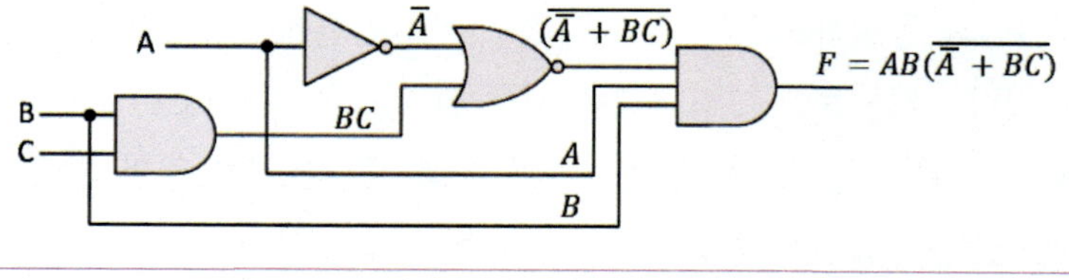

그림 5-4의 과정을 거치면 출력에 대한 논리식을 다음과 같이 구할 수 있다.

$F = AB(\overline{\overline{A} + BC})$

예제 5-6

다음 회로를 논리식으로 나타내어라.

▌그림 5-5▐ 예제 5-6의 논리 회로도

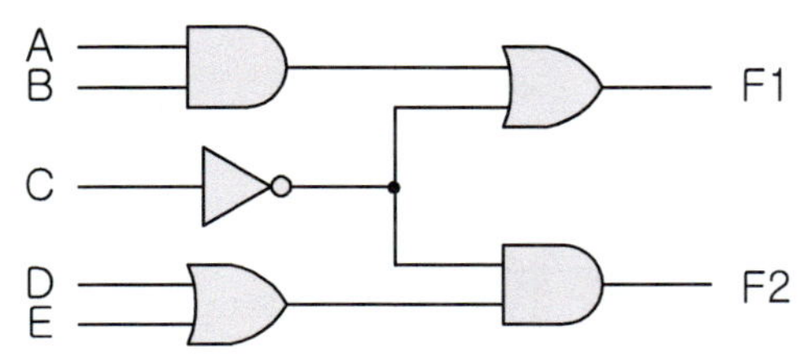

풀이

출력이 2개 있으므로, 논리식도 2개가 된다.

$F1 = AB + \overline{C}$

$F2 = \overline{C}(D + E)$

5.3 논리식의 논리회로 구성

디지털 시스템의 동작을 불 대수로 나타낼 수 있으면, 게이트를 이용하여 논리회로도를 작성할 수 있다. 불 대수식에서 부정은 인버터로 표시되며, 논리곱은 AND 게이트, 논리합은 OR 게이트로 표시된다.

논리식을 논리회로로 구성하려면 논리 연산 순서에 따라 차례로 진행한다.

① 괄호 ( )

② NOT

③ AND

④ OR

논리식 $Y = A\overline{B} + \overline{(A + \overline{B})}$를 논리회로로 변환하는 과정은 다음과 같다.

① 괄호 ( )

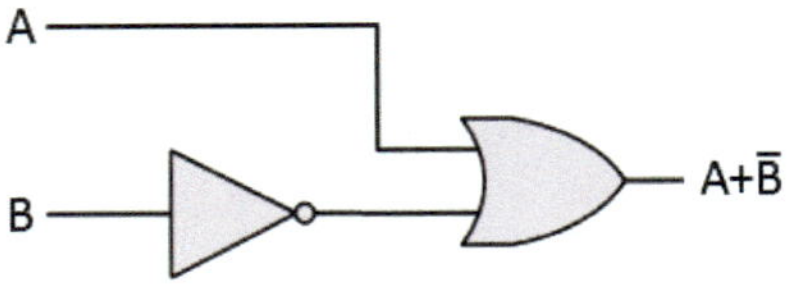

② NOT

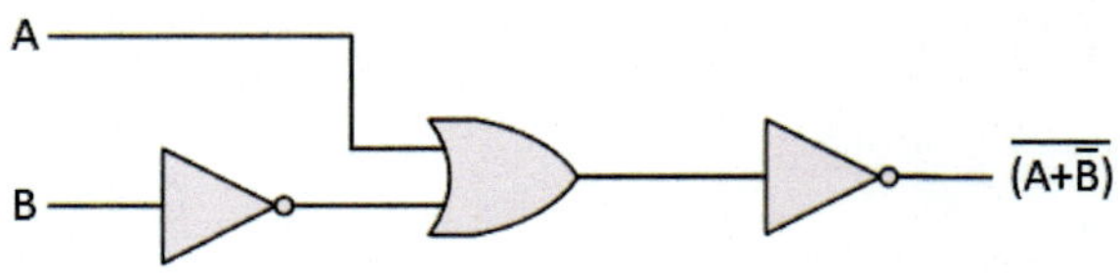

③ AND

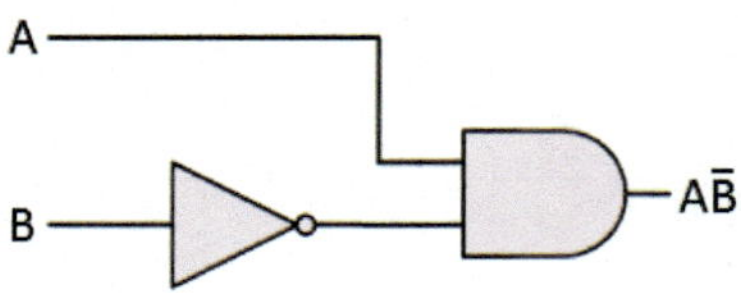

④ OR

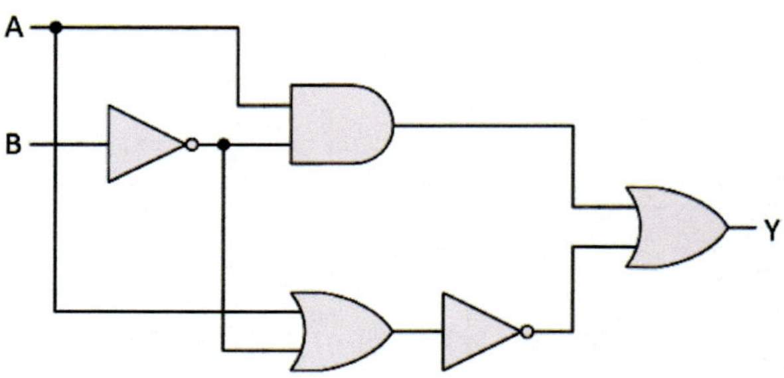

불 대수식을 **곱항의 합이나 합항의 곱으로 표현**하면 이를 간단히 논리회로로 나타낼 수 있다. 곱항의 합으로 표현되면 **AND-OR 회로**로 구현할 수 있고, 합항의 곱으로 표현되면 **OR-AND 회로**로 구현할 수 있다. AND-OR 회로란 곱항은 AND 게이트로 구성되고 이들 AND 게이트의 출력이 다시 OR 게이트로 합해지는 회로를 뜻한다. 또한 OR-AND 회로는 합항이 OR 게이트로 구성되고 이들의 출력을 AND 게이트로 묶는 회로이다.

예를 들어, $Y = AB\overline{C} + BC + \overline{(\overline{A}\,C)}$의 논리 회로도를 그려보자. 이 식은 곱항의 합으로 표현되어 있으므로 AND-OR 회로로 구현된다.

1단계는 불 대수식의 각 곱항에 포함된 신호를 만드는 것이다. 곱항에 포함되는 변수는 그대로 사용되거나 보수형으로 사용되며, 보수형으로 사용되면 인버터로 구현한다.

2단계에서는 각 곱항을 AND 게이트로 표시한다. 이 때 1단계에서 만든 신호들이 AND 게이트의 입력으로 사용된다. 만약 곱항의 결과를 다시 보수화하려면 AND 게이트 뒤에 인버터를 연결한다.

3단계는 OR 게이트를 사용하여 AND 게이트의 출력을 모두 모으는 것이다. 2단계에서 얻어진 AND 게이트의 모든 출력이 OR 게이트의 입력으로 사용된다.

이상과 같은 과정에 따라 구성된 논리 회로도는 그림 5-6과 같다.

▌그림 5-6▐ 게이트를 이용한 불 대수의 구현

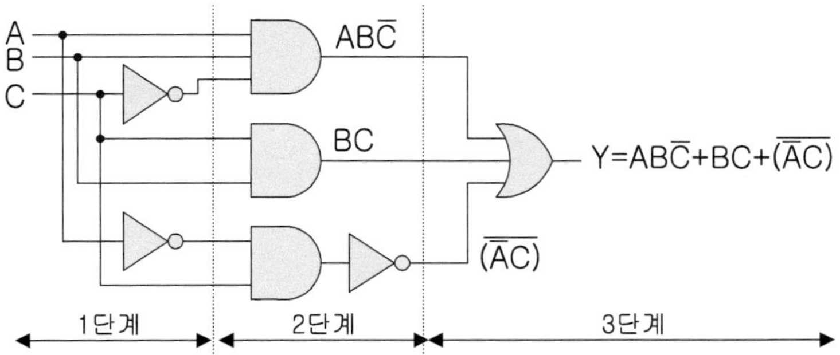

예제 5-7

$F(A,B) = \overline{A}B + A\overline{B}$ 의 논리회로도를 OR-AND로 구현하라.

풀이

OR-AND 회로로 나타내려면 먼저 주어진 불 대수식을 합항의 곱으로 표현해야 한다.
따라서,

$$\begin{aligned} F(A, B) &= \overline{A}B + A\overline{B} \quad \leftarrow \text{(배분법칙-II)} \\ &= (\overline{A}B + A)(\overline{A}B + \overline{B}) \quad \leftarrow \text{(배분법칙-II)} \\ &= (\overline{A} + A)(A + B)(\overline{A} + \overline{B})(B + \overline{B}) \quad \leftarrow \quad x + \overline{x} = 1 \\ &= (A + B)(\overline{A} + \overline{B}) \end{aligned}$$

로 나타낼 수 있다. 이를 OR-AND로 구현하면 그림 5-7과 같다.

▌그림 5-7▐ $F(A, B) = A\overline{B} + \overline{A}B$의 OR-AND 구현

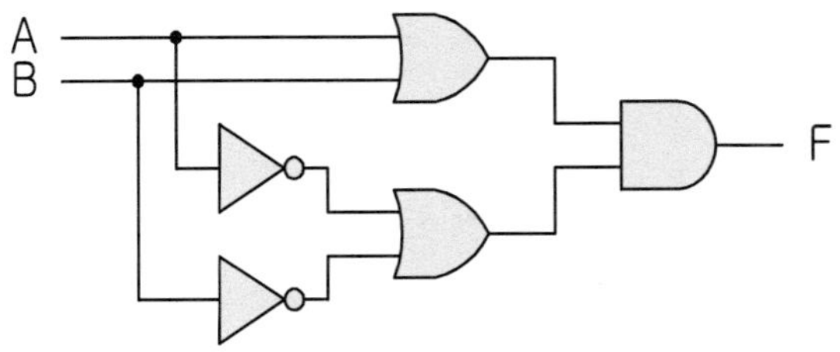

5.4 논리식의 표현 형태

(1) 최소항

논리변수 x가 주어질 때, 그 변수의 값이 1이면 x, 0이면 $\overline{x}$로 나타낸다. 논리변수들의 조합은 곱(AND 연산)이나 합(OR 연산)으로 표시되는데, 한 개 또는 둘 이상의 논리변수(x)나 보변수($\overline{x}$)들의 곱으로만 표시되는 항을 곱항(product term)이라 한다. 예를 들어,

$$x,\ \overline{x}y,\ x\overline{y}\,\overline{z},\ xyz$$

는 모두 곱항이다.

논리 변수가 n개일 때, n개의 논리변수를 모두 포함하는 곱항을 최소항(minterm) 또는 표준곱(standard product)이라 한다. 최소항에서 논리변수는 원래의 값(x) 또는 보변수($\overline{x}$)의 형태로 한번만 포함된다.

예를 들어 논리변수가 x, y일 때, 만들어질 수 있는 최소항은

$$xy,\ x\overline{y},\ \overline{x}y,\ \overline{x}\,\overline{y}$$

의 4개이다. 또한 논리변수가 x, y, z 세 개이면 다음과 같이

$$xyz,\ xy\overline{z},\ x\overline{y}z,\ x\overline{y}\,\overline{z},\ \overline{x}yz,\ \overline{x}y\overline{z},\ \overline{x}\,\overline{y}z,\ \overline{x}\,\overline{y}\,\overline{z}$$

8개의 최소항을 만들 수 있다. 이와 같은 사실로부터 논리변수가 n개일 때, 2^n개의 최소항이 있음을 알 수 있다. 최소항 $\overline{x}\,\overline{y}\,\overline{z}$는 $x=0,\ y=0,\ z=0$일 때만 그 값이 1이 되며, 다른 모든 논리변수의 조합에 대해서는 0이 된다. 또한 $x\overline{y}z$는 $x=1,\ y=0,\ z=1$일 때만 1이 된다. 따라서 최소항은 2^n개의 논리변수값의 조합 중에서 오직 하나의 조합에 대해서만 1의 값을 갖는다.

각 최소항은 기호 m_j(여기서 j는 최소항에 해당하는 2진수를 10진수로 바꾼 숫자)로 표시하며, 논리 변수가 n개이면, 0부터 2^n-1까지의 최소항이 존재한다. 즉 $0 \le j \le 2^n-1$이다.

표 5-15 | 3 변수에 대한 최소항

x	y	z	최소항	기호
0	0	0	$\overline{x}\,\overline{y}\,\overline{z}$	m_0
0	0	1	$\overline{x}\,\overline{y}\,z$	m_1
0	1	0	$\overline{x}\,y\overline{z}$	m_2
0	1	1	$\overline{x}\,yz$	m_3
1	0	0	$x\overline{y}\,\overline{z}$	m_4
1	0	1	$x\overline{y}\,z$	m_5
1	1	0	$xy\overline{z}$	m_6
1	1	1	xyz	m_7

예제 5-8

4개의 논리변수(x, y, z, w)로 이루어지는 최소항 m_9를 논리변수들의 곱으로 표시하라.

풀이

10진수 9를 4비트의 2진수로 표시하면 1001이 되므로, $x\overline{y}\,\overline{z}w$이다.

(2) 최대항

한 개 또는 둘 이상의 논리변수(x)나 보변수($\overline{x}$)들의 합으로만 표시되는 항을 **합항(sum term)**이라 한다. 예를 들어,

$$x+y,\ x+\overline{y}+\overline{z},\ x+y+z$$

는 합항이다.

논리 변수가 n개일 때, n개의 논리변수를 모두 포함하는 합항을 **최대항(maxterm) 또는 표준합(standard sum)**이라 한다. 최대항에서도 논리변수는 원래의 값(x) 또는 보변수($\overline{x}$)의 형태로 한번만 포함된다.

논리변수가 x, y, z 세 개일 때, 표 5-16과 같이 8개의 최대항을 만들 수 있다. 따라서 **논리변수가 n개일 때, 2^n개의 최대항**이 있다.

표 5-16 | 3 변수에 대한 최대항

x	y	z	최대항	기호
0	0	0	$x+y+z$	M_0
0	0	1	$x+y+\overline{z}$	M_1
0	1	0	$x+\overline{y}+z$	M_2
0	1	1	$x+\overline{y}+\overline{z}$	M_3
1	0	0	$\overline{x}+y+z$	M_4
1	0	1	$\overline{x}+y+\overline{z}$	M_5
1	1	0	$\overline{x}+\overline{y}+z$	M_6
1	1	1	$\overline{x}+\overline{y}+\overline{z}$	M_7

최대항 $\overline{x}+\overline{y}+\overline{z}$는 $x=1$, $y=1$, $z=1$일 때만 그 값이 0이 되며, 다른 모든 논리 변수값의 조합에 대해서는 1이 된다. 즉 최대항은 2^n개의 논리변수값의 조합 중에서 **오직 하나의 조합에 대해서만 0의 값**을 갖는다. 최대항은 **기호 M_j**(여기서 j는 최소항에 해당하는 2진수를 10진수로 바꾼 숫자)**로 표시**한다. 논리 변수가 n개이면, 0부터 2^{n-1}까지의 최대항이 존재한다. 즉 $0 \leq j \leq 2^n-1$이다.

표 5-15와 표 5-16에서 최소항 m_0와 최대항 M_0의 관계를 살펴보자.

$$\overline{(m_0)} = \overline{(\overline{x}\,\overline{y}\,\overline{z})}$$
$$= x+y+z$$
$$= M_0$$

즉 $\overline{m_0} = M_0$임을 알 수 있다. 일반적으로

$$\overline{m_j} = M_j \text{ 또는 } \overline{M_j} = m_j$$

의 관계가 성립한다. 즉 최소항은 그에 대응하는 최대항과 서로 보수이다.

예제 5-9

3개의 논리변수(x, y, z)로 이루어지는 최대항 M_5를 논리변수들의 합으로 표시하라.

풀이

10진수 5를 3비트의 2진수로 표시하면 101이 되므로, $\overline{x}+y+\overline{z}$이다.

(3) 최소항으로 논리식 표현

불 함수는 주어진 진리표를 보고 대수적으로 표시할 수 있다. 진리표에서 함수의 값을 1로 만드는 변수들의 각 조합에 대해서 최소항을 만들고, 최소항들을 더하면 대수식이 된다. 예를 들어, 표 5-17의 함수 f_1은 000, 010, 011 110에 대해 1이며 각각에 대한 최소항은 $\bar{x}\,\bar{y}\,\bar{z}$, $\bar{x}\,y\bar{z}$, $\bar{x}\,yz$, $xy\bar{z}$이다.

그러므로,

$$f_1 = \bar{x}\,\bar{y}\,\bar{z} + \bar{x}\,y\bar{z} + \bar{x}\,yz + xy\bar{z} = m_0 + m_2 + m_3 + m_6$$

이 되고, 비슷하게 f_2는 다음과 같이 쉽게 얻을 수 있다.

$$f_2 = \bar{x}\,y\bar{z} + x\bar{y}\,z + xy\bar{z} + xyz = m_2 + m_5 + m_6 + m_7$$

표 5-17 | 3변수의 불 함수

x	y	z	f_1	f_2
0	0	0	1	0
0	0	1	0	0
0	1	0	1	1
0	1	1	1	0
1	0	0	0	0
1	0	1	0	1
1	1	0	1	1
1	1	1	0	1

모든 불 함수들은 진리표로 나타낼 수 있고 따라서 **어떤 불 함수든지 최소항의 합으로 표시할 수 있다.**

때때로 불 함수를 최소항의 합형으로 표시하는 것이 편리하다. 만일 이렇게 표현되지 않는 것은 먼저 곱항의 합으로 전개한다. 그 다음 각 항들이 모든 변수를 포함하고 있는지 살펴보고 하나 또는 그 이상의 변수들이 빠져 있으면 빠진 변수를 함수의 값이 변하지 않도록 추가한다. 예를 들어, x 변수가 빠져 있는 항에 $(x + \bar{x})$를 곱한다. $x + \bar{x} = 1$이므로 곱해도 함수의 값은 변하지 않는다. 지금까지 설명한 과정을 정리하면 그림 5-8과 같다.

그림 5-8 최소항의 합으로 표현하는 과정

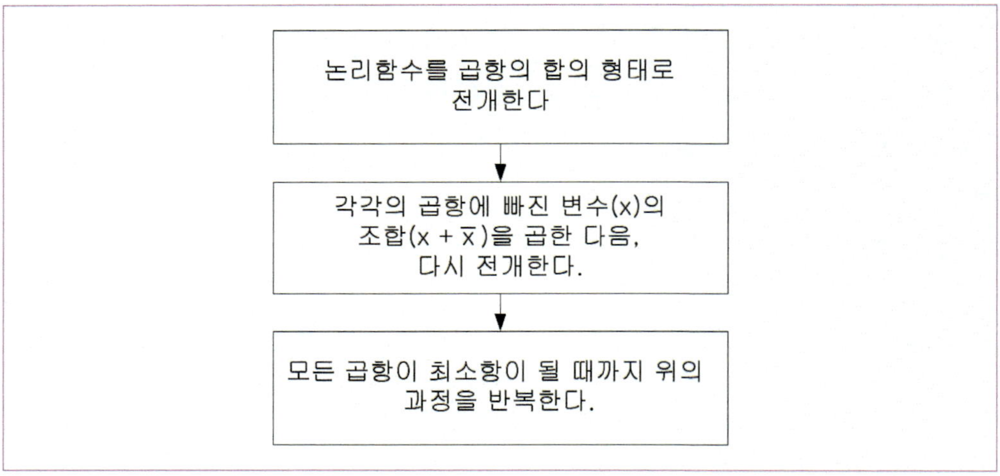

다음 예제를 통해서 이러한 과정을 알아보기로 하자.

예제 5-10

불 함수 $F=\overline{A}+BC$를 최소항의 합형으로 표현하라.

풀이

이 함수는 A, B, C의 세 변수를 가지고 있는데, 첫 항에는 B, C가 빠져있다.

그러므로 $\overline{A}$에 $(B+\overline{B})$을 곱하면

$$\overline{A}=\overline{A}(B+\overline{B})=\overline{A}B+\overline{A}\,\overline{B}$$

이 된다.

아직도 한 변수 C가 빠져 있으므로

$$\begin{aligned}\overline{A}&=\overline{A}B(C+\overline{C})+\overline{A}\,\overline{B}(C+\overline{C})\\&=\overline{A}BC+\overline{A}B\overline{C}+\overline{A}\,\overline{B}C+\overline{A}\,\overline{B}\,\overline{C}\end{aligned}$$

두 번째 항에는 한 변수 A가 빠져 있으므로

$$BC=BC(A+\overline{A})=ABC+\overline{A}BC$$

이제 모든 항을 연결하면

$$\begin{aligned}F&=\overline{A}+BC\\&=\overline{A}BC+\overline{A}B\overline{C}+\overline{A}\,\overline{B}C+\overline{A}\,\overline{B}\,\overline{C}+ABC+\overline{A}BC\end{aligned}$$

그러나 $\overline{A}BC$가 두 번 나와 있으므로 $x+x=x$에 의해 하나를 제거할 수 있다. 최소항들을 크기 순서대로 배열하면

$$\begin{aligned}F&=\overline{A}\,\overline{B}\,\overline{C}+\overline{A}\,\overline{B}C+\overline{A}B\overline{C}+\overline{A}BC+ABC\\&=m_0+m_1+m_2+m_3+m_7\end{aligned}$$

가 된다.

불 함수를 최소항들의 합으로 표시할 때 다음과 같은 간단한 표현을 사용하면 편리하다.

$$F(A,B,C) = \sum m(0,1,2,3,7)$$

합의 기호 Σ는 최소항들의 합을 나타내며, 그 다음에 나오는 숫자는 함수의 최소항들이다. 좌변에 있는 F 다음의 괄호 속에 순서로 나열한 문자 A, B, C는 논리변수를 나타낸다.

예제 5-11

진리표를 이용하여 $f(A,B,C,D) = ACD + BCD + AC\overline{D} + B\overline{D}$를 최소항의 합으로 표현하라.

풀이

$f(A,B,C,D) = ACD + BCD + AC\overline{D} + B\overline{D}$에 대한 진리표를 작성하면 다음과 같다.

A	B	C	D	f
0	0	0	0	0
0	0	0	1	0
0	0	1	0	0
0	0	1	1	0
0	1	0	0	1
0	1	0	1	0
0	1	1	0	1
0	1	1	1	1
1	0	0	0	0
1	0	0	1	0
1	0	1	0	1
1	0	1	1	1
1	1	0	0	1
1	1	0	1	0
1	1	1	0	1
1	1	1	1	1

따라서

$$f(A,B,C,D) = \sum m(4,6,7,10,11,12,14,15)$$

이다.

예제 5-12

다음과 같은 진리표로 표시되는 불 함수 f_1, f_2, f_3, f_4를 최소항의 합으로 표시하라.

X	Y	Z	f_1	f_2	f_3	f_4
0	0	0	0	0	1	0
0	0	1	0	1	1	0
0	1	0	0	0	1	1
0	1	1	1	1	0	1
1	0	0	1	1	0	1
1	0	1	1	0	1	1
1	1	0	0	1	0	1
1	1	1	1	0	0	0

풀이

$f_1 = \overline{x}yz + x\overline{y}\,\overline{z} + x\overline{y}z + xyz = \Sigma m(3,4,5,7)$

$f_2 = \overline{x}\,\overline{y}z + \overline{x}yz + x\overline{y}\,\overline{z} + xy\overline{z} = \Sigma m(1,3,4,6)$

$f_3 = \overline{x}\,\overline{y}\,\overline{z} + \overline{x}\,\overline{y}z + \overline{x}y\overline{z} + x\overline{y}z = \Sigma m(0,1,2,5)$

$f_4 = \overline{x}y\overline{z} + \overline{x}yz + x\overline{y}\,\overline{z} + x\overline{y}z + xy\overline{z} = \Sigma m(2,3,4,5,6)$

(4) 최대항으로 논리식 표현

진리표에서 함수를 0으로 하는 최소항들을 구한 다음 이들의 OR 연산을 취하면 불 함수의 보수를 구할 수 있다.

표 5-17에서 f_1의 보수는

$$\overline{f_1} = \overline{x}\,\overline{y}z + x\overline{y}\,\overline{z} + x\overline{y}z + xyz = m_1 + m_4 + m_5 + m_7$$

이다. $\overline{f_1}$의 보수를 구하면 다시 f_1을 얻을 수 있는데($\because \overline{(\overline{f_1})} = f_1$)

$$f_1 = \overline{(\overline{f_1})} = (x + y + \overline{z})(\overline{x} + y + z)(\overline{x} + y + \overline{z})(\overline{x} + \overline{y} + \overline{z})$$
$$= M_1 \cdot M_4 \cdot M_5 \cdot M_7$$

가 된다. 비슷하게 표 5-17로부터 f_2를 구하면

$$f_2 = (x + y + z)(x + y + \overline{z})(x + \overline{y} + \overline{z})(\overline{x} + y + z)$$
$$= M_0 M_1 M_3 M_4$$

가 된다. **불 함수를 표시할 때 최소항들의 합이나 최대항들의 곱으로 표시할 때 정형(Canonical Form)**으로 표시되었다고 한다.

이 예에서 알 수 있는 바와 같이, 어떤 불 함수든지 최대항의 곱으로 표현할 수 있다. 진리표에서 최대항의 곱을 구하는 과정은 다음과 같다.

① 진리표에서 함수를 0으로 만드는 변수들의 각 조합에 대한 최대항을 구한다.

② 최대항들의 곱을 구한다.

불 함수를 최대항의 곱으로 나타내기 위해서는 먼저 배분 법칙 $x+yz=(x+y)(x+z)$을 이용하여 합항의 곱으로 나타내야 한다. 합항에서 빠진 변수가 있으면 그 변수와 그것의 보변수의 곱을 더해 준다. 예를 들어, 합항에 변수 x가 빠져 있으면 $\mathrm{x\overline{x}}$를 더한다. $\mathrm{x\overline{x}}=0$이므로 합항에 $\mathrm{x\overline{x}}$을 더해도 불 함수의 값은 변하지 않는다. 이런 방법으로 합항에 n개의 변수가 모두 포함될 때까지 동일한 과정을 반복한다.

▌그림 5-9▌ 최대항의 곱으로 표현하는 과정

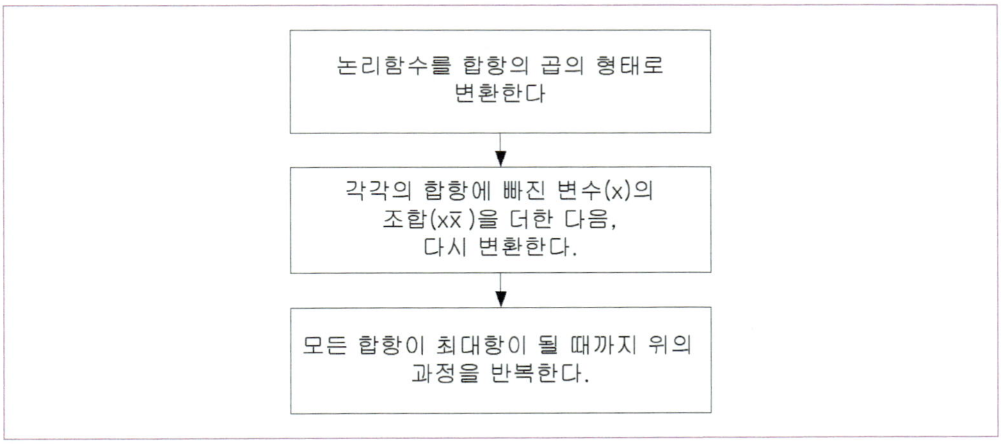

다음 예제를 통하여 이 과정을 살펴보자.

예제 5-13

불 함수 $F=\overline{x}y+xz$를 최대항의 곱형으로 표현하라.

풀이

① 먼저 배분 법칙을 이용하여 합항의 곱으로 변환한다.

$$F = \overline{x}y + xz = (\overline{x}y + x)(\overline{x}y + z)$$
$$= (x + \overline{x})(y + x)(\overline{x} + z)(y + z) \leftarrow x + \overline{x} = 1$$
$$= (x + y)(\overline{x} + z)(y + z)$$

② 각 합항에 빠진 변수의 조합을 더한다.

$$x + y = x + y + z\overline{z} = (x + y + z)(x + y + \overline{z})$$
$$\overline{x} + z = \overline{x} + z + y\overline{y} = (\overline{x} + y + z)(\overline{x} + \overline{y} + z)$$
$$y + z = y + z + x\overline{x} = (x + y + z)(\overline{x} + y + z)$$

③ 모든 항을 묶고 한 번 이상 나온 것을 제거하면 다음과 같이 된다.

$$F = (x + y + z)(x + y + \overline{z})(\overline{x} + y + z)(\overline{x} + \overline{y} + z)$$
$$= M_0M_1M_4M_6$$

불 함수를 최대항의 곱으로 표시하는 데 편리한 방법은

$$\boldsymbol{F(x, y, z) = \Pi M(0, 1, 4, 6)}$$

가 된다. Π 기호는 0, 1, 4, 6 최대항의 곱을 의미한다.

예제 5-14

예제 5-11의 진리표로 표시되는 불 함수를 최대항의 곱으로 표시하라.

풀이

불 함수의 값이 0인 항은 0, 1, 2, 3, 5, 8, 9, 13이므로

$$f(A, B, C, D) = \Pi M(0, 1, 2, 3, 5, 8, 9, 13)$$

이다.

다음과 같은 함수를 생각해 보자.

$$F(A, B, C) = \sum m(1, 3, 6, 7)$$

이것의 보수는 빠진 최소항들의 합으로 다음과 같이 표현할 수 있다.

$$\overline{F}(A, B, C) = \sum (0, 2, 4, 5) = m_0 + m_2 + m_4 + m_5$$

De Morgan의 법칙을 이용하여 $\overline{\mathrm{F}}$의 보수를 취하면 다른 형태의 F를 얻을 수 있다.

$$F = \overline{(m_0 + m_2 + m_4 + m_5)} = \overline{m_0}\,\overline{m_2}\,\overline{m_4}\,\overline{m_5} = M_0 M_2 M_4 M_5 = \Pi M(0,2,4,5)$$
$$= \Sigma m(1,3,6,7)$$

위의 불 함수식에서 $F = \Pi(0,2,4,5) = \Sigma(1,3,6,7)$이다. 즉 최대항의 곱형에 나타나는 숫자는 최소항의 합형에서 빠진 숫자들이다. **따라서 어떤 정형으로부터 다른 정형으로 바꾸기 위해서는 Σ와 Π를 교환하고 원래 진리표상에 빠진 숫자를 기입하면 된다.** 다음 함수는

$$F(x,y,z) = \Pi M(0,2,4,5,7)$$

최대항의 곱으로 표시되어 있는데, 이를 최소항의 합형으로 바꾸면

$$F(x,y,z) = \Sigma m(1,3,6)$$

이다. 불 변수가 n개이면 모두 2^n개의 최소항과 최대항이 존재하므로 두 가지 표현에서 나타나는 숫자의 개수 합은 2^n개이어야 한다.

예제 5-15

다음과 같은 진리표를 갖는 불 함수 F(x, y, z)를 최대항의 곱으로 표시하라.

x	y	z	F
0	0	0	0
0	0	1	1
0	1	0	1
0	1	1	0
1	0	0	1
1	0	1	0
1	1	0	0
1	1	1	0

풀이

진리표로부터 최소항의 합을 구하고 이로부터 최대항의 곱을 구하기로 하자. F가 1이 되는 최소항은 {1, 2, 4}이므로

$F(x,y,z) = \Sigma m(1,2,4)$

이다. 따라서 최대항의 곱은

$F(x,y,z) = \Pi M(0,3,5,6,7)$

이다.

5.5 NAND와 NOR 게이트로의 회로 변환

디지털 회로는 AND와 OR 게이트보다 NAND와 NOR 게이트로 자주 구성되는데, 그 이유는 NAND와 NOR 게이트가 실제로 제작하기 쉬워서 종류도 다양하고 같은 계열인 경우 속도도 빠르기 때문이다. 또한 여러 가지 종류의 게이트를 사용하는 것보다 NAND나 NOR 게이트를 이용하면 논리 소자의 종류를 한 가지로 통일할 수 있기 때문에 부품수[3]나 종류를 줄일 수 있다.

NAND나 NOR 게이트를 이용하여 논리회로를 구성하려면 AND, OR, 인버터를 이용한 논리회로를 그린 다음, 이를 NAND나 NOR 게이트 회로로 바꾼다.
NAND나 NOR 게이트 논리로 쉽게 바꾸려면 이들 게이트에 대한 각각의 논리 기호를 이용하는 것이 편리하다. 특히 그림 5-10, 5-11과 같은 NAND, NOR 게이트의 등가 기호를 이용할 수 있다.

그림 5-10 NAND 등가 회로

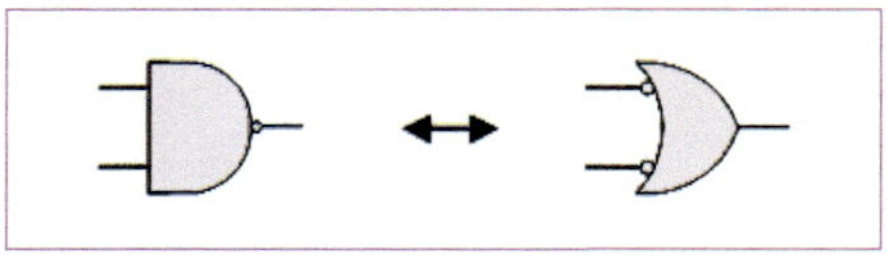

그림 5-11 NOR 등가 회로

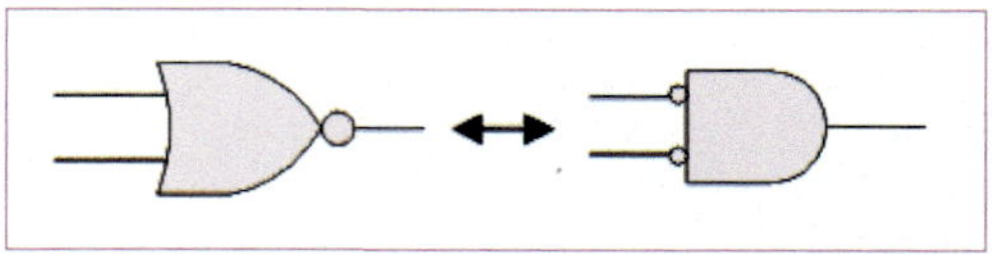

(1) NAND 게이트 회로 구현

NAND 게이트로 논리회로를 구현하는 과정은 다음과 같다.

① 불 함수를 곱항의 합의 형태로 고친다.

② 변환된 불 함수를 AND, OR, 인버터를 이용하여 AND-OR형으로 그린다.

③ AND 게이트의 출력과 OR 게이트 입력 사이에 작은 동그라미를 두 개씩 그린다. OR 게이트의 입력이 논리 변수에서 직접 연결되는 경우에도 동그라미를 두 개 붙인다.

④ 그림 5-10과 같은 NAND 게이트의 등가 기호를 이용하여 NAND 게이트 회로를 그린다. 작은 동그라미가 한 개 남으면 이것은 인버터로 구현한다.

불 함수 $F = AB + CD$를 NAND 게이트로 구현하는 과정을 살펴보기로 하자. 이 함수는 이미 곱항의 합형으로 되어 있다. 따라서 AND와 OR 게이트로 구현하면, 그림 5-12(a)와 같다.

3) 하나의 IC에는 여러 개의 논리 소자가 들어 있다.

다음은, AND 게이트 출력과 OR 게이트 입력 사이에 작은 동그라미를 두 개 붙인다. 작은 동그라미는 보수를 나타내므로 통로에서 2개의 작은 동그라미가 존재하면 2중 보수화가 되어 논리 값은 변하지 않는다. 그림 5-12(b)는 같은 회로에 두 개의 동그라미를 붙인 회로이다.

그림 5-12(c)에는 NAND 게이트로 구현된 회로가 표시되어 있다.

그림 5-12(a)와 5-12(c)를 비교해 보면 동일한 논리회로를 구현한 것이지만 (a)는 두 종류의 논리 소자가 사용되고 실제 논리 소자도 두 개가 필요하다. 그러나 (c)는 NAND 게이트 한 가지만 사용되고 하나의 IC에는 보통 4개의 NAND가 들어 있으므로, 실제 필요한 부품의 수는 한 개다.

▌그림 5-12▌ NAND 게이트로 구현하는 과정

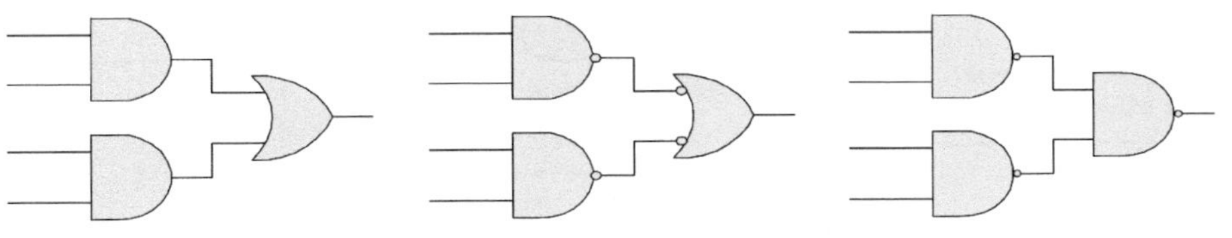

(a) AND, OR, 인버터로 구성 (b) 기호 변환 (c) NAND로 구성

그림 5-12(c)의 NAND 구현은 대수적으로 쉽게 증명할 수 있다. NAND 함수는 드모르간의 법칙을 써서 쉽게 곱의 합형으로 변환할 수 있다.

$$F=\overline{[\overline{(AB)}\,\overline{(CD)}]}=AB+CD$$

예제 5-16

① 2-입력 NAND 게이트를 써서 다음 함수를 구현하라.

$$F(x,y,z)=\sum m(0,1,6)$$

② AND-OR 회로와 NAND 회로의 동작이 같음을 로직웍스로 확인하여 보자.

풀이

① 먼저 함수를 곱항의 합으로 나타내야 한다. 이 함수를 최소항으로 나타내고 간소화하면 다음과 같다.

$$\begin{aligned}F(x,y,z)&=\bar{x}\,\bar{y}\,\bar{z}+\bar{x}\,\bar{y}z+xy\bar{z}\\&=\bar{x}\,\bar{y}(\bar{z}+z)+xy\bar{z}\\&=\bar{x}\,\bar{y}+xy\bar{z}\end{aligned}$$

앞에서 설명한 방법대로 AND-OR 회로를 구성한 다음 동그라미를 붙여 NAND 회로로 변환하면 그림 5-13과 같다.

▌그림 5-13▐ $F(x,y,z) = \bar{x}\,\bar{y} + xy\bar{z}$의 구현

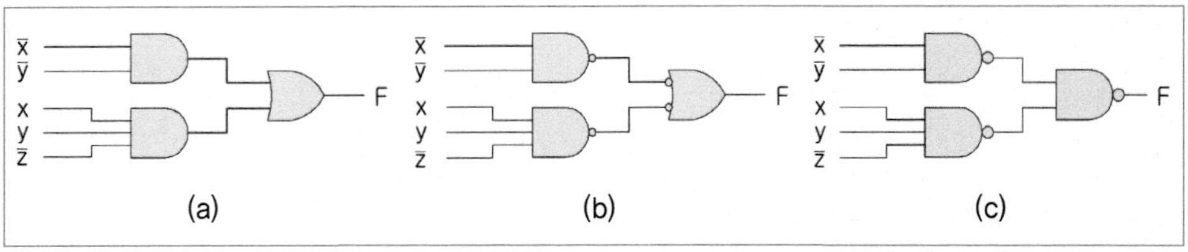

그림 5-13(c)에서 3-입력 NAND 게이트는 그림 5-14(a)에서와 같이 2-입력 NAND 게이트로 나타낼 수 있으므로 2-입력 NAND 게이트로 구현하면 그림 5-14(b)가 된다.

▌그림 5-14▐ $\bar{x}\,\bar{y} + xy\bar{z}$을 2-입력 NAND 게이트로 구현

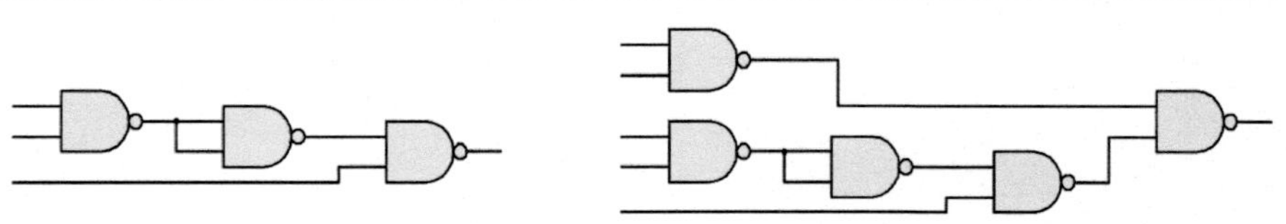

(a) 3-입력 NAND 게이트 (b) 2-입력 NAND 게이트로 구현한 회로

② 로직웍스로 그림 5-15와 같이 회로를 구성한다.

스위치의 상태를 변경하여 보면 F_and_or와 F_nand의 출력이 같음을 확인할 수 있다.

▌그림 5-15▐ AND-OR회로와 NAND 회로

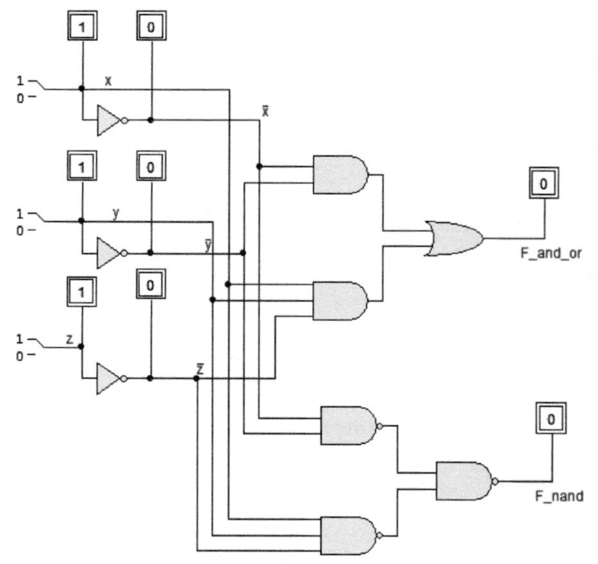

(2) NOR 게이트 회로 구현

NOR 함수는 NAND 함수와 쌍대 관계이므로 NAND 회로에 적용된 규칙은 그대로 NOR 회로에도 적용된다.

NOR 게이트로 부울 함수를 구현하는 과정은 다음과 같다.

① 부울 대수를 합의 곱형으로 변환한다. 합의 곱형으로 표현된 부울 대수를 OR-AND 회로로 실현한다.

② OR-AND 회로의 OR 게이트와 AND 게이트 사이에 부정을 의미하는 작은 동그라미를 두 개씩 붙인다.

③ 드 모르간의 법칙을 써서 NOR 게이트의 논리기호를 변환한다.

예를 들어 다음 부울 함수를 NOR 회로로 실현하는 과정은 그림 5-16과 같다.

$$F = (A+B)(C+D)E$$

이 부울 함수는 이미 합의 곱형으로 표현되어 있으므로 그림 5-16(a)와 같이 직접 OR-AND 회로로 실현할 수 있다. 그림 5-16(a)의 회로에서 OR 게이트와 AND 게이트 사이에 작은 동그라미를 두 개씩 붙이면 그림 5-16(b)가 된다. 이 회로를 드 모르간의 법칙을 이용하여 논리 기호를 바꾸면 그림 5-16(c)와 같은 NOR 회로가 된다.

▌그림 5-16▐ $F = (A+B)(C+D)E$의 NOR 구현

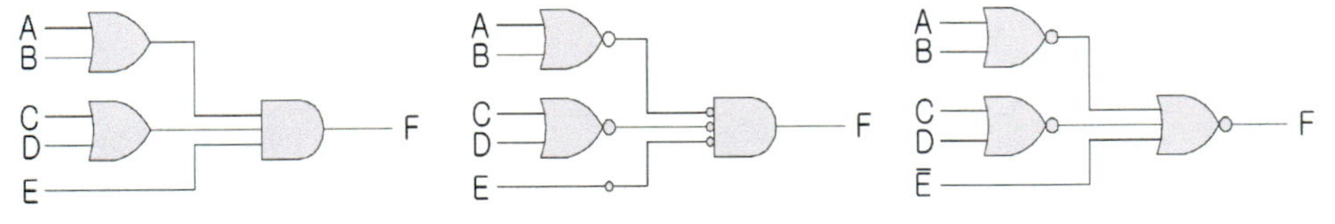

(a) AND, OR, 인버터로 구성 (b) 기호 변환 (c) NOR로 구성

NOR 논리도를 얻어내는 규칙은 NAND 규칙의 3단계와 거의 같으며 다른 점은 간소화된 표현이 합의 곱형이어야 한다는 것과 1 단계의 NOR 게이트가 합으로 된 항이라는 것이다. 단독 문자로 된 항은 하나의 입력을 가진 NOR 게이트나 인버터로 보수화 되어 두 번째 단계의 NOR 게이트에 직접 연결할 수 도 있다.

NOR 게이트로 함수를 구현하는 두 번째 방법은 함수의 보수 표현을 합의 곱형으로 나타내는 것이다. $\overline{F}$는 2단계 구현이 되며 정상 출력 F를 얻으려면 3단계 구현이 된다.

예제 5-17

① 다음 부울 함수를 NOR 게이트를 써서 구현하라.

$$F(x,y,z) = \Sigma m(2,5)$$

② OR-AND 회로와 NOR 회로의 동작이 같음을 로직웍스로 확인하여 보자.

풀이

① 이 함수를 직접 NOR 회로로 표현하는 것보다 보수형을 NOR 회로로 표현한 다음 출력을 다시 보수화하는 것이 간단하다.
함수의 보수를 취하여 합항의 곱으로 표현하면,

$$\overline{F}(x,y,z) = \overline{(\overline{x}\,y\overline{z} + x\overline{y}\,z)}$$
$$= (x+\overline{y}+z)(\overline{x}+y+\overline{z})$$

가 된다.
$\overline{F}$를 실현하면 그림 5-17(c)과 같다. 만일 F를 얻고 싶으면 그림 5-17(d)와 같이 세 번째 단계에 인버터를 설치하면 된다.

그림 5-17 $F(x,y,z) = \overline{x}\,y\overline{z} + x\overline{y}\,z$의 NOR 구현

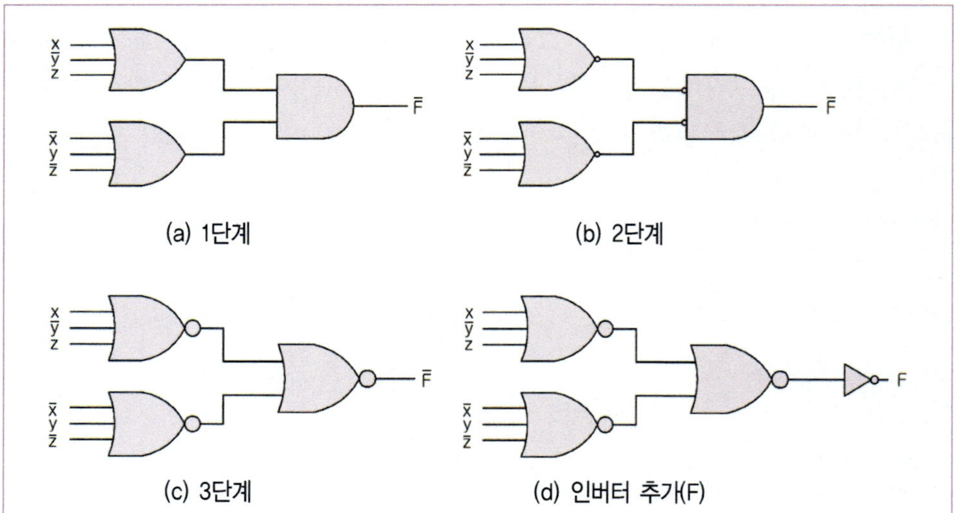

(a) 1단계 (b) 2단계 (c) 3단계 (d) 인버터 추가(F)

② 로직웍스로 그림 5-18과 같이 회로를 구성한다.

스위치의 상태를 변경하여 보면 F_or_and와 F_nor의 출력이 같음을 확인할 수 있다.

▌그림 5-18 ▌ OR-AND 회로와 NOR 회로

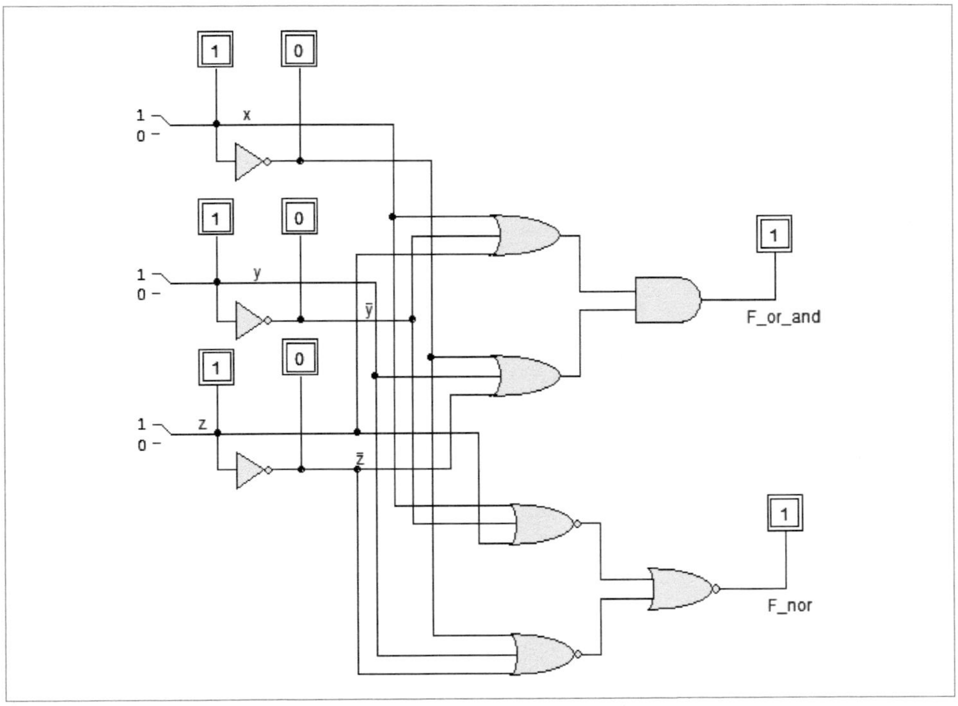

논리식 구현 실험

(1) 사용 부품

부품명	규격	수량
IC	7404	1
IC	7408	1

부품명	규격	수량
IC	7432	1

(2) 사용 기자재

- 논리회로 실험장치(Logic Lab)
- 멀티미터 또는 전압계
- 파워 서플라이

(3) 실험 1: 논리식 구현 실험

실험순서

① 그림 5-19와 같은 논리회로를 구성하라. 입력 A, B는 배포한 LED & SWITCH 보드나 로직랩 등의 스위치 회로에 연결한다.

▌그림 5-19 ▌ 논리식 구현 실험 회로

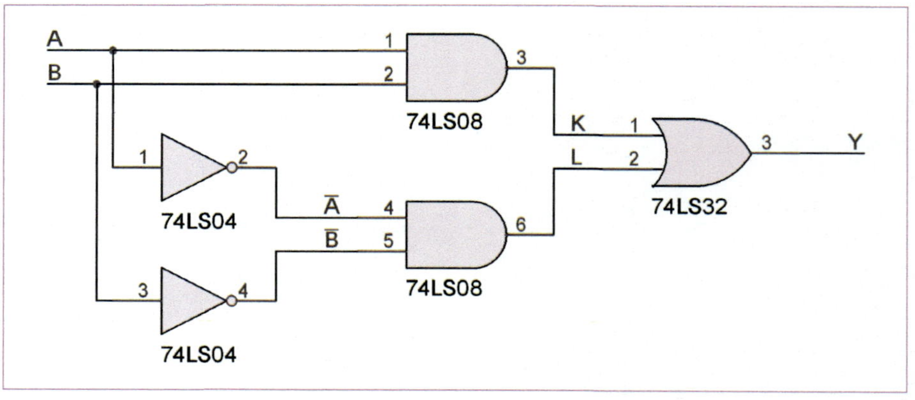

② 각 소자의 전원(V_{CC}와 GND) 연결을 확인한다.

③ 전원을 인가한 후 표 5-18에 따라 전압을 측정하라.

표 5-18 | 논리식의 구현 실험 결과표 (단위 [V])

A	B	$\overline{A}$	$\overline{B}$	K	L	Y
0	0					
0	+5					
+5	0					
+5	+5					

(4) 실험결과 및 검토

(1) 그림 5-19의 회로를 보고 Y에 대한 논리식(입력 A, B)을 표현하라.

(2) 그림 5-19의 회로에 대한 진리표를 만들어라.

표 5-19 | 실험 회로에 대한 진리표 (1)

A	B	$\overline{A}$	$\overline{B}$	K	L	Y
0	0					
0	1					
1	0					
1	1					

(3) 실험 결과표(표 5-18)에 대해 정논리를 적용하여 진리표를 완성하라.

표 5-20 | 실험 회로에 대한 진리표 (2)

A	B	$\overline{A}$	$\overline{B}$	K	L	Y
0	0					
0	1					
1	0					
1	1					

(4) (2)와 (3)의 결과를 비교하라.

(5) 진리표를 보고 K, L, Y에 대한 논리식을 유도하라.

(6) 로직웍스를 이용하여 시뮬레이션하고 그 결과를 비교하여 보자.

연습문제

5.1 다음 논리회로의 불 대수식을 적고 진리표를 만들어라.

(a)

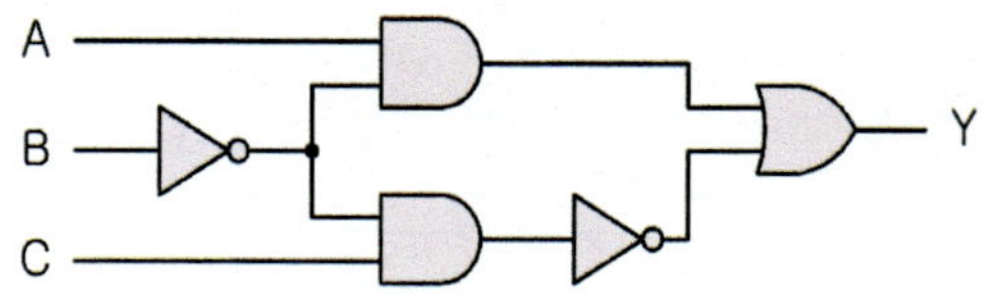

(b)

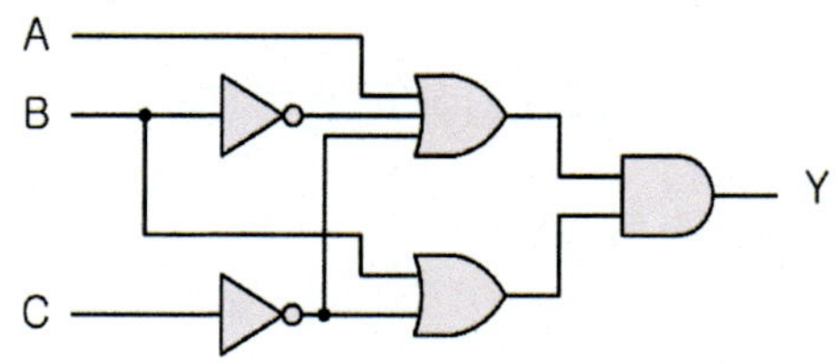

5.2 다음 논리회로의 출력 파형 Y를 그려라.

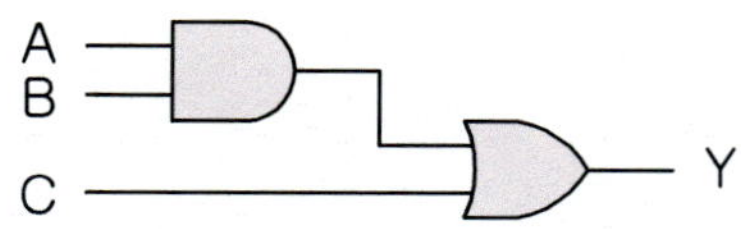

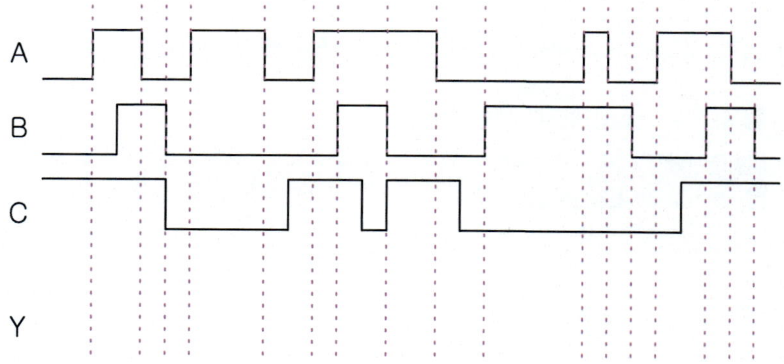

5.3 다음 논리 회로도에 대한 불 대수식과 진리표를 써라

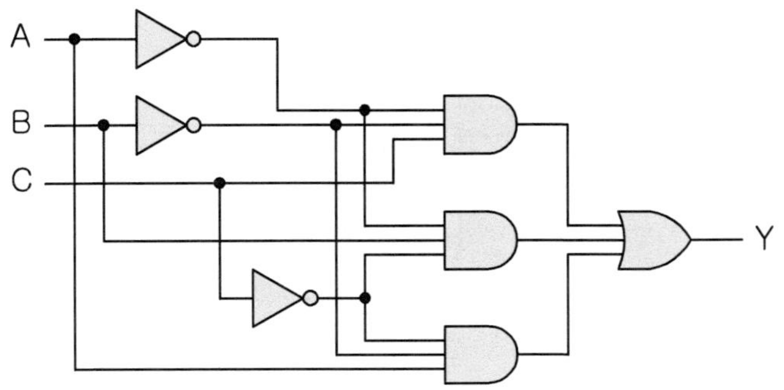

5.4 다음 불 대수식을 논리회로로 표현하라.

(a) $F(A,B,C) = AB + A\overline{C} + \overline{A}\,B$

(b) $F(A,B) = (A + \overline{B})(\overline{A} + B)$

5.5 다음 논리회로를 (a) NAND 게이트, (b) NOR 게이트 회로로 변환하라.

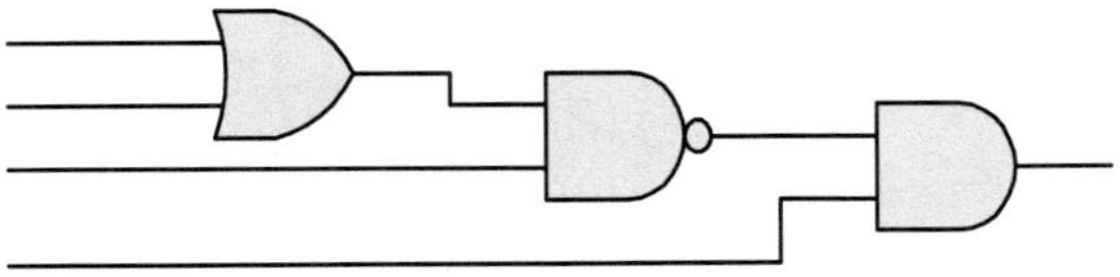

5.6 7402와 7427을 사용하여 다음 회로와 동일한 NOR 회로를 그려라.

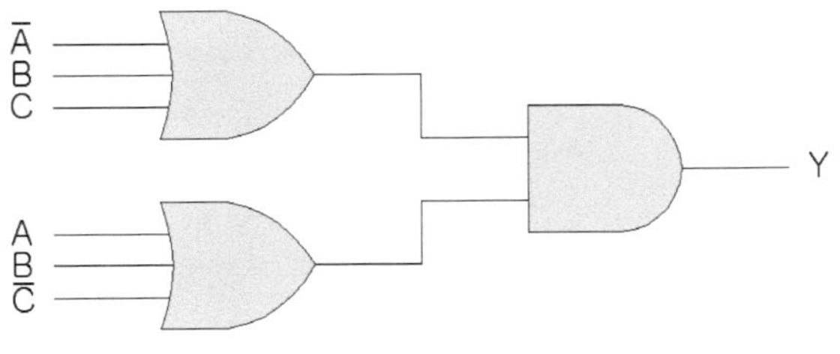

5.7 다음 회로를 NAND 게이트로 구현하라.

(a)

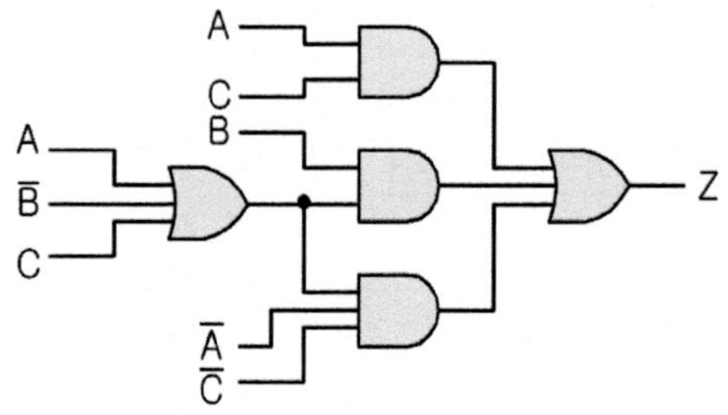

(b)

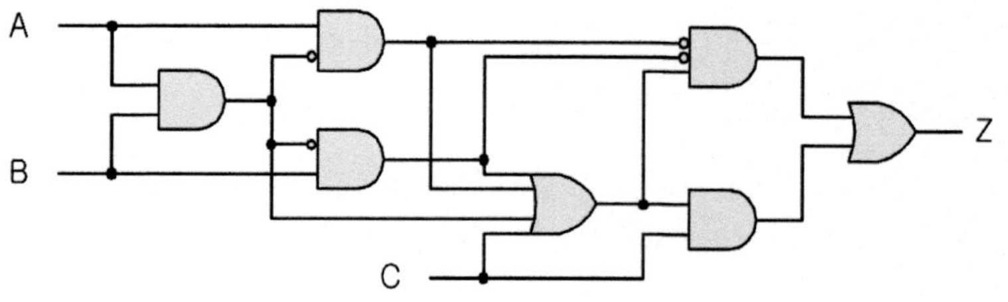

5.8 다음 회로를 NOR 게이트로 구현하라.

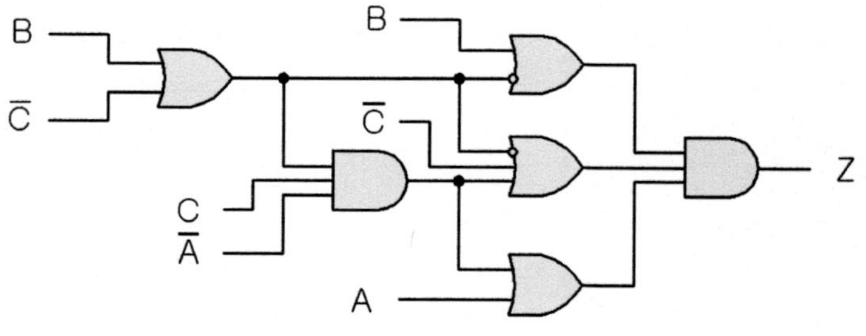

CHAPTER

6

논리식의 간소화

학습목표

1 논리식을 간소화하는 목적을 설명할 수 있다.
2 불 대수식을 이용하여 논리식을 간소화할 수 있다.
3 K-map을 이용하여 논리식을 간소화할 수 있다.
4 임의조건에 대해 설명할 수 있다.
5 Quine-McCluskey 법에 의해 논리식을 간소화할 수 있다.

6.1 개요

지금까지 시스템의 진리표나 동작 설명으로부터 얻어지는 불 함수를 직접 논리회로로 구성하는 방법을 알아보았다.

그러나 불 함수는 동일한 동작을 하는 보다 간소화된 형태로 표시되는 경우가 많으며, 두 개의 불 함수가 모든 입력조합에 대해 동일한 출력을 가지면 두 개의 불 함수는 동일하다. 어떤 불 함수를 보다 간단한 형태로 표시할 수 있으면 간소화된 불 함수를 논리회로로 구현하는 것이 훨씬 경제적이다.

불 함수를 간소화하는 방법을 정리하면 다음과 같다.

① 불 연산을 이용한 간소화

② Karnaugh Map을 이용한 간소화

③ Quine-McCluskey법을 이용한 간소화

불 연산을 이용한 간소화 방법은 간소화 과정이 분명하지 않고 간소화시킬 수 있는 이웃 항들을 찾기 어려운 단점이 있다.

논리 변수의 개수가 5개 이하일 때 많이 사용되는 방법이 Karnaugh Map(K-Map)이다. K-Map은 간소화할 수 있는 이웃 항들을 그림에서 직감적으로 찾을 수 있기 때문에 많이 사용된다.

논리 변수가 6개 이상이면 K-Map을 사용하기 어렵기 때문에 Quine-McCluskey와 같은 방법이 사용된다. 이 방법은 간소화 과정이 명확하게 제시되고 간소화된 불 함수를 얻을 수 있다는 점을 보장해주기는 하지만 복잡한 과정으로 인해 오류가 발생하기 쉽기 때문에 컴퓨터 프로그램의 형태로 주로 이용된다.

6.2 불 대수식을 이용한 간소화

논리식의 문자수는 대수적 조작에 의해 줄일 수 있는데 불행히도 정확한 표현을 얻는 일정한 규칙은 존재하지 않는다. 일반적인 방법은 불 대수의 기본정리와 따름 정리를 이용하는 것이다. 예제를 통하여 이 과정을 알아보기로 하자.

예제 6-1

다음 논리식을 가장 적은 수의 문자로 간소화하라.

(a) $x+\overline{x}y$

(b) $x(\overline{x}+y)$

(c) $\overline{x}\,\overline{y}z+\overline{x}yz+x\overline{y}$

(d) $xy+\overline{x}z+yz$

풀이

(a) $x+\overline{x}y=(x+\overline{x})(x+y)$ ← 배분 법칙

$=1\cdot(x+y)=x+y$

(b) $x(\overline{x}+y)=x\overline{x}+xy$ ← 배분 법칙

$=0+xy=xy$

(c) $\overline{x}\,\overline{y}z+\overline{x}yz+x\overline{y}=\overline{x}z(\overline{y}+y)+x\overline{y}$ ← 배분 법칙

$=\overline{x}z+x\overline{y}$ ← $y+\overline{y}=1$

(d) $xy+\overline{x}z+yz=xy+\overline{x}z+yz(x+\overline{x})$ ← $x\cdot 1=x$

$=xy+\overline{x}z+xyz+\overline{x}yz$ ← 배분 법칙

$=xy(1+z)+\overline{x}z(1+y)$

$=xy+\overline{x}z$

예제 6-1의 (d)의 경우는 풀이 과정을 보면 이해하기 쉬우나 원래의 식만 보고 간소화하는 것은 많은 경험과 직관력이 없으면 찾아내기 어렵다.

디지털 논리회로의 동작이 진리표로 주어지면 진리표에서 논리식을 구한 다음 불 대수 법칙을 사용하여 간소화한다. 예제 6-2에 그 방법을 보인다.

예제 6-2

다음 진리표에서 Y1과 Y2를 최소의 문자로 표현하라.

표 6-1 | 예제 6-2의 진리표

A	B	C	Y1	Y2
0	0	0	1	0
0	0	1	1	0
0	1	0	1	0
0	1	1	0	0
1	0	0	0	1
1	0	1	0	1
1	1	0	0	1
1	1	1	0	1

풀이

$$Y1 = \overline{A}\,\overline{B}\,\overline{C} + \overline{A}\,\overline{B}\,C + \overline{A}B\overline{C}$$
$$= \overline{A}\,\overline{B}(C + \overline{C}) + \overline{A}B\overline{C}$$
$$= \overline{A}\,\overline{B} + \overline{A}B\overline{C}$$
$$= \overline{A}(\overline{B} + B\overline{C})$$
$$= \overline{A}(\overline{B} + B)(\overline{B} + \overline{C})$$
$$= \overline{A}(\overline{B} + \overline{C})$$
$$= \overline{A}\,\overline{B} + \overline{A}\,\overline{C}$$
$$Y2 = A\overline{B}\,\overline{C} + A\overline{B}\,C + AB\overline{C} + ABC$$
$$= A\overline{B}(C + \overline{C}) + AB(C + \overline{C})$$
$$= A\overline{B} + AB$$
$$= A(\overline{B} + B)$$
$$= A$$

6.3 카르노 맵을 이용한 간소화

다음과 같은 진리표로 표시되는 논리 함수를 이용하여 논리 함수의 간소화 원리에 대해 살펴보기로 한다.

표 6-2 | 간단한 논리 함수의 진리표

A	B	F
0	0	0
0	1	0
1	0	1
1	1	1

(a) $F(A,B) = A\overline{B} + AB$

A	B	F
0	0	1
0	1	0
1	0	1
1	1	0

(b) $F(A,B) = \overline{A}\,\overline{B} + A\overline{B}$

표 6-2(a)의 논리 함수 $F(A,B) = A\overline{B} + AB$는 $(B + \overline{B}) = 1$을 이용하여 다음과 같이 간소화 할 수 있다.

$$F(A,B) = A\overline{B} + AB = A(\overline{B} + B) = A$$

표 6-2(a)에서 논리 함수의 값이 1인 두 열을 살펴보면, A 값은 모두 1이지만 B 값은 서로 다르다. 그런데 $F(A,B) = A$이므로 서로 다른 값을 갖는 논리 변수 B가 삭제되었음을 알 수 있다.

표 6-2(b)의 논리 함수는

$$F(A,B) = \overline{A}\,\overline{B} + A\overline{B} = (\overline{A} + A)\overline{B} = \overline{B}$$

로 간소화된다. 앞에서와 같은 방법으로 논리 함수의 값이 1인 두 열에서 서로 다른 값을 갖는 A는 제거되고 값이 변하지 않는 $\overline{\mathrm{B}}$만 남는다.

위의 예에서 알 수 있는 바와 같이 **논리 함수의 간소화는, 다른 변수는 변하지 않고 오직 하나의 변수만 변하는 두 개의 곱항을 찾는 과정**으로 이루어진다. **두 개의 곱항에서 오직 하나의 논리 변수 값이 다를 때, 두 항은 이웃한다**고 한다. 이웃하는 두 개의 곱항을 찾으면 논리 변수를 삭제하여 하나의 곱항으로 간소화할 수 있다.

불 대수를 이용하여 논리 함수를 간소화하는 방법은 서로 이웃하는 항들을 찾기 어렵고, 더 간소화할 수 있는지 알기 어려운 문제가 있다. 이러한 문제점을 해결하여 그림을 이용하여 서로 이웃하는 최소항들을 쉽게 찾을 수 있는 방법이 Karnaugh map(K-map)이다.

K-map은 이웃하는 최소항을 쉽게 찾을 수 있도록 **진리표를 재배치한 그림**이다. 즉, 모든 **최소항을 각각 하나의 작은 사각형에 대응**시키고 논리 함수에 포함되는 최소항에 대응하는 사각형 내에 "1"을 표시하여 논리 함수의 값을 표시한 그림이 Karnaugh map이다.

예를 들어 2개의 논리 변수로 구성되는 진리표를 살펴보자.

표 6-3의 최소항에 대응하는 4개의 작은 사각형으로 구성되는 그림을 만들고 사각형 속에 최소항을 표시하면 그림 6-1과 같다. 사각형밖에는 논리 변수 값의 조합이 나열된다.

표 6-3 | 2 논리변수의 진리표

A	B	최소항	F
0	0	m_0	0
0	1	m_1	0
1	0	m_2	1
1	1	m_3	1

그림 6-1 4개의 최소항으로 만들어지는 K-map

AB	00	01	11	10
	m_0	m_1	m_3	m_2

(a)

B \ A	0	1
0	m_0	m_2
1	m_1	m_3

(b)

논리 변수의 값을 가로와 세로 방향의 색인표(index)로 사용하여 해당하는 위치의 사각형에 진리표의 값을 적는다. 두 가지 표시 방법 중에서 그림 6-1(b)가 간단하기 때문에 주로 이용된다. 이제 그림 6-1(b)의 작은 사각형 속에 표 6-3의 논리 함수 값을 표시해 보자. 논리 함수는 1과 0의 두 가지 값을 가지지만 보통 1만 표시한다.

▌그림 6-2▌ $F(A,B) = A\overline{B} + AB$의 K-map

B \ A	0	1
0		1
1		1

그림 6-2에서 두 개의 최소항은 서로 이웃한다는 것을 쉽게 알 수 있다. 이웃하는 두 개의 최소항은 0과 1의 값을 모두 갖는 논리 변수를 삭제하고 하나로 묶을 수 있다. 이 경우 B가 삭제되고 $A = 1$이므로 $F(A,B) = A$가 된다.

K-map 방법이 논리회로를 간소화시킬 수 있는 유일한 방법은 아니나 엔지니어들이 가장 많이 이용하는 손쉬운 방법 중의 하나이다. 근래에는 컴퓨터 기술의 발달에 힘입어 논리회로의 간소화를 자동으로 처리할 수 있는 프로그램도 소개되고 있다.

(1) 2변수, 3변수의 K-map

그림 6-3은 2개 변수의 K-map을 나타낸 것인데, 논리 변수가 2개이면 4개의 최소항이 있으며 각 최소항당 하나씩, 모두 4개의 사각형으로 구성되어 있다.

그림 6-3의 행과 열에서 0 과 1로 표시된 것은 각 변수 A와 B의 값이다. A는 그 값이 0인 행에서 ¯가 있고($\overline{A}$), 1인 행에서는 ¯가 없음(A)에 주의하자. 마찬가지로 B는 그의 값이 0인 열에서 B에 ¯가 있고($\overline{B}$), 1인 열에서는 없다(B). 작은 사각형은 최소항

▌그림 6-3▌ 2변수의 K-map

B \ A	0	1
0	m_0	m_2
1	m_1	m_3

(a)

B \ A	0	1
0	$\overline{A}\overline{B}$	$A\overline{B}$
1	$\overline{A}B$	AB

(b)

에 대응한다. (A=0, B=0) 위치의 사각형에는 m_0 최소항이 대응되고, (A=1, B=0) 위치에는 m_2 최소항이 대응된다.

논리 함수를 K-map으로 표시할 때는 논리 함수에 속하는 최소항의 위치에 1을 표시한다. 다음 예제를 통해서 확인하여 보자.

예제 6-3

다음 논리식을 K-map으로 표현해보자.

(a) $F(A,B) = \overline{A}\,\overline{B} + \overline{A}\,B$

(b) $F(A,B) = A\overline{B} + \overline{A}\,B$

(c) $F(A,B) = \overline{A}\,\overline{B} + \overline{A}\,B + A\overline{B}$

풀이

(a)

B \ A	0	1
0	1	
1	1	

$F(A,B) = \overline{A}$

(b)

B \ A	0	1
0		1
1	1	

$F(A,B) = A\overline{B} + \overline{A}B$

(c)

B \ A	0	1
0	1	1
1	1	

$F(A,B) = \overline{A} + \overline{B}$

인접한 사각형을 묶을 때 적용되는 원칙은 다음과 같다.

① 서로 인접한 사각형들은 2^n개씩 최대(16개, 8개, 4개, 2개, 1개 순으로)로 묶는다. 단, 대각선 방향으로 묶을 수는 없다.
② 묶을 때, 어떤 사각형이 두 번 이상 포함되어도 좋다.
③ 묶이지 않는 사각형이 없을 때까지 ①의 과정을 반복한다.
④ 다른 사각형과 인접하지 않는 사각형은 혼자 묶는다.
⑤ 묶을 때, 다른 묶음에 포함되지 않는 1이 적어도 한 개 이상 포함되어야 한다.

그림 6-4는 3개의 변수(A, B, C)를 가진 불 함수에 대한 K-map을 나타낸 것이다. 논리 변수가 3개이면 8개의 최소항이 있으므로 8개의 사각형으로 구성된다.

▌그림 6-4▐ 3변수의 K-map

A \ BC	00	01	11	10
0	m_0	m_1	m_3	m_2
1	m_4	m_5	m_7	m_6

(a)

A \ BC	00	01	11	10
0	$\overline{A}\,\overline{B}\,\overline{C}$	$\overline{A}\,\overline{B}C$	$\overline{A}BC$	$\overline{A}B\overline{C}$
1	$A\overline{B}\,\overline{C}$	$A\overline{B}C$	ABC	$AB\overline{C}$

(b)

여기서 주의할 점은 **변수들의 조합을 2진 순차로 배열하지 않고 그레이(Gray) 코드와 같이 배치**한다는 점이다. 이렇게 하면 최소항을 배치하는 순서에 있어서 오직 한 비트만이 0에서 1로 또는 1에서 0으로 변하기 때문에 그림에서 이웃하는 최소항은 실제로도 이웃하게 된다. 그림 6-4(a)의 K-map은 사각형과 3변수와의 관계를 각 행과 열의 숫자로 표현하고 있다. 예를 들어, $m_5 = A\overline{B}C$에 해당하는 사각형의 열에는 1, 행에는 01이 표시되어 있다. 이 두 수를 연결시키면 101이라는 2진수가 되는데, 이는 10진수로는 5에 해당한다. $m_5 = A\overline{B}C$의 사각형을 찾는 다른 방법은 A로 표시된 열(1)과 $\overline{B}$C(01)에 해당하는 행의 교차된 사각형을 보는 것이다. 각 변수마다 ¯가 없는 것은 1로 표시되고 4개의 사각형이 있으며, 또 ¯가 있는 것은 0으로 표시되고 4개의 사각형이 존재한다.

불 함수를 간소화하는데 이용되는 K-map의 유용한 성질은, K-map에서 이웃하는 최소항은 실제로도 이웃하게 된다. K-map 내의 임의의 두 인접한 사각형에 대응하는 최소항은 오직 한 개의 변수만 그 값이 다르다. 예를 들면, 인접한 사각형 m_2와 m_6을 보면 변수 A만이 다르다. m_2에서는 A에 ¯가 있고 m_6에서는 없다. 이때 다른 두 변수 B, C는 값이 같다. **인접한 사각형의 두 최소항은 값이 다른 변수를 삭제하고 하나의 항으로 간소화**될 수 있다. 그림 6-4의 K-map에서 두 인접한 사각형 m_2와 m_6의 합을 생각해 보자. 그러면, 그림 6-5와 같이 된다.

▌그림 6-5▐ $F(A,B,C) = \overline{A}B\overline{C} + AB\overline{C}$의 K-map

A \ BC	00	01	11	10
0				1
1				1

$$m_2 + m_6 = \overline{A}\,B\overline{C} + AB\overline{C} = B\overline{C}(\overline{A} + A) = B\overline{C}$$

m_2, m_6에 대응하는 2개의 인접한 사각형에서 오직 A만이 다르므로 두 최소항의 합이 이루어질 때 A는 없어질 수 있다. 예제를 통하여 이와 같은 간소화 과정을 자세히 살펴보기로 하자.

예제 6-4

다음 불 함수를 간소화하라.

$$F(A,B,C) = \overline{A}\,\overline{B}\,\overline{C} + \overline{A}\,\overline{B}\,C + AB\overline{C} + ABC$$

풀이

먼저 그림 6-4와 같이 함수를 표현하기 위해서 불 함수에 포함되는 각 사각형에 1을 써 넣는다. 각 최소항을 2진수로 바꾸어 해당하는 사각형에 1을 쓰면 된다. 예를 들면, 그림 6-6에서 $AB\overline{C}$은 110이므로 A=1인 열과 BC=10인 행의 위치의 사각형에 해당한다. 같은 방법으로 F의 나머지 3개 최소항에 해당하는 사각형을 1로 K-map에 표시할 수 있다.

그림 6-6 $F(A,B,C) = \overline{A}\,\overline{B}\,\overline{C} + \overline{A}\,\overline{B}\,C + AB\overline{C} + ABC$의 K-map

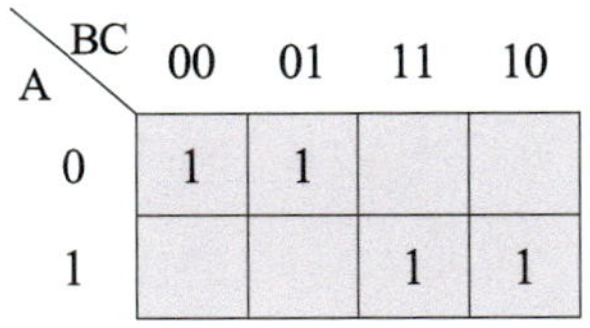

1로 표시된 4개의 사각형으로 된 함수를 그림 6-6에 나타내었는데, 다음 과정은 1로 표시된 인접한 사각형들을 묶는 일이다. 앞에서 제시한 원칙에 따라 2개의 최소항이 인접해 있으므로 그림 6-7과 같이 묶는다.

그림 6-7 $F(A,B,C) = \overline{A}\,\overline{B}\,\overline{C} + \overline{A}\,\overline{B}\,C + AB\overline{C} + ABC$의 K-map 결과

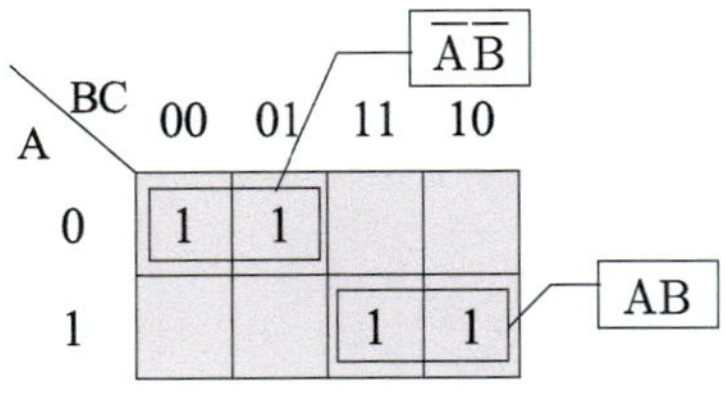

왼쪽 위의 직사각형은 $\overline{A}\,\overline{B}$로 표현 가능하며, 오른쪽 밑의 직사각형은 AB로 표시된다. 따라서 논리 함수는 다음과 같이 간소화된다.

$F = \overline{A}\,\overline{B} + AB$

인접 사각형의 정의를 다소 수정하여 이것과 다른 유사한 경우를 포함하게 할 필요가 있다.

K-map의 좌우 또는 상하 모서리가 서로 마주 닿아 인접 사각형이 되도록 하는 K-map을 생각함으로써 할 수 있다. 맨 위와 아래도 마찬가지다.

예제 6-5

다음 불 함수를 간소화하라.

$$F(A,B,C) = \sum m(0,4,5,7) = \overline{A}\,\overline{B}\,\overline{C} + A\overline{B}\,\overline{C} + A\overline{B}C + ABC$$

풀이

▌그림 6-8▌ $F(A,B,C) = \Sigma m(0,4,5,7)$의 K-map

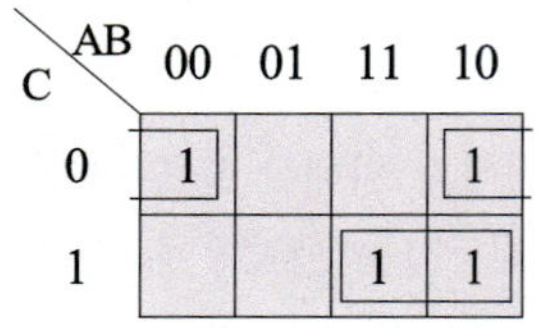

이 함수의 K-map은 그림 6-8과 같다. 함수의 각 최소항마다 1로 표시된 4개의 사각형이 있는데, 둘째 열의 두 인접 사각형이 묶여져 두 문자의 항 AC가 된다. 첫째 열에 남은 2개의 1로 표시된 사각형들도 K-map을 둥글게 말아서 생각하면 서로 이웃한다. 따라서 이러한 2개의 사각형들도 반쪽씩 나타낸 직사각형으로 묶을 수 있다. 이 2개의 남은 사각형들은 묶여져 역시 2개의 문자로 표시되는 항 $\overline{B}\,\overline{C}$가 된다. 그러므로 간소화된 함수는 다음과 같다.

$F(A,B,C) = AC + \overline{B}\,\overline{C}$

불 함수의 K-map을 만들 때, K-map의 밖에 나열되는 변수를 어떻게 조합하던지 변수의 값을 그레이 코드로 나열하면 간소화된 결과는 동일하다. 위의 예제에서는 가로 방향으로 AB변수의 값을 적고 세로 방향으로 C 변수의 값을 나열하였다. 그림 6-9와 같이 변수의 조합과 방향을 바꾸어 가로 방향으로 BC, 세로 방향으로 A 값을 나열하여 간소화된 결과를 비교해 보자.

▌그림 6-9▌ $F(A,B,C) = \sum m(0,4,5,7)$의 K-map

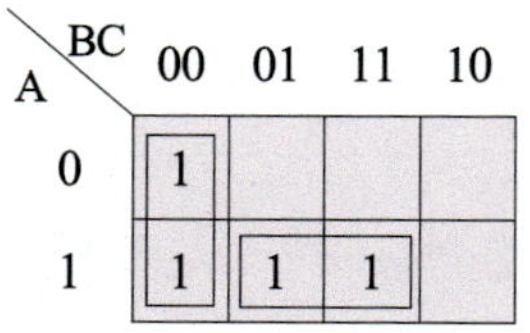

앞에서와 같은 $F(A,B,C) = AC + \overline{B}\,\overline{C}$의 결과가 얻어진다. 따라서 K-map을 이용한 간소화는 변수의 조합 및 나열 방향과 무관함을 알 수 있다.

지금까지는 두 개의 인접한 사각형을 묶는 경우를 살펴보았다. 인접한 두 개의 사각형을 묶으면 한 개의 변수가 삭제됨을 알았다. 앞에서 설명한 바와 같이 인접한 사각형은 2^n 개씩 묶을 수 있으므로 4개의 인접한 사각형을 묶으면 두 개의 논리 변수가 삭제된다. 예를 들면, 4개의 최소항 m_0, m_2, m_4, m_6의 합은 다음과 같이 두 개의 변수(A, B)가 삭제되고 하나의 문자 $\overline{C}$이 된다.

$$\begin{aligned}\overline{A}\,\overline{B}\,\overline{C}+\overline{A}B\overline{C}+A\overline{B}\,\overline{C}+AB\overline{C} &= \overline{A}\,\overline{C}(\overline{B}+B)+A\overline{C}(\overline{B}+B)\\ &= \overline{A}\,\overline{C}+A\overline{C}\\ &= \overline{C}(\overline{A}+A)\\ &= \overline{C}\end{aligned}$$

예제 6-6

다음 불 함수를 간단히 하라.

$$F(A,B,C)=\sum m(2,4,5,6,7)$$

풀이

이 함수의 K-map을 그리면 그림 6-10과 같다. 음영으로 표시된 4개의 사각형은 서로 이웃하므로 이들을 하나로 묶을 수 있다. 이 묶음에서 변수 B와 C는 서로 다른 값을 가지므로 삭제되고 A만 남는다. 4개의 사각형을 묶고 나면 $A=0$, $B=1$, $C=0$에 대응하는 사각형이 하나 남게 된다. 그런데 $x=x+x$이므로 한번 묶인 사각형을 다른 묶음에서 사용할 수 있다. 남은 사각형을 오른쪽의 이웃하는 사각형($A=1$, $B=1$, $C=0$)과 묶으면 A는 서로 다른 값을 가지므로 삭제되고 B와 C는 각각 1과 0의 값을 갖는다. 따라서 이 묶음은 $B\overline{C}$가 된다.

$F=A+B\overline{C}$

▌그림 6-10▌ $F(A,B,C)=\Sigma m(2,4,5,6,7)$의 K-map

C \ AB	00	01	11	10
0		1	1	1
1			1	1

예제 6-7

다음 불 함수를 간단히 하라.

$$F(A,B,C) = \overline{A}\,C + \overline{A}\,B\overline{C} + AB\overline{C}$$

풀이

이 함수의 K-map을 그리면 그림 6-11과 같다. $\overline{A}\,C$는 최소항이 아니므로 "0x1"로 표시할 수 있다. 여기서 빠진 변수 B는 0과 1의 값을 모두 가지므로 "x"로 나타낸 것이다. B가 0이면 001이 되고, 1이면 011이 된다.

▌그림 6-11▐ $F(A,B,C) = \overline{A}\,C + \overline{A}\,B\,\overline{C} + AB\overline{C}$의 K-map

C \ AB	00	01	11	10
0		1	1	
1	1	1		

첫째 열에서 $B\overline{C}$이 만들어지고, 둘째 열에서 $\overline{A}\,C$가 만들어진다. 여기서 한 가지 언급해야할 사항은 점선으로 표시된 묶음이다. 이미 K-map에 표시된 1이 모두 묶였으므로 남아있는 1은 없다. 따라서 점선으로 표시된 묶음은 중복된 것이므로 필요 없다. 이와 같이 표시된 1이 모두 묶이면 더 이상 묶음을 생각할 필요가 없으므로 $F(A,B,C) = B\overline{C} + \overline{A}\,C$가 된다.

예제 6-8

다음 불 함수를 간단히 하라.

$$F(A,B,C) = \sum m(0,2,5)$$

풀이

▌그림 6-12▐ $F(A,B,C) = \sum m(0,2,5)$의 K-map

C \ AB	00	01	11	10
0	1	1		
1				1

이 함수를 K-map에 표시하면 그림 6-12와 같은데, $A=1$, $B=0$, $C=1$에 대응하는 사각형은 다른 사각형과 이웃하지 않으므로 혼자 묶어야 한다. 결과적으로 간소화된 논리식은 다음과 같다.

$$F(A,B,C) = \overline{A}\,\overline{C} + A\overline{B}\,C$$

예제 6-9

다음 불 함수를 간단히 하라.

$$F(A,B,C) = \sum m(0,1,2,3,4,6)$$

풀이

▌그림 6-13▐ $F(A,B,C) = \sum m(0,1,2,3,4,6)$의 K-map

A \ BC	00	01	11	10
0	1	1	1	1
1	1			1

이 함수를 K-map에 표시하면 그림 6-13과 같다. 결과적으로 간소화된 논리식은 다음과 같다.

$F(A,B,C) = \overline{A} + \overline{C}$

(2) 4변수

논리 변수가 4개이면 $2^4 = 16$개의 최소항이 존재하므로 4변수의 K-map은 16개의 사각형으로 구성된다.

▌그림 6-14▐ 4변수의 K-map

CD \ AB	00	01	11	10
00	m_0	m_4	m_{12}	m_8
01	m_1	m_5	m_{13}	m_9
11	m_3	m_7	m_{15}	m_{11}
10	m_2	m_6	m_{14}	m_{10}

(a) 최소항

CD \ AB	00	01	11	10
00	$\overline{A}\overline{B}\overline{C}\overline{D}$	$\overline{A}B\overline{C}\overline{D}$	$AB\overline{C}\overline{D}$	$A\overline{B}\overline{C}\overline{D}$
01	$\overline{A}\overline{B}\overline{C}D$	$\overline{A}B\overline{C}D$	$AB\overline{C}D$	$A\overline{B}\overline{C}D$
11	$\overline{A}\overline{B}CD$	$\overline{A}BCD$	$ABCD$	$A\overline{B}CD$
10	$\overline{A}\overline{B}C\overline{D}$	$\overline{A}BC\overline{D}$	$ABC\overline{D}$	$A\overline{B}C\overline{D}$

(b) 변수조합

4개의 변수로 표시되는 불 함수의 K-map을 나타내면 그림 6-14와 같다. 그림 6-14(a)는 각 사각형에 해당하는 16개의 최소항을 표시한 것이고 그림 6-14(b)는 각 사각형에 대응하는 변수들의 조합을 나타낸 것이다. 3변수의 K-map과 마찬가지로 가로 및 세로 방향의 변수의 값은 그레이 코드로 표시되어야 한다. 또, 각 사각형에 표시된 최소항의 숫자는 각 행과 열의 숫자를 연결하여 나타나는 숫자와 일치한다. 예를 들면, 3행(11)

과 2열(01)을 연결시키면 2진수 1101이 되는데, 이는 10진수 13이 된다. 그러므로 3행 2열의 사각형은 최소항 m_{13}으로 표시된다.

K-map을 이용하여 4변수의 불 함수를 간소화하는 것도 지금까지의 방법과 같다. 여러 가지 예제를 통하여 4변수의 불 함수를 간소화하는 방법을 알아보기로 하자.

예제 6-10

다음 불 함수를 간소화하라.

$$F(A,B,C,D)=\sum m(0,1,2,4,5,8,10)$$

풀이

함수가 4개 변수를 갖고 있기 때문에 4개 변수의 K-map을 사용해야 한다. 주어진 불 함수를 K-map으로 표시하면 그림 6-15와 같다. 왼쪽 상단의 4개를 묶으면 B와 D는 삭제되고 $A=0$, $C=0$이므로 $\overline{A}\,\overline{C}$가 된다.

그림 6-15 예제 6-10의 K-map

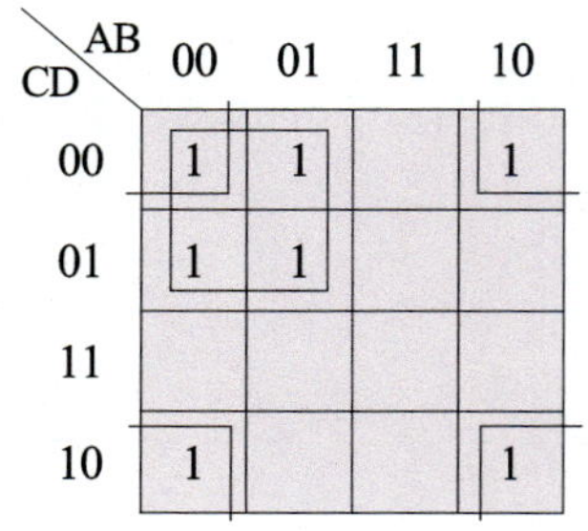

K-map을 가로 또는 세로 방향으로 둥글게 하여 원통형을 만들면 **모서리의 사각형들도 서로 이웃**하게 되므로 하나로 묶을 수 있다. 모서리의 사각형 4개를 묶으면 A와 C는 서로 다른 값을 가지므로 삭제되고 $B=0$, $D=0$이 되므로 $\overline{B}\,\overline{D}$가 된다. 그러므로 간소화된 함수는

$$F=\overline{A}\,\overline{C}+\overline{B}\,\overline{D}$$

가 된다.

예제 6-11

다음 불 함수를 간소화하라.

$$F(A,B,C,D)=\sum m(0,1,2,4,5,6,8,9,12,13,14)$$

풀이

불 함수를 K-map으로 표시하면 그림 6-16과 같다. 위쪽에 표시된 8개의 사각형들은 $\overline{C}$로 간소화되고, 나머지를 최대로 묶으면 그림과 같이 4개씩 묶을 수 있다.

▌그림 6-16▌ 예제 6-11의 K-map

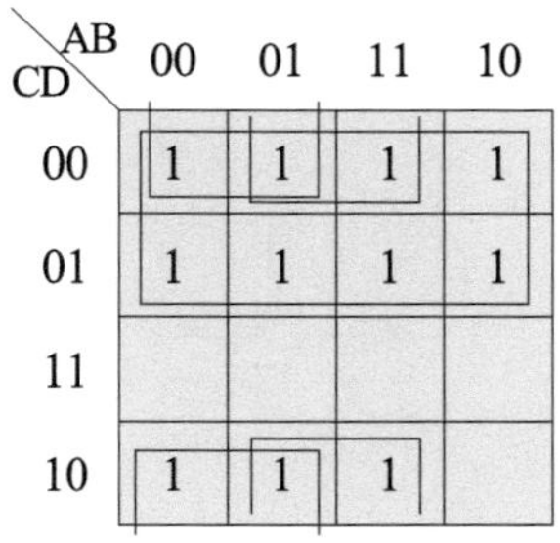

따라서 간소화된 불 함수는 $F(A,B,C) = \overline{A}\,\overline{D} + B\overline{D} + \overline{C}$가 된다.

지금까지 설명한 4개 변수의 불 함수를 간소화하는 것 외에도 5 또는 6개 변수의 불 함수를 K-map을 이용하여 간소화 시킬 수도 있으나 5개 이상의 변수를 포함하는 불 함수를 간소화시키는 데에 K-map이 거의 사용되지 않는다. 그 이유는 K-map의 장점은 이웃하는 항들을 도식적으로 쉽게 찾을 수 있다는데 있으나, 변수가 5개 이상인 경우에는 K-map을 그리기도 어렵고 이웃하는 사각형을 찾기 어렵기 때문이다. 5개 이상의 변수인 경우에는 프로그램을 사용한다.

(3) 합의 곱형 논리식의 간소화

지금까지 설명한 곱항의 합의 형태로 불 함수를 간소화하는 절차를 약간 수정하면 합항의 곱의 형태로 간소화된 불 함수를 구할 수 있다.

불 함수를 K-map에 표시했을 때 1은 함수에 포함되는 최소항을 나타내며, 0은 최대항을 나타낸다. 최소항을 묶어 곱항의 합의 형태로 간소화를 할 수 있다면, 0으로 표시되는 최대항을 묶으면 합항의 곱의 형태로 간소화 할 수 있을 것이다. 다음 불 함수 이용하여 이를 살펴보기로 하자.

$$
\begin{aligned}
F(A,B,C) &= \Pi M(3,6,7) \\
&= (A+\overline{B}+\overline{C})(\overline{A}+\overline{B}+C)(\overline{A}+\overline{B}+\overline{C})
\end{aligned}
$$

이 함수를 K-map에 표시하면 그림 6-17과 같다. 최대항 M_6은 $A=1,\ B=1,\ C=0$일 때 함수가 0이 되게 하고, 최대항 M_7은 $A=1,\ B=1,\ C=1$일 때 0을 만든다. 두 개의 최대항을 묶어서 만들어지는 $(\overline{A}+\overline{B})$는 C에 상관없이 $A=1,\ B=1$일 때 불 함수는 0이 된다.

그림 6-17 $\Pi M(3,6,7)$의 K-map

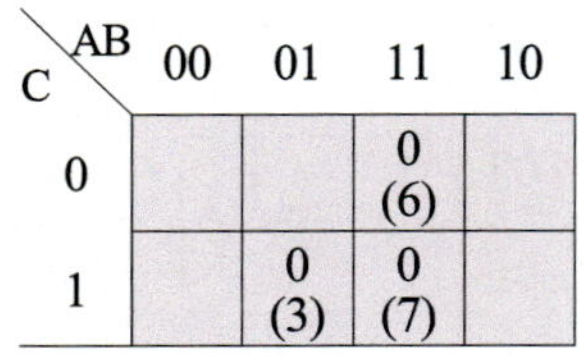

같은 방법으로 M_3과 M_7은 A와 무관하게 $B=1$, $C=1$일 때 0을 만들며, 합항 $(\overline{B}+\overline{C})$가 된다. 따라서 불 함수는 $F(A,B,C)=(\overline{A}+\overline{B})(\overline{B}+\overline{C})$로 간소화된다.

지금까지 살펴본 내용을 정리해 보자. 합항의 곱으로 간소화된 불 함수를 구하려면 인접한 0을 결합하여 합항을 만든다. 묶음에서 서로 다른 값을 갖는 변수는 삭제하고 **0의 값을 갖는 변수는 정상형**으로, **1의 값을 갖는 변수는 보수형**으로 표시하여 합항을 만든다. 이렇게 만들어진 합항을 모두 곱하면 합항의 곱으로된 간소화된 불 함수가 얻어진다.

예제 6-12

다음 불 함수를 (a)곱항의 합과 (b)합항의 곱형으로 간단히 하라.

$$F(A,B,C,D)=\Pi M(1,3,4,5,6,7,8,9,13,15)$$

풀이

불 함수를 최소항의 합으로 표시하면 $\Sigma m(0,2,10,11,12,14)$가 되므로 K-map에 표시하면 그림 6-18(a)와 같다. 불 함수는 다음과 같이 곱항의 합형으로 간소화된다.

$F(A,B,C,D)=\overline{A}\,\overline{B}\,\overline{D}+AB\overline{D}+A\overline{B}C$

그림 6-18 예제 6-12의 K-map

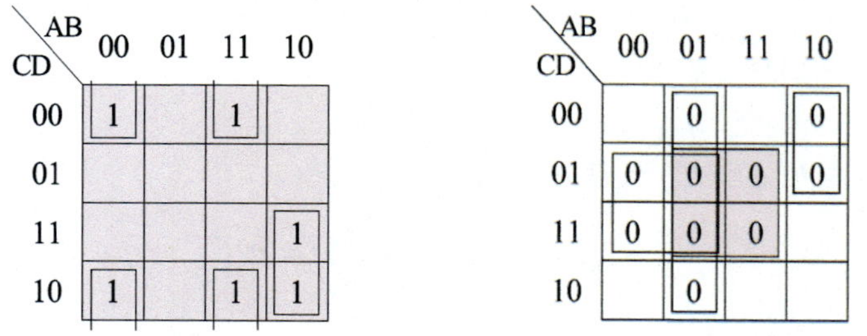

(a) 최소항 (b) 최대항

그림 6-18(b)의 K-map에 표시된 0은 함수의 모든 최대항을 나타내고 있다. 0으로 표시된 모든 사각형을 이용하여 함수를 간단히 나타내면 다음의 합항의 곱의 형태로 함수를 얻을 수 있다.

$F(A,B,C,D)=(\overline{A}+B+C)(A+\overline{D})(\overline{B}+\overline{D})(A+\overline{B})$

예제 6-12에서 얻어진 함수를 논리 게이트로 나타내면 그림 6-19와 같다. 곱항의 합형 함수 (a)는 각 곱항마다 하나씩의 AND 게이트와 이들의 모든 출력을 입력으로 받아들이는 하나의 OR 게이트로 나타낼 수 있다. 같은 함수가 합항의 곱형으로 표시되면 각 합항마다 하나씩의 OR 게이트와 이들의 출력을 입력으로 받아들이는 하나의 AND 게이트가 필요하다. 그러므로 그림 6-19(b)와 같은 구성은 불 함수가 합의 곱 표준형으로 표현될 경우 불 함수를 실현하는 방법이다. 즉, **곱항의 합형일 때는 AND 게이트들이 하나의 OR 게이트에 연결되며, 합항의 곱형일 때는 OR 게이트들이 하나의 AND 게이트에 연결된다**. 이러한 게이트 구성을 **2단계 실현**이라 한다.

▌그림 6-19▌ 불 함수의 구현

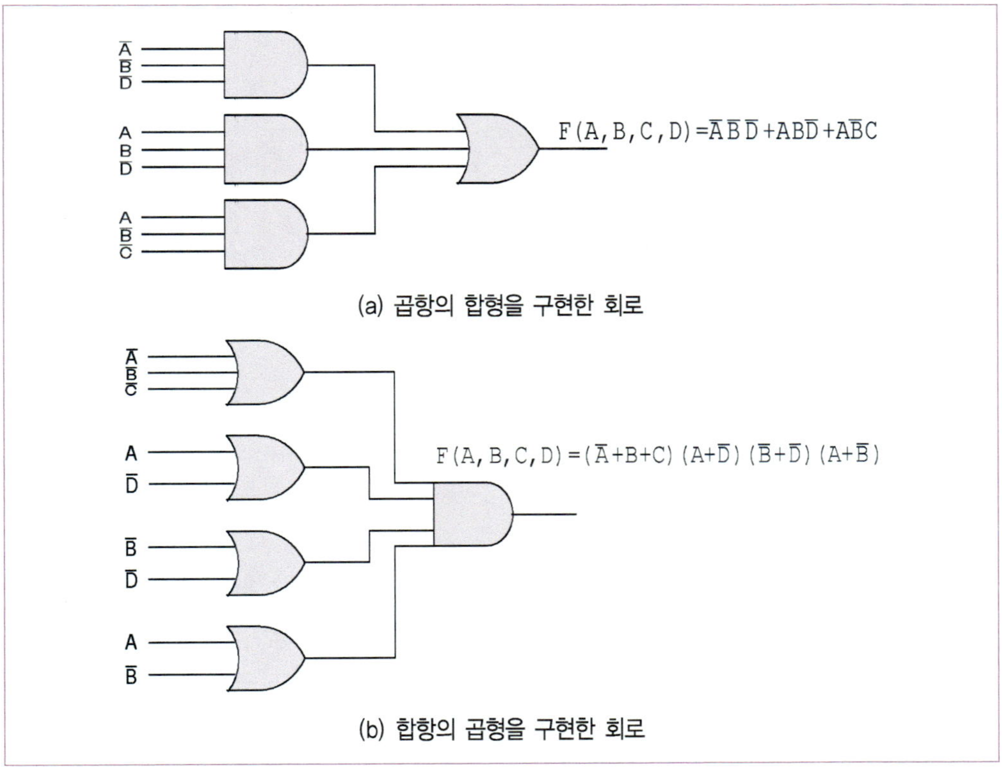

(4) 임의조건

지금까지 우리가 살펴본 불 함수는 모든 입력 조합에 대해 1 또는 0의 값이 할당되었다. 이러한 형태의 논리회로는 완전히 명시되었다고 한다. 그러나 어떤 입력 조건이 결코 발생하지 않는다면 이에 대응하는 출력이 정의되지 않은 논리회로를 만들 수 있다. 즉 출력의 값이 1이든 0이든 논리회로의 동작과 무관하다. 이와 같이 논리회로의 동작과 무관한 입력의 조합을 임의조건(Don' t care condition)이라 한다. 표 6-4에서와 같이 임의조건은 진리표에서 "x", "d" 또는 "−"로 표시한다. 예를 들어, BCD 코드에서 6개의 입력변수의 조합 1111, 1110, 1101, 1100, 1011, 1010 은 사용되지 않는다. 따라서 이들 사용하지 않는 조합이 결코 발생하지 않는다고 보장했기 때문에 그들 입력 변수의 조합들에 대한 함수 출력이 무엇이든 회로의 동작과는 무관하다. 이러한 임의의 입력조건들은 함수를 간소화하는데 사용할 수 있다.

표 6-4 | BCD 코드의 임의조건

A	B	C	D	10진수
0	0	0	0	0
0	0	0	1	1
0	0	1	0	2
0	0	1	1	3
0	1	0	0	4
0	1	0	1	5
0	1	1	0	6
0	1	1	1	7
1	0	0	0	8
1	0	0	1	9
1	0	1	0	x
1	0	1	1	x
1	1	0	0	x
1	1	0	1	x
1	1	1	0	x
1	1	1	1	x

표 6-5 | 예제 6-13의 진리표

A	B	C	D	F
0	0	0	0	0
0	0	0	1	0
0	0	1	0	0
0	0	1	1	0
0	1	0	0	0
0	1	0	1	0
0	1	1	0	0
0	1	1	1	0
1	0	0	0	0
1	0	0	1	1
1	0	1	0	x
1	0	1	1	x
1	1	0	0	x
1	1	0	1	x
1	1	1	0	x
1	1	1	1	x

함수를 간소화하기 위해 인접 사각형의 조합을 선택할 때, x를 가장 간단한 불 함수 표현을 얻을 수 있도록 1이나 0으로 사용할 수 있다. 만약 간소화 과정에서 보다 큰 영역을 하나로 묶는 데 기여하지 않으면 전혀 고려하지 않는다.

예제 6-13

BCD 출력의 값이 9에 도달하면 경고등이 켜지는 논리회로의 출력을 간소화된 불 함수로 표시하라.

풀이

BCD의 입력 1010∼1111까지는 발생하지 않으므로 임의조건이다. 출력이 9가 되면 경고등을 켜기 위해 출력 F가 1이 된다면, 임의조건을 포함하여 논리회로의 동작을 진리표로 표시하면 표 6-5와 같다.

그림 6-20 예제 6-13의 K-map

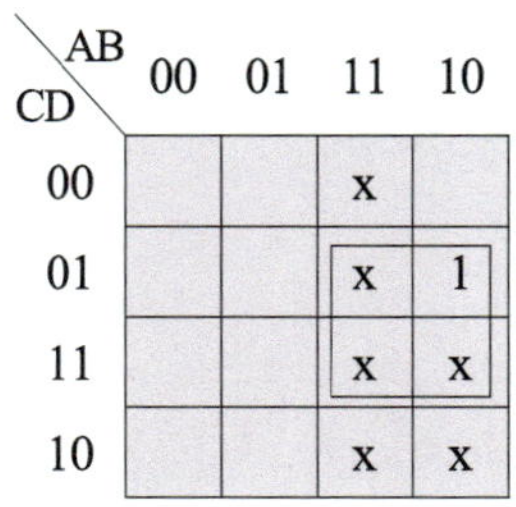

그림 6-20의 K-map에서 1과 임의조건을 포함하여 인접한 사각형을 최대로 묶으면 $F(A,B,C,D)=AD$이다. 이 때 1을 포함하지 않는 x를 묶을 필요는 없다.

예제 6-14

다음 불 함수를 간단히 하라.

$$F(A,B,C)=\sum m(0,1,4,6)+\sum d(2,5,7)$$

풀이

그림 6-21에 간소화 과정이 나타나 있다. F의 최소항은 1로서, d의 최소항들은 x로 표시되며, 나머지는 0으로 표시되었다. 1과 x를 4개씩 최대로 묶을 때 x를 모두 다 사용할 필요는 없으며 항을 간단히 하는 데 유용한 만큼만 쓰면 된다.

그림 6-21(a)에서는 두 개의 x를 썼고 나머지 1개의 x는 쓰지 않고 곱의 합형으로 함수를 간소화하였다.

$$F(A,B,C)=\overline{B}+\overline{C}$$

그림 6-21 임의조건을 사용한 간소화

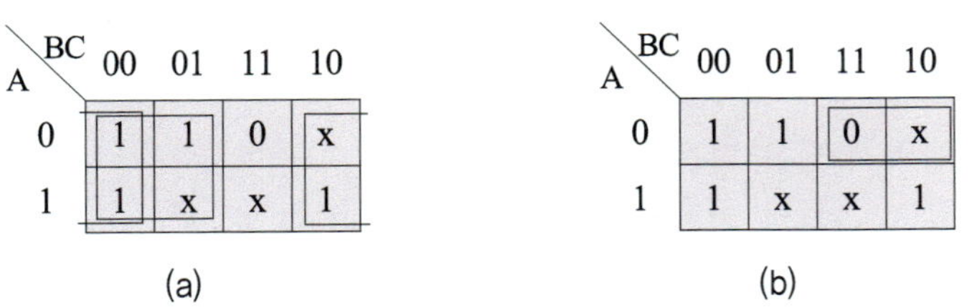

그림 6-21(b)에서는 함수의 보수를, 0과 x를 적당히 한데 묶어 간단히 하였다. 그림에 표시된 바와 같이 0과 1개의 x를 포함시켜 간소화된 불 함수가 얻어진다. 이 보수화된 함수는

$$\overline{F}=\overline{A}B$$

이다. 다시 보수를 취하면

$$F=\overline{(\overline{F})}=\overline{(\overline{A}B)}=A+\overline{B}$$

가 되므로 앞에서 1을 묶어서 얻어진 결과와 다르다. 이는 오른쪽 위의 밑줄로 표시한 임의조건이 그림 6-21(a)에서는 1로 사용되고, 그림 6-21(b)에서는 0으로 사용되었기 때문이다. 사실

상 x를 1과 묶을 때 사용되고 또 0으로 묶을 때도 사용된다면 결과적으로 나온 두 함수는 대수적으로 같을 수가 없다.
따라서 같은 입력 조합에 대해 출력이 1 또는 0으로 다르게 사용되므로 실제 회로에서는 이러한 입력 조합이 발생해서는 절대 안 된다.

6.4 Quine-McCluskey 법을 이용한 간소화

논리 변수의 개수가 4개를 넘지 않으면 K-map에 의한 간소화 방법을 손쉽게 이용할 수 있다. 물론 변수가 5개 또는 6개인 경우에도 K-map을 사용할 수 는 있지만 앞에서 설명한 바와 같이 K-map의 장점을 충분히 살릴 수 없게 된다. 이러한 제약이 없이 사용할 수 있는 논리 함수의 간소화 방법이 도표법이다. 도표법은 이를 고안한 사람들의 이름을 따서 Quine-McCluskey 방법이라고도 한다. 이 방법은 논리 함수의 간소화를 보장해주고, 상세하게 한 단계씩 진행하는 방법이기는 하나, 지루하고 기계적인 절차와 단조로운 진행 때문에 실수하기 쉬운 경향이 있다. 따라서, 본 교재에서는 이에 관한 설명은 생략하고 이 방법 등을 적용하여 컴퓨터로 논리 함수를 간소화시키는 방법에 대해서 설명하기로 한다.

논리 함수의 간소화를 위해 개발된 프로그램은 여러 가지가 있다. 그 중 하나가 미국 버클리대학에서 개발한 Espresso라는 프로그램(http://ic.eece.berkeley.edu에서 구할 수 있다)이다. 이 프로그램은 MS-DOS 환경에서 실행되는 텍스트 기반 프로그램으로 요즘 윈도 환경에 익숙한 사용자들에게는 다소 불편한 점이 있다. 여기서는 JRE(Java Runtime Environment) 환경에서 실행되는 QMCLogicMinimizer라는 프로그램을 사용한 논리식의 간소화에 대해 설명한다.

이 프로그램의 특징은 다음과 같다.

① 진리표를 입력하고 간소화를 실행하면 간소화된 논리 함수를 출력
② 입력과 출력 변수를 각각 최대 16개까지 사용 가능
③ 컴퓨터에 JRE가 설치되어 있어야 한다.
④ GPL 오픈 소스 프로그램으로 사용이 자유롭다.
(http://sourceforge.net/projects/qmclm/)

실행 방법은 다음과 같다.

(1) JRE를 설치한다.

① www.oracle.com/kr 접속 후 '다운로드' 클릭

② Java Runtime Environment(JRE)를 클릭하여 JRE 설치

(2) QMCLogicMinimizer.jar 파일을 더블 클릭하여 실행한다.

컴퓨터에 설치된 압축 프로그램에서 .jar 확장자를 사용하도록 설정되어 있으면, 압축 프로그램이 자동 실행될 수 있다. 이 경우에는 파일을 오른쪽 버튼 클릭하여 '연결 프로그램'을 선택한 후 Java(TM) Platform SE binary 프로그램을 선택하거나 압축프로그램에서 jar 파일 연결을 해제하고 실행하여야 한다.

(3) 그림 6-22와 같은 화면이 나오면 실행 준비가 끝난다.

▌그림 6-22 ▌ QMCLogicMinimizer 초기 화면

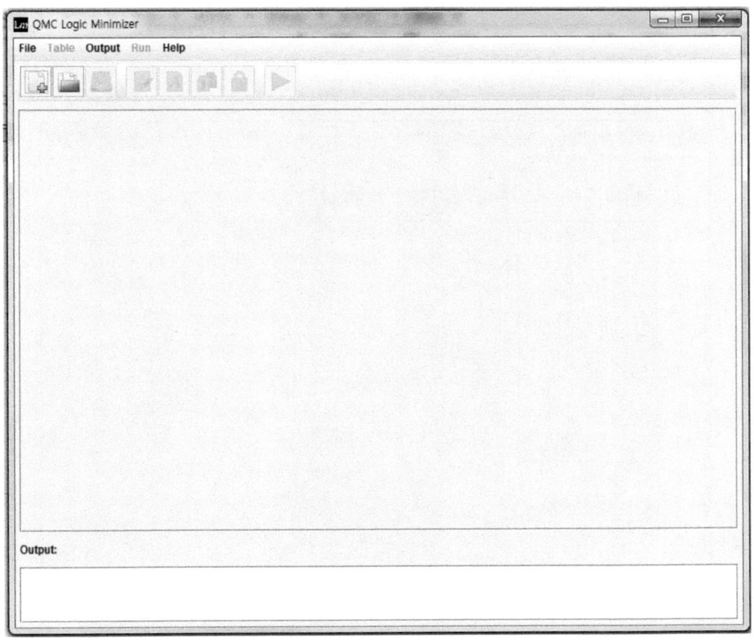

(4) 그림 6-23에서와 같이 진리표 양식을 만든다.

① "File" > "New table"을 선택한다.

▌그림 6-23▌ 진리표 양식 만들기 화면

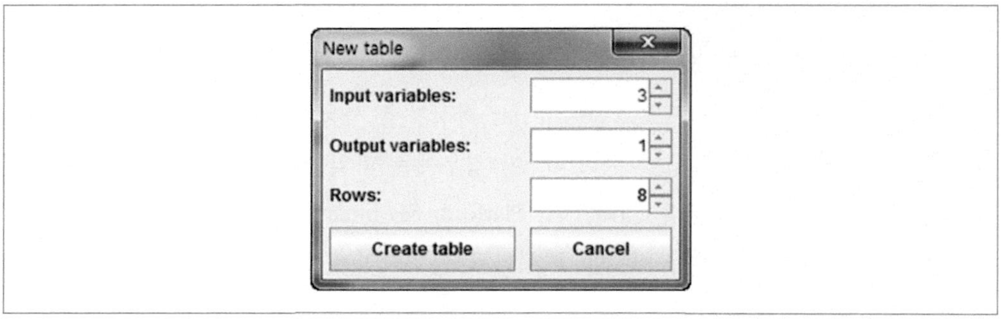

② 필요한 입력 변수와 출력 변수의 개수를 지정한다.

③ "Create table"을 클릭한다.

▌그림 6-24▌ QMCLogicMinimizer 실행 화면

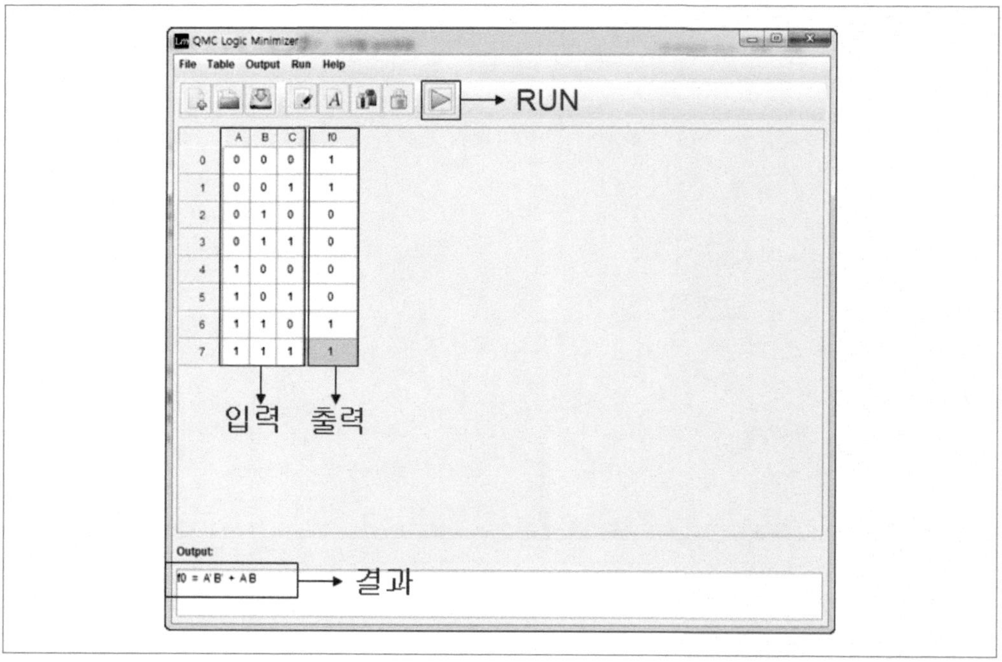

(5) 그림 6-24에서 보는 것과 같은 실행 화면에서 진리표를 완성한다.

출력의 각 항을 <space> 키를 누르면 0 → 1 → x순으로 바꾸면서 원하는 출력으로 설정한다.

(6) ▷ 버튼을 클릭하면 결과를 얻는다. 결과는 화면 아래 'Output' 창에 논리식으로 나타난다.

(7) 입력 변수와 출력 변수의 이름을 변경하는 경우에는 "Table" > "Edit Column header" 메뉴를 실행하면 된다.

예제 6-15

예제 6-11의 논리식을 Quine-McCluskey 방법으로 간소화하고 그 결과를 비교하라.

$$F(A,B,C,D) = \sum m(0,1,2,4,5,6,8,9,12,13,14)$$

풀이

▌그림 6-25 ▌ 실행 결과

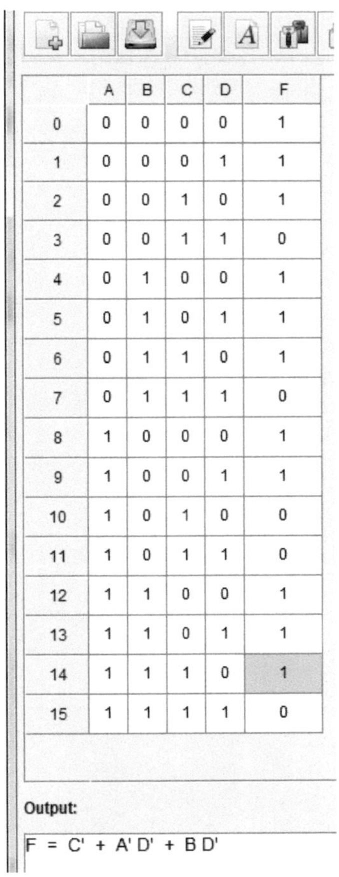

	A	B	C	D	F
0	0	0	0	0	1
1	0	0	0	1	1
2	0	0	1	0	1
3	0	0	1	1	0
4	0	1	0	0	1
5	0	1	0	1	1
6	0	1	1	0	1
7	0	1	1	1	0
8	1	0	0	0	1
9	1	0	0	1	1
10	1	0	1	0	0
11	1	0	1	1	0
12	1	1	0	0	1
13	1	1	0	1	1
14	1	1	1	0	1
15	1	1	1	1	0

Output:

F = C' + A' D' + B D'

그림 6-25와 같이 $F = \overline{C} + \overline{A}\,\overline{D} + B\overline{D}$의 결과가 나왔으며, 이것은 K-map에 의한 결과와 같다.

예제 6-16

예제 6-13의 BCD 코드가 9가 입력이 되면 출력이 1이 되도록 하는 논리식을 Quine-McCluskey 방법으로 간소화하고 그 결과를 비교하라.

풀이

▌그림 6-26▌ 예제 6-16의 실행 결과

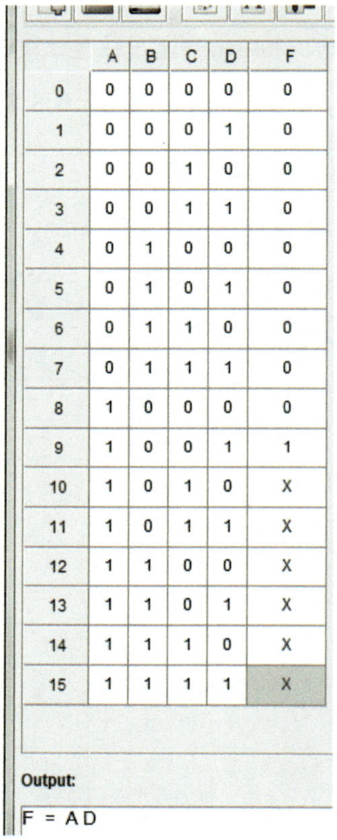

	A	B	C	D	F
0	0	0	0	0	0
1	0	0	0	1	0
2	0	0	1	0	0
3	0	0	1	1	0
4	0	1	0	0	0
5	0	1	0	1	0
6	0	1	1	0	0
7	0	1	1	1	0
8	1	0	0	0	0
9	1	0	0	1	1
10	1	0	1	0	X
11	1	0	1	1	X
12	1	1	0	0	X
13	1	1	0	1	X
14	1	1	1	0	X
15	1	1	1	1	X

그림 6-26과 같이 $F = AD$의 결과가 나왔으며, 이것은 K-map에 의한 결과와 같다.

논리식의 간소화 실험

(1) 사용 부품

부품명	규격	수량
IC	7404	1
IC	7408	1

부품명	규격	수량
IC	7411	1
IC	7432	1

(2) 사용 기자재

- 논리회로 실험장치(Logic Lab)
- 멀티미터 또는 전압계
- 파워 서플라이

(3) 실험 1: 논리식의 간소화 실험

실험순서

① 그림 6-27의 회로도를 결선하고, A, B, C의 값을 변화시키면서 전압을 측정한다. 이를 정논리에 의해 진리표를 구한다. 표 6-6을 완성한다.

▌그림 6-27▌ 간소화되지 않은 논리회로

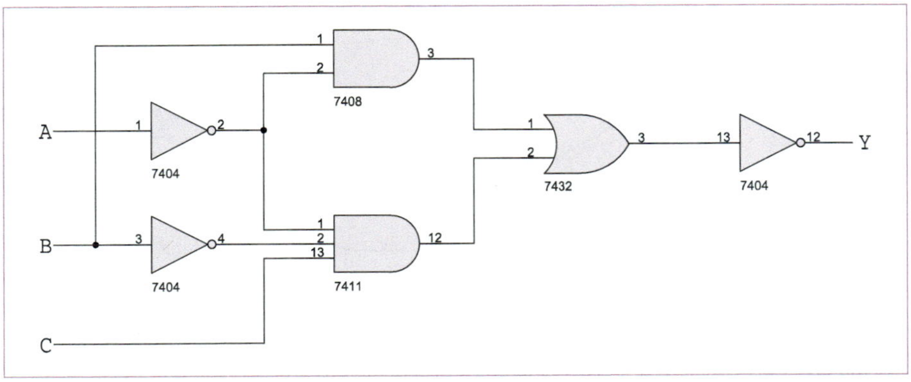

표 6-6 | 간소화되지 않은 회로의 진리표

A B C	Y의 전압값	Y의 논리
0 0 0		
0 0 1		
0 1 0		
0 1 1		
1 0 0		
1 0 1		
1 1 0		
1 1 1		

② 그림 6-27의 회로도에 대해 간소화를 하지 않은 논리식을 구한다.

Y=

③ K-Map을 이용하여 간소화된 논리식을 구한다.

Y=

④ 그림 6-28의 회로를 결선하고, ①과 같이 표 6-7을 완성한다.

그림 6-28 간소화된 논리회로

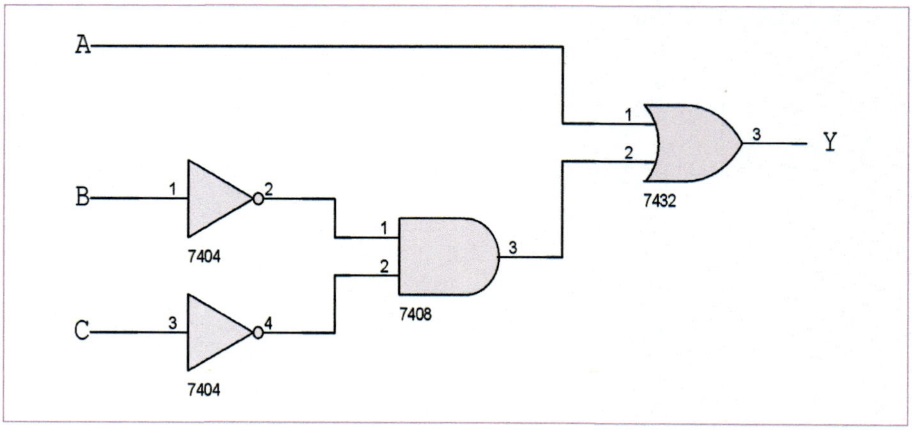

표 6-7 | 간소화된 회로의 진리표

A	B	C	Y의 전압값	Y의 논리
0	0	0		
0	0	1		
0	1	0		
0	1	1		
1	0	0		
1	0	1		
1	1	0		
1	1	1		

(4) 실험결과 및 검토

(1) 실험 결과로부터 2개의 회로가 동일한 결과를 보이는지 확인한다.

(2) 이 실험의 결과로부터 얻을 수 있는 논리식의 간소화에 대한 장점에 대해 토론해보자.

연습문제

6.1 다음 불 함수를 K-map으로 표시하라.

① $f(A,B,C) = A\overline{B} + \overline{A}\,C$ ② $f(A,B,C) = A + \overline{B} + \overline{C}$

③ $f(A,B,C) = \overline{A}\,B + C$ ④ $f(A,B,C) = \sum m(0,2,3,7)$

⑤ $f(A,B,C) = \Pi M(0,1,5,6)$

6.2 K-map을 이용하여 다음 불 함수를 곱항의 합으로 간소화하라.

① $F(x,y,z) = \sum m(2,3,6,7)$

② $F(A,B,C,D) = \sum m(7,13,14,15)$

③ $F(A,B,C,D) = \sum m(4,6,7,15)$

④ $F(w,x,y,z) = \sum m(2,3,12,13,14,15)$

6.3 K-map과 QMCLogicMinimizer를 이용하여 다음 불 함수를 곱항의 합으로 간소화하고 두 가지 방법의 결과를 비교하라.

① $f(w,x,y,z) = \sum m(0,1,2,3,13,15)$

② $f(w,x,y,z) = \sum m(0,2,10,11,12,14)$

③ $f(w,x,y,z) = \sum m(1,5,6,7,11,12,13,15)$

6.4 다음 불 함수를 합항의 곱으로 간소화하라

① $f(A,B,C) = \Pi M(3,6,7)$

② $f(A,B,C,D) = \sum m(0,2,10,11,12,14)$

③ $f(A,B,C,D) = \sum m(0,2,8,12,13)$

6.5 임의 조건을 포함하여 다음 불 함수를 간소화하라

① $f(x,y,z) = \sum m(4,5) + d(0,6,7)$

② $f(w,x,y,z) = \sum m(0,7,8,10,12) + d(2,6,11)$

6.6 B_1B_0와 A_1A_0는 각각 2비트 2진수를 나타낸다. A_1A_0가 B_1B_0보다 크거나 같을 때 출력 Z는 1이 된다.

① 출력의 진리표를 작성하라.

② 출력을 곱항의 합으로 간소화하라.

③ 출력을 합항의 곱으로 간소화하라.

④ AND와 OR 게이트, 인버터를 사용하여 함수를 실현하라.

⑤ NAND 게이트만을 사용하여 함수를 실현하라.

⑥ NOR 게이트만을 사용하여 함수를 실현하라.

6.7 K-map을 사용하여 $F=fg$인 함수를 곱의 합형으로 간단히 하라.

단, $f = wx\overline{y} + \overline{y}z + \overline{w}y\overline{z} + \overline{x}y\overline{z}$

$g = (w + x + \overline{y} + \overline{z})(\overline{x} + \overline{y} + z)(\overline{w} + y + \overline{z})$

Hint 두 불 함수 F_1과 F_2가 주어졌을 때, 두 함수를 AND로 연결하여 얻어진 함수 $G=F_1F_2$는 F_1과 F_2에 모두 공통인 최소항들을 포함한다.

6.8 QMCLogicMinimizer는 출력이 2개 이상인 경우에도 사용할 수 있다. QMCLogicMinimizer를 이용하여 다음과 같은 진리표로 표시되는 BCD 코드/3-초과 코드 변환기의 출력에 대해 간소화된 불 함수를 구하라. 단 입력에서 빠진 변수의 조합은 임의조건으로 처리하라.

입력 BCD 코드				출력 3-초과 코드			
A	B	C	D	w	x	y	z
0	0	0	0	0	0	1	1
0	0	0	1	0	1	0	0
0	0	1	0	0	1	0	1
0	0	1	1	0	1	1	0
0	1	0	0	0	1	1	1
0	1	0	1	1	0	0	0
0	1	1	0	1	0	0	1
0	1	1	1	1	0	1	0
1	0	0	0	1	0	1	1
1	0	0	1	1	1	0	0

CHAPTER

7

조합 논리회로 설계

학습목표

1 조합 논리회로의 설계과정을 설명할 수 있다.
2 가산기 등 조합 논리회로를 설계할 수 있다.
3 조합 논리회로도를 보고 동작을 해석할 수 있다.

7.1 조합 논리회로의 기본 구성

디지털 시스템을 구성하는 논리회로에는 조합 논리회로(Combinational Logic Circuit)와 순차 논리회로(Sequential Logic Circuit)가 있다. 조합 논리회로는 이전의 입력이나 출력에 관계없이 오직 현재의 입력조합에 의해 출력이 결정되는 회로이며, 불 대수로 완전히 나타낼 수 있는 디지털 논리회로이다.

그림 7-1 조합 논리회로의 예

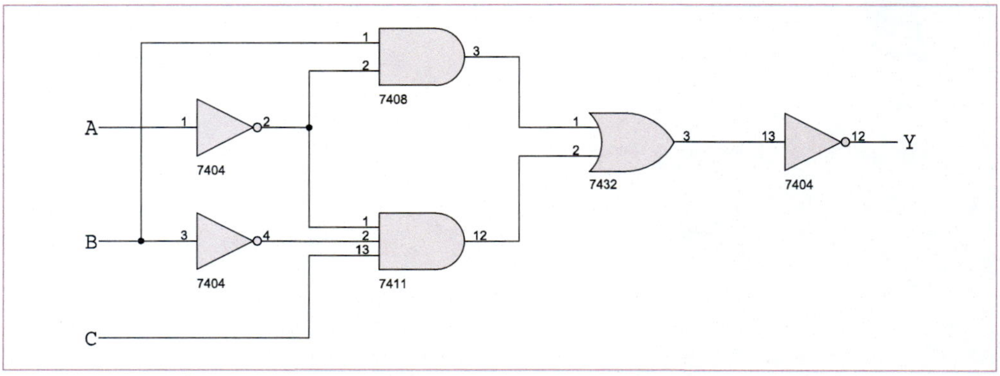

순차 논리회로는 논리 게이트 외에 메모리 요소들도 사용한다. 순차 논리회로의 출력은 메모리 요소의 상태와 입력의 함수이며, 메모리 요소의 상태는 그전 입력들에 의해 결정된다. 따라서 순차 논리회로의 출력은 현재의 입력 뿐 만 아니라 과거의 입력에 의해서도 결정된다. 회로의 동작은 불 대수가 아니라 내부 상태와 입력에 따른 상태 변화로 명시되어야 한다.

그림 7-2 순차 논리회로의 예

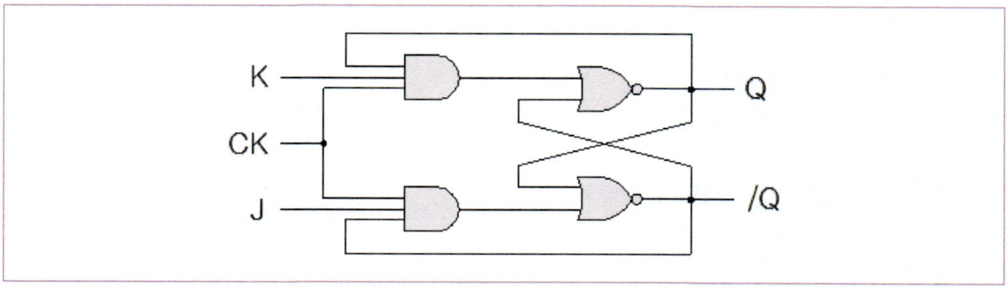

여기서는 먼저 조합 회로의 구성과 설계방법을 살펴보기로 한다.

조합 회로는 입력 변수, 논리 게이트, 그리고 **출력 변수들로 구성**된다. 논리 게이트들은 입력에서 신호를 받아 다른 신호를 생성해서 출력으로 보낸다. 이 과정은 0과 1의 2진 신호로 표시되는 입력 데이터를 받아 필요한대로 신호를 변환시켜 출력으로 내보내는 것이다.

그림 7-3은 조합 회로의 블록도이다. n개의 2진 입력 변수들이 외부로부터 들어오고 m개의 출력 변수들이 외부로 나간다. 입력 변수가 n개인 경우 2^n개의 입력 조합이 가능하다.

▌그림 7-3▌ 조합 논리회로의 구성

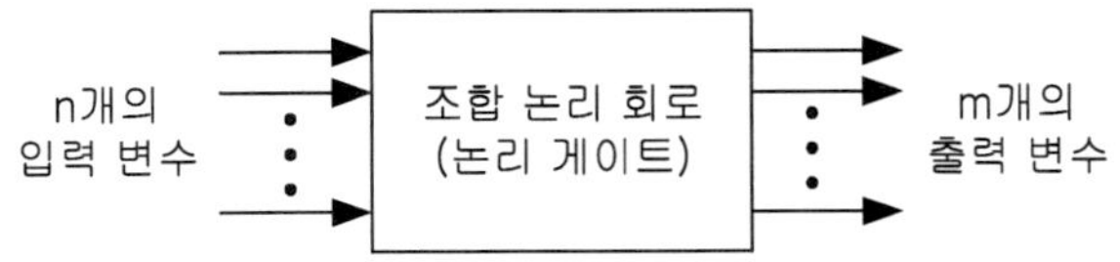

각 가능한 입력 조합에 대해 단 하나의 출력 조합이 가능하다. 조합 회로는 각 출력 변수에 대해 한 개의 불 함수로 기술되므로 m개의 불 함수에 의해 전체 시스템을 기술할 수 있다. 각 출력 함수는 n개의 입력 변수로 표현된다.

각 입력 변수는 1개 또는 2개의 선을 가질 수 있다. 그림 7-4(a)와 같이 한 선만을 사용할 때 그 변수는 정상형태나 보수형태로 표현된다. 불 함수로 표현될 때 각 변수는 정상형태나 보수형태로 나타나므로 입력 선에서 직접 이용할 수 없는 입력 변수에는 인버터를 첨가하는 것이 필요하다. 그림 7-4(b)와 같이 입력 변수가 2개의 선을 가질 경우 한 선은 보수형태이고 다른 한 선은 정상형태이다. 따라서 입력에 인버터를 첨가할 필요가 없다.

▌그림 7-4▌ 입력변수의 표시 방법

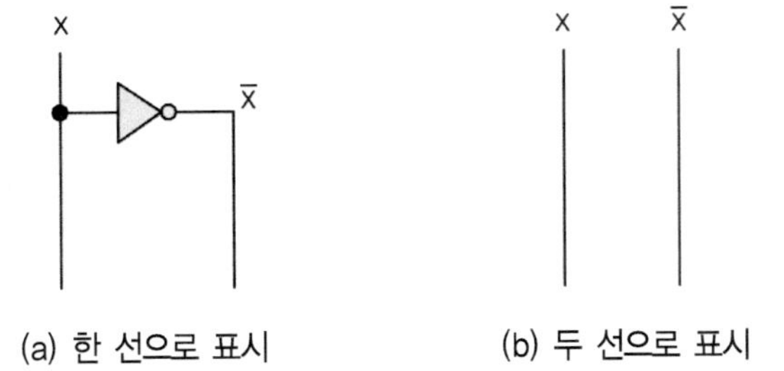

7.2 조합 논리회로의 설계 과정

조합 논리회로의 설계는 문제에 대한 대략적인 설명으로 시작해서 간소화된 불 함수를 구하고 이에 대응하는 논리 회로도를 그리는 것으로 끝난다. 그 과정을 요약하면 다음과 같다.

① 문제를 기술한다. 이때 입력 신호와 출력 신호와의 관계를 분명히 기술해야 한다.

② 입력 변수들과 출력 변수들의 개수를 결정한다. 변수의 개수는 입력과 출력의 조합 수에 따라 결정된다. 예를 들어, 입력 조합이 4개인 경우 입력 변수는 2개가 필요하다.

③ 입력 변수들과 출력 변수에게 문자 기호를 할당한다.

④ 입력 변수와 출력 변수의 관계를 정의하는 진리표를 만든다. 모든 조합 회로의 동작은 진리표로 완전하게 표현할 수 있으므로 모든 입력 변수들의 조합에 대해 출력 변수의 값(0 또는 1)을 진리표 상에 나타내어야 한다.

⑤ 각 출력에 대해 간소화된 불 함수를 구한다. 이때 앞장에서 공부한 K-map이나 QMCLogicMinimizer 등이 이용된다.

⑥ 불 함수를 논리 게이트로 표시한 논리 회로도를 그린다.

그림 7-5 조합 논리회로의 설계 과정

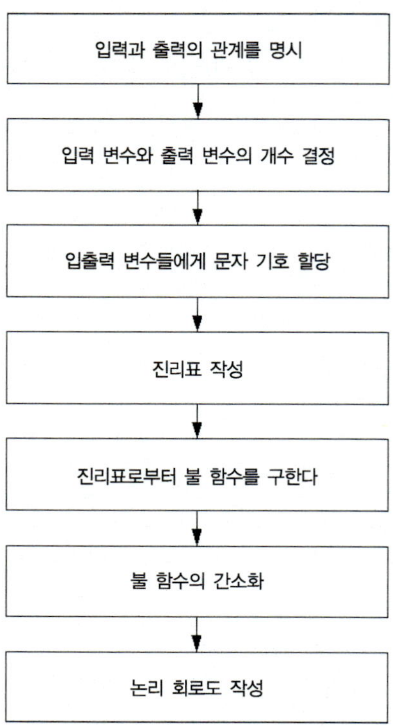

조합 논리회로 설계의 첫 단계는 진리표를 구하는 것이다. 입력이 n개인 조합 회로의 진리표는 2^n개의 입력 조합에 대해 출력 값을 나열하여 만들어진다. 모든 입력 조합에 대한 0과 1의 출력 값은 문제를 잘 살펴봄으로써 얻어진다. 그러나 어떤 입력 조합에 대해서는 결코 출력이 정의되지 않거나, 입력의 조합이 결코 발생하지 않을 경우, 이 입력 조합들은 임의조건이 된다. 임의 조건들은 불 함수의 간소화에 사용되므로 진리표에 명기하는 것이 좋다.

진리표가 작성되면 이로부터 출력 불 함수를 구해야 한다. 출력이 여러 개일 경우, 각각에 대한 불 함수를 모두 구한다. 출력 불 함수를 표현하는 방법은 일반적으로 최소항의 합으로 표현하는 것이 좋다. 만약 진리표에서 0의 개수가 적으면 최대항의 곱으로 표현하기도 한다.

출력 불 함수들은 불 연산이나, K-map 등과 같은 방법을 사용하여 간소화된다. 간소화는 논리회로를 구현하는 게이트 수를 줄임으로써 비용을 최소화한다는 의미를 갖고 있다. 이는 주어진 두 회로가 같은 불 함수를 수행하고 있을 때 적은 수의 게이트로 구현된 회로가 비용이 적게 든다는 가정을 했기 때문이다. 그러나 하나의 IC 속에는 여러 개의 논리 게이트가 들어 있기 때문에 게이트 수가 적다고 반드시 경제적인 것은 아니다. 전체적으로는 게이트수가 많이 들더라도 이미 사용하고 있는 IC 속의 게이트를 모두 사용하는 것이 오히려 경제적이다. 또한 IC 내부의 게이트들은 이미 상호 연결이 되어 있기 때문에 이를 최대한 이용하는 것이 핀 사이의 외부 연결을 줄여 실제 비용을 줄이는 데도 효과적이다.

그림 7-6에서 (a)와 (b)는 모두 세 개의 게이트로 구현되어 있으나 (a)를 구현하려면 두 개의 IC가 필요하지만 (b)의 회로는 한 개의 IC로 구성할 수 있으므로 보다 경제적이다.

▌그림 7-6 ▌ 논리회로의 구현

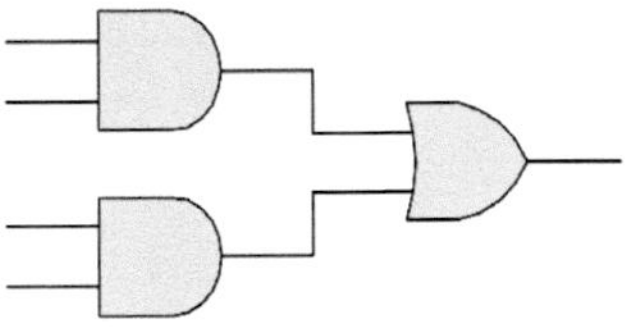

(a) AND, OR 게이트로 구성

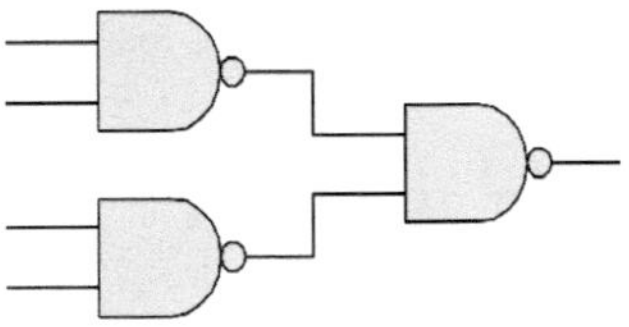

(b) NAND 게이트로 구성

집적 회로 기술의 발달로 보다 많은 회로와 기능을 포함하고 있는 중규모 및 대규모 집적 회로 소자가 등장하였다. 논리회로를 구성할 경우 게이트로 직접 구현하기보다는 이러한 집적 회로 소자를 이용하는 것이 시간과 비용을 줄이는데 도움이 된다. 따라서 조합 논리회로의 설계에 있어서도 필요한 논리회로가 IC 형태로 판매되고 있는지를 먼저 확인해 보아야 한다.

7.3 조합 논리회로 설계 예

위에서 설명한 조합 회로의 설계 과정을 예제를 통해 구체적으로 살펴보기로 하자. 예제에서 제시된 회로들은 일부 IC로 제조되어 판매되고 있는 것도 있다. 여기서는 일반적인 설계 과정과 방법을 설명한 것이므로 만약 IC로 판매되고 있는 것이 있다면 게이트로 직접 구성하는 것보다 IC를 이용하는 것이 좋다.

실제 디지털 시스템을 구성하기 위해서는 다양한 형태의 조합 회로들이 사용되고 있다. 이러한 조합 회로로는 코드 변환기, 가산기, 감산기, 비교기 등의 회로가 있다. 여러 가지 조합 회로의 설계를 통하여 설계 과정을 보다 자세히 익혀 보기로 한다.

(1) 숫자 변환 회로

3비트로 구성된 2진수가 입력되면 그 수에 2를 더해서 3비트 2진수로 출력하는 회로를 설계하여 보자. 이 때, 출력이 8 이상이 되면 그 수에서 8을 빼서 3비트로 출력한다.

Step ① 입력과 출력과의 관계를 명시한다.

입력된 2진수에 2를 더해서 출력이 구해진다. 출력이 3비트로 제한되므로 MSB에서 발생하는 자리올림수는 무시한다.

Step ② 입력과 출력 논리 변수의 개수를 정하고 문자를 할당한다.

입력 변수들은 x, y, z로 표시하고 출력 변수들은 A, B, C로 표시하기로 한다.

▌그림 7-7 ▌ 3비트 2진수+2

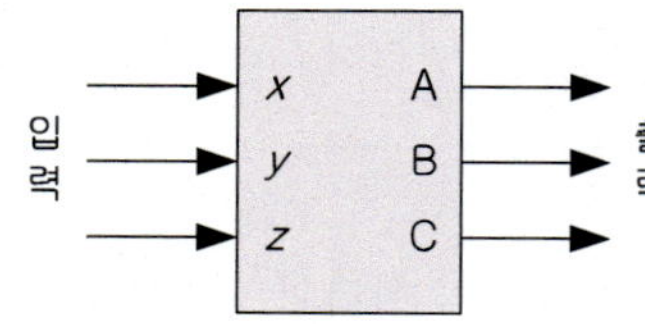

Step 3 진리표를 작성한다.

입출력 변수 사이의 관계를 진리표로 나타내면 표 7-1과 같다.

표 7-1 | 진리표

x	y	z	A	B	C
0	0	0	0	1	0
0	0	1	0	1	1
0	1	0	1	0	0
0	1	1	1	0	1
1	0	0	1	1	0
1	0	1	1	1	1
1	1	0	0	0	0
1	1	1	0	0	1

Step 4 간소화된 불 함수를 구한다.

K-map을 이용하여 각 출력에 대한 간소화된 불 함수를 얻을 수 있다. 3개의 모든 출력 변수들에 대해 각각 입력 변수들로 표시되는 불 함수를 구해야 한다. 임의 조건을 포함하여 각 출력 변수에 대한 K-map을 그리면 그림 7-8과 같다.

그림 7-8 "3비트 2진수+2"의 K-map

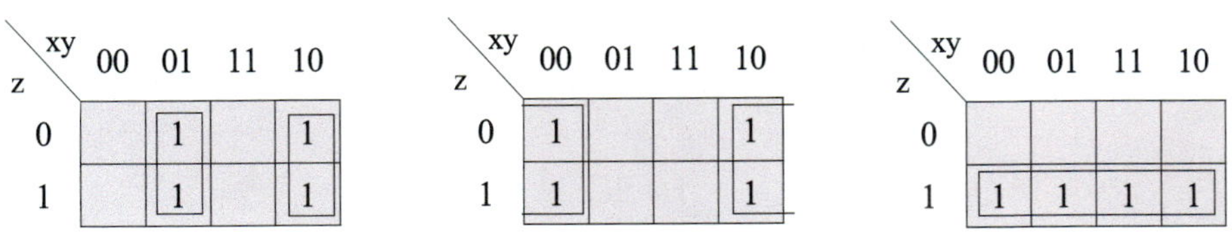

(a) $A=\overline{x}y+x\overline{y}$ (b) $B=\overline{y}$ (c) $C=z$

구해진 출력 함수는 다음과 같다.

$$A=\overline{x}y+x\overline{y}=x\oplus y$$

$$B=\overline{y}$$

$$C=z$$

Step ⑤ 논리회로를 그린다.

각 출력 변수를 논리회로로 구현하면 그림 7-9와 같다.

▌그림 7-9▐ 논리 회로도

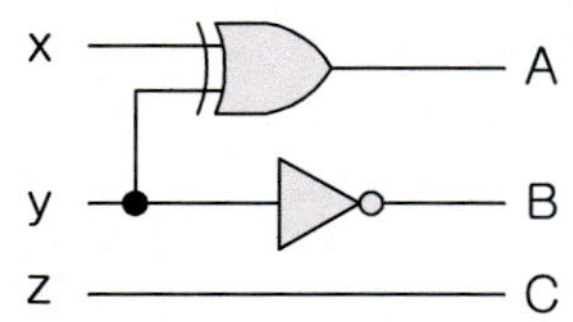

(2) 코드변환 논리회로 설계

디지털 시스템은 숫자, 문자, 기호 등을 표시하기 위해 여러 가지 2진 코드를 사용한다. 디지털 시스템에서 사용하는 코드 체계는 그 용도에 따라 다양하므로 서로 다른 종류의 코드를 사용하는 시스템들이 연결되어 동작할 경우 코드를 변환시켜 주는 회로가 필요하게 된다.

코드 변환기는 그림 7-10과 같이 코드 A의 비트 조합을 입력시키면, 코드 B로 변환시켜 주는 조합 회로이다. 여기서는 BCD 코드를 3-초과 코드로 변환하는 코드 변환기를 설계한다.

▌그림 7-10▐ 코드 변환기

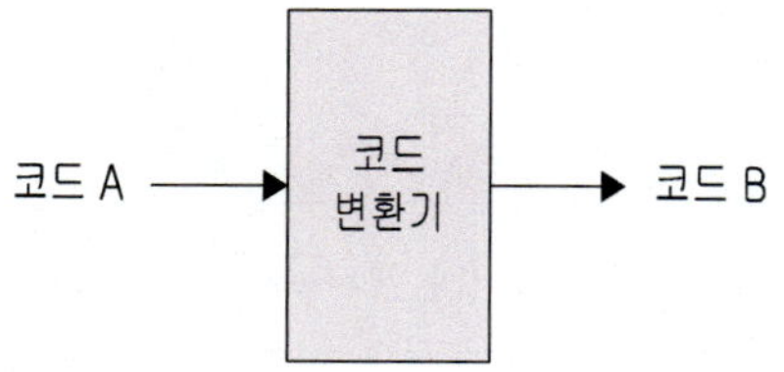

각 단계별 설계 과정은 다음과 같다.

Step ① 입력과 출력과의 관계를 명시한다.

코드 변환기의 입력과 그 입력에 대응하는 출력의 비트 조합은 3-초과 코드에 대한 정의로부터 직접 얻어진다. 즉 3-초과 코드는 BCD 코드에 3을 더해서 얻어진다.

Step ② 입력과 출력 논리 변수의 개수를 정하고 문자를 할당한다.

BCD와 3-초과 코드는 10진 자릿수 하나를 나타내는데 각각 4개의 비트를 사용한다. 따라서 BCD-to-3초과 코드 변환기는 4개의 입력 변수와 4개의 출력 변수가 있어야 한다. 입력 변수들은 A, B, C, D로 표시하고 출력 변수들은 w, x, y, z로 표시하기로 한다.

Step ③ 진리표를 작성한다.

입출력 변수 사이의 관계를 진리표로 나타내면 표 7-2와 같다.

표 7-2 | BCD와 3-초과 코드의 코드 변환기에 대한 진리표

입력 BCD				출력 3-초과 코드			
A	B	C	D	w	x	y	z
0	0	0	0	0	0	1	1
0	0	0	1	0	1	0	0
0	0	1	0	0	1	0	1
0	0	1	1	0	1	1	0
0	1	0	0	0	1	1	1
0	1	0	1	1	0	0	0
0	1	1	0	1	0	0	1
0	1	1	1	1	0	1	0
1	0	0	0	1	0	1	1
1	0	0	1	1	1	0	0
1010~1111				x	x	x	x

4개의 2진 변수에 대해 16개의 입력 조합이 가능하지만 10개의 입력 조합에 대해서는 출력 값이 할당되어 있다. 나머지 6개의 조합은 결코 일어날 수 없는 임의조건이다. 임의조건은 출력 변수에 임의로 1 또는 0을 할당하여 좀 더 간단한 회로를 얻는 데 사용할 수 있다.

Step ④ 간소화된 불 함수를 구한다.

K-map을 이용하여 각 출력에 대한 간소화된 불 함수를 얻을 수 있다. 4개의 모든 출력 변수들에 대해 각각 입력 변수들로 표시되는 불 함수를 구해야 한다. 임의 조건을 포함하여 각 출력 변수에 대한 K-map을 그리면 그림 7-11과 같다.

▌그림 7-11▌ 코드 변환기의 K-map

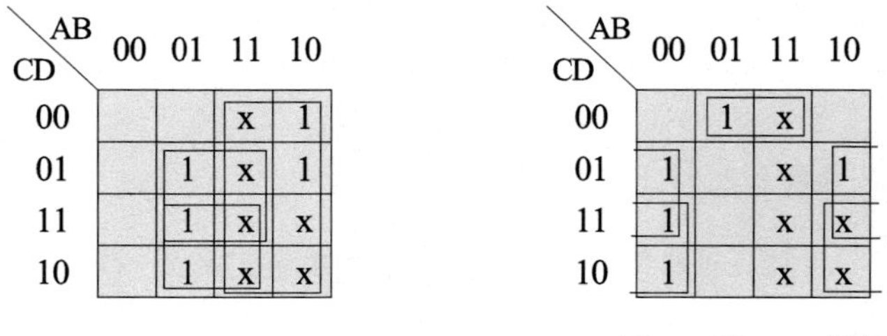

(a) $w = A + BC + BD$ (b) $x = \overline{B}C + \overline{B}D + B\overline{C}\overline{D}$

(c) $y = CD + \overline{C}\overline{D}$ (d) $z = \overline{D}$

$$z = \overline{D}$$
$$y = CD + \overline{C}\overline{D} = CD + \overline{(C+D)}$$
$$x = \overline{B}C + \overline{B}D + B\overline{C}\overline{D} = \overline{B}(C+D) + B\overline{C}\overline{D}$$
$$= \overline{B}(C+D) + B\overline{(C+D)}$$
$$w = A + BC + BD = A + B(C+D)$$

위에서 얻어진 출력 논리 함수를 게이트로 구성하면 그림 7-12와 같다. 그림 7-12에서 $(C+D)$를 실현하는 OR 게이트가 3개의 출력들을 산출해 내는 데 공통으로 사용된다는 것을 알 수 있다.

▌그림 7-12▌ BCD-3초과 코드 변환기 회로도

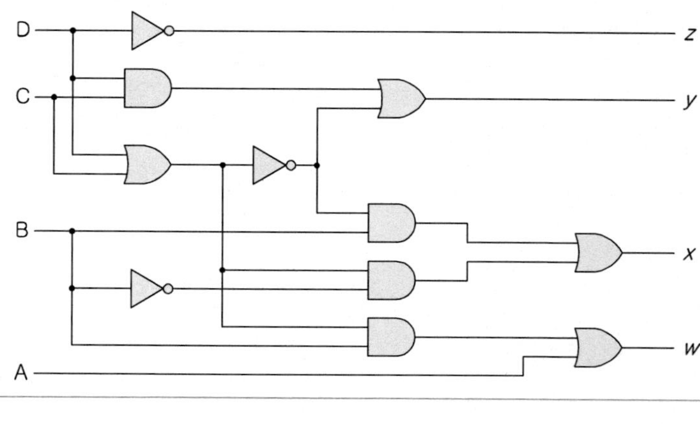

(3) BCD-to-7 세그먼트 디코더 설계

BCD-to-7 세그먼트 디코더는 BCD로 표현된 10진 값을 받아서, 그 10진수를 그림 7-13과 같은 7-세그먼트 LED에 표시하기 위한 7비트 코드를 출력하는 코드 변환기이다. 디코더의 출력 a, b, c, d, e, f, g는 그림 7-14와 같이 디스플레이의 해당 세그먼트를 제어한다. 10진 숫자를 나타내는데 선택된 10진 표시는 그림 7-14(b)와 같다. BCD-to-7 세그먼트 디코더 회로를 설계하여 보자.

그림 7-13 7-세그먼트 LED

그림 7-14 7-세그먼트 LED의 10진 숫자 표시

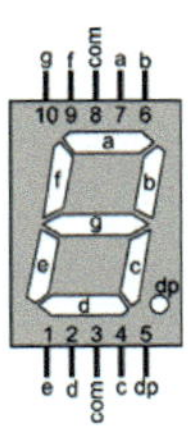

(a) 핀번호

(b) 7-세그먼트에 나타나는 숫자의 모양

표 7-3 | BCD-to-7 세그먼트 디코더의 진리표

10진수	입력 A	B	C	D	출력 a	b	c	d	e	f	g
0	0	0	0	0	1	1	1	1	1	1	0
1	0	0	0	1	0	1	1	0	0	0	0
2	0	0	1	0	1	1	0	1	1	0	1
3	0	0	1	1	1	1	1	1	0	0	1
4	0	1	0	0	0	1	1	0	0	1	1
5	0	1	0	1	1	0	1	1	0	1	1
6	0	1	1	0	1	0	1	1	1	1	1
7	0	1	1	1	1	1	1	0	0	0	0
8	1	0	0	0	1	1	1	1	1	1	1
9	1	0	0	1	1	1	1	1	0	1	1

BCD-to-7 세그먼트 디코더는 4개의 입력을 사용하여 10진 숫자를 표시하는데 필요한 LED의 각 세그먼트를 디스플레이 시킨다. 예를 들어 입력이 0000인 경우 LED의 7개 세그먼트 중 a, b, c, d, e, f 세그먼트에만 불이 켜지고 g 세그먼트에는 불이 켜지지 않을 때, LED는 10진 숫자 0을 디스플레이 한다. 이와 같은 원리를 적용하여 0~9까지의 각 숫자에 대한 진리표를 만들면 표 7-3과 같다.

K-map을 이용하여 출력의 각 세그먼트에 대해 불 함수를 간소화하면 그림 7-15와 같다.

▌그림 7-15 ▌ 7-세그먼트 디코더의 K-map

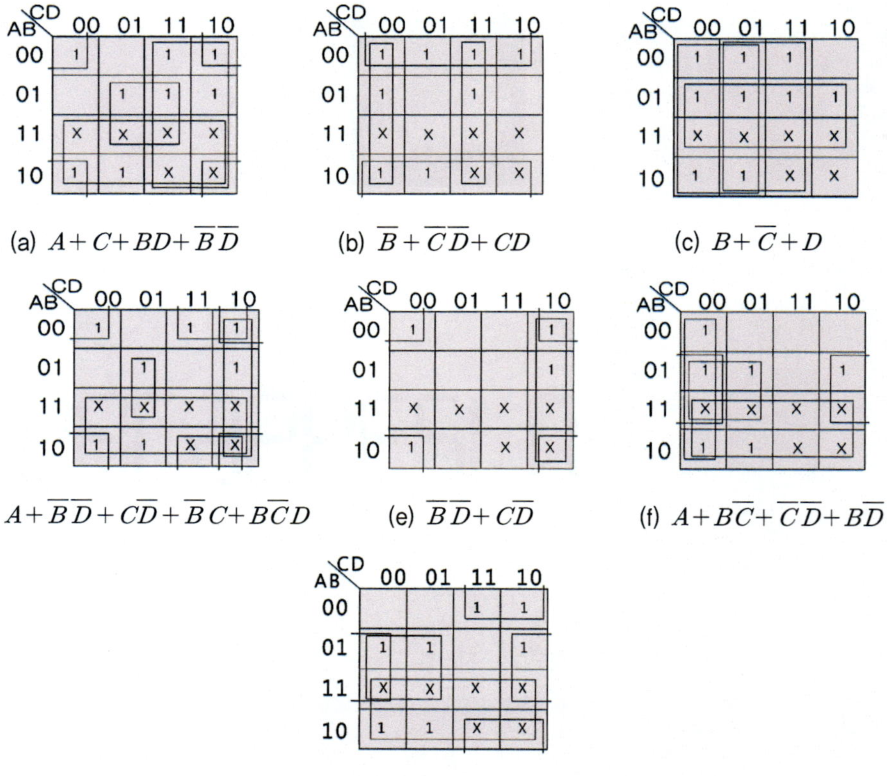

(a) $A+C+BD+\overline{B}\,\overline{D}$ (b) $\overline{B}+\overline{C}\,\overline{D}+CD$ (c) $B+\overline{C}+D$

(d) $A+\overline{B}\,\overline{D}+C\overline{D}+\overline{B}C+B\overline{C}D$ (e) $\overline{B}\,\overline{D}+C\overline{D}$ (f) $A+B\overline{C}+\overline{C}\,\overline{D}+B\overline{D}$

(g) $A+B\overline{C}+\overline{B}C+B\overline{D}$

또한 QMCLogicMinimizer를 이용하여 간소화를 수행한 결과는 그림 7-16, 17과 같다. 그림 7-15와 그림 7-17을 비교해보면 결과가 같음을 알 수 있다.

▌그림 7-16▐ QMCLogicminimizer 입력 화면(BCD-to-7segment 디코더)

QMC Logic Minimizer

File Table Output Run Help

	A	B	C	D	a	b	c	d	e	f	g
0	0	0	0	0	1	1	1	1	1	1	0
1	0	0	0	1	0	1	1	0	0	0	0
2	0	0	1	0	1	1	0	1	1	0	1
3	0	0	1	1	1	1	1	1	0	0	1
4	0	1	0	0	0	1	1	0	0	1	1
5	0	1	0	1	1	0	1	1	0	1	1
6	0	1	1	0	1	0	1	1	1	1	1
7	0	1	1	1	1	1	1	0	0	0	0
8	1	0	0	0	1	1	1	1	1	1	1
9	1	0	0	1	1	1	1	1	0	1	1
10	1	0	1	0	X	X	X	X	X	X	X
11	1	0	1	1	X	X	X	X	X	X	X
12	1	1	0	0	X	X	X	X	X	X	X
13	1	1	0	1	X	X	X	X	X	X	X
14	1	1	1	0	X	X	X	X	X	X	X
15	1	1	1	1	X	X	X	X	X	X	X

▌그림 7-17▐ QMCLogicminimizer 출력 화면(BCD-to-7segment 디코더)

Output:

```
a = B' D' + C + B D + A
b = B' + C' D' + C D
c = C' + D + B
d = B' D' + B' C + B C' D + C D' + A
e = B' D' + C D'
f = C' D' + B C' + B D' + A
g = B' C + B C' + A + B D'
```

각각의 출력을 게이트로 구성한 회로가 그림 7-18에 나와 있다.

▌그림 7-18▐ BCD-to-7 세그먼트 디코더 회로도

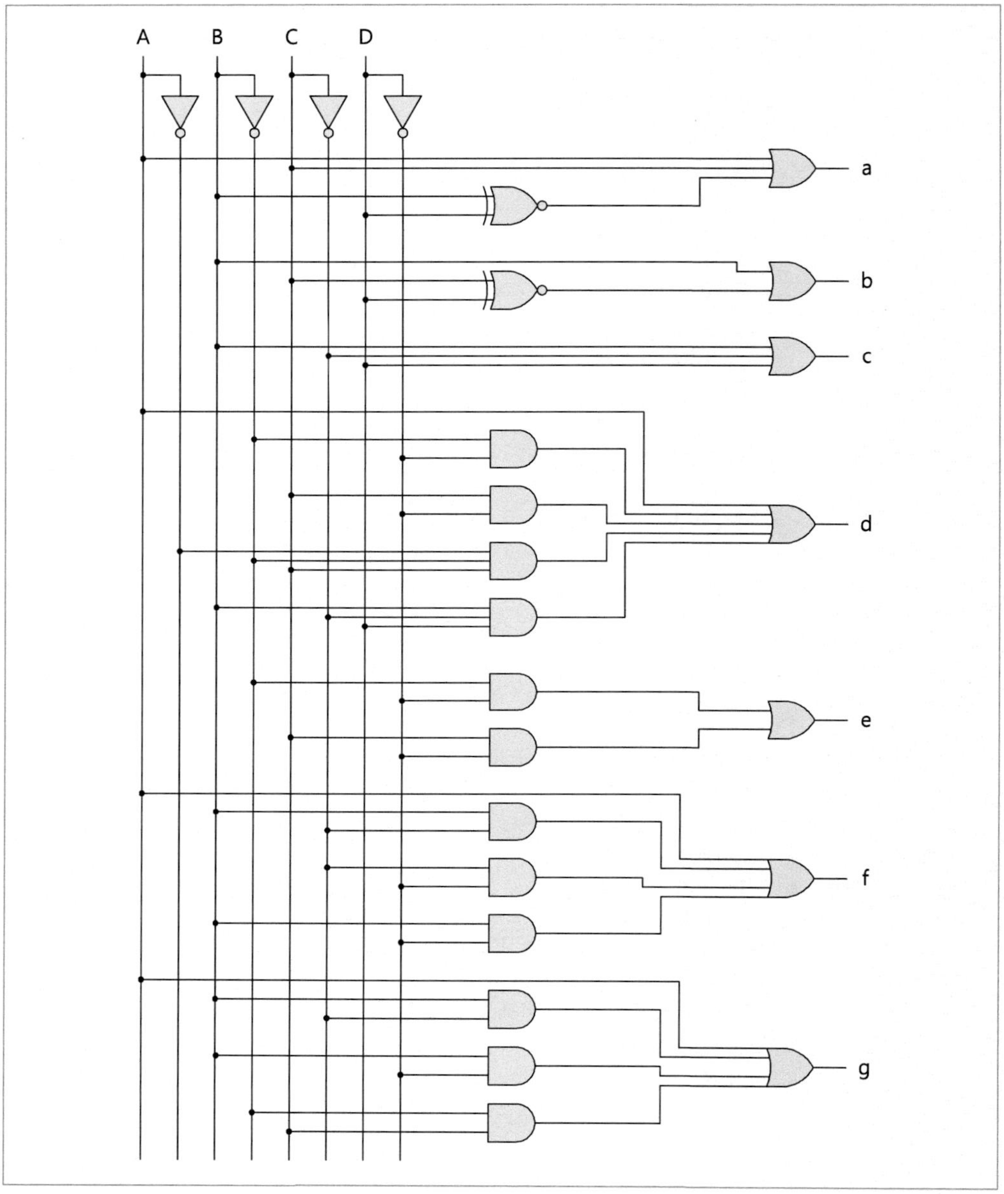

실제 7-세그먼트 LED 구동회로를 구성할 때 그림 7-18과 같은 BCD-to-7 세그먼트 디코더 회로를 사용하지 않고 전용 IC를 이용한다. 7447과 7448은 IC로 제작된 BCD-to-7 세그먼트 디코더이다. 7447은 애노드 공통형(common anode) 7-세그먼트 LED를 표시할 때 사용되며, 7448은 캐소드 공통형(common cathode) 7-세그먼트 LED를 구동하기 위해 사용된다.

▌그림 7-19▌ 7-세그먼트 LED의 종류

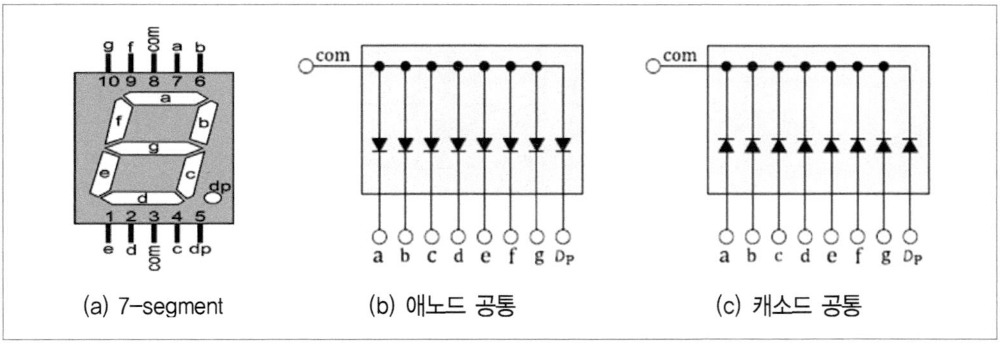

(a) 7-segment (b) 애노드 공통 (c) 캐소드 공통

그림 7-20과 7-21은 각각 7447의 내부 회로도와 논리 기호이다. 7-세그먼트 LED를 구동하기 위한 신호와 함께 다른 제어신호가 제공된다. 여러 개의 7-세그먼트 LED를 연결하여 디스플레이할 때 선행 또는 후행 0를 표시하지 않기 위한 신호($\overline{BI}/\overline{RBO}$)와 7-세그먼트 LED를 시험하기 위한 $\overline{LT}$(Lamp Test) 신호 및 밝기를 조절하기 위한 $\overline{RBI}$ 신호가 있다. 7447의 입력에서 BCD 코드에 해당하지 않는 10~15(A_{16}~F_{16})의 숫자에 대해서도 그림 7-22에서와 같이 특정한 모양이 나타난다.

▌그림 7-20▌ 7447 BCD-to-7 세그먼트 디코더의 논리 회로도

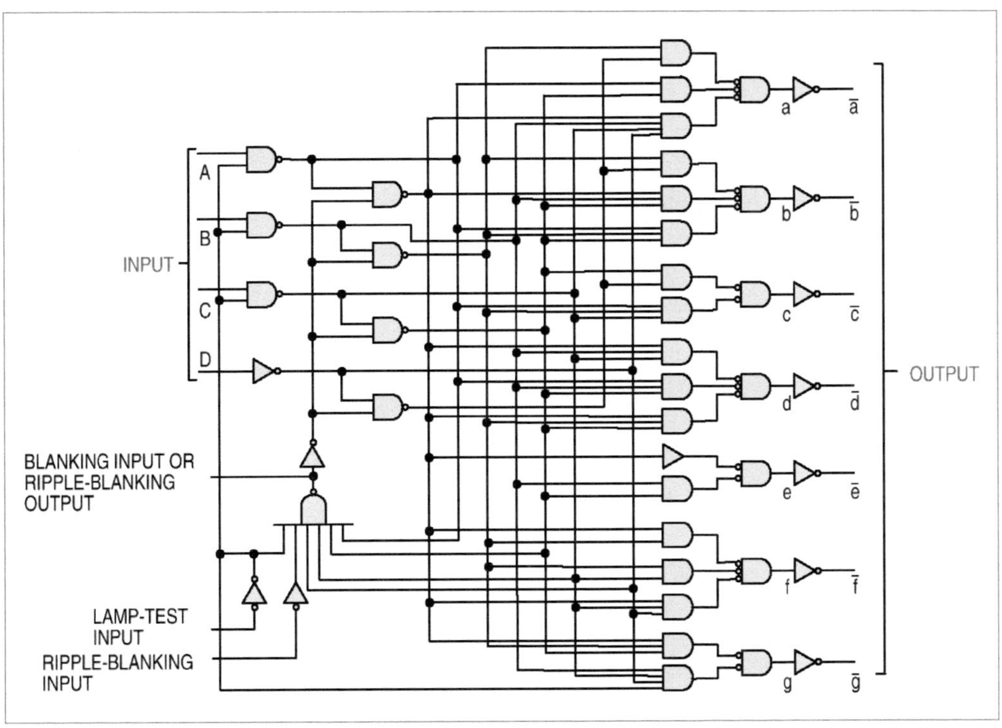

▌그림 7-21▌ 7447의 논리기호

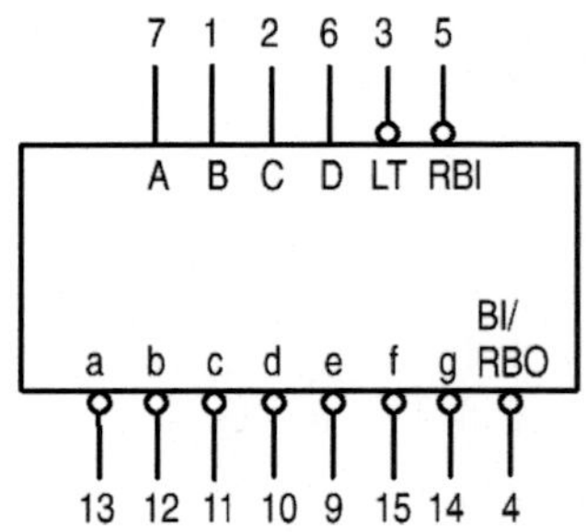

▌그림 7-22▌ 실제 7447에 의해 표시되는 모양

(4) 가산기

컴퓨터와 같은 디지털 시스템은 논리 연산 뿐 만 아니라 덧셈이나 뺄셈과 같은 산술 연산도 수행한다. 산술 연산을 수행하는 논리회로를 구성할 때 필요한 회로가 2진 가산기(adder)이다. 가산기에는 반가산기(half adder)와 전가산기(full adder)가 있다.

가 반가산기 회로

반가산기는 1비트 2진수 2개에 대해 합(S: sum)과 자리올림(C: carry)를 구하는 회로이다. 동작은 그림 7-23과 같다.

▌그림 7-23▌ 반가산기의 동작

X	0	0	1	1
$+Y$	$+0$	$+1$	$+0$	$+1$
$--$	$--$	$--$	$--$	$--$
CS	0 0	0 1	0 1	1 0

반가산기의 진리표를 구하면 표 7-4와 같다.

표 7-4 | 반가산기의 진리표

입력		출력	
X	Y	S	C
0	0	0	0
0	1	1	0
1	0	1	0
1	1	0	1

반가산기 회로의 출력식을 구하면 다음과 같다.

$$S = \overline{X}Y + X\overline{Y} = X \oplus Y$$
$$C = XY$$

이에 대한 논리회로는 그림 7-24와 같다.

▌그림 7-24▐ 반가산기 회로도

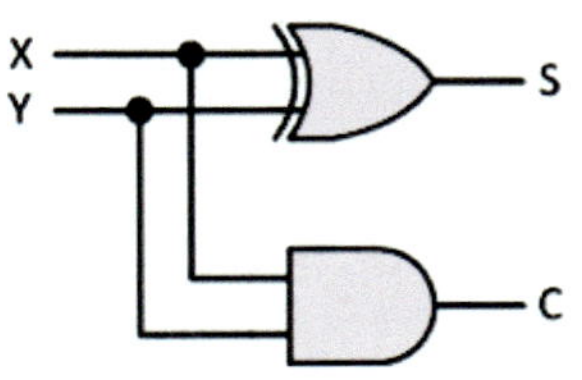

나 전가산기 회로

2진 전 가산기는 반가산기와는 달리 2비트와 앞단의 자리올림(C_{in}: carry in)을 더하여 합(S)과 자리올림(C_O: Carry out)을 출력하는 디지털 조합 회로이다. 전가산기의 동작은 그림 7-25와 같다.

▌그림 7-25▐ 전가산기의 동작

C_{in}	0	0	0	0	1	1	1	1
X	0	0	1	1	0	0	1	1
$+Y$	+0	+1	+0	+1	+0	+1	+0	+1
$C_o\,S$	00	01	01	10	01	10	10	11

전가산기에 대한 진리표는 표 7-5와 같다.

표 7-5 | 전가산기의 진리표

입력			출력	
C_{in}	X	Y	S	C_O
0	0	0	0	0
0	0	1	1	0
0	1	0	1	0
0	1	1	0	1
1	0	0	1	0
1	0	1	0	1
1	1	0	0	1
1	1	1	1	1

전가산기에 대한 출력식을 구하면 다음과 같다.

$$S = \overline{X}\,\overline{Y}C_{in} + \overline{X}Y\overline{C}_{in} + X\overline{Y}\,\overline{C}_{in} + XYC_{in}$$

$$= X \oplus Y \oplus C_{in}$$

$$C_O = XY + XC_{in} + YC_{in}$$

그림 7-26에 전가산기에 대한 논리 회로도를 보인다.

▌그림 7-26 ▌ 전가산기 회로도

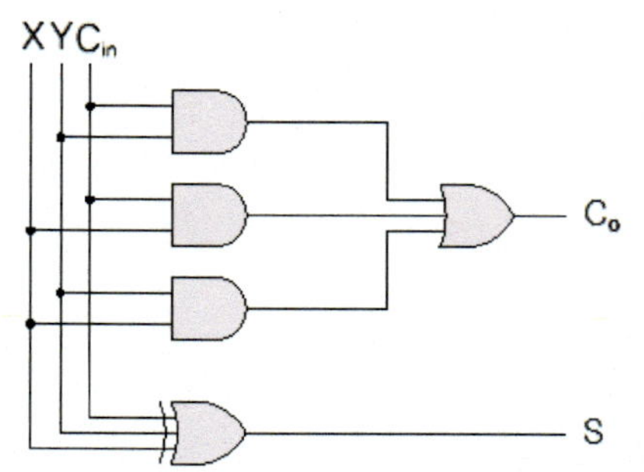

그림 7-26에서는 3 입력 논리소자가 2개 사용되고 있어 실제 회로 구성에는 불편한 점이 있다. C_O에 대한 식은 약간 변형하면 2 입력 소자들만 사용하여 논리회로를 구현할 수 있다.

$$C_O = \overline{X}YC_{in} + X\overline{Y}C_{in} + XY\overline{C}_{in} + XYC_{in}$$
$$= C_{in}(\overline{X}Y + X\overline{Y}) + XY(\overline{C}_{in} + C_{in})$$
$$= C_{in}(X \oplus Y) + XY$$

이 식을 사용하여 다시 회로를 그리면 그림 7-27과 같다.

▌그림 7-27▌ 2 입력 소자만 사용한 전가산기 회로도

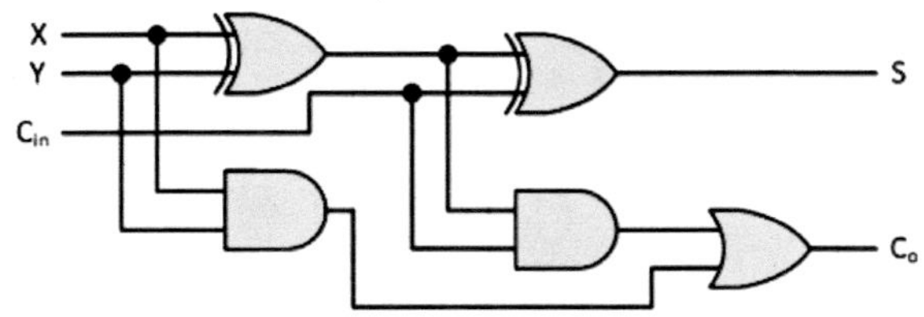

전가산기도 BCD-to-7 세그먼트 디코더와 마찬가지로 그림 7-27과 같은 회로를 제작하여 사용하기 보다는 IC를 구매하여 사용할 수 있다. 특히, 실제 디지털 시스템에서는 2비트 이상의 2진수를 더하는 경우가 많으므로 7483과 같은 4비트 가산기를 이용한다. 7483은 두 개의 4비트 2진수($A_4A_3A_2A_1$, $B_4B_3B_2B_1$)와 앞단의 자리올림(C_0)을 받아 합($\Sigma_4\Sigma_3\Sigma_2\Sigma_1$)과 자리올림($C_4$)을 출력하는 조합 논리회로이다. 예를 들어, A_n = 1010이고, B_n = 1001, C_0 = 1일 때, Σ_n = 0100, C_4 = 1을 출력한다. 7483의 외관과 내부 회로도를 그림 7-28과 그림 7-29에 각각 보인다.

▌그림 7-28▌ 7483 4비트 전가산기

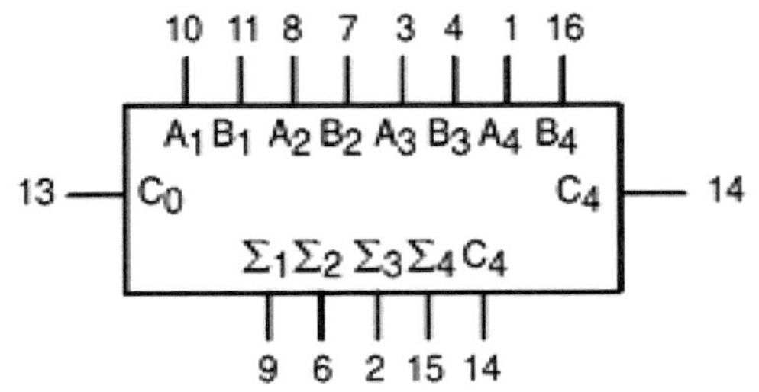

▌그림 7-29▌ 7483 내부 회로도

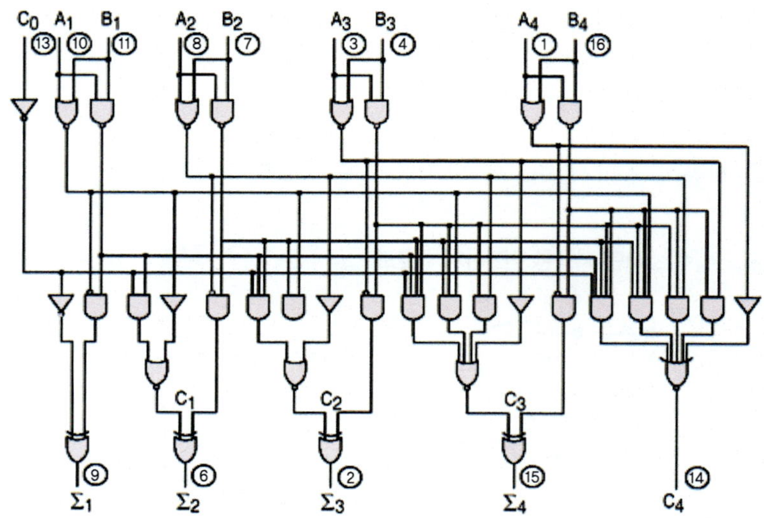

(5) 패리티 발생기 / 검출기

디지털 데이터를 다른 곳으로 전송할 때 외부의 잡음 등의 영향을 받아 디지털 데이터가 손상을 입을 수도 있다. 따라서 수신 데이터의 오류 발생여부를 감지할 수 있는 정보가 데이터와 함께 전송되어야 한다. 오류감지를 위해 사용되는 가장 기본적인 방법이 패리티 비트를 이용하는 것이다.

패리티 비트는 2진 정보와 함께 전송되는 추가 비트로서, 전송되는 정보의 1의 개수를 홀수 또는 짝수로 만든다. 패리티 비트를 포함한 정보가 전송될 때 전송된 정보를 받은 후 오류를 검출하기 위해 패리티 비트가 검사된다. 검사된 패리티가 전송된 패리티와 일치하지 않을 경우 오류가 검출된다. 전송 부에서 패리티 비트를 산출하는 회로를 **패리티 발생기(parity generator)**라 하며, 수신 측에서 패리티를 검사하는 회로를 **패리티 검사기(parity checker)**라 한다.

홀수 패리티 비트와 함께 3개의 비트들을 전송하는 경우를 생각해 보자. 표 7-6은 패리티 발생기에 대한 진리표이다.

3개의 전송 비트 x, y, z는 패리티 발생기의 입력이며 패리티 비트 P는 출력이 된다. 홀수 패리티에 대해 P_o는 전송 정보 전체의 1의 개수를 홀수로 만든다. 진리표로부터 3개의 비트 x, y, z에서 1의 개수가 짝수일 때만 P_o가 1이 된다는 것을 알 수 있다. 진리표를 K-map으로 표시하면 그림 7-30(b)와 같다. 따라서 함수 P_o는 다음과 같이 표현된다.

표 7-6 | 패리티 발생기의 진리표

3비트 정보 x	y	z	홀수 패리티 P_o	짝수 패리티 P_e
0	0	0	1	0
0	0	1	0	1
0	1	0	0	1
0	1	1	1	0
1	0	0	0	1
1	0	1	1	0
1	1	0	1	0
1	1	1	0	1

$$\overline{x}\,\overline{y}\,\overline{z}+\overline{x}yz+x\overline{y}z+xy\overline{z}$$
$$=z(x\oplus y)+\overline{z}(x\odot y)$$
$$=z(x\oplus y)+\overline{z}(\overline{x\oplus y})$$
$$=x\oplus y\odot z$$

$$P_o = x\oplus y\odot z$$

그림 7-30 패리티 비트의 K-map

x \ yz	00	01	11	10
0		1		1
1	1		1	

(a) 짝수 패리티

x \ yz	00	01	11	10
0	1		1	
1		1		1

(b) 홀수 패리티

홀수 패리티 발생기에 대한 논리도는 그림 7-31(a)에 있다. 그것은 2개의 두 입력 XOR 게이트와 1개의 인버터로 구성한다.

그림 7-31 홀수 패리티 발생기와 검사기 논리 회로도

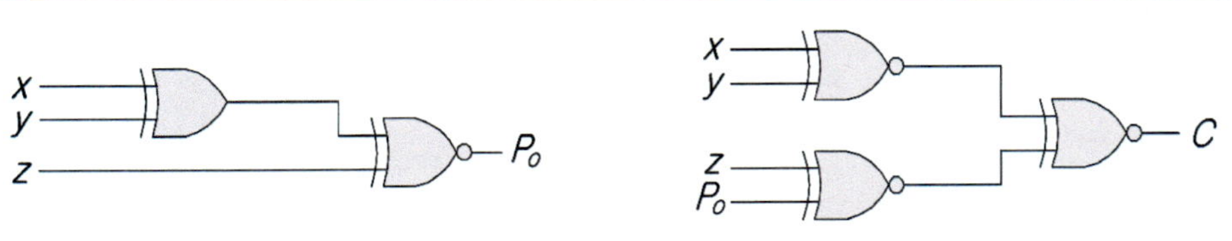

(a) 3비트 홀수 패리티 발생기 (b) 4비트 홀수 패리티 검사기

3개의 전송 비트와 패리티 비트는 수신 측에 전송되어 패리티 검사기에 공급된다. 전송된 2진 정보는 홀수 패리티이므로 검사된 패리티가 짝수이면 전송 도중 오류가 발생한 것을 알 수 있다. 표 7-7은 홀수 패리티 검사기에 대한 진리표이다. 이 진리표로부터 오류가 발생하지 않으면 오류 검사 비트 C가 0이 되고, 오류가 발생하면 C=1이 됨을 알 수 있다.

표 7-7 | 홀수 패리티 검사

전송된 4비트				패리티 오류 검사
x	y	z	P_o	C
0	0	0	0	1
0	0	0	1	0
0	0	1	0	0
0	0	1	1	1
0	1	0	0	0
0	1	0	1	1
0	1	1	0	1
0	1	1	1	0
1	0	0	0	0
1	0	0	1	1
1	0	1	0	1
1	0	1	1	0
1	1	0	0	1
1	1	0	1	0
1	1	1	0	0
1	1	1	1	1

표 7-7의 홀수 패리티 검사기의 K-map은 그림 7-32와 같이 표시되므로 C는 다음과 같이 표현된다.

$$C = (x \odot y) \odot (z \odot P)$$

그림 7-32 패리티 검사기의 K-map

xy \ zP	00	01	11	10
00	1		1	
01		1		1
11	1		1	
10		1		1

그림 7-31(b)는 패리티 검사기에 대한 논리회로도이다. 만일 그림 7-31(b)에서 입력 P가 항상 0 상태이고 출력이 P로 표시된다면 그림 7-31(b)는 패리티 발생기로 사용될 수 있다. 따라서 패리티 검사와 발생은 같은 회로로써 이루어진다.

(6) 크기 비교기

조합 회로를 설계할 때 회로의 동작을 진리표로 나타내기에는 너무 복잡한 경우가 많다. 입력 변수가 4개 이하이면 진리표를 간단히 작성할 수 있으나 5개이면 $2^5=32$의 입력 조합을 가지므로 진리표가 커지게 된다. 이러한 경우에는 회로의 동작을 세분하여 살펴보고 어떤 규칙성을 찾아야 한다. 이러한 경우의 예로 4비트 크기 비교기를 설계해보자. 크기 비교기는 두 수 A, B를 비교하여 $(A > B)$, $(A = B)$, $(A < B)$에 대해 각각 1이 되는 세 개의 출력을 가진 조합 회로이다.

4비트의 두 수를 비교하는 경우에도 모두 $2^8=256$개의 조합이 가능하므로 진리표가 너무 복잡하게 된다. 그러나, 비교기 회로는 어느 정도의 규칙성을 가지고 있다. 여기서는 4비트 크기 비교기를 설계하기 위한 알고리즘을 유도하면서 이 방법을 설명하기로 한다.

두 개의 10진수 235와 251의 크기를 비교해 보자. 먼저 100의 자리는 같기 때문에 다음으로 10의 자리를 비교한다. 251의 10의 자리가 더 크기 때문에 251은 235보다 크다고 할 수 있다. 물론 10의 자리도 같다면 1의 자리를 비교하여 두 수의 크기를 알 수 있을 것이다. 2진수의 경우에도 가장 높은 자리부터 차례로 비교하여 두 수의 크기를 판단한다.

먼저 각각 4비트로 구성된 다음과 같은 두 수, A와 B를 생각해 보자. 두 수를 자릿수로 나타내면 다음과 같다.

$$A = A_3A_2A_1A_0$$

$$B = B_3B_2B_1B_0$$

여기에서 각 첨자로 표시된 문자는 하나의 자릿수를 나타낸다. 만일 $A_3 = B_3$이고 $A_2 = B_2$이며 $A_1 = B_1$이고 $A_0 = B_0$이면 두 수는 같다. 즉 모든 자릿수가 같을 때 두 수는 같다. 임의의 두 자릿수를 A_i, B_i라고 하면, $A_i = B_i$일 때 1이 되는 논리함수 x_i는 다음과 같이 표현된다.

표 7-8 | 동치 함수의 진리표

A_i	B_i	x_i
0	0	1
0	1	0
1	0	0
1	1	1

$$x_i = A_iB_i + \overline{A_i}\,\overline{B_i}, \quad i = 0,1,2,3$$

두 수, A_i와 B_i가 위와 같은 논리식으로 표시될 때 A_i, B_i는 동치함수 관계라고 한다. (A=B)가 되면 1이 되는 출력을 E라는 출력 변수로 표시하자. 만일 두 수가 서로 같으면 이 출력 변수는 1이 되고 그렇지 않으면 0이 된다. E=1이 되려면 모든 A_i, B_i가 같아야 하므로 x_i가 모두 1이 되어야 한다. 이것은 모든 x_i에 대해서 AND 연산을 수행한다는 뜻이다.

$$E = x_3x_2x_1x_0$$

출력 변수 E는 두 수의 각 비트 쌍이 모두 같을 경우에만 1이 된다.

A가 B보다 큰지, 또는 작은지를 결정하기 위해 가장 높은 자릿수부터 차례로 각 자릿수를 비교해야 한다. 만일 두 자릿수가 같다면 그 다음 낮은 자릿수를 비교한다. $A > B$가 되려면 다음과 같이 4가지 중 한가지를 만족해야 한다.

① $A_3 = 1,\ B_3 = 0$

② $A_3 = B_3$이고 $A_2 = 1,\ B_2 = 0$

③ $A_3 = B_3,\ A_2 = B_2$이고 $A_1 = 1,\ B_1 = 0$

④ $A_3 = B_3,\ A_2 = B_2,\ A_1 = B_1$이고 $A_0 = 1,\ B_0 = 0$

이러한 조건을 논리식으로 나타내면 다음과 같다.

$$G = A_3\overline{B_3} + x_3A_2\overline{B_2} + x_3x_2A_1\overline{B_1} + x_3x_2x_1A_0\overline{B_0}$$

G는 $A > B$일 때 1이 되는 출력 변수이다.

또한 $A < B$가 되려면 다음과 같이 4가지 중 한 가지를 만족해야 한다.

① $A_3 = 0,\ B_3 = 1$

② $A_3 = B_3$이고 $A_2 = 0,\ B_2 = 1$

③ $A_3 = B_3,\ A_2 = B_2$이고 $A_1 = 0,\ B_1 = 1$

④ $A_3 = B_3,\ A_2 = B_2,\ A_1 = B_1$이고 $A_0 = 0,\ B_0 = 1$

이러한 조건을 논리식으로 나타내면 다음과 같다.

$$L = \overline{A_3}B_3 + x_3\overline{A_2}B_2 + x_3x_2\overline{A_1}B_1 + x_3x_2x_1\overline{A_0}B_0$$

L은 A < B일 때 1이 되는 출력 변수이다.
따라서 G는 A > B일 때 1이 되고 L은 A < B일 때 1이 된다.

동치함수

$$x_i = A_i B_i + \overline{A_i}\,\overline{B_i}$$
$$= \overline{(\overline{A_i} B_i + A_i \overline{B_i})}$$

를 이용하여 논리회로를 구성하면 그림 7-33과 같다.

▌그림 7-33▐ 4비트 크기 비교기

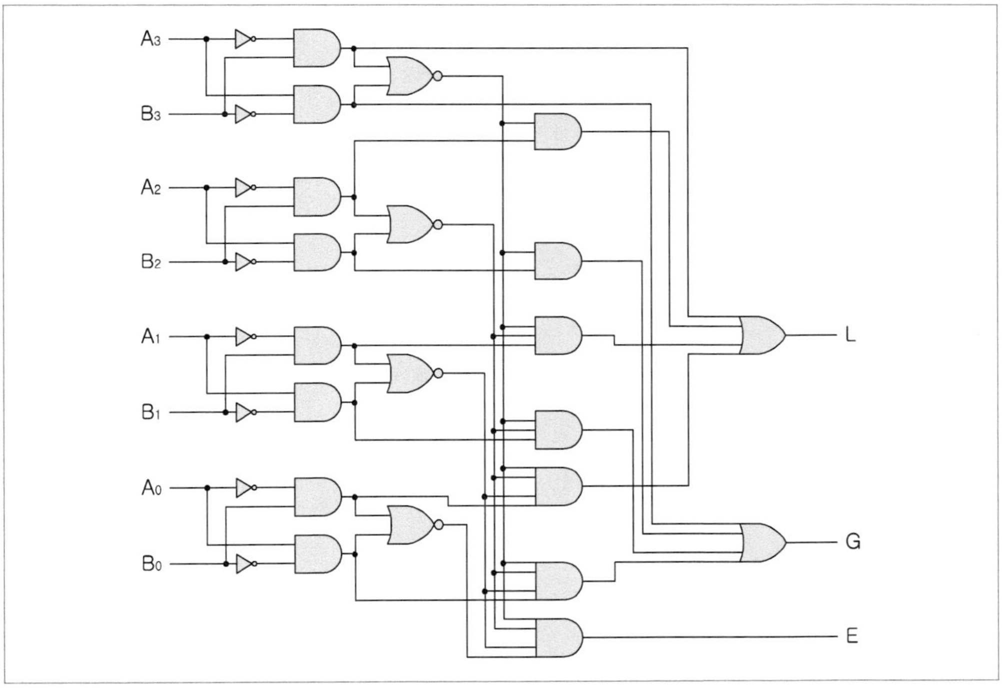

4비트 크기 비교기를 위에서 설명한 바와 같이 구성할 수도 있으나 실제로 이러한 크기 비교기를 필요로 하는 경우에는 개별적인 게이트로 구성하는 것이 아니라 이미 준비되어 있는 표준 MSI 또는 SSI를 이용하면 된다. 표준 IC를 이용하는 것이 설계 시간을 절약할 수 있을 뿐 만 아니라 제작비용도 훨씬 저렴하다.

표준 IC로 사용되는 4비트 비교기로는 7485가 있다. 실제로 사용할 수 있는 표준 IC의 종류와 자세한 기능 및 사용법은 관련 data book을 참조하면 된다.

7485는 두 개의 4비트 2진수의 크기를 비교하여 세 개의 출력 단자에 표시한다. 먼저 입출력 신호를 살펴보면 다음과 같다.

표 7-9 | 7485의 신호의 종류와 기능

신호명	방향	기능
A_0-A_3, B_0-B_3	입력	비교하고자 하는 4비트 2진수
$I_{A=B}$	입력	확장 입력조건($A=B$)
$I_{A<B}$	입력	확장 입력조건($A>B$)
$I_{A>B}$	입력	확장 입력조건($A<B$)
$O_{A>B}$	출력	A가 B보다 큰 경우에 1이다.
$O_{A<B}$	출력	A가 B보다 작은 경우에 1이다.
$O_{A=B}$	출력	A와 B가 같은 경우에 1이 된다.

표 7-9에서 확장 입력 조건은 여러 개의 7485를 연결하여 4비트 보다 큰 두 개의 2진수를 비교할 때 쓰인다. 즉, 비교되는 두 수, A와 B가 같을 때 확장 입력 조건 $I_{A>B}$가 1이면 출력 $O_{A>B}$가 1이 된다. 단지 두 개의 4비트 2진수를 비교하는 경우에는 확장 입력 조건은 무시된다. 7485를 이용하여 4비트 2진수를 비교하는 방법은 두 수, A와 B의 각 비트를 각각 A_0-A_3와 B_0-B_3 입력단자에 연결하면 된다. 이때 $A=B$이면 출력 $O_{A=B}=1$이 되고, $A>B$이면 $O_{A>B}=1$, $A<B$이면 $O_{A<B}=1$이 된다. 이와 같은 7485의 동작을 나타내는 진리표가 표 7-10에 나타나 있다.

여기서 우리가 반드시 유의해야 할 점은 이와 같이 표준 IC를 이용하는 것이 논리회로를 구성하는 가장 쉬운 방법이기는 하지만 지금까지 설명한 논리회로 설계 방법을

표 7-10 | 7485의 진리표

COMPARING INPUTS				CASCADING INPUTS			OUTPUTS		
A_3,B_3	A_2,B_2	A_1,B_1	A_0,B_0	$I_{A>B}$	$I_{A<B}$	$I_{A=B}$	$O_{A>B}$	$O_{A<B}$	$O_{A=B}$
$A_3>B_3$	X	X	X	X	X	X	H	L	L
$A_3<B_3$	X	X	X	X	X	X	L	H	L
$A_3=B_3$	$A_2>B_2$	X	X	X	X	X	H	L	L
$A_3=B_3$	$A_2<B_2$	X	X	X	X	X	L	H	L
$A_3=B_3$	$A_2=B_2$	$A_1>B_1$	X	X	X	X	H	L	L
$A_3=B_3$	$A_2=B_2$	$A_1<B_1$	X	X	X	X	L	H	L
$A_3=B_3$	$A_2=B_2$	$A_1=B1$	$A_0>B_0$	X	X	X	H	L	L
$A_3=B_3$	$A_2=B_2$	$A_1=B_1$	$A_0<B_0$	X	X	X	L	H	L
$A_3=B_3$	$A_2=B_2$	$A_1=B_1$	$A_0=B_0$	H	L	L	H	L	L
$A_3=B_3$	$A_2=B_2$	$A_1=B_1$	$A_0=B_0$	L	H	L	L	H	L
$A_3=B_3$	$A_2=B_2$	$A_1=B_1$	$A_0=B_0$	X	X	H	L	L	H
$A_3=B_3$	$A_2=B_2$	$A_1=B_1$	$A_0=B_0$	H	H	L	L	L	L
$A_3=B_3$	$A_2=B_2$	$A_1=B_1$	$A_0=B_0$	L	L	L	H	H	L

몰라도 된다는 것은 결코 아니다. 그 이유는 우리가 어떤 디지털 논리회로를 구성하고자 할 때 모두 표준 IC로 구성할 수 있는 것은 아니기 때문이다. 즉, 일부분의 경우에만 이러한 표준 IC가 준비되어 있고 대부분의 경우에는 기본 논리 게이트로 구성해야 한다.

▌그림 7-34▐ 7485 논리회로도

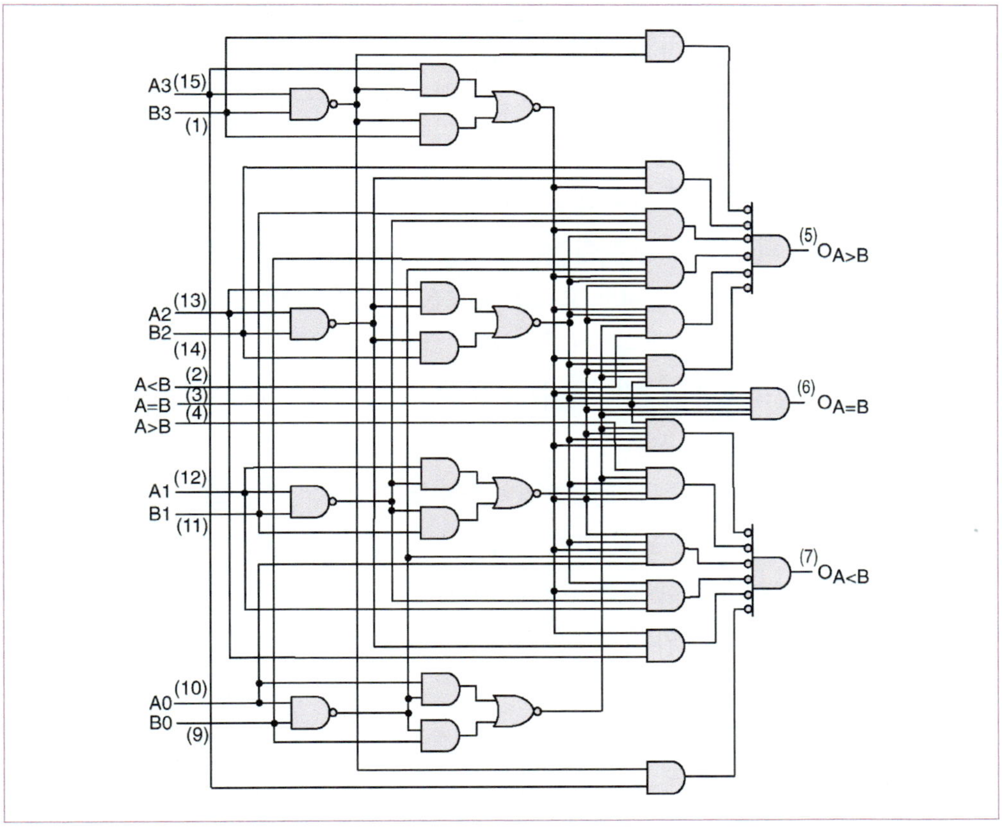

7.4 조합 논리회로의 해석

조합 회로의 설계는 문제의 기술로부터 시작해서 출력 불 함수 또는 논리도를 얻음으로써 끝난다. 조합 회로의 해석은 설계과정의 역순이다. 그것은 주어진 논리도로부터 시작하여 출력 불 함수나 진리표를 얻음으로써, 또는 회로 동작을 기술함으로써 끝난다. 만일 논리도 뿐만 아니라 이미 함수 이름이나 수행 기능이 설명되어 있다면 그때의 해석은 설명된 함수를 증명하는 것이 된다.

해석의 첫 단계는 주어진 회로가 조합 회로라는 것을 확인하는 일이다. **조합 회로는 논리 게이트로만 구성**된다. 순차회로에서 사용되는 메모리 요소나 피드백(feedback)이 없다. 피드백이란 게이트 1의 출력이 게이트 2의 입력이 되고 게이트 2의 출력은 다시 게이트 1의 입력이 되는 것을 뜻한다.

▌그림 7-35▐ 논리회로의 해석과 설계

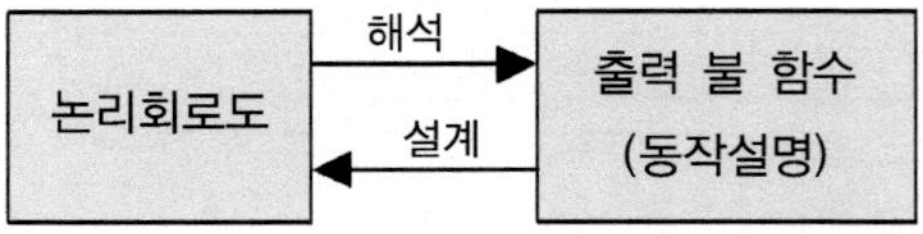

일단 논리도가 조합 회로임이 입증되면 그 다음에는 출력 불 함수나 진리표를 얻어야 한다. 만일 회로의 기능이 글로 설명되어 있다면 불 함수나 진리표를 증명만 하면 되고 그렇지 않으면 진리표를 얻어서 회로의 동작을 설명해야 한다.

논리도로부터 출력 불 함수를 얻는 과정은 다음과 같다.

① 입력 변수들의 함수인 모든 게이트들의 출력에 임의의 기호를 붙이고 각 게이트에 대한 불 함수를 구한다.

② 위에서 기호를 붙인 게이트들과 입력 변수들의 함수가 되는 모든 게이트들의 출력에 또 다른 기호들을 붙인다. 그리고 이 게이트들의 불 함수를 구한다.

③ 회로의 출력이 얻어질 때까지 위의 과정 ②를 반복한다.

④ ②,③의 과정에서 정의된 함수들을 대입함으로써 입력 변수만의 출력 불 함수를 얻는다.

그림 7-36의 조합 회로를 해석해 보자. 이 회로는 3개의 입력 A, B, C와 1개의 출력 Y를 가지고 있다. 여러 게이트들의 출력에 중간 기호를 붙인다. ①번, ②번 ③번 위치의 불 함수를 구하면 각각 다음과 같다.

$$F_1 = AB$$
$$F_2 = \overline{A}\,B$$
$$F_3 = \overline{(F_1 + F_2)}$$

F_1, F_2, F_3으로 출력 불 함수를 표시하면

$$Y = \overline{C} + F_3 = \overline{C} + \overline{(F_1 + F_2)}$$

가 된다.

A, B, C의 함수로서 Y를 얻기 위해 다음과 같이 대입을 한다.

$$Y = \overline{C} + \overline{(AB + \overline{A}B)}$$
$$= \overline{C} + \overline{B}$$

▌그림 7-36 ▌ 해석 예제에 대한 논리회로도

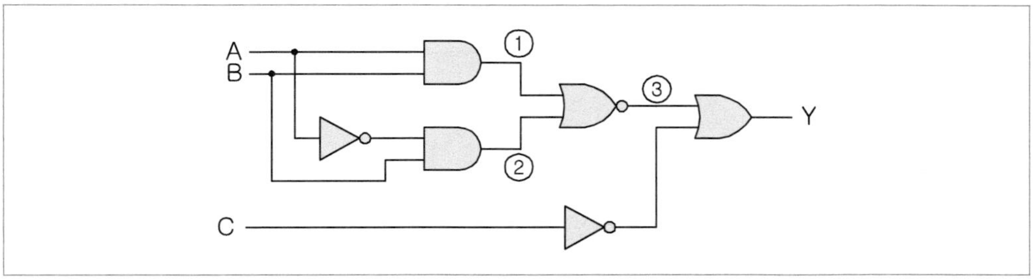

만일 이 회로에 의해 어떤 정보 처리 작업이 수행되는가를 알고 싶으면 불 함수로부터 진리표를 얻어 회로의 기능을 살펴야 한다.

회로에 대한 진리표는 일단 출력 불 함수만 결정되면 쉽게 얻어진다. 불 함수를 구하지 않고 직접 논리도로부터 진리표를 구하는 방법은 다음과 같다.

① 입력 변수들의 개수를 결정한다. n개의 입력에 대해 2^n개의 가능한 1과 0의 입력 조합을 목록으로 작성한다.

② 게이트들의 출력에 임의의 기호를 붙인다.

③ 입력 변수들만의 함수인 게이트들의 출력에 대하여 진리표를 구한다.

④ 이미 위에서 정한 게이트들의 출력에 대해서 최종 출력이 결정될 때까지 진리표를 ②, ③과정의 결과를 써서 완성해 나간다.

그림 7-37의 회로를 이용하여 이 과정을 설명해 보자. 이 회로에서는 3개의 입력이 사용되므로 8개의 조합이 가능하므로 표 7-11과 같이 8개의 조합을 가진 진리표를 만든다. 각각의 게이트에 $T_1 \sim T_6$까지 임의의 기호를 붙인다. 입력만으로 결정되는 T_1, T_2의 값을 구한 다음, 다시 $T_3 \sim T_5$까지의 값을 구한다. 앞에서 구해진 값들을 이용하여 F_1, T_6까지의 값을 구하면 F_2의 값을 구할 수 있다. 이러한 과정에 따라 진리표를 작성하면 표 7-11과 같다.

그림 7-37 해석회로

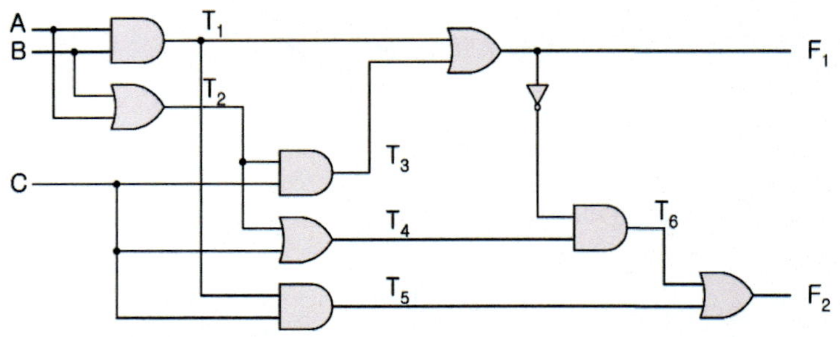

표 7-11 해석회로에 대한 진리표

A B C	T_1	T_2	T_3	T_4	T_5	T_6	F_1	F_2
0 0 0	0	0	0	0	0	0	0	0
0 0 1	0	0	0	1	0	1	0	1
0 1 0	0	1	0	1	0	1	0	1
0 1 1	0	1	1	1	0	0	1	0
1 0 0	0	1	0	1	0	1	0	1
1 0 1	0	1	1	1	0	0	1	0
1 1 0	1	1	0	1	0	0	1	0
1 1 1	1	1	1	1	1	0	1	1

조합 논리회로 설계 실험

(1) 사용 부품

부품명	규격	수량
IC	7400	1
IC	7404	1

부품명	규격	수량
IC	7408	1
IC	7432	1

(2) 사용 기자재

- 논리회로 실험장치(Logic Lab)
- 2채널 오실로스코프
- 함수 발생기
- 파워 서플라이

(3) 실험 1: 스위치 회로 실험

실험순서

① 그림 7-38과 같이 스위치로 구성되는 회로에서 a에서 b까지 경로를 형성하고자 한다. 경로에 대한 논리식을 구하라.
단, A, B, C, D는 각각의 스위치의 상태를 나타내는 2진 변수로 스위치가 닫힌 경우에 논리 1이다.

▌그림 7-38▐ 스위치 회로

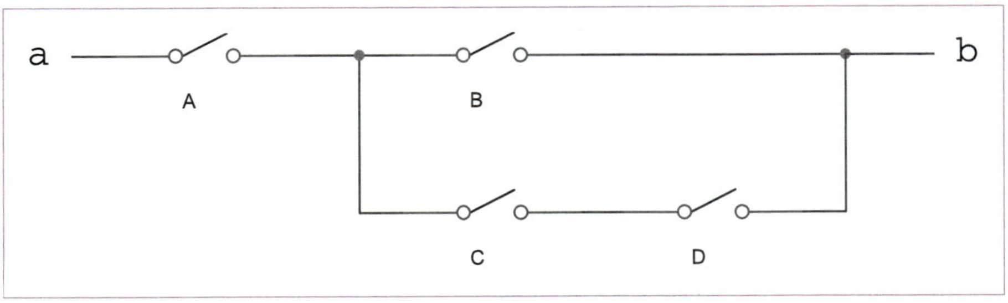

(a) 논리회로의 진리표를 구하라.
(b) 곱의 합형으로 간소화된 출력 함수를 구하라.
(c) 합의 곱형으로 간소화된 출력 함수를 구하라.
(d) (b)에 대한 논리 회로도를 NAND 게이트만을 써서 구현하라.

② ①의 (d)에서 그린 논리도를 74LS00 NAND 게이트를 써서 구성하라. 단, 보수가 필요한 경우에는 NAND 게이트 대신 74LS04 인버터를 사용하라.

③ 4개의 입력을 각각 A, B, C, D라 하고, 출력을 Y로 표시할 때, 표 7-12의 입력 조합에 대해 출력 Y의 전압을 측정하여 표에 기입하라.

표 7-12 | 스위치 회로 실험 결과

입력				출력
A	B	C	D	Y
0	0	0	0	
0	0	0	1	
0	0	1	0	
0	0	1	1	
0	1	0	0	
0	1	0	1	
0	1	1	0	
0	1	1	1	
1	0	0	0	
1	0	0	1	
1	0	1	0	
1	0	1	1	
1	1	0	0	
1	1	0	1	
1	1	1	0	
1	1	1	1	

(4) 실험 2: 출입문 제어 실험

실험순서

① 빌딩의 출입문을 제어하는 방법이 표 7-13과 같다. 출입문은 출입문에 연결된 스위치(z) 또는 중앙 관제실에 있는 스위치(y)에 의해 열리고 닫힐 수 있다. 모드 스위치(x)로는 출입문 제어 권한을 스위치 y로 할지 아니면 스위치 z로 할지를 결정할 수 있다.

표 7-13 | 출입문 제어 방법

신호 구분	신호 설명	신호명	동작 내용	
			0일 때	1일 때
입력	중앙 또는 로컬 모드	x	로컬 모드	중앙 모드
	중앙 제어 스위치	y	중앙 모드시 출입문 닫힘	중앙 모드시 출입문 열림
	로컬 제어 스위치	z	로컬 모드시 출입문 닫힘	로컬 모드시 출입문 열림
출력	출입문 제어	F	출입문 닫힘	출입문 열림

② ①의 동작에 대한 진리표를 작성하라.

표 7-14 | 출입문 제어 동작 진리표

x	y	z	F
0	0	0	
0	0	1	
0	1	0	
0	1	1	
1	0	0	
1	0	1	
1	1	0	
1	1	1	

③ K-map을 이용하여 간소화된 논리식을 구하라.

④ 간소화된 논리식에 대한 논리 회로도를 그려라.

⑤ 회로를 결선하고 각 입력과 출력에 대한 전압을 측정하고, 정논리를 적용하여 표 7-15를 완성한다.

표 7-15 | 실험 2-⑤의 결과표

x	y	z	F(전압값)	F(논리값)
0	0	0		
0	0	1		
0	1	0		
0	1	1		
1	0	0		
1	0	1		
1	1	0		
1	1	1		

⑥ ④의 회로를 NAND 게이트만 사용한 회로로 변환하라.

⑦ ⑥의 회로를 결선하고 각 입력과 출력에 대한 전압을 측정하고, 정논리를 적용하여 표 7-16을 완성한다.

표 7-16 | 실험 2-⑦의 결과표

x	y	z	F(전압값)	F(논리값)
0	0	0		
0	0	1		
0	1	0		
0	1	1		
1	0	0		
1	0	1		
1	1	0		
1	1	1		

(5) 실험결과 및 검토

(1) 실험 1의 ③에서 구한 출력 전압이 0.4[V] 이하이면 논리 0, +2.4[V] 이상이면 논리 1을 할당하여 진리표를 작성하고 이를 실험 1의 ①의 (a)에서 구한 진리표와 같은지 비교하라.

(2) 실험 1의 진리표를 이용하여 AND, OR, NOT 게이트로 구성한 논리 회로도를 그려라.

(3) 실험에 소요된 NAND 게이트와 인버터의 개수와 AND, OR, NOT 게이트로 구성했을 때 소요되는 AND, OR, 인버터의 개수를 비교하라. 이 결과로부터 NAND 게이트만을 사용하여 논리회로를 구성하는 이유를 설명하라.

(4) 실험 2-②에서 구한 진리표와 실험 2-⑤의 결과와 비교하고, 간소화의 이유를 설명하라.

(5) 실험 2-⑤의 결과와 실험 2-⑦의 결과를 비교, 분석하라.

(6) 실험 2의 회로에 대해 합의 곱형으로 논리식을 구하라.

(7) (6)의 논리식에 대한 논리 회로도를 그려라.

(8) (7)의 회로를 NOR 게이트만 사용한 회로로 변환하라.

(9) (7)과 (8)의 회로를 로직웍스로 시뮬레이션하여 그 결과를 비교하라.

연습문제

7.1 BCD–10진 코드 변환기를 설계하라. BCD 입력을 w, x, y, z라 하고, 10개의 10진 출력을 Y0~Y9로 표시하라. 이 변환기는 BCD 코드에 대해 10개의 출력 중에서 오직 하나만 1이 되도록 한다. 예를 들어, BCD 코드=0101이면 Y5 출력이 1이 된다.

7.2 8421 코드를 2421 코드로 변환하는 논리회로를 설계하라.

7.3 다음 그림은 2진 반가산기의 블록도이다. 반가산기는 두 개의 2진 입력(A, B)을 받아 합과 자리올림을 생성하는 조합 논리회로이다. 2개의 반가산기와 논리 게이트를 이용하여 전가산기를 구성하라.

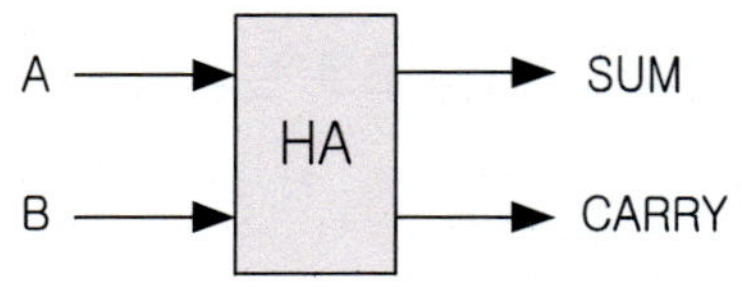

7.4 두 개의 BCD 코드를 입력받아, 합과 자리올림을 출력하는 BCD 가산기를 설계하라. 합이 9보다 크면 0110을 더하여 결과가 BCD 코드가 되도록 해야 한다. 단, 74LS83 4비트 병렬 가산기를 이용하라.

7.5 입력 논리 변수를 A, B, C라 할 때, A, B, C 중에서 1이 더 많으면 출력 Y가 1이 되는 논리회로를 설계하라. 예를 들어 ABC=101이면 1이 2개이고 0이 한 개이므로 출력 Y=1이 되고, ABC=010이면 1이 0보다 적으므로 Y=0이 된다.

7.6 7483 4비트 가산기를 이용하여, 다음 그림과 같은 2자리의 BCD–2진 변환기를 설계하라.

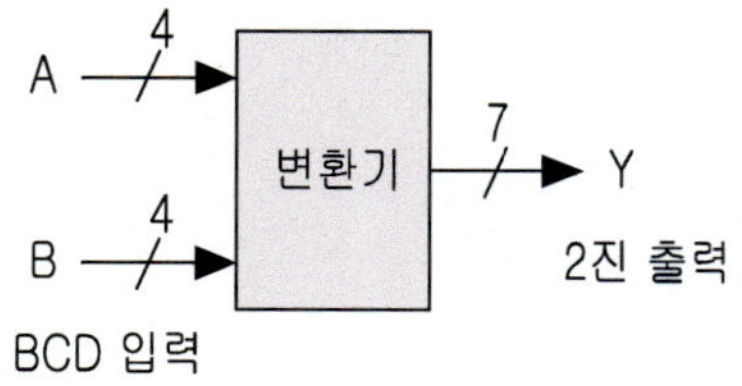

이 변환기는 A와 B 두 자리의 BCD 코드를 7비트의 2진수로 변환한다. B의 각 비트는 8, 4, 2, 1의 가중치를 가지며, A는 10의 자리를 나타내므로 80, 40, 20, 10의 가중치

를 가진다. 따라서 BCD 코드의 각 비트에 대한 가중치와 이에 대응하는 2진값은 다음 표와 같다.

BCD	가중치	2진값						
		Y_6	Y_5	Y_4	Y_3	Y_2	Y_1	Y_0
B_3	8	0	0	0	1	0	0	0
B_2	4	0	0	0	0	1	0	0
B_1	2	0	0	0	0	0	1	0
B_0	1	0	0	0	0	0	0	1
A_3	80	1	0	1	0	0	0	0
A_2	40	0	1	0	1	0	0	0
A_1	20	0	0	1	0	1	0	0
A_0	10	0	0	0	1	0	1	0

BCD 코드의 어떤 비트가 1이면, 그에 대응하는 2진 값을 모두 더하여 2자리의 BCD 코드에 대응하는 2진 값을 구할 수 있다.

7.7 $A_4A_3A_2A_1A_0$는 0~31까지의 10진수를 나타내는 5비트 2진수이다. 이 2진수가 소수(prime number)이면 출력 Z가 1이 되는 회로를 설계하라. 단 0은 소수가 아니다.

7.8 A~Z까지의 문자를 7비트(A_6~A_0) ASCII 코드로 입력받아 입력 문자가 모음일 때, 출력이 1이 되는 조합 회로를 설계하라. A~Z 이외의 입력은 임의 조건으로 처리하라.

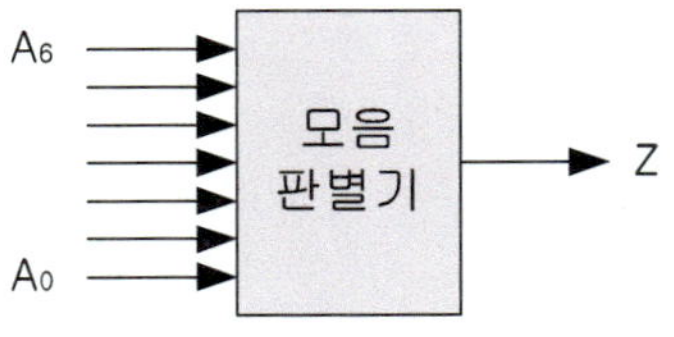

7.9 2비트 2진수의 modulo-4 덧셈기를 설계하라. 이 덧셈기는 4비트의 입력과 2비트의 출력을 가진다. 예를 들어 $(2+3)_{mod-4} = 1$이다.

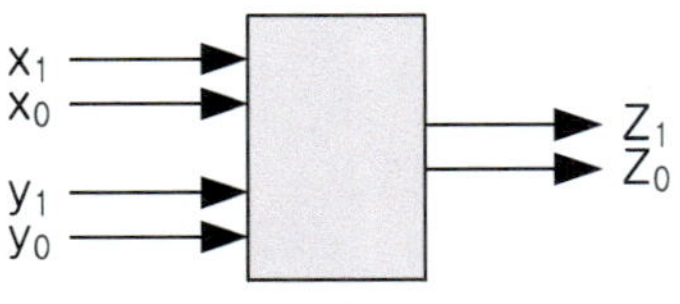

$(x_1x_0 + y_1y_0)_{mod-4} = z_1z_0$

7.10 2-out-of-5 코드를 7-세그먼트 코드로 변환하는 코드 변환기를 설계하라. 이 회로는 2-out-of-5 코드가 아닌 입력이 발생하면 이를 감지하여 또 다른 출력 Z가 1이 된다.

7.11 3비트 2진수 $A = A_2A_1A_0$, $B = B_2B_1B_0$의 크기 비교기를 설계하라. 이 회로는 X, Y, Z 3개의 출력을 가지며, $A > B$이면 $X = 1$이 되고, $A = B$이면 $Y = 1$, $A < B$이면 $Z = 1$이 된다.

7.12 어떤 조합 회로를 설계하고자 한다. 4개의 입력(w, x, y, z)과 1개의 출력(F)을 가지며 출력은 모든 입력이 1이거나, 모든 입력이 0이거나, 홀수 개의 입력이 1일 때 1이 된다.

① 논리회로의 진리표를 구하라.

② 곱의 합형으로 간소화된 출력 함수를 구하라.

③ 합의 곱형으로 간소화된 출력 함수를 구하라.

④ ②에 대한 논리도를 NAND 게이트만을 써서 구현하라.

CHAPTER

8

조합 논리회로 응용회로

학습목표

1 디코더의 동작을 이해하고 회로 설계에 활용할 수 있다.
2 디코더를 이용하여 논리회로를 구현할 수 있다.
3 엔코더의 동작을 이해하고 설명할 수 있다.
4 디멀티플렉서의 동작을 이해하고 설명할 수 있다.
5 멀티플렉서의 동작을 설명할 수 있다.
6 멀티플렉서를 이용하여 논리회로를 구현할 수 있다.

조합 논리회로를 구성할 때 게이트만 사용되는 것은 아니다. 설계자가 필요로 하는 기능을 가진 소자가 없는 경우에는 7장에서 설명한 조합 논리회로의 설계 방법에 따라 회로를 구성해야 한다. 그러나 이미 시판되고 있는 IC 패키지가 있다면 패키지를 이용하는 것이 비용도 저렴하고 회로 구성 시간도 절약된다. 아주 다양한 IC 패키지들이 MSI 소자로 구성되어 시판되고 있으나, 여기서 모든 기능을 소개할 수는 없으므로 가장 흔히 사용되는 디코더, 엔코더, 멀티플렉서, 디멀티플렉서 등의 종류와 기능 및 사용법을 설명하기로 한다. 이 외에도 TTL이나 CMOS databook을 찾아보면 사용할 수 있는 MSI 소자를 확인할 수 있다.

8.1 디코더

디코더는 n개의 입력과 m($\leq 2^n$)개의 출력으로 구성되는 조합 회로이다. m개의 출력 중에서 n개의 입력에 의해 결정되는 **오직 하나의 출력만 0 또는 1**이 된다. 이와 같은 회로를 **n × m(n–to–m line) 디코더**라고 한다. 만일 입력의 모든 조합을 사용하지 않으면 디코더의 출력 수는 2^n개 보다 작다.

예를 들어 그림 8-1의 3 × 8 디코더를 생각해 보자. 3 × 8 디코더는 3개의 입력과 8개의 출력으로 구성된다. 출력이 8(= 2^3)개이므로 모든 입력 조합이 사용된다.

▌그림 8-1▌ 3×8 디코더

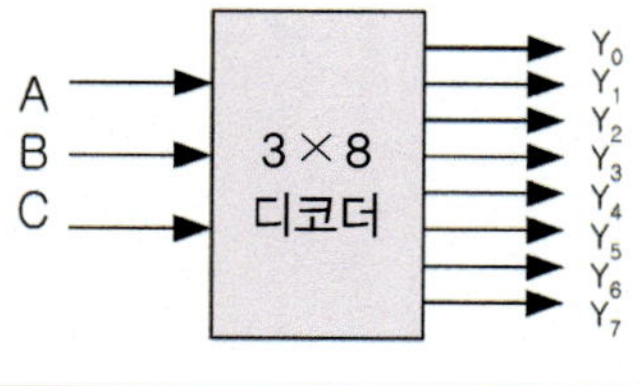

입력 조합에 따라 8개의 출력($Y_0 \sim Y_7$) 중에서 하나만 1이 된다. 이 때 각 출력은 하나의 최소항를 나타낸다. 표 8-1은 3 × 8 디코더의 진리표를 나타낸 것이며, 이를 논리회로로 구현하면 그림 8-2와 같다.

그림 8-2에서 3개의 인버터들은 입력의 보수를 제공하며, 8개의 AND 게이트에서 한 개씩의 최소항이 얻어진다.

그림 8-2 3×8 디코더 논리회로

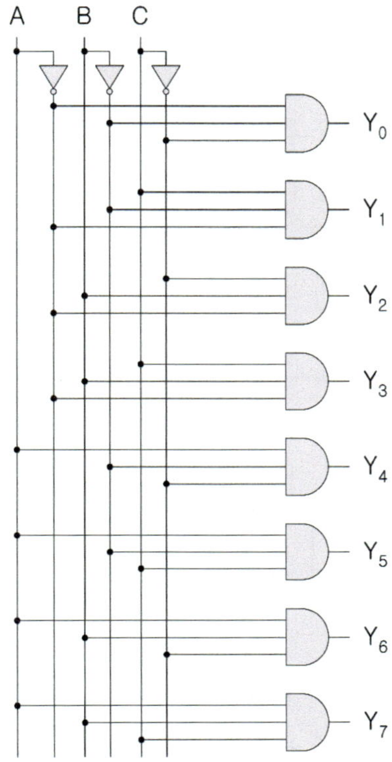

표 8-1 | 3×8 디코더의 진리표

A B C	Y_0	Y_1	Y_2	Y_3	Y_4	Y_5	Y_6	Y_7
0 0 0	1	0	0	0	0	0	0	0
0 0 1	0	1	0	0	0	0	0	0
0 1 0	0	0	1	0	0	0	0	0
0 1 1	0	0	0	1	0	0	0	0
1 0 0	0	0	0	0	1	0	0	0
1 0 1	0	0	0	0	0	1	0	0
1 1 0	0	0	0	0	0	0	1	0
1 1 1	0	0	0	0	0	0	0	1

3×8 디코더의 동작은 표 8-1의 진리표에서 분명히 알 수 있다. 출력 변수들은 임의의 시간에 단지 하나만 1이 될 수 있기 때문에 상호 배타적(exclusive)이다.

대표적인 3×8 디코더로는 74138이 있다. 그림 8-2의 일반적인 디코더와는 반대로 입력 조합에 대해 74138은 오직 하나의 출력만 0이 된다.

그림 8-3은 74138의 논리 기호를 나타낸 것이다. A_2, A_1, A_0은 입력이고, $O_7 \sim O_0$은 출력이다. $A_2A_1A_0 = 011$이면 출력 O_3만 0이 되고 다른 출력은 모두 1이 된다. E 입력은 전체 동작을 제어한다. 즉 4,5,6번 단자의 입력이 각각 0,0,1일 때 동작 가능상태가 된다.

▌그림 8-3▌ 74138의 논리 기호

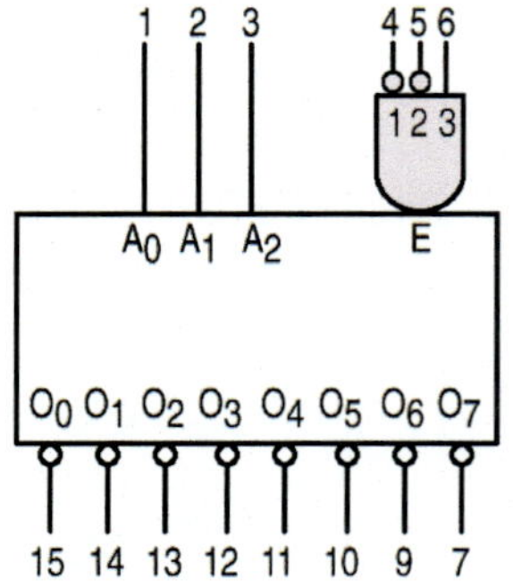

디코더의 입력이 n개 일 때, 출력이 항상 2^n개는 아니다. 예를 들어 7442와 같은 **BCD-to-Decimal 디코더**는 4개의 입력과 10개의 출력을 갖는다.

BCD-to-Decimal 디코더의 동작은 74138과 마찬가지로 $A_3 \sim A_0$의 BCD 입력이 들어가면 대응하는 출력이 0이 된다. 예를 들어, $A_3A_2A_1A_0 = 0101$이면 출력 "5"가 0이 되고, 1000이면 "8"이 0이 된다. 그림 8-4는 7442의 논리 기호를 나타낸 그림이고, 표 8-2는 7442의 진리표를 나타낸 것이다.

▌그림 8-4▌ 7442 논리기호

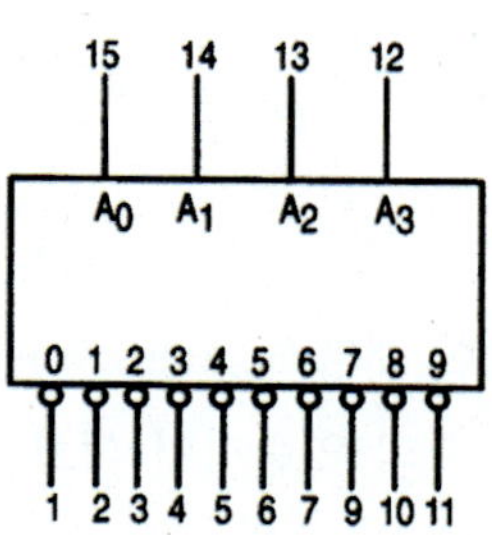

표 8-2 | 7442의 진리표

A_3 A_2 A_1 A_0	low인 출력
0 0 0 0	0
0 0 0 1	1
0 0 1 0	2
0 0 1 1	3
0 1 0 0	4
0 1 0 1	5
0 1 1 0	6
0 1 1 1	7
1 0 0 0	8
1 0 0 1	9
1010~1111	없음

그림 8-5는 7442의 회로도를 나타낸 것인데, 이 회로도에서 $A_3 \sim A_0$가 1010~1111 사이의 값이면 모든 NAND 게이트의 입력 중에서 적어도 하나는 0이 입력되므로 출력은 모두 1이 됨을 알 수 있다. 따라서 BCD가 아닌 입력 조합에 대해서는 어느 출력도 low가 되지 않는다. 이 디코더를 4-to-10 디코더 또는 1-of-10 디코더라고도 한다.

▌그림 8-5 ▌ 7442 BCD-to-Decimal 디코더의 논리회로도

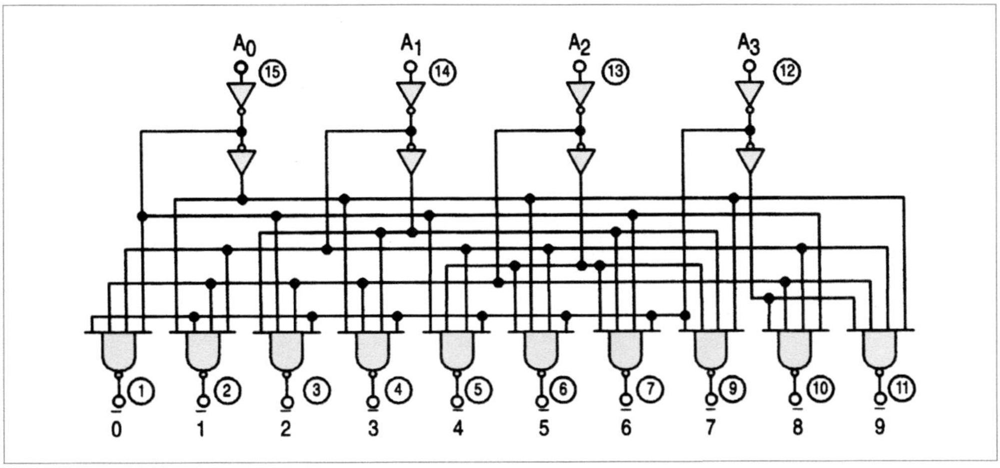

예제 8-1

A, B, C 3개의 리미트 스위치와 $Y_0 \sim Y_5$ 6개의 릴레이로 구성되는 제어 시스템을 설계하고자 한다. 리미트 스위치 A, B, C의 접점이 하나씩만 ON 되면 각각 릴레이 Y_0, Y_1, Y_2가 동작한다. 또한 리미트 스위치가 두 개씩 AB, AC, BC로 ON이 되면 각각 Y_3, Y_4, Y_5의 릴레이가 동작한다. 7442 디코더를 이용하여 제어 회로를 설계하라. 단, 7442의 출력이 0일 때 릴레이가 동작한다.

풀이

그림 8-6과 같이 리미트 스위치 A, B, C를 각각 7442의 A, B, C에 연결하면 스위치의 접점이 ON될 때, 7442의 해당 입력은 1이 된다. 스위치 A가 ON되면 7442의 A입력이 1이 되고, 스위치 B, C가 ON되면 각각 B, C 입력이 1이 된다. 따라서 A, B, C 스위치가 ON될 때 각각 "1", "2", "4" 출력이 low가 되므로, Y_0, Y_1, Y_2 릴레이가 동작한다. 또한 AB, AC, BC가 ON되면 각각 "3", "5", "6"번 출력이 low가 되므로 이들 출력에 연결된 Y_3, Y_4, Y_5 릴레이가 동작한다.

▌그림 8-6▌ 리미트 스위치에 의한 릴레이 동작 회로

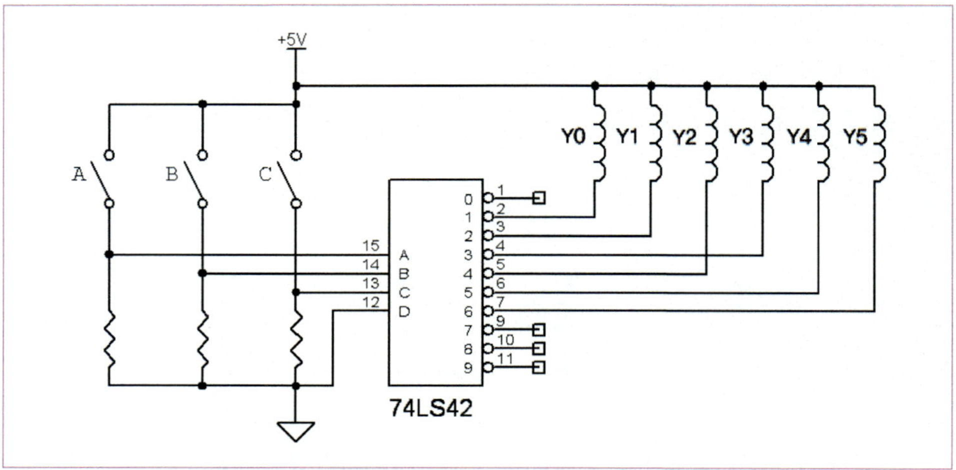

예제 8-2

동작제어 신호를 가진 4개의 3×8 디코더와 한 개의 2×4 디코더를 사용하여 5×32 디코더를 구성하라.

풀이

5×32 디코더의 입력은 5개(v, w, x, y, z)이고 출력은 32개이며, 각각의 출력은 $m_0 \sim m_{31}$까지의 최소항에 대응한다. 32개의 출력을 4개의 3×8 디코더로 구성한다면 4개의 디코더에 의해 각각 최소항 $m_0 \sim m_7$, $m_8 \sim m_{15}$, $m_{16} \sim m_{23}$, $m_{24} \sim m_{31}$이 출력되어야 한다. 4개의 3×8 디코더의 동작 제어 신호를 D_0, D_1, D_2, D_3라 하면 D_0는 최소항 $m_0 \sim m_7$, D_1은 $m_8 \sim m_{15}$, D_2는 $m_{16} \sim m_{23}$, D_3는 $m_{24} \sim m_{31}$를 출력하는 디코더의 동작을 제어한다. 동작 제어 신호가 1이 되면 디코더는 동작 가능 상태가 되고, 동작 제어 신호가 0인 디코더는 동작 불능 상태가 되어 출력은 모두 0이 된다. 앞에서 설명한 최소항의 범위를 2진수로 표현하면 다음과 같다.

D_0 :	0 0 0 0 0 ~	0 0 1 1 1		$m_0 \sim m_7$
D_1 :	0 1 0 0 0 ~	0 1 1 1 1		$m_8 \sim m_{15}$
D_2 :	1 0 0 0 0 ~	1 0 1 1 1		$m_{16} \sim m_{23}$
D_3 :	1 1 0 0 0 ~	1 1 1 1 1		$m_{24} \sim m_{31}$
	$v\ w\ x\ y\ z$	$v\ w\ x\ y\ z$		

$D_0 \sim D_3$까지의 각 범위에서 하위 3비트(x,y,z)는 모두 000~111까지 동일하게 변하고 오직 차이가 나는 것은 상위 두 비트뿐이라는 것을 알 수 있다.

따라서 상위 2비트(v,w)를 써서 4개의 3×8 디코더 동작 제어 신호를 만들면 임의의 비트 조합에 대해 오직 하나의 3×8 디코더만 동작한다. 하위 3비트를 모든 3×8 디코더의 입력으로 사용하면 32개의 출력 중에서 하나만 1이 된다. 여기서 동작시킬 3×8 디코더를 결정하는 것은 2×4 디코더로 수행할 수 있다. 지금까지 설명한 내용을 회로로 구성하면 그림 8-7과 같다.

▎그림 8-7▎ 5×32 디코더

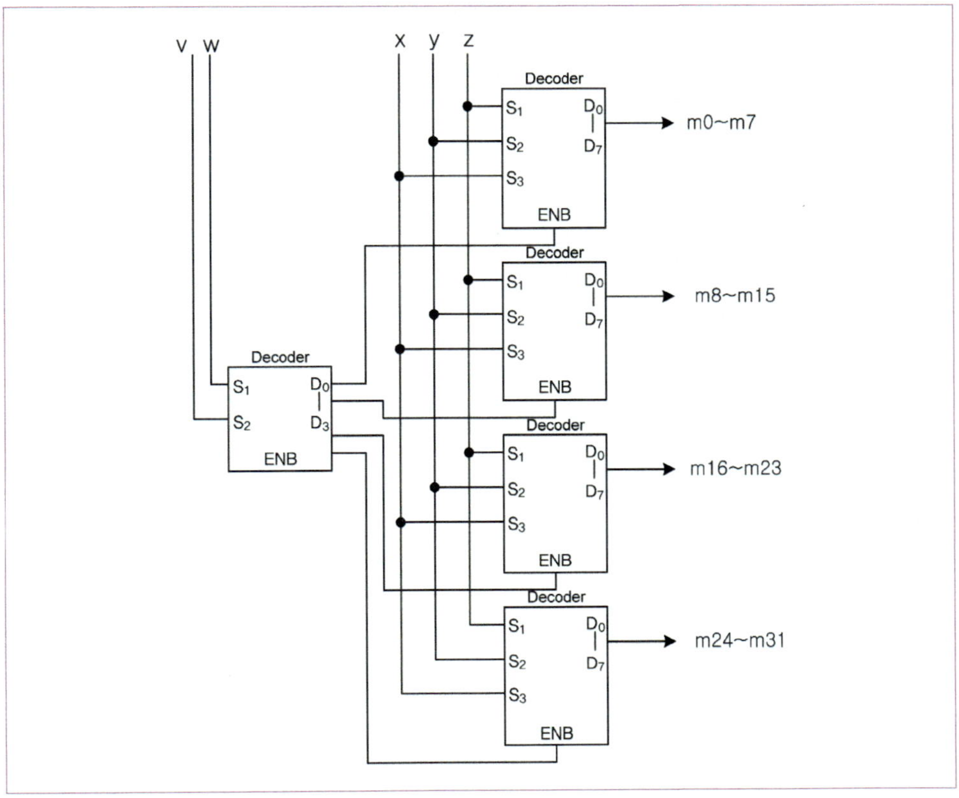

임의의 불 함수는 최소항의 합으로 표현될 수 있기 때문에, 디코더를 이용하여 최소항을 만들고 불 함수에 포함되는 최소항을 OR 게이트로 묶으면 불 함수를 디코더로 구현할 수 있다. 불 함수의 논리 변수가 n개이고 포함되는 최소항이 m개이면, 불 함수를 구현하기 위해 $n \times 2^n$ 디코더와 m개의 입력을 갖는 OR 게이트가 사용된다.

디코더와 OR 게이트들로 조합 회로를 표현할 때 그 회로에 대한 불 함수들은 최소항들의 합으로 표현되어야 한다. 각 OR 게이트의 입력은 불 함수에 포함되는 최소항에 따라 디코더의 출력에서 얻어진다.

예제 8-3

전가산기의 합과 자리올림에 대한 불 함수가 다음과 같이 주어질 때 이를 디코더와 2개의 OR 게이트를 이용하여 구현하라.

풀이

$S(A_2, A_1, A_0) = \Sigma m(1, 2, 4, 7)$

$C(A_2, A_1, A_0) = \Sigma m(3, 5, 6, 7)$

3개의 입력(A_2, A_1, A_0)에 대해 8개의 최소항이 있기 때문에 3×2^3 디코더가 필요하다. 디코더는 A_2, A_1, A_0에 대한 8개의 최소항들을 만든다. 출력 S는 최소항 1, 2, 4, 7을 묶는 OR 게이트에서 얻어지고, 출력 C는 최소항 3, 5, 6, 7의 합에서 얻어진다. 이를 논리회로도로 나타내면 그림 8-8과 같다.

▌그림 8-8▌ 디코더를 이용한 불 함수의 실현

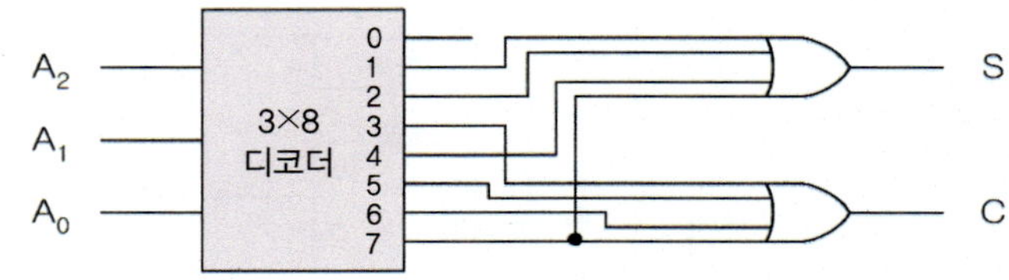

8.2 엔코더

엔코더(encoder)는 디코더와 반대로 동작하는 디지털 조합 회로이다. 엔코더는 그림 8-9와 같이 m개($\leq 2^n$)의 입력과 n개의 출력을 가진다. **임의의 순간에 m개의 입력 중에서 오직 하나만 1이 된다.** 1인 입력 신호에 대한 n-비트 코드가 출력에서 얻어진다. 그림 8-10은 8진-2진 엔코더의 논리회로이다. 8진-2진 엔코더는 8개의 입력 중에서 1이 되는 입력에 대한 2진 코드가 출력에 나타난다.

▌그림 8-9▌ 일반적인 엔코더의 구조

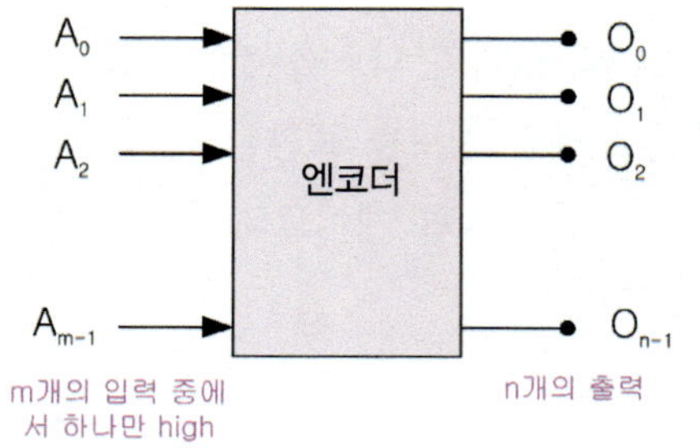

예를 들어 그림 8-10의 회로에서 8개의 입력 중에서 $A_5=1$이고 다른 입력은 모두 0이면 xyz=101이 된다. 이 값은 5에 대한 2진 값이다. 즉, 엔코더는 10진수를 다른 코드로 변환하는 변환기의 일종이다. 8진-2진 엔코더에 대한 진리표는 표 8-3과 같다. 이 엔코더는 OR 게이트들로 구성되는데 이 OR 게이트의 입력은 표 8-3의 진리표로부터 결정된다. 출력 x는 입력 8진값이 홀수이면 1이 된다. 출력 y는 입력 8진값이 2, 3, 6, 7이면 1이 된다. 또 출력 z는 입력 8진값이 4, 5, 6, 7일 때 1이 된다. 그림 8-10에서 A_0만 1이고 나머지 입력은 모두 0일 때, 2진 출력은 모두 0이 된다. 그러나 모든 입력들이 0일 때도 출력은 전부 0이 된다. 따라서 실제 IC에서는 출력이 모두 0일 때 A_0가 0인지 또는 1인지를 나타내는 출력을 포함하고 있다.

▌그림 8-10 ▌ 8진-2진 엔코더

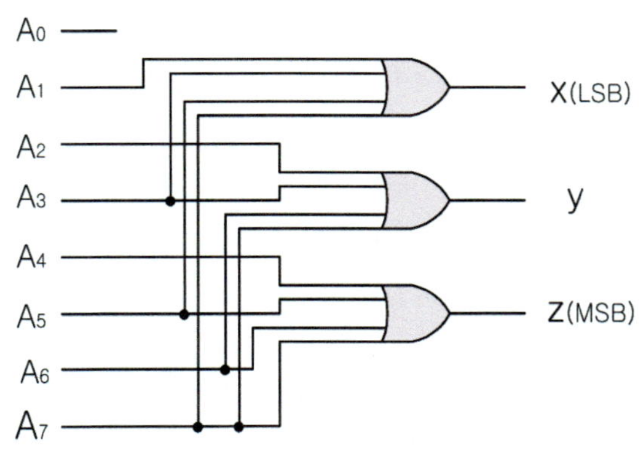

그림 8-10의 엔코더는 임의의 순간에 단지 하나의 입력만 1이 될 수 있다고 가정한다. 그렇지 않으면 회로는 의미가 없다. 이 회로는 8개의 입력을 가지고 있으므로 $2^8 = 256$개의 입력 조합이 가능한데, 단지 이들 중 8개만이 의미를 가진다. 다른 입력 조합들은 임의조건이다.

그림 8-10의 회로에서 A_3과 A_5가 동시에 1이 되면 어떤 출력이 나오는지 살펴보자. 두 입력이 동시에 1이 되면 OR 게이트의 출력이 모두 "1"이 되어 엔코더의 출력은 "111"이 된다. 이것은 A_3과 A_5 어느 입력에 대한 코드도 아니다.

표 8-3 | 8진-2진 엔코더의 진리표

A_0	A_1	A_2	A_3	A_4	A_5	A_6	A_7	z	y	x
x	0	0	0	0	0	0	0	0	0	0
x	1	0	0	0	0	0	0	0	0	1
x	0	1	0	0	0	0	0	0	1	0
x	0	0	1	0	0	0	0	0	1	1
x	0	0	0	1	0	0	0	1	0	0
x	0	0	0	0	1	0	0	1	0	1
x	0	0	0	0	0	1	0	1	1	0
x	0	0	0	0	0	0	1	1	1	1

이와 같이 두 개 이상의 입력이 1인 경우에도 동작하도록 만들어진 엔코더가 우선 순위 엔코더(priority encoder)이다.

우선 순위 엔코더는 입력의 우선 순위를 정하여 가장 높은 우선 순위를 가지는 입력 신호만 해독한다. 표 8-3에서 높은 첨자를 가지는 입력이 낮은 첨자를 가지는 입력보다 우선 순위가 높다면 2개의 입력 A_3, A_5가 동시에 1이 될 때 A_5의 우선 순위가 높기 때문에 출력은 101이 될 것이다. 마찬가지로 A_6, A_2, A_0가 동시에 1이 되면 출력은 110 이 된다.

IC로 제작된 우선 순위 엔코더로는 74147과 74148이 있다. 74147은 1~9까지 9개의 입력 중에서 0인 입력에 대한 BCD 코드를 출력한다. 표 8-4는 74147의 진리표를 나타낸 것인데, 이 표에서 알 수 있는 바와 같이 두 개 이상의 입력이 동시에 0이면 높은 우선 순위(큰 번호)를 가진 입력에 대한 코드가 출력된다.

그림 8-11은 74147의 핀과 논리회로를 나타낸 것이다.

표 8-4 | 74147의 진리표

입력									출력			
1	2	3	4	5	6	7	8	9	D	C	B	A
H	H	H	H	H	H	H	H	H	H	H	H	H
X	X	X	X	X	X	X	X	L	L	H	H	L
X	X	X	X	X	X	X	L	H	L	H	H	H
X	X	X	X	X	X	L	H	H	H	L	L	L
X	X	X	X	X	L	H	H	H	H	L	L	H
X	X	X	X	L	H	H	H	H	H	L	H	L
X	X	X	L	H	H	H	H	H	H	L	H	H
X	X	L	H	H	H	H	H	H	H	H	L	L
X	L	H	H	H	H	H	H	H	H	H	L	H
L	H	H	H	H	H	H	H	H	H	H	H	L

▌그림 8-11▌ 74147 10-to-4 우선 순위 엔코더

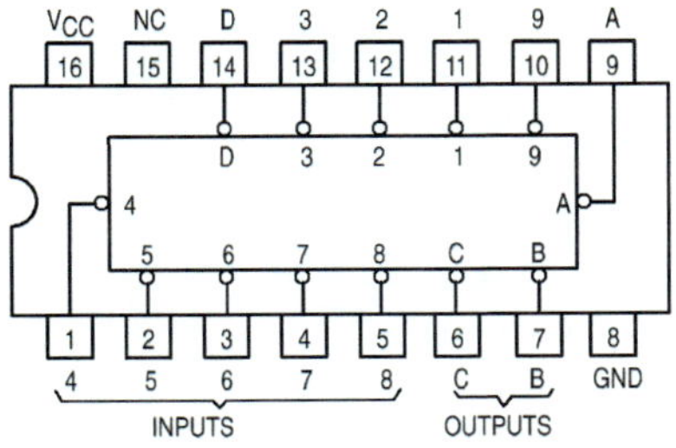

(a) 74147 Pinout

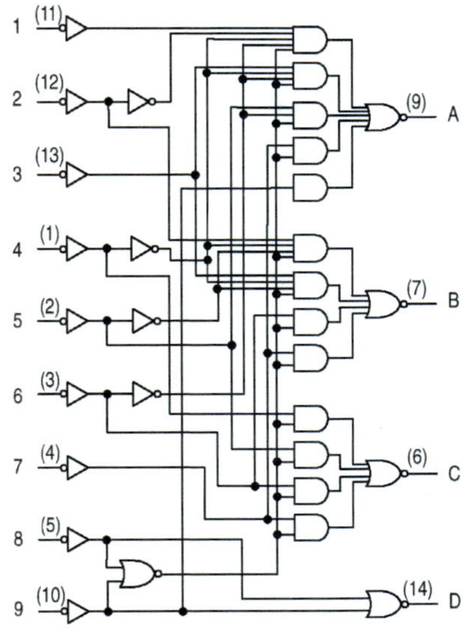

(b) 74147의 논리 회로도

74148은 8개의 입력을 받아 3-비트 2진 코드를 만들어내는 우선 순위 엔코더이다. 8개의 입력 중에서 0인 입력에 대응하는 2진 코드가 출력된다. 그림 8-12(a)는 74148의 핀을 나타낸 것이고, 8-12(b)는 논리 회로도이다. EI 핀은 전체 동작을 제어하는 단자이며, EI=0일 때 동작한다. 입력이 모두 1이거나 "0"번 입력은 0이고 나머지 입력은 모두 1이면, A_2, A_1, A_0 출력은 같기 때문에(모두 1) 이를 구분하기 위해 GS와 EO 핀이 사용된다. 즉 입력이 모두 1이면 GS=1, GO=0이고, "0"번 입력만 0이면 GS=0, GO=1이 된다. 74148의 진리표는 표 8-5와 같다.

표 8-5 | 74148의 진리표

입력									출력				
EI	0	1	2	3	4	5	6	7	A_2	A_1	A_0	GS	EO
H	X	X	X	X	X	X	X	X	H	H	H	H	H
L	H	H	H	H	H	H	H	H	H	H	H	H	L
L	X	X	X	X	X	X	X	L	L	L	L	L	H
L	X	X	X	X	X	X	L	H	L	L	H	L	H
L	X	X	X	X	X	L	H	H	L	H	L	L	H
L	X	X	X	X	L	H	H	H	L	H	H	L	H
L	X	X	X	L	H	H	H	H	H	L	L	L	H
L	X	X	L	H	H	H	H	H	H	L	H	L	H
L	X	L	H	H	H	H	H	H	H	H	L	L	H
L	L	H	H	H	H	H	H	H	H	H	H	L	H

▌그림 8-12▐ 74148 8-to-3 우선 순위 엔코더

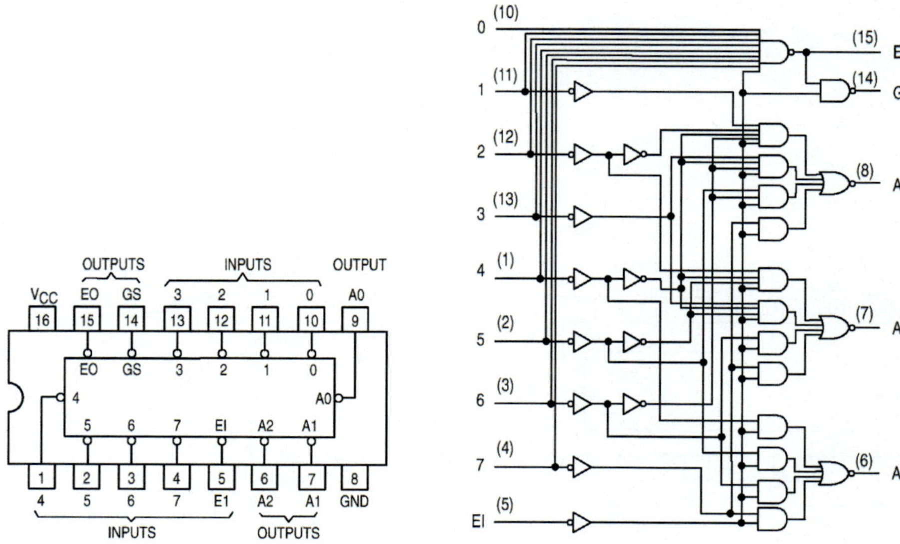

(a) 74148의 pinout (b) 74148 블록 다이어그램

8.3 디멀티플렉서

디멀티플렉서(demultiplexer, DMUX)는 그림 8-13과 같이 한 개의 입력을 받아 여러 개의 출력 중 선택신호가 지정하는 출력으로 전송하는 논리회로이다.

▌그림 8-13▐ 디멀티플렉서의 동작

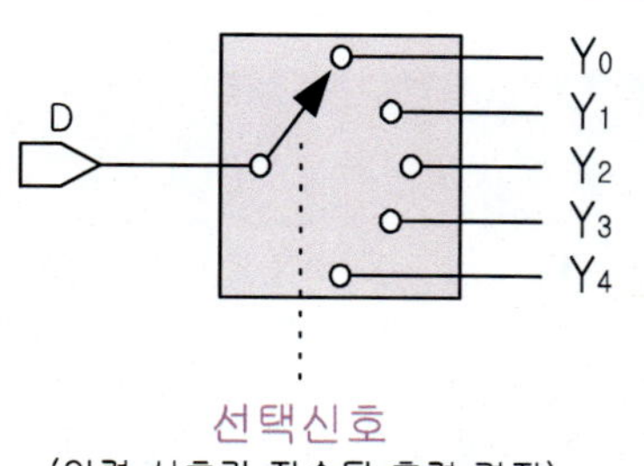

NAND 게이트로 구성된 2×4 디멀티플렉서가 그림 8-14에 표시되어 있다. 입력 D는 모든 NAND 게이트에 연결되어 있지만 선택신호(A, B)에 의해 오직 하나의 NAND 게이트만 인에이블된다. 그림 8-14의 회로는 4개의 출력 중에서 선택신호(A, B)에 의해

인에이블되는 어느 한 출력으로 입력 D를 전송한다. 예를 들어, 입력 D=0이고 AB=10일 때, 입력 D는 Y_2로 전송된다. 따라서 Y_2 출력만 D와 같은 0이 되고 나머지 출력은 모두 1이 된다. 표 8-6은 2 × 4 디멀티플렉서의 진리표를 나타낸 것이다. 진리표에서 "x"는 임의조건이다.

그림 8-14 2×4 디멀티플렉서의 논리 회로도

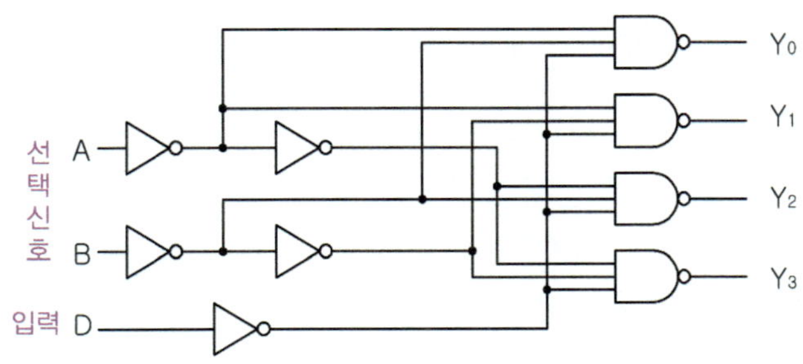

그림 8-14 회로의 출력은 입력 D=1일 때, 모두 1이 된다. 이것은 D를 인에이블 단자로 사용하는 디코더와 같은 동작을 수행한다. 따라서 인에이블 단자를 가진 디코더는 디멀티플렉서로 사용된다. 디코더의 입력단자는 디멀티플렉서의 선택신호가 되고 인에이블 입력은 디멀티플렉서의 입력으로 사용된다. 실제 IC에서도 "decoder/demultiplexer"로 표시된다.

표 8-6 | 2×4 디멀티플렉서의 진리표

D	A	B	Y_0	Y_1	Y_2	Y_3
1	X	X	1	1	1	1
0	0	0	0	1	1	1
0	0	1	1	0	1	1
0	1	0	1	1	0	1
0	1	1	1	1	1	0

그림 8-15(a)는 인에이블 기능을 가진 디코더를 나타낸 것이고, 8-15(b)는 디멀티플렉서를 나타낸 것이다. 8-15(a)에서 입력 E에 있는 작은 원은 디코더가 E=0일 때만 인에이블 된다는 것을 나타낸다. 출력에 있는 작은 원들은 모든 출력들이 active low임을 뜻한다. 이 그림에서 디코더의 입력은 디멀티플렉서의 선택신호로 사용되고, 인에이블 단자는 디멀티플렉서의 입력으로 사용됨을 알 수 있다.

▌그림 8-15▌ 디코더와 디멀티플렉서의 외부 구조

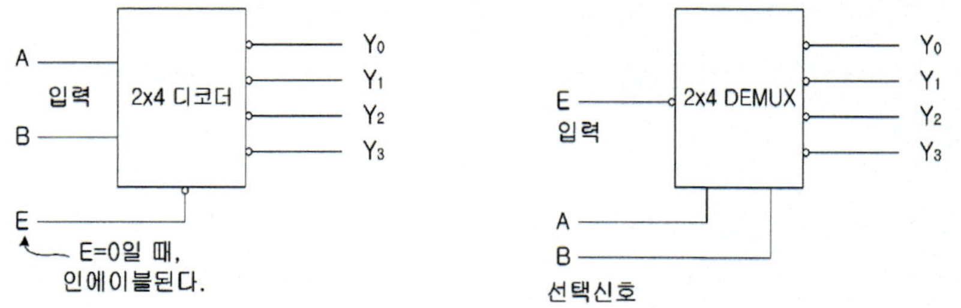

(a) 인에이블 기능을 가진 디코더 (b) 디멀티플렉서

예제 8-4

74138 디코더/디멀티플렉서의 선택신호 $A_2A_1A_0=000$일 때, 입력($\overline{E1}$)에 따른 출력 신호(Y_0)를 나타내면 다음과 같다. 선택신호에 의해 출력 Y_0에 입력이 그대로 전송됨을 알 수 있다.

▌그림 8-16▌ 74138의 동작

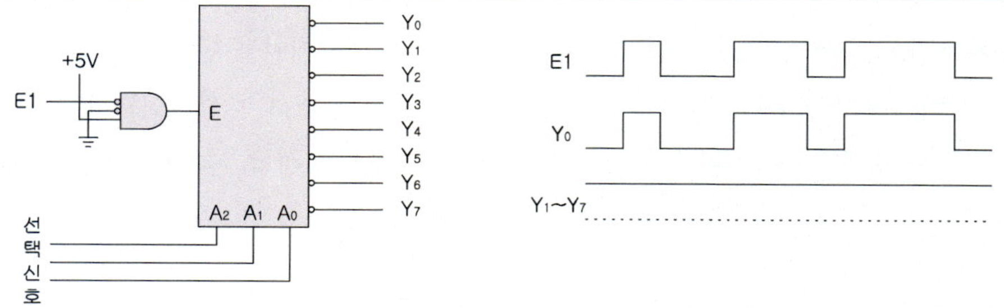

CMOS IC 중에는 아날로그 신호를 입력으로 받아들이는 소자도 있다. 예를 들어 4051은 아날로그 멀티플렉서 또는 디멀티플렉서로 사용되는 소자이다. 그림 8-17에서 X에 인가되는 아날로그 입력 신호는 X0~X7까지의 출력 중에서 제어신호 A, B, C에 의해 선택되는 출력 단자로 전송된다. INHIBIT 단자는 전체 기능을 제어하는 인에이블 신호이다.

▌그림 8-17▌ 4051 아날로그 디멀티플렉서

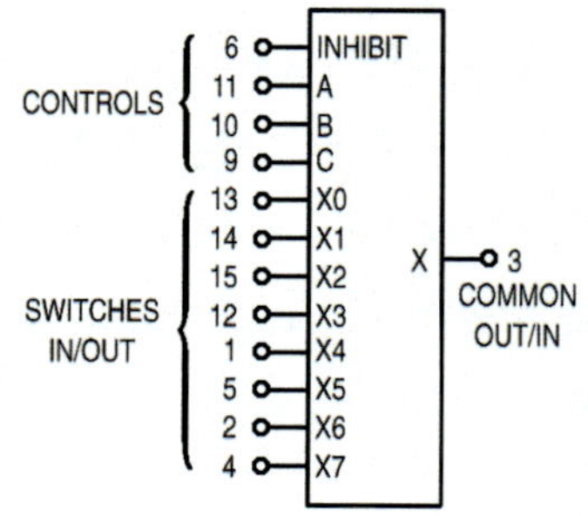

8.4 멀티플렉서

멀티플렉서(multiplexer, MUX)는 여러 개의 입력 신호와 오직 하나의 출력 신호를 가진 논리회로이다. 제어 신호에 의해 입력 신호 중 하나가 선택되어 출력신호로 나타난다. 제어신호의 역할이 입력 신호를 선택하는 것이므로 제어신호를 입력 선택 신호라고 한다.

멀티플렉서의 일반적인 구조를 나타내면 그림 8-18과 같다.

▌그림 8-18▌ 멀티플렉서의 구성

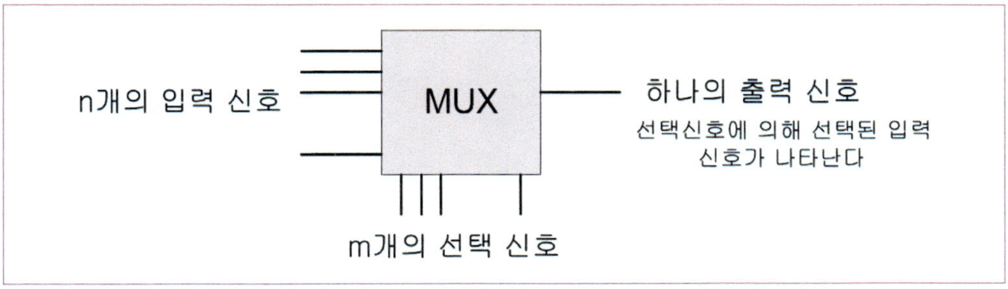

범용 멀티플렉서로 4개의 입력과 2개의 선택신호, 하나의 출력 신호를 가진 4-to-1 멀티플렉서를 살펴보자. 이러한 멀티플렉서의 논리 회로도를 그리면 그림 8-19와 같다.

▌그림 8-19▌ 4-to-1 멀티플렉서

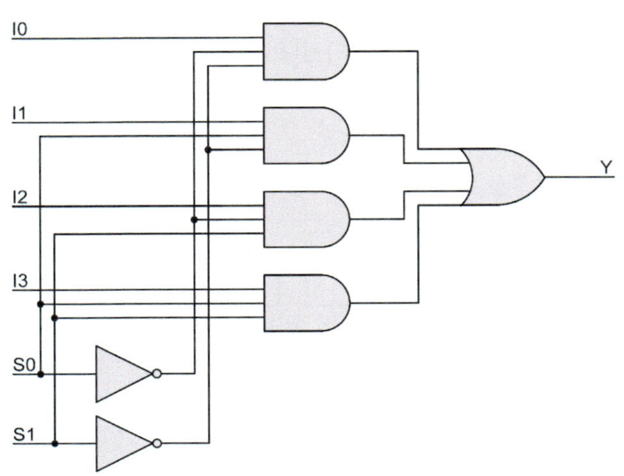

표 8-7 | 4-to-1 멀티플렉서의 진리표

S_1	S_0	Y
0	0	I_0
0	1	I_1
1	0	I_2
1	1	I_3

이 논리회로의 출력 Y를 불함수로 표시하면,

$$Y = I_0\overline{S_0}\,\overline{S_1} + I_1 S_0 \overline{S_1} + I_2 \overline{S_0} S_1 + I_3 S_0 S_1$$

가 된다.

선택신호 S_0, S_1으로 결정되는 입력 신호 I_0, I_1, I_2, I_3중 하나가 출력 Y로 전송된다. 예를 들어, $S_0 = S_1 = 0$이면 I_0입력을 가진 AND 게이트를 제외한 나머지 AND 게이트는 작동 불능상태(disable)가 되므로 $Y = I_0$가 된다. 또한 $S_0 = 0$, $S_1 = 1$이면 $Y = I_2$가 된다.

따라서 선택신호 S_0, S_1은 4개의 AND 게이트 중에서 오직 하나만 작동 가능하게 하여(인에이블) 원하는 입력이 출력으로 전송되게 한다.

TTL 계열 중에는 이와 같은 동작을 하는 멀티플렉서가 많이 있다. 74151은 그 중 하나로 8개의 입력과 하나의 출력을 가진 멀티플렉서이다. 8개의 입력 신호 중 하나를 선택해야 하므로 선택신호는 3개($\because 2^3 = 8$)이다. 그림 8-20은 74151의 논리기호이며, 그림 8-21은 논리 회로도이다.

그림 8-20 74151의 논리 기호

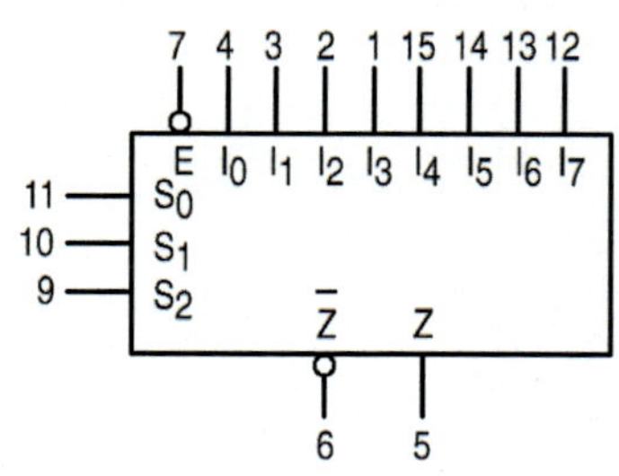

❚ 그림 8-21 ❚ 74151의 논리 회로도

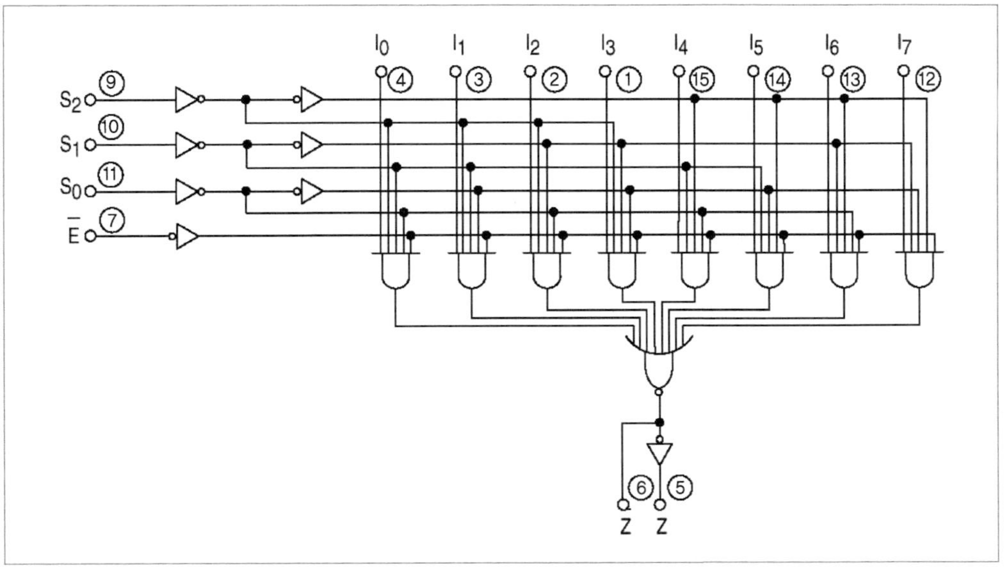

그림에서 S_0, S_1, S_2는 선택신호이며, Z와 $\overline{Z}$은 출력 신호, I_0~I_7은 입력 신호이다. $\overline{E}$는 멀티플렉서의 기능을 전체적으로 제어하는 신호이다. $\overline{E}=0$일 때 이 소자는 멀티플렉서로 동작하고 $\overline{E}=1$이면, 입력이나 선택신호에 관계없이 출력 Z는 0이 된다. 즉 동작 불능상태가 된다.

$\overline{E}=0$일 때, $S_2S_1S_0=101$이면 5번 단자의 출력(Z)은 I_5가 되고 동시에 6번 단자의 출력($\overline{Z}$)은 $\overline{I_5}$가 된다. 또한 $S_2S_1S_0=111$이면 $Z=I_7$이 된다.

예제 8-5

컴퓨터와 같은 디지털 논리회로를 설계할 때 두 가지 8비트 데이터 중 어느 하나를 출력하려면 74157과 같은 Quad 2-input 멀티플렉서가 이용된다. $A_0 \sim A_7$, $B_0 \sim B_7$을 두 개의 8비트 데이터라 하자. $Y_0 \sim Y_7$을 출력신호라 할 때 선택신호 S=0이면 $A_0 \sim A_7$, S=1이면 $B_0 \sim B_7$을 출력하는 논리 회로를 74157을 이용하여 구성하라.

풀이

▌그림 8-22▌ 74157을 이용한 데이터 선택기

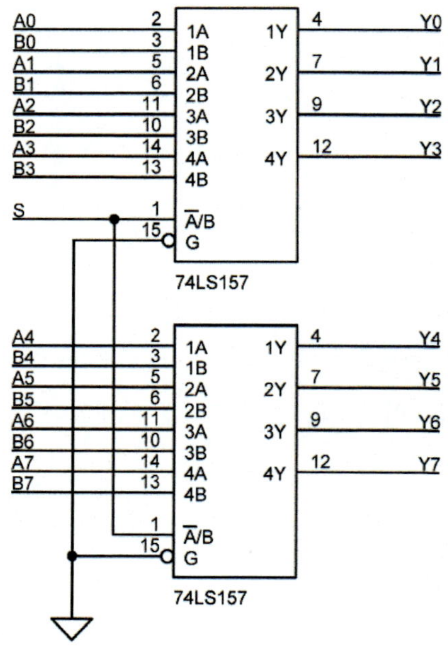

74157을 이용하여 두 개의 입력 신호 중 하나를 출력하는 데이터 선택기를 구성하면 그림 8-22와 같다. 이와 같은 회로는 두 가지 값을 교대로 표시하는 회로를 구성할 때 사용된다. $A_0 \sim A_7$ 신호를 장치 A의 값이라 하고, $B_0 \sim B_7$을 장치 B의 값이라고 가정하자. 출력 $Y_0 \sim Y_7$에 8-세그먼트 표시장치를 연결하면 선택신호 S에 의해 장치 A와 B의 값을 차례로 표시장치에 표시할 수 있다. 즉 두 가지 값을 하나의 표시장치로 나타낼 수 있다.

지금까지 디코더와 OR 게이트를 이용하여 불함수를 구현할 수 있음을 알았다. 그림 8-2의 디코더와 그림 8-19의 멀티플렉서를 비교해보자. 멀티플렉서는 디코더를 구성하는 각각의 AND 게이트에 하나씩의 입력(I_x)을 추가하고, AND 게이트의 출력을 OR게이트로 연결하여 구성되어 있다. 여기서 멀티플렉서의 선택신호가 디코더의 입력신호에 대응한다. 따라서 불함수를 멀티플렉서를 이용하여 구현할 수도 있다. 디코더와 OR 게이트로 구현할 때, 불함수에 포함되는 최소항을 출력하는 디코더의 출력만 OR 게이트로 연결하였다. 그러나 멀티플렉서는 모든 AND 게이트의 출력이 OR 게이트로 연결되어 있으므로 불함수에 포함되는 최소항은, 대응되는 입력을 1로 만들고, 포함되지 않는 최소항은 대응되는 입력을 0으로 만들어 구현된다.

예를 들어 $F(A,B)=\sum m(1,3)$를 멀티플렉서로 구현해보자. 최소항 1과 3은 함수에 포함되므로 이에 대응하는 I_1과 I_3 입력에는 1을 연결하고, 포함되지 않는 0과 2에 대응하는 I_0과 I_2 입력에는 1을 연결하여 그림 8-23과 같이 구현된다.

▌그림 8-23▐ $F(A,B)=\sum m(1,3)$의 구현

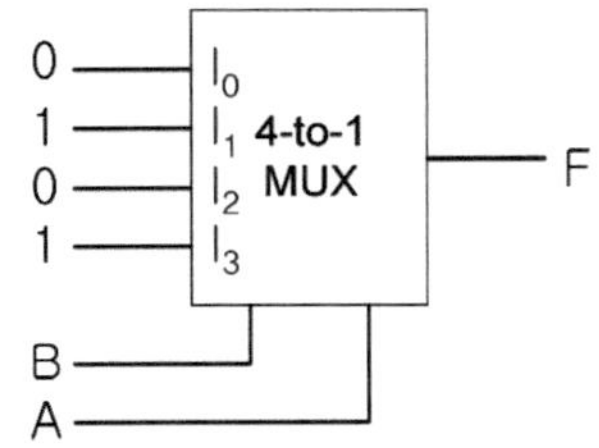

또 다른 예를 살펴보자. 불함수 $F(x,y,z)=\sum m(0,1,3,4,6)$를 멀티플렉서로 구현하려면 최소항이 8개이고 논리변수가 3개이므로 입력이 8개, 선택신호가 3개인 멀티플렉서가 필요하다. 이러한 멀티플렉서로는 앞에서 설명한 74LS151이 있다. 불함수에 포함되는 최소항에 대응하는 D_0, D_1, D_3, D_4, D_6에는 1을 연결하고, 포함되지 않는 D_2, D_5, D_7에는 0을 연결하면 된다. 또한 선택신호 C, B, A에는 각각 x, y, z를 연결하여 회로를 구현하면 그림 8-24와 같다.

▌그림 8-24▐ $\sum m(0,1,3,4,6)$의 구현

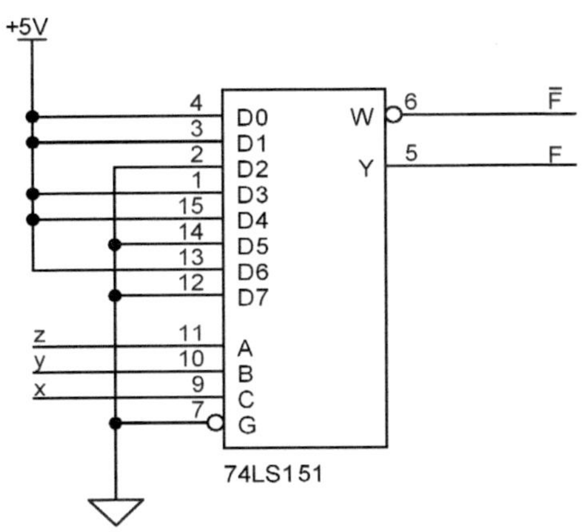

지금까지 살펴본 방법에서는 논리변수가 n개 일 때, 멀티플렉서의 입력은 2^n개, 선택신호는 n개가 필요하다.

그러나 논리 변수가 (n+1)개인 불함수는 입력신호가 2^n개이고, 선택신호가 n개인 멀티플렉서로 구현할 수 있다. 즉 논리변수 보다 한 개 적은 선택신호를 가진 멀티플렉서를 이용하여 임의의 불함수를 구현할 수 있다. 위의 예에서 논리변수가 3개이므로 8-to-1 멀티플렉서 대신, 입력이 2^2=4개이고, 선택신호가 2개인 4-to-1 멀티플렉서를 이용하여 구현하는 과정을 살펴보기로 하자.

만일 (n+1)개의 변수들로 이루어진 불함수가 있을 때, 이 변수들 중 n개를 선택해서 멀티플렉서의 선택신호에 연결한다. 나머지 한 개의 변수는 멀티플렉서의 입력에 사용한다. 만일 이 변수를 A라 하면, 멀티플렉서의 입력은 A, $\overline{A}$, 0, 1이 된다. 입력에 대해 이 4개의 변수들을 효과적으로 사용하고 다른 변수들을 선택신호와 연결함으로써 임의의 불함수를 하나의 멀티플렉서로 실현하는 것이 가능하다.

이 과정을 3개의 변수를 가진 다음 불함수에 적용하여 설명해 보자.

$$F(A,B,C) = \Sigma m(1,3,5,6)$$

▌그림 8-25 ▌멀티플렉서를 이용한 실현

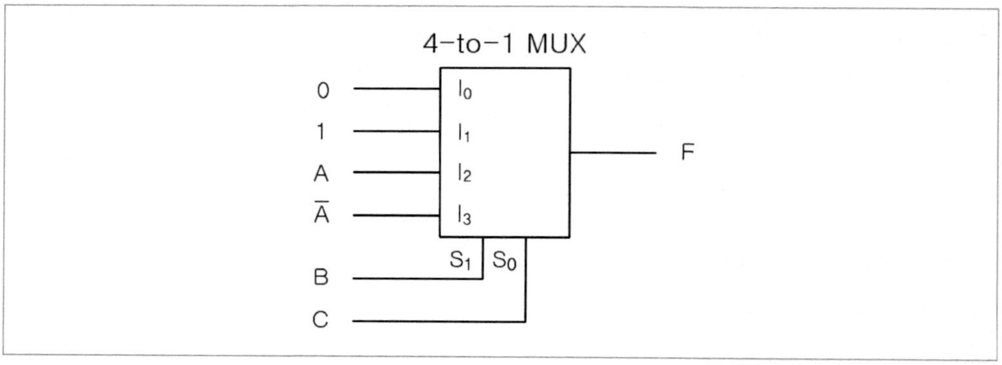

이 함수는 그림 8-25에 있는 4-to-1 멀티플렉서로 실현할 수 있다. 입력 B와 C를 선택하여 각각 S_1과 S_0에 연결한다. 멀티플렉서의 입력을 0, 1, A, $\overline{A}$라 하자. BC=00일 때 I_0이 선택된다. 그런데 I_0 =0이므로 출력 F=0이다. 그러므로 A 값과 무관하게 BC=00이면 출력이 0이 되기 때문에 $m_0 = \overline{A}\,\overline{B}\,\overline{C}$와 $m_4 = A\overline{B}\,\overline{C}$는 둘 다 0을 출력한다. BC=01일 때 멀티플렉서의 I_1이 선택되고, I_1 =1이므로 출력 F=1이다. 그러므로 A 값과 무관하게 BC=01이면 출력이 1이기 때문에 $m_1 = \overline{A}\,\overline{B}C$와 $m_5 = A\overline{B}C$는 둘 다 1을 출력한다.

BC=10일 때는 입력 I_2가 선택된다. 이 입력에는 A가 연결되어 있기 때문에 $m_6 = AB\overline{C}$이면 A=1이므로 출력 F=1이다. 또, $m_2 = \overline{A}B\overline{C}$이면 A=0이므로 출력 F=0이다. 마지막으로 BC=11이면 입력 I_3가 선택된다. 이 입력에는 $\overline{A}$가 연결되어 있기 때문에 $m_3 = \overline{A}BC$의 경우 F=1이 되고, $m_7 = ABC$의 경우 F=0이 된다. 표 8-8에는 수행하려는 함수의 진리표가 나와 있다.

표 8-8 | $F(A,B,C)$의 진리표

최소항	A	B	C	F
0	0	0	0	0
1	0	0	1	1
2	0	1	0	0
3	0	1	1	1
4	1	0	0	0
5	1	0	1	1
6	1	1	0	1
7	1	1	1	0

멀티플렉서를 이용하여 불함수를 실현하기 위해서는 먼저 함수를 최소항의 합으로 표현한다. 변수의 순서를 ABCD…이라 할 때, A가 가장 높은 자리수를 나타낸다면 A를 제외한 변수를 선택신호에 연결한다. 이 때, **B는 가장 순서가 높은 선택신호에 연결되고 C는 그 다음 선택신호에 연결된다. 마지막 변수는 가장 낮은 선택신호에 연결한다.** 변수 A는 순서대로 정렬된 변수 중에서 가장 순서가 높은 변수이므로 **최소항의 목록 중 처음 반은 $\overline{A}$를 가지며 나머지 반은 A를 가진다.** 3개의 변수 A, B, C의 경우 8개의 최소항을 가지는데 변수 A는 최소항 0부터 3까지에서 $\overline{A}$로 표현되고 최소항 4부터 7까지는 A로 표시된다. 표 8-9와 같이 멀티플렉서의 입력(I_0, I_1, I_2, I_3)을 가로 방향으로 적고 세로 방향으로 $\overline{A}$와 A를 적는다. $\overline{A}$행을 따라 변수 A의 값이 0인 최소항의 번호(0, 1, 2, 3)를 쓰고, A행을 따라 A의 값이 1인 최소항의 번호(4, 5, 6, 7)을 써넣는다.

표 8-9 | 멀티플렉서 입력표

	I_0	I_1	I_2	I_3
$\overline{A}$	0	①	2	③
A	4	⑤	⑥	7
	0	1	A	$\overline{A}$

만들어진 표에서 함수에 포함되어 있는 최소항은 전부 원으로 둘러싼 뒤, 각 열을 하나씩 살펴본다.

① 열에 속하는 두 최소항이 둘 다 원으로 둘러싸여 있지 않으면 대응되는 멀티플렉서의 입력은 0이 된다.

② 열에 속하는 두 최소항이 모두 원으로 둘러싸여 있다면 그 열에 대응되는 멀티플렉서의 입력은 1이 된다.

③ 아래 최소항만 원으로 둘러싸여 있다면 대응되는 멀티플렉서의 입력은 A가 된다.

④ 열의 위 최소항만 원으로 둘러싸여 있다면 대응되는 멀티플렉서 입력은 $\overline{\text{A}}$가 된다.

위의 과정에 따라 $F(A,B,C) = \sum m(1,3,5,6)$를 구현하기 위한 멀티플렉서의 입력을 결정하면 표 8-9와 같다.

예제 8-6

74LS151 멀티플렉서를 써서 다음 불함수를 실현하라.

$$F(A,B,C,D) = \sum m(0,1,3,4,8,9,15)$$

풀이

함수의 논리 변수가 4개이므로 3개의 선택신호와 8개의 입력을 가진 멀티플렉서가 필요하다. 이번에는 변수 D를 입력에서 사용하고 A, B, C를 멀티플렉서의 선택신호에 연결해보자. 사실 (n+1)개의 변수 중에서 어느 변수를 입력에서 사용해도 무방하다. 다만 표 8-10과 같은 실현표를 만들 때, 입력으로 사용된 변수의 값에 따라 최소항의 번호를 가로 방향으로 나열하면 된다.

변수 D는 가장 낮은 자리수를 나타내므로 최소항의 번호가 짝수일 때는 D=0이 되고($\overline{\text{D}}$), 홀수일 때는 D=1(D)이 된다. 따라서 $\overline{\text{D}}$행을 따라 짝수 번호를 나열하고, D행을 따라 홀수 번호를 나열한다. 함수에 포함되는 최소항을 원으로 둘러싼 뒤 앞에서 언급한 법칙을 적용하여 입력에 대한 값을 선택하면 표 8-10에 있는 실현표가 얻어진다. 실현 회로는 그림 8-26과 같다.

표 8-10 | $\sum m(0,1,3,4,8,9,15)$의 실현표

	I_0	I_1	I_2	I_3	I_4	I_5	I	I_7
$\overline{\text{D}}$	⓪	2	④	6	⑧	10	12	14
D	①	③	5	7	⑨	11	13	⑮
	1	D	$\overline{\text{D}}$	0	1	0	0	D

그림 8-26 $\Sigma m(0,1,3,4,8,9,15)$의 회로도

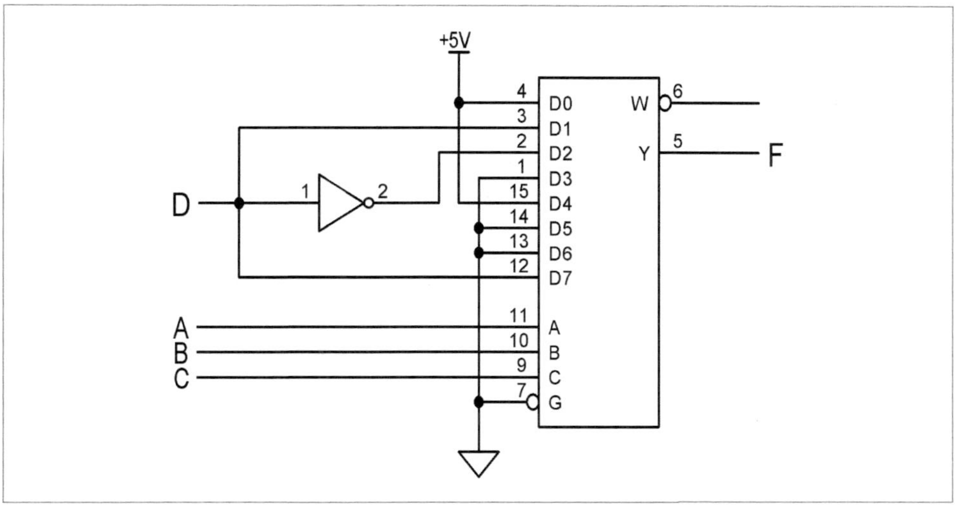

조합 논리회로 응용 실험

(1) 사용 부품

부품명	규격	수량	부품명	규격	수량	부품명	규격	수량
IC	7404	1	IC	7432	1	IC	FND507	1
IC	7408	1	IC	7447	1	저항	150Ω	8

(2) 사용 기자재

- 논리회로 실험장치(Logic Lab)
- 멀티미터 또는 전압계
- 파워 서플라이

(3) 실험 1: 디코더 실험

실험순서

① 7404와 7408을 이용하여 그림 8-27과 같은 논리회로를 구성하라. 입력 SW1과 SW2는 배포한 LED & SWITCH 보드나 로직랩 등의 스위치 회로에 연결한다.

▌그림 8-27▌ 디코더 실험 회로

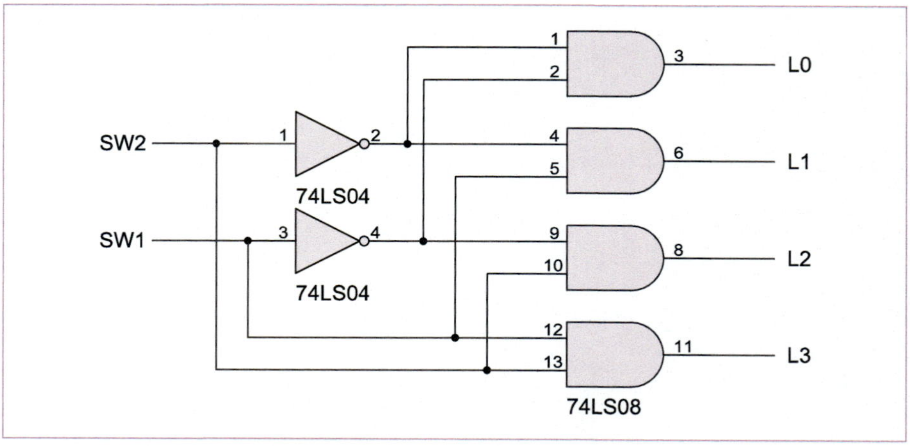

② 7404와 7408의 전원(V_{CC}와 GND) 연결을 확인한다.

③ 전원을 인가한 후 표 8-11에 따라 전압을 측정하고, 전압에 대한 논리값을 정논리로 부여한다.

표 8-11 | 디코더 진리표

입력 SW_2	SW_1	출력 L_0 L_1 L_2 L_3
0	0	
0	1	
1	0	
1	1	

(4) 실험 2: 엔코더 실험

실험순서

① 7432를 이용하여 그림 8-28과 같은 논리회로를 구성하라. 입력 SW0~SW3은 배포한 LED & SWITCH 보드나 로직랩 등의 스위치 회로에 연결한다.

그림 8-28 엔코더 실험 회로

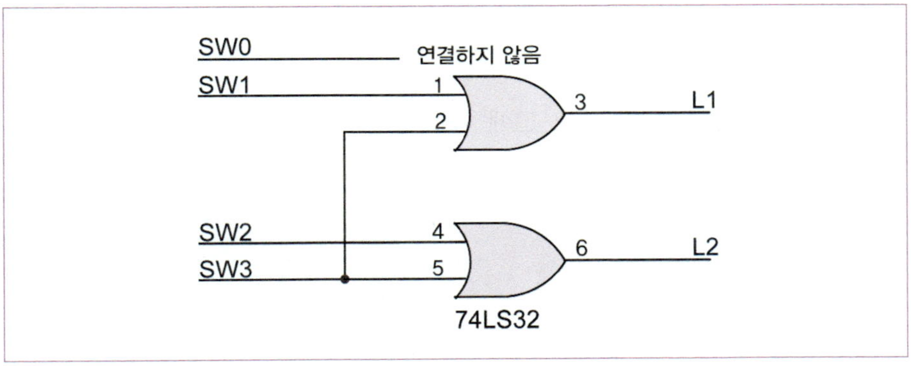

② 7432의 전원(V_{CC}와 GND) 연결을 확인한다.

③ 전원을 인가한 후 표 8-12에 따라 전압을 측정하고, 전압에 대한 논리값을 정논리로 부여한다.

표 8-12 | 엔코더 실험 결과

입력 SW_0	SW_1	SW_2	SW_3	출력 L_1 L_2
1	0	0	0	
0	1	0	0	
0	0	1	0	
0	0	0	1	

(5) 실험 3: 7 세그먼트 LED 실험

실험순서

① IC 74LS47과 FND507을 이용하여 그림 8-29의 회로를 결선한다. 입력 A, B, C, D는 배포한 LED & SWITCH 보드나 로직랩 등의 스위치 회로에 연결한다.

▍그림 8-29▍ 세그먼트 LED 실험 회로

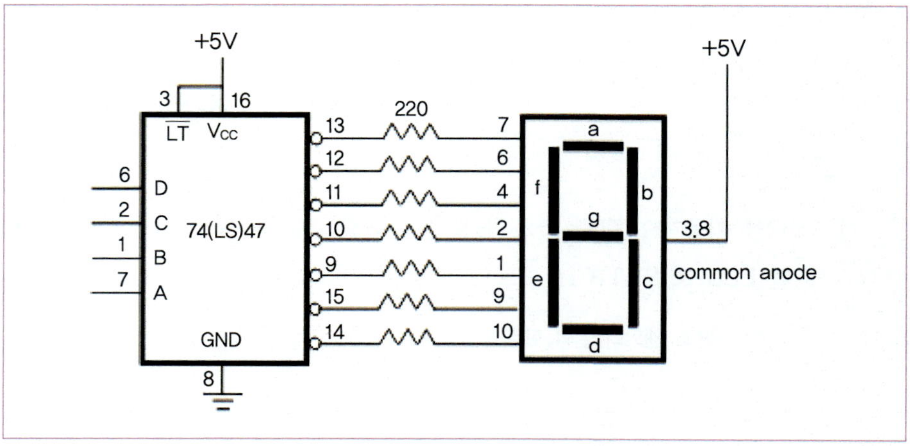

② 전원을 인가한 후 표 8-13에 따라 표를 완성한다.

표 8-13 | 7-세그먼트 LED 실험 결과

입력 A	B	C	D	출력 a	b	c	d	e	f	g	표시된 10진수 또는 모양
0	0	0	0								
0	0	0	1								
0	0	1	0								
0	0	1	1								
0	1	0	0								
0	1	0	1								
0	1	1	0								
0	1	1	1								
1	0	0	0								
1	0	0	1								
1	0	1	0								
1	0	1	1								
1	1	0	0								
1	1	0	1								
1	1	1	0								
1	1	1	1								

(6) 실험결과 및 검토

(1) 엔코더와 디코더의 차이점을 설명하고 코드 변환의 종류와 원리에 대해 설명하라.

(2) 위에서 행한 실험 결과와 이론을 비교하라.

(3) 7-세그먼트 LED의 종류와 구성 방법에 대해 설명하라.

연습문제

8.1 조합 회로가 다음 함수들에 의해 정의될 때 디코더와 외부 게이트를 사용하여 회로를 설계하라.

(a) $F_1 = \overline{x}\,\overline{y} + xy\overline{z}$

(b) $F_2 = \overline{x} + y$

(c) $F_3 = xy + \overline{x}\,\overline{y}$

8.2 디코더를 이용하여 다음 진리표로 표시되는 3-초과코드 to BCD 코드 변환기를 설계하라.

3-초과 코드				BCD 코드			
I_3	I_2	I_1	I_0	F_3	F_2	F_1	F_0
0	0	1	1	0	0	0	0
0	1	0	0	0	0	0	1
0	1	0	1	0	0	1	0
0	1	1	0	0	0	1	1
0	1	1	1	0	1	0	0
1	0	0	0	0	1	0	1
1	0	0	1	0	1	1	0
1	0	1	0	0	1	1	1
1	0	1	1	1	0	0	0
1	1	0	0	1	0	0	1

8.3 다음 진리표를 만족하는 엔코더를 설계하라.

입력			출력				
x	y	z	a	b	c	d	e
0	0	1	1	1	0	1	0
0	1	0	1	0	0	0	1
1	0	0	0	1	1	1	1

8.4 2-입력 멀티플렉서를 사용하여

(a) $F = X + \overline{Y}$를 실현하는 논리회로를 구성하라. (2개 사용)

(b) $F = XY + XZ + YZ$를 실현하는 논리회로를 구성하라. (3개 사용)

8.5 4-to-1 멀티플렉서를 이용하여 다음과 같은 논리함수를 구현하라. 필요하면 게이트를 이용해도 좋다.

(a) $F(X, Y, Z) = X + \overline{Y}Z$

(b) $F(X, Y, Z) = XY + \overline{X}Z$

(c) $F(X, Y, Z) = \sum m(0,2,4,5)$

(d) $F(X, Y, Z) = X + \overline{Y}\,\overline{Z}$

8.6 3×8 디코더, 4×1 멀티플렉서와 OR 게이트를 이용하여 다음과 같은 진리표를 갖는 논리회로를 설계하라.

X_1	X_0	Y
0	0	0
0	1	F_1
1	0	F_2
1	1	F_3

$F_1(A,B,C) = \sum m(0,3,7)$

$F_2(A,B,C) = \sum m(0,4,7)$

$F_3(A,B,C) = \sum m(1,5,6)$

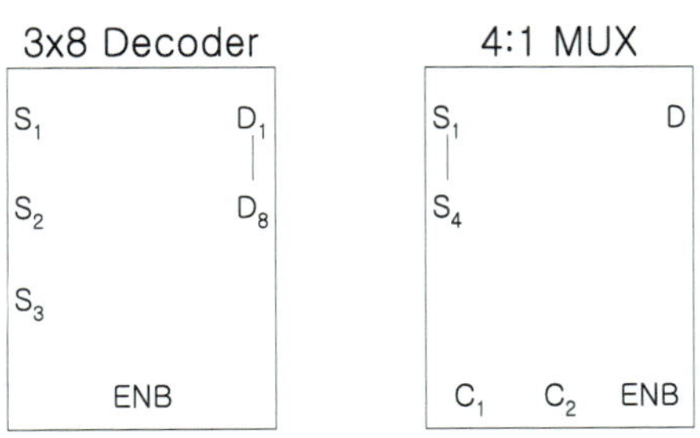

8.7 다음 회로를 이용하여 진리표를 구현하라.

A	B	C	X	Y	F
0	0	0			
0	0	1			
0	1	0			
0	1	1			
1	0	0			
1	0	1			
1	1	0			
1	1	1			

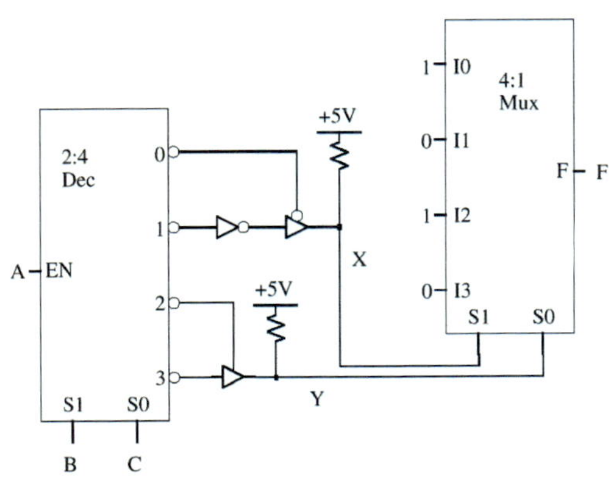

CHAPTER

9

플립플롭 (Flip-Flops)

학습목표

1 순차 논리회로의 기본 소자인 래치와 플립플롭의 동작을 이해한다.

2 플립플롭의 순차 논리회로에의 응용력을 배양한다.

9.1 개요

논리회로는 크게 2가지로 분류할 수 있는 데, 하나는 앞에서 설명한 조합 논리회로이고, 또 다른 하나가 순차 논리회로(sequential logic circuits)이다. 조합 논리회로는 현재의 입력에 의해서만 출력이 결정되는 데 비해 **순차 논리회로는 현재의 입력과 상태에 따라 출력이 결정**된다.

예를 들어, 어떤 층에서 엘리베이터를 타고 아래로 이동하기 위해 하강 스위치를 눌렀을 때, 엘리베이터가 자신이 있는 층 보다 위층에 있으면 내려오고, 자신의 층 보다 아래에 있으면 올라오게 된다. 이와 같이 동일한 입력이 발생하여도 현재 시스템의 상태에 따라 다른 동작을 할 수 있는 시스템이 순차 논리회로이다. 따라서 순차 논리회로를 구성하기 위해서는 이와 같이 시스템의 상태를 저장하는 기억소자가 필요하다.

그림 9-1은 순차 논리회로의 구성을 나타낸 것이다. 그림 9-1에서 보는 바와 같이 순차 논리회로는 조합 논리회로와 더불어 **상태를 기억할 수 있는 기억소자**를 포함한다.

기억소자는 두 개의 안정 상태를 가지는 데, 상태는 입력 신호에 의해 변할 수 있다. 두 개의 안정 상태는 0 또는 1로 표현할 수 있으므로 기억소자는 하나의 비트를 저장한다. 기억소자의 출력은 1개 또는 2개 이며, 2개인 경우 두 출력은 서로 보수이다. 순차 논리회로를 분석하거나 설계하기 위해서는 기억소자의 내부동작을 이해하는 것 보다 외부 특성을 정확히 이해하는 것이 중요하다. 순차 논리회로에서 사용되는 기억소자로는 래치(latch)와 플립플롭(flip-flop)이 있다. 모든 기억소자를 플립플롭이라고 불렀으나 동작 유형에 따라 출력이 임의의 시점에 변할 수 있는 비동기형(asynchronous)은 래치라 하고, 클럭 신호와 동기 되어 출력이 변하는 동기형(synchronous)은 플립플롭이라고 한다.[4)]

▌그림 9-1▌ 순차 논리회로의 구성

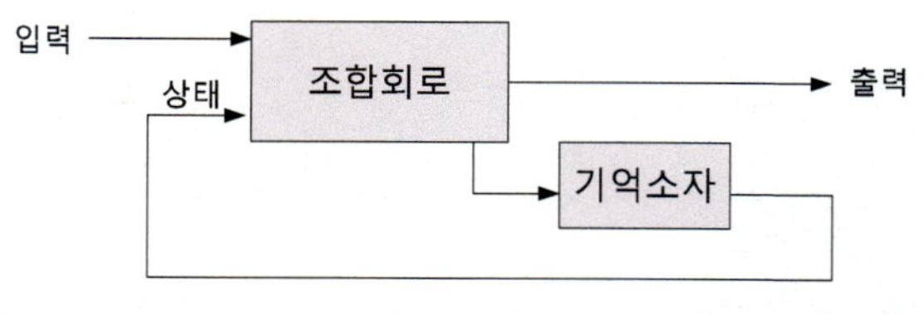

4) http://en.wikipedia.org/wiki/Flip-flop (electronics)

9.2 SR 래치

SR 래치는 가장 기본적인 기억소자이다. SR 래치는 그림 9-2에서 보는 바와 같이 2개의 입력 S와 R을 가지고, 2개의 출력 Q(정출력)와 $\overline{Q}$(부출력)로 구성되어 있다. 입력 S는 출력 Q를 셋(set)시키고, 입력 R은 출력 Q를 리셋(reset)시킨다. 셋의 의미는 출력이 1이 되게 하는 것이며, 리셋의 의미는 출력이 0이 되게 하는 것이다. 2개의 출력 Q와 $\overline{Q}$는 항상 반대여야 한다. 즉, Q가 0이면, $\overline{Q}$는 1이고, Q가 1이면, $\overline{Q}$는 0이다.

그림 9-2의 SR 래치는 그림 9-3과 같이 NOR 게이트로 구성할 수 있다. 이 회로는 기본 기억소자이므로 플립플롭도 이것으로부터 만들 수 있다.

그림 9-2 SR 래치의 입출력 신호

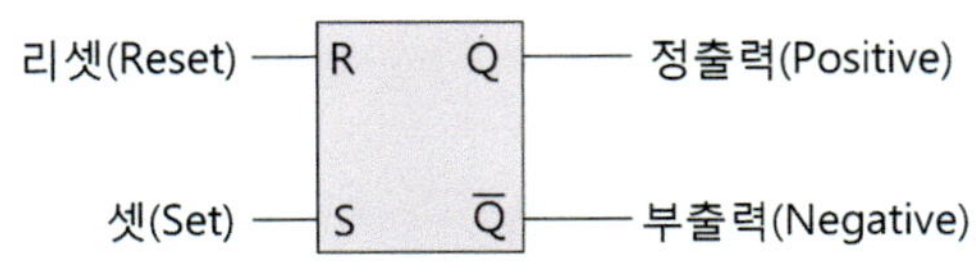

그림 9-3에서 보는 바와 같이 각 NOR 게이트의 출력은 다른 NOR 게이트의 입력으로 피드백 된다. 이 피드백 동작에 의해 지금까지의 조합 논리회로와는 다른 기억 특성을 가지게 된다. NOR 게이트로 구성되는 SR 래치의 동작을 자세히 살펴보기로 하자.

그림 9-3 NOR 게이트로 구성한 SR 래치

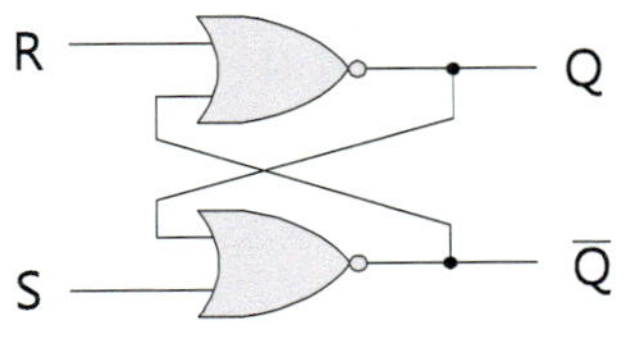

가 S=1, R=0일 때

S 입력에 1이 인가되면 아래쪽 NOR 게이트의 입력이 1이 된다. NOR 게이트의 입력 중 어느 하나라도 1이 있으면 출력 $\overline{Q}$은 0이 된다. 또한 R=0이면 피드백에 의해 위쪽 NOR 게이트의 입력은 모두 0이 되므로 출력 Q은 1이 된다. 출력 Q와 $\overline{Q}$는 서로 반대임을 알 수 있다. 이러한 상태를 **셋 모드**라고 한다.

그림 9-4 S=1, R=0일 때

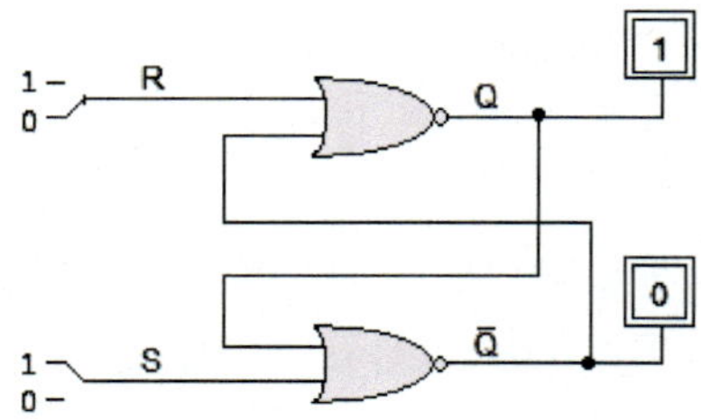

나 S=0, R=1일 때

R 입력이 1이면 위쪽 NOR 게이트 출력 Q은 0이 된다. 피드백에 의해 아래쪽 NOR 게이트의 입력이 모두 0이 되므로 출력 $\overline{Q}$은 1이 된다. 이러한 상태를 **리셋 모드**라고 한다.

그림 9-5 S=0, R=1일 때

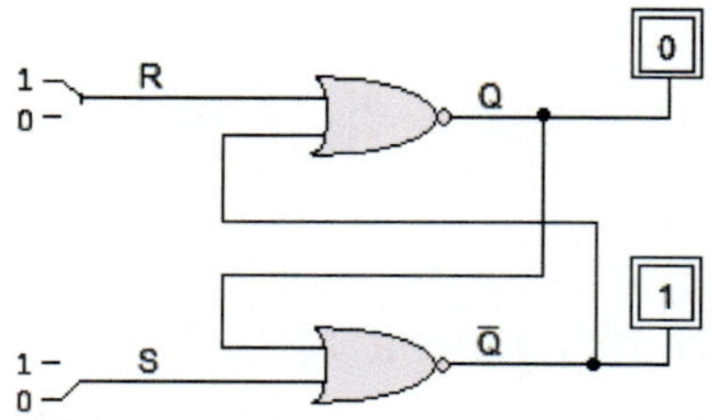

다 S=0, R=0일 때

R=0일 때, $\overline{Q}$=0이면 Q=1이 되고 $\overline{Q}$=1이면 Q=0이 된다. 또한 S=0일 때, Q=0이면 $\overline{Q}$=1이 되고 Q=1이면 $\overline{Q}$=0이 된다. 따라서 Q와 $\overline{Q}$는 값이 그대로 유지됨을 알 수 있다. 이러한 상태를 **유지 모드**라고 한다.

그림 9-6 S=0, R=0일 때

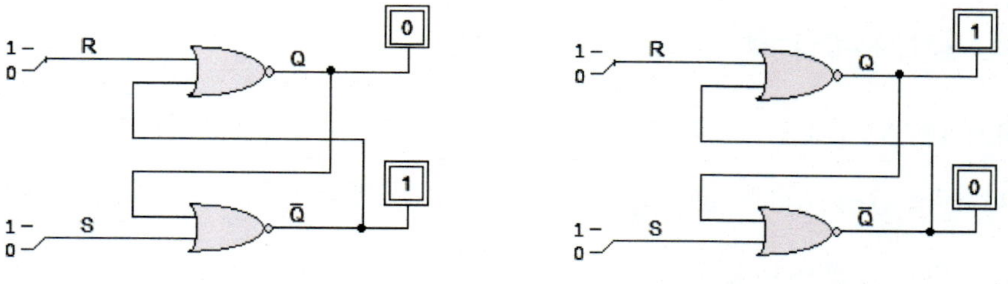

(a) $Q=0$, $\overline{Q}=1$인 경우 (b) $Q=1$, $\overline{Q}=0$인 경우

라 S=1, R=1일 때

R 입력에 1이면 출력 Q는 0이 된다. 또한 S=1에 의해 출력 $\overline{Q}$도 0이 된다. 이 경우, Q와 $\overline{Q}$는 모두 0이 되어 서로 반대라는 조건이 성립되지 않는다. 따라서 이러한 상태를 **금지 모드**라고 한다.

| 그림 9-7 | S=1, R=1일 때

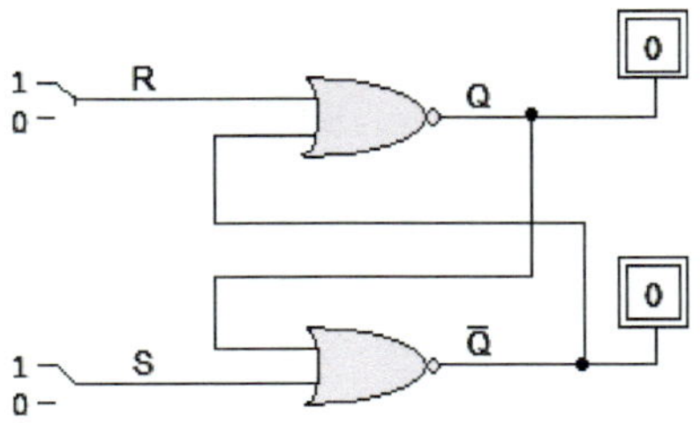

지금까지 설명한 SR 래치의 동작을 진리표로 나타내면 표 9-1과 같다. 이 표에서 알 수 있는 바와 같이 S와 R 입력이 모두 0일 때, 출력은 이전 출력과 같다. 즉 S=R=0일 때 이전 출력이 0이면 다음 출력도 0이 되고, 이전 출력이 1이면 다음 출력도 1이 된다. 이와 같이 동일한 입력에 대해 출력 값이 서로 다를 수 있는 데, 이 점이 조합 논리 회로와 다른 점이다. S와 R 입력을 사용하여 원하는 출력을 얻은 후, S=R=0으로 다시 설정하면 출력은 이전 상태를 기억하게 된다.

표 9-1 | NOR 게이트로 구성한 SR 래치의 진리표

입력		출력		동작 모드
S	R	Q	$\overline{Q}$	
0	0	Q	$\overline{Q}$	유지(hold)
0	1	0	1	리셋(reset)
1	0	1	0	셋(set)
1	1	0	0	금지(prohibited)

예제 9-1

SR 래치의 입력이 다음과 같은 순서로 변할 때 출력의 변화를 알아보자.

풀이

표 9-2 | SR 래치의 동작 예

순서	입력 S	입력 R	출력 Q	출력 $\overline{Q}$	설명
①	1	0	1	0	셋 모드로 Q=1
②	0	0	1	0	①번 입력 후의 값이 그대로 유지된다.
③	0	1	0	1	리셋 모드로 Q=0
④	0	0	0	1	③번 입력 후의 값이 그대로 유지된다.
⑤	1	0	1	0	셋 모드로 Q=1
⑥	1	1	0	0	금지 상태 (두 출력 모두 0)

위의 예제에서 ②번과 ④번의 경우, 입력이 같지만 상태에 따라 출력이 달라짐을 알 수 있다.

SR 래치는 그림 9-8과 같이 NAND 게이트로 구성할 수도 있다. NAND 게이트로 구성된 SR 래치의 동작을 로직웍스로 시뮬레이션하면 그림 9-9(a) ~ (d)와 같다.[5] 표 9-3은 NAND 게이트로 구성된 SR 래치의 동작을 정리한 진리표이다. 이 표에서 알 수 있는 바와 같이 NAND 게이트로 구성한 SR 래치는 $\overline{S}$=1, $\overline{R}$=1일 때 유지 모드, $\overline{S}$=0, $\overline{R}$=1일 때 셋 모드, $\overline{S}$=1, $\overline{R}$=0일 때 리셋 모드가 되고 $\overline{S}$=0, $\overline{R}$=0일 때 금지 모드가 된다.

그림 9-8 NAND 게이트로 구성한 SR 래치

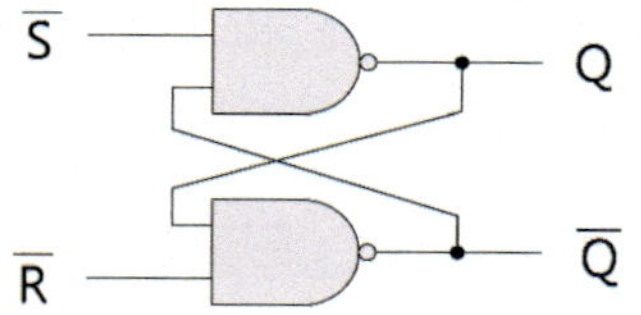

표 9-3 | NAND 게이트로 구성한 SR 래치의 진리표

입력 $\overline{S}$	입력 $\overline{R}$	출력 Q	출력 $\overline{Q}$	동작 모드
0	0	1	1	금지(prohibited)
0	1	1	0	셋(set)
1	0	0	1	리셋(reset)
1	1	Q	$\overline{Q}$	유지(hold)

5) 로직웍스로 시뮬레이션할 때 신호이름을 $\overline{\text{S}}$, $\overline{\text{R}}$, $\overline{\text{Q}}$와 같이 입력할 수 없으므로 S′, R′, Q′ 또는 /S, /R, /Q로 입력하기로 한다.

그림 9-9 NAND 게이트로 구성한 SR 래치

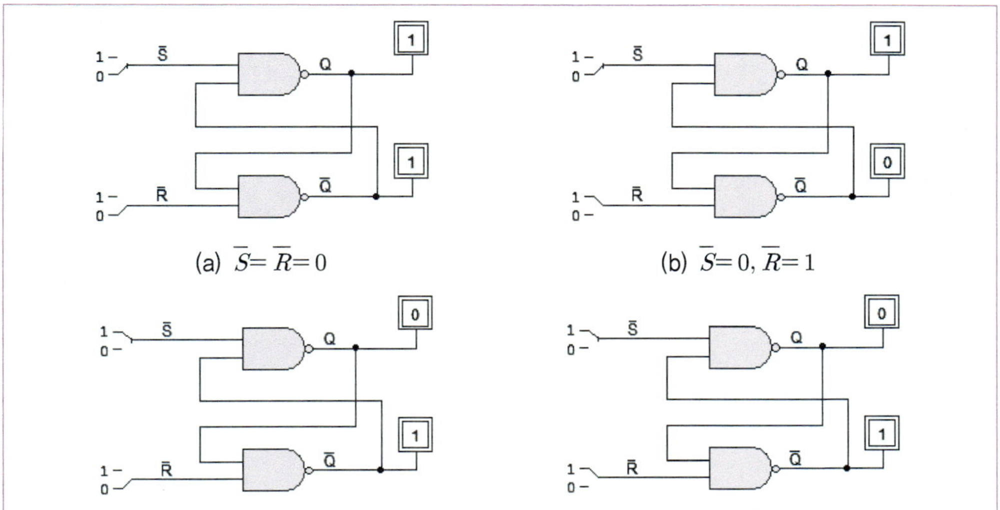

(a) $\overline{S}=\overline{R}=0$ (b) $\overline{S}=0, \overline{R}=1$

(c) $\overline{S}=1, \overline{R}=0$ (d) $\overline{S}=\overline{R}=1$

9.3 게이트 래치

앞에서 살펴본 기본 SR 래치는 비동기 소자이다. 입력에 변화가 있으면 출력이 즉시 변할 수 있다. 그러나 두 개 이상의 래치가 순차 논리회로에서 사용될 때, 출력이 변하는 시점이 서로 다르면 회로의 정확한 동작을 예측하기 어렵다. 또 SR 입력에 노이즈가 발생하면 저장 비트가 손상될 우려도 있다. 이와 같은 문제점을 개선하기 위해 클럭 신호를 추가하여 클럭에 따라 출력이 변하도록 회로를 구성할 수 있다.

출력이 클럭 신호의 레벨에 따라 변하는 래치를 게이트 래치(gated latch)라고 한다. 그림 9-10(a)와 같은 래치에서는 클럭이 0인 동안에는 출력이 변하지 않지만 클럭이 1이 되면 입력에 따라 출력이 변한다. 이와 반대로 그림 9-10(b)에서는 클럭이 1인 동안에는

그림 9-10

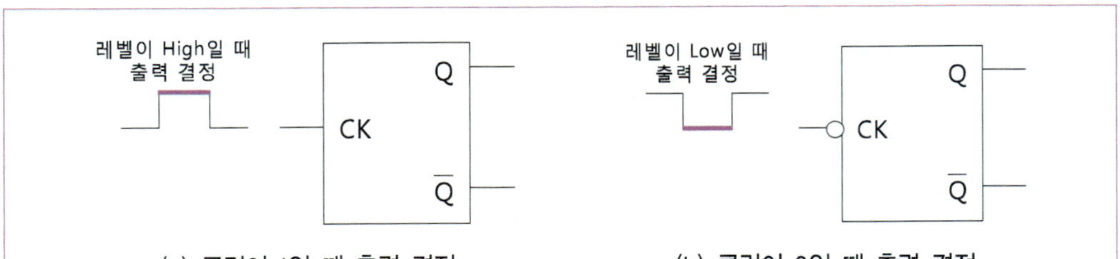

(a) 클럭이 1일 때 출력 결정 (b) 클럭이 0일 때 출력 결정

출력이 변하지 않지만 클럭이 0이 되면 입력에 따라 출력이 변한다. 이와 같이 클럭이 0일 때 출력이 변하는 동작을 나타내기 위해 클럭 신호 앞에 작은 동그라미를 붙인다.

(1) 게이트 SR 래치

그림 9-11은 게이트 SR 래치를 나타낸 것이다. 클럭(CK)이 0이면 S, R이 변하더라도 출력은 그대로 유지되며, 클럭이 1이 되면 기본 SR 래치와 동일한 동작을 한다.

그림 9-11 게이트 SR 래치

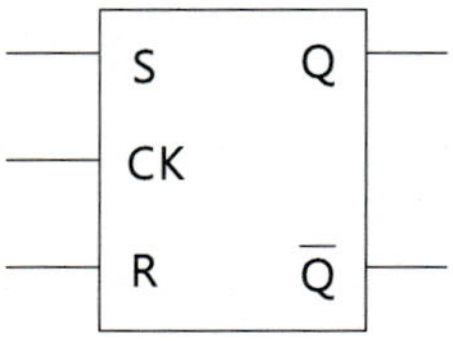

게이트 SR 래치는 그림 9-12과 같이 NAND 게이트로 구성된 기본 SR 래치의 S, R 입력을 클럭과 결합하여 구성된다.

그림 9-12 NAND 게이트로 구성한 게이트 SR 래치

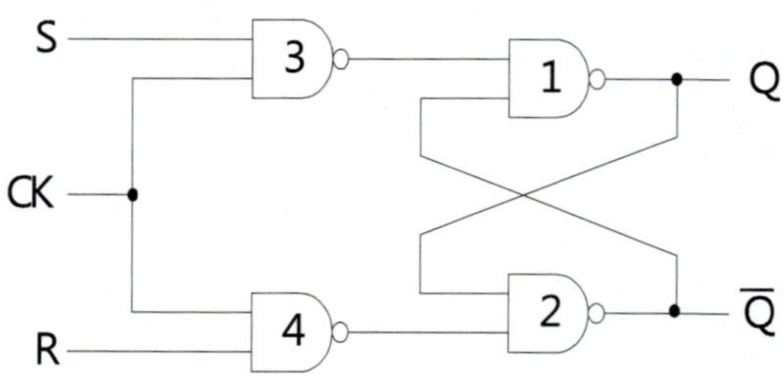

이 그림에서 NAND 게이트 3과 4는 클럭 특성을 만들기 위해 사용되었다. NAND 게이트 3번과 4번 때문에 **S와 R 입력이 변하더라도 CK 입력이 0이면 게이트 3과 4의 출력이 항상 1이 되어 최종 출력에는 아무런 변화가 발생하지 않는다.** CK 입력이 1이 되면 게이트 3번과 4번의 출력은 각각 $\overline{S}$와 $\overline{R}$이 되므로 그림 9-8의 회로와 같은 동작을 하게 된다.

CK=0일 때 그림 9-12에 표시된 게이트 SR 래치를 로직웍스로 시뮬레이션하면 그림 9-13과 같다. CK=0이면 입력에 상관없이 출력이 항상 유지됨을 알 수 있다.

그림 9-13 CK=0일 때 게이트 SR 래치의 동작

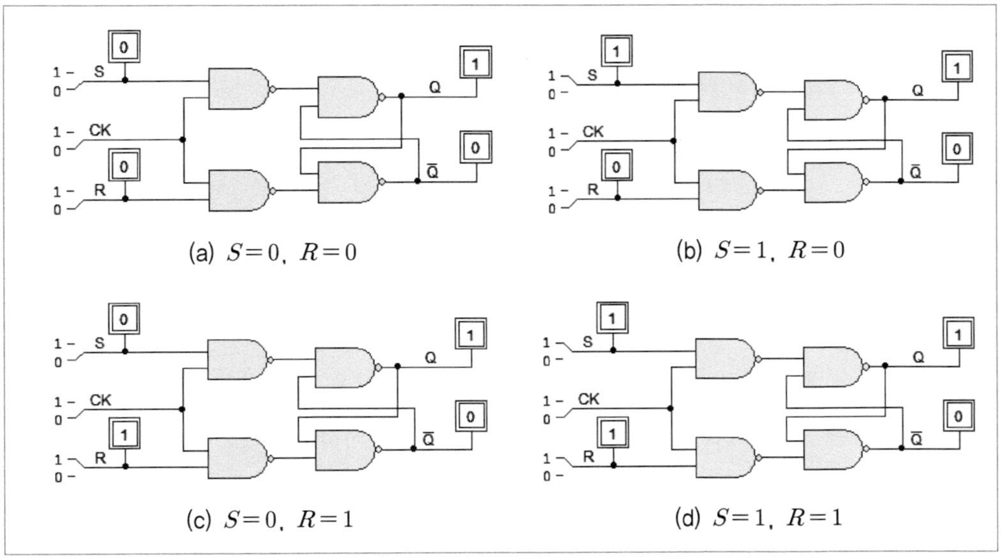

(a) $S=0$, $R=0$ (b) $S=1$, $R=0$

(c) $S=0$, $R=1$ (d) $S=1$, $R=1$

그림 9-14는 CK=1인 경우를 시뮬레이션 한 것이다. CK=1일 때 게이트 SR 래치의 동작은 기본 SR 래치의 동작과 같음을 알 수 있다.

그림 9-14 CK=1일 때 게이트 SR 래치의 동작

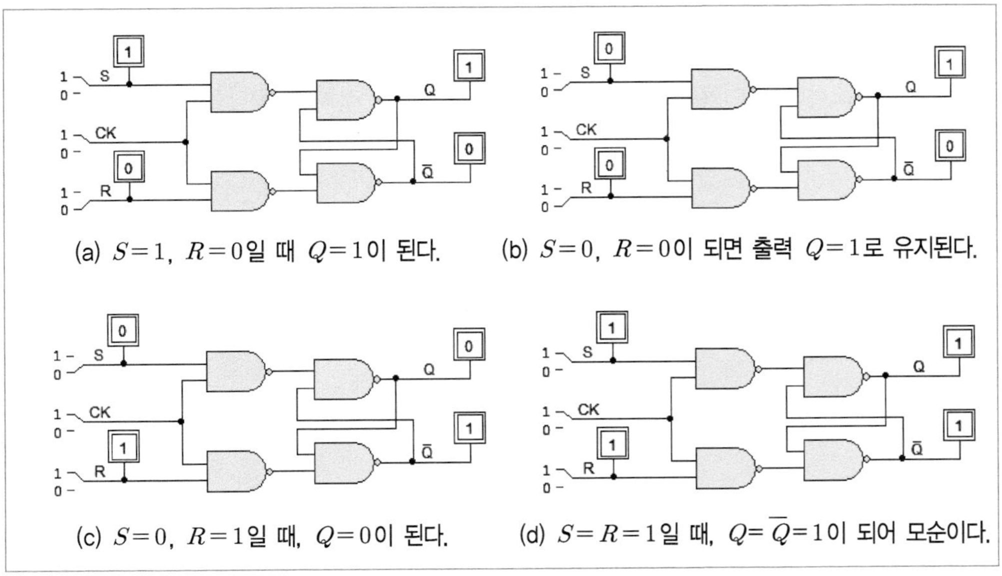

(a) $S=1$, $R=0$일 때 $Q=1$이 된다. (b) $S=0$, $R=0$이 되면 출력 $Q=1$로 유지된다.

(c) $S=0$, $R=1$일 때, $Q=0$이 된다. (d) $S=R=1$일 때, $Q=\overline{Q}=1$이 되어 모순이다.

CK=1일 때, 게이트 SR 래치의 동작을 진리표로 나타내면 표 9-4와 같다. 이 표에서 CK ⎍은 클럭이 1일 때만 의미가 있음을 나타낸다.

표 9-4 | 게이트 SR 래치 진리표(1)

동작 모드	입력			출력	
	CK	S	R	Q	$\overline{Q}$
유지	⎍	0	0	변화 없음	
리셋	⎍	0	1	0	1
셋	⎍	1	0	1	0
금지	⎍	1	1	1	1

그림 9-15에 표시한 바와 같이 게이트 래치의 동작을 나타내기 위해 임의 시점의 클럭을 (n)이라 하고 다음 시점의 클럭을 (n+1)로 나타내기로 하자.

그림 9-15 클럭의 시점 구분

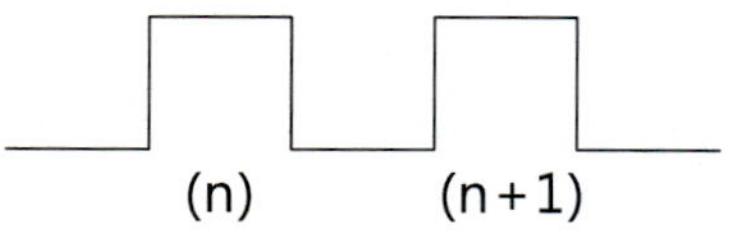

따라서 클럭이 1인 임의 시점 (n)에서의 입력은 S(n)과 R(n), 출력은 Q(n), 다음 클럭 시점인 (n+1)에서의 출력은 Q(n+1)로 표시할 수 있다.

이러한 표시법을 이용하여 CK=1일 때 게이트 SR 래치의 동작을 진리표로 나타내면 표 9-5와 같다.

표 9-5 | 게이트 SR 래치의 진리표(2)

Q(n)	R(n)	S(n)	Q(n+1)
0	0	0	0
0	0	1	1
0	1	0	0
0	1	1	d
1	0	0	1
1	0	1	1
1	1	0	0
1	1	1	d

출력 Q(n+1)은 입력 R, S 뿐 만 아니라 현재 출력 Q(n)에 의해서도 결정되므로 진리표의 입력 부분은 Q(n), R, S를 포함해야 한다. R=S=0이면 유지 모드이므로 Q(n+1)은 Q(n)과 같게 된다. R=0, S=1이면 셋 모드이므로 Q(n)과 무관하게 Q(n+1)은 무조건 1이 된다. 또한 R=1, S=0이면 리셋 모드가 되어 Q(n+1)은 Q(n)과 상관없이 0이 된다. R=S=1이면 금지 모드이므로 진리표에서 임의조건(d)으로 표시된다.

이 진리표에서 Q(n+1)에 대한 관계식을 그림 9-16과 같이 K-map으로 간소화하면 식(9-1)과 같은 결과를 얻을 수 있다. 이 방정식이 SR 래치의 동작 특성을 나타내기 때문에 SR 래치의 특성 방정식(characteristic equation)이라 한다.

▌그림 9-16▐ 게이트 SR 래치의 K-Map

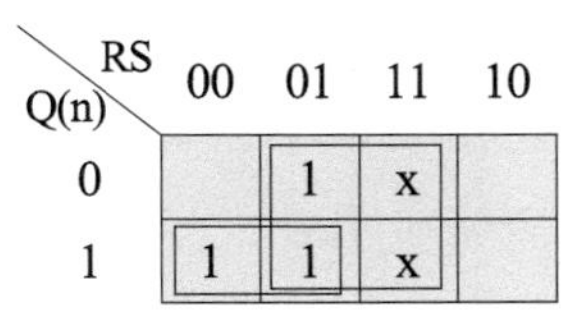

$$Q(n+1) = S(n) + \overline{R}(n)Q(n) \qquad (9\text{-}1)$$

순차 논리회로를 해석하거나 설계할 때 특성 방정식은 중요한 역할을 한다. 순차 논리회로에서 클럭 신호에 따른 입력과 출력 신호의 변화를 시간의 흐름에 따라 표시한 파형을 타이밍 다이어그램(timing diagram)이라 하는데, 순차 논리회로의 동작을 나타내기 위해 매우 유용하게 사용된다. 그림 9-17에 게이트 SR 래치의 동작을 타이밍 다이어그램으로 나타내었다.

▌그림 9-17▐ 게이트 SR 래치의 타이밍 다이어그램

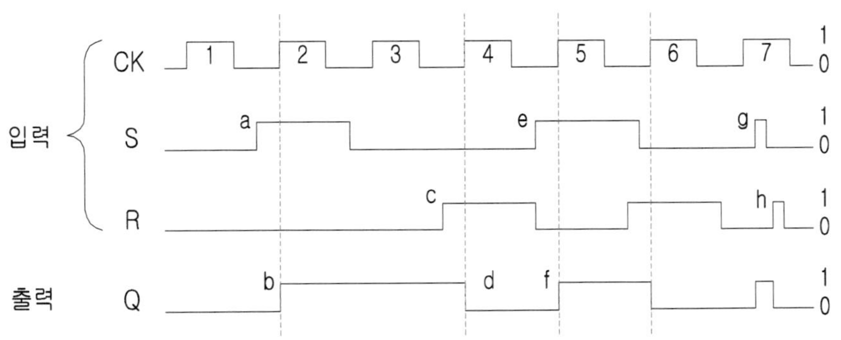

그림 9-17에서 보는 바와 같이 a 시점에서 S=1이고 R=0이 되었지만 클럭(CK)이 0인 동안에는 출력 Q가 변하지 않는다. 클럭이 1이 되는 b 시점에서 출력이 1이 된다. c 시점에서도 S=0, R=1의 입력이 인가되었지만 클럭이 0이기 때문에 출력은 변하지 않는다. d 시점에서 클럭이 1이 되면 비로소 출력 Q가 0이 된다. e와 f의 관계도 마찬가지 설명할 수 있다.

이와 같이 게이트 래치는 입력의 변화가 있더라도 클럭이 1이 되지 않으면 이전의 출력 상태를 유지하고 있음을 알 수 있다.

그러나 게이트 SR 래치는 그림 9-17에서 보는 바와 같이, 7번 클럭의 신호가 1인 상태에서 입력의 변화가 발생하면(g와 h) 즉시 출력이 변한다. 이로 인하여 클럭 신호에 의해 출력이 동시에 변하는 동기성이 상실될 우려가 있기 때문에 회로를 설계할 때 주의해야 한다. 게이트 래치를 사용하는 순차 논리회로에서는 클럭이 논리 1이 되기 전에 다음 출력을 위한 입력이 미리 설정되어야하며 클럭이 1인 기간에는 입력의 변화가 발생하지 않도록 회로 설계 시 주의해야 한다.

(2) 게이트 D 래치

디지털 논리회로에서 가장 많이 사용되는 기능이 비트 저장 기능이다. 비트 저장 기능이란 비트를 입력으로 받아 어떤 시간 동안 저장하는 기능이다. 이와 같이 저장할 비트를 입력으로 받아 일시적으로 저장하는 기억소자가 게이트 D 래치이다. 게이트 D 래치는 그림 9-18과 같은 기호로 표시된다. 하나의 입력 D를 가지며, 출력 Q는 입력이 저장되어 나타나므로 클럭이 인가된 후에는 항상 입력과 같다.

그림 9-18 게이트 D 래치

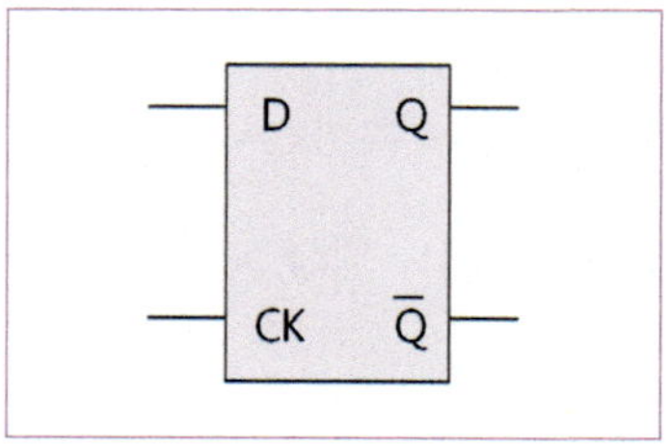

그림 9-19 게이트 D 래치의 구성

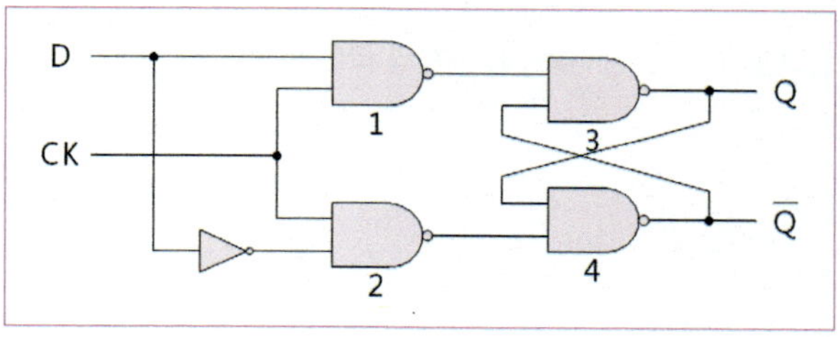

그림 9-19는 게이트 D 래치의 구성을 나타낸 것이다. 게이트 SR 래치에서 입력 S를 반전시켜 다른 입력 R에 연결하여 구성된다. CK=0이면 1, 2번 NAND 게이트의 출력은 모두 1이 되고 따라서 출력은 변하지 않는다. CK=1이고 D=1이면 1번 게이트의 출력은 0이 되고, 2번 게이트의 출력은 1이 되므로 출력 Q=1이 된다. 여기서 출력 Q가 입력 D와 같아짐을 알 수 있다. CK=1일 때 D=0이면 1번 게이트의 출력은 1이 되고, 2번

게이트의 출력은 0이 되어 출력 Q=0이 된다. 이 경우에도 Q=D가 됨을 알 수 있다. 따라서 게이트 D 래치의 출력은 입력과 같다.

게이트 D 래치의 동작을 타이밍 다이어그램으로 나타내면 그림 9-20과 같다. 이 그림에서 처음에 Q=1이었다가 D=0이 인가되고 클럭이 입력되면 Q=0이 된다. D=1이 입력되면 클럭이 1이 될 때 출력 Q가 1이 됨을 알 수 있다. 따라서 클럭이 1일 때 주어진 입력 논리값을 다시 클럭이 1이 될 때까지 저장하는 기능을 가진다.

그림 9-20 게이트 D 래치의 타이밍 다이어그램

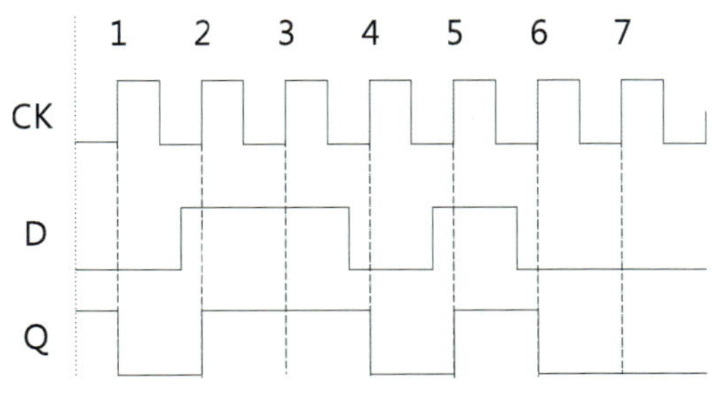

예제 9-2

7475는 4-비트 게이트 D 래치 소자이다. 그림 9-21(a)의 동작 진리표와 같이 ENABLE 신호는 게이트 D 래치의 클럭과 같은 기능을 한다.

그림 9-21 7475 4-비트 게이트 D 래치

Inputs		Outputs	
D	ENABLE	Q	$\overline{Q}$
L	H	L	H
H	H	H	L
X	L	Q_0	$\overline{Q}_0$

(a) 7475의 동작 진리표

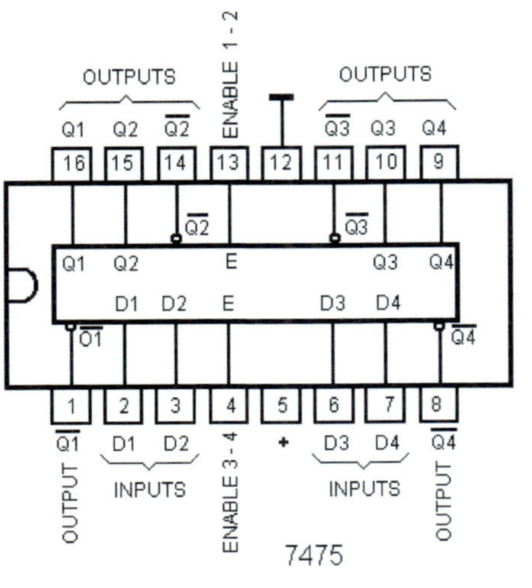

(b) 7475 내부 구성도

그림 9-21(b)는 7475의 내부 구성도를 나타낸 것인데, D1~D4는 입력이고 Q1~Q4는 출력이다. ENABLE 신호가 인가되면 입력이 출력에 저장되어 나타난다. 7475 D 래치를 로직웍스에 입력하고 입력 신호 D1~D4와 클럭 신호 ENABLE 1-2/3-4, 출력 Q1~Q4 사이의 관계를 타이밍 다이어그램으로 나타내고 동작을 설명하라.

풀이

그림 9-22와 같이 부품을 입력하고 타이밍 다이어그램에 표시할 신호에 이름을 붙인다. 입력은 HEX 키보드를 이용하여 설정하고 출력은 HEX 디스플레이를 이용하여 표시한다.

▌그림 9-22 ▌ 7475 시뮬레이션 회로

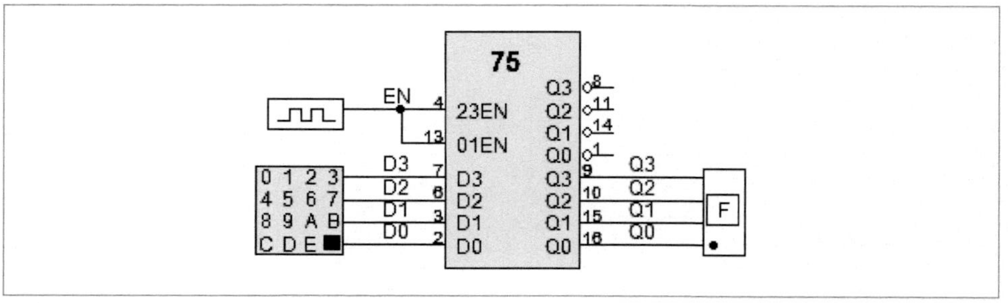

HEX 키보드에서 입력을 설정하고 싱글 스텝 시뮬레이션을 실행하면 그림 9-23과 같은 타이밍 다이어그램을 얻을 수 있다. 이 타이밍 다이어그램에서 EN 신호가 1일 때 입력을 변경한 경우와 EN=0일 때 입력을 변경한 경우에 출력이 어떻게 변하는지 관찰해 보자. EN=0일 때 입력이 변하더라도 출력은 변하지 않고 그대로 유지되다가 EN=1이 되면 입력에 따라 변한다. 그러나 EN=1일 때 입력이 변하면 출력은 즉시 입력에 따라 변한다. 따라서 래치는 클럭의 레벨에 따라 변함을 알 수 있다.

▌그림 9-23 ▌ 7475의 동작 타이밍 다이어그램

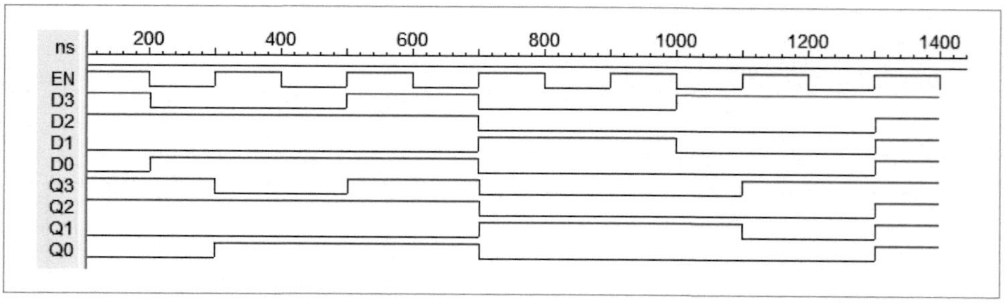

9.4 클럭과 모서리 트리거

앞에서 설명한 바와 같이 게이트 래치는 클럭 신호가 1인 동안에 클럭 신호의 폭보다 짧은 입력이 인가되면 출력이 비동기적으로 변한다. 이러한 비동기 문제를 해결하는 방법은 클럭의 상승 모서리나 하강 모서리에서 래치의 출력이 변하도록 하는 것이다. 이와 같이 클럭의 모서리에서 출력이 변하는 래치를 모서리 트리거형(edge trigger) 플립플롭이라 한다. 모서리 트리거형 플립플롭은 클럭의 하강 모서리나 상승 모서리에서 플립플롭의 출력이 변하므로 클럭 신호의 폭에 상관없이 동기적으로 동작한다.

플립플롭의 동작에 반드시 필요한 클럭 신호에 대해 좀 더 자세히 알아보기로 하자. 그림 9-24는 클럭 신호의 모양을 나타낸 것이다.

그림 9-24 클럭 신호

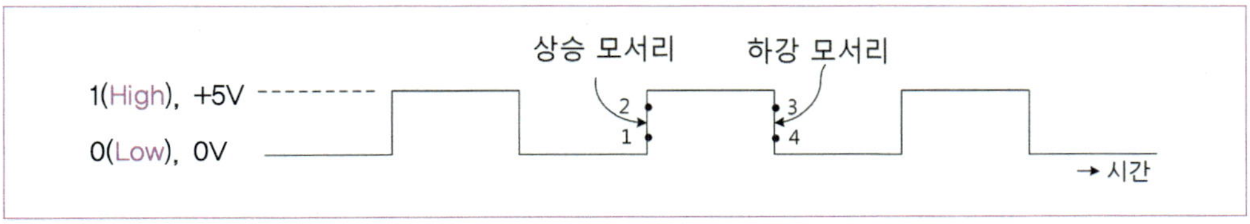

그림 9-24에서 수평축은 시간이고 수직축은 전압을 나타낸다. 클럭 신호는 두 가지 전압을 갖는 데, +5V는 논리 1의 상태이고, 0V는 논리 0의 상태이다. 클럭의 전압이 변하는 시점은 상승 모서리(rising edge 또는 positive edge)와 하강 모서리(falling edge 또는 negative edge) 두 군데가 있다. 그림에서 1 → 2로 변하는 시점이 상승 모서리이고 3 → 4로 변하는 시점이 하강 모서리이다.

상승 모서리에서 출력이 변화하는 플립플롭을 **상승 모서리 트리거(positive-edge-trigger) 플립플롭**이라 하고, **하강 모서리**에서 **출력이 변하는 플립플롭을 하강 모서리 트리거(negative-edge-trigger) 플립플롭**이라고 한다. 플립플롭을 사용하는 경우에는 소자가 어떤 트리거형 인지를 반드시 먼저 확인해야 한다. 이를 구분하는 방법으로는 그림 9-25와 같이 논리 기호의 클럭(CK) 입력 앞에 삼각형과 함께 조그만 동그라미가 있는 경우는 하강 모서리 트리거 플립플롭이고, 삼각형만 있는 경우는 상승 모서리 트리거 플립플롭이다. 플립플롭의 진리표에서 CK가 ↑로 표시되면 상승 모서리 트리거이고, 반대로 ↓와 같이 표시되면 하강 모서리 트리거를 의미한다.

클럭의 모서리에서 출력이 결정되는 모서리 트리거형 플립플롭은 JK, D, T 플립플롭이 있다. 흔히 플립플롭을 분류할 때, SR 플립플롭을 포함하는 경우도 있으나 JK 플립플롭이 SR 플립플롭의 기능을 대체할 수 있으므로 실제로 사용되는 경우는 거의 없다.

▌그림 9-25▌ 상승 모서리 트리거형과 하강 모서리 트리거형

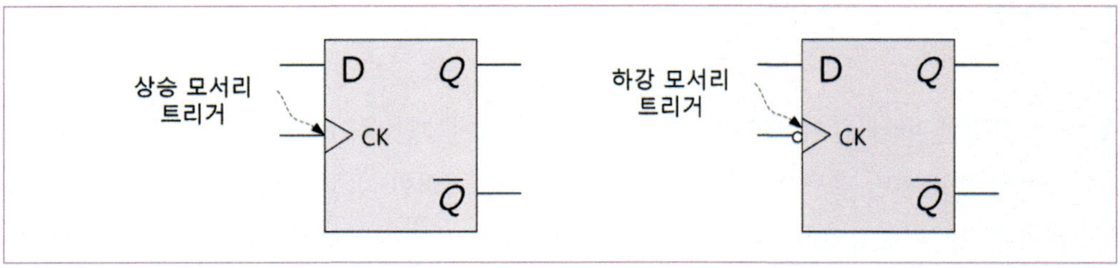

9.5 JK 플립플롭

앞에서 설명한 바와 같이 플립플롭은 클럭의 모서리에서 출력이 결정된다.

클럭의 모서리에서 출력이 변하도록 플립플롭을 구성하는 방법은 두 가지가 있다. 한 가지는 펄스 트리거 방법으로 비동기적으로 출력이 변할 수 있는 클럭이 1인 시간을 아주 짧게 유지하는 방법이다. 예를 들어 그림 9-26의 펄스 발생회로를 살펴보자. 이 그림에서 NOT 게이트의 지연시간을 td라 하고, NOR 게이트와 AND 게이트의 지연시간은 없다고 가정한다. 클럭이 1에서 0으로 변하는 순간 그림 9-27과 같이 NOR 게이트의 출력에서는 폭이 td인 펄스가 얻어지고, 클럭이 0에서 1로 변하는 순간 AND 게이트 출력에서는 폭이 td인 펄스가 발생한다. 이와 같은 펄스 신호를 게이트 래치의 클럭으로 사용하면 출력이 비동기적으로 변하는 것을 방지할 수 있다.

▌그림 9-26▌ 펄스 발생 회로

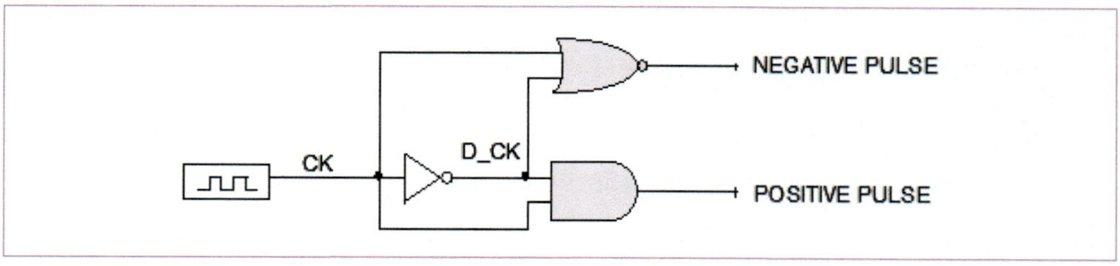

▌그림 9-27▌ 클럭과 모서리 펄스 파형

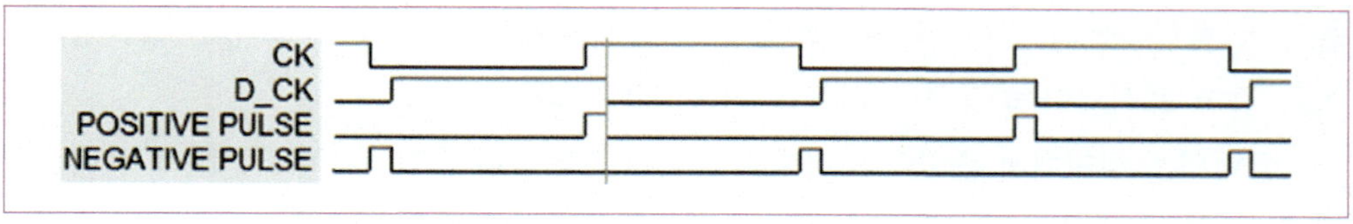

두 번째 방법은 두 개의 동일한 래치를 마스터와 슬레이브로 종속 연결하는 방법이다. 두 개의 게이트 래치를 그림 9-28과 같이 종속 연결하고 앞단의 클럭을 반전시켜 뒷단에 연결하면 하강 모서리에서 출력이 정해지는 마스터-슬레이브형 플립플롭을 구성할 수 있다. 마스터 래치의 클럭이 1이 되면 마스터 래치의 출력이 변한다. 이 동안에 슬레이브 래치의 클럭은 0이므로 슬레이브 출력은 변하지 않는다. 클럭이 1에서 0으로 변하는 순간, 마스터 클럭은 0이 되므로 마스터 출력은 그대로 유지된다. 그러나 슬레이브 클럭이 1이 되어 슬레이브 출력이 변하게 된다. 즉 전체 출력인 슬레이브 출력은 클럭이 1 → 0으로 변하는 하강 모서리에서 정해지게 된다.

▌그림 9-28 ▌ 마스터-슬레이브 플립플롭의 구성

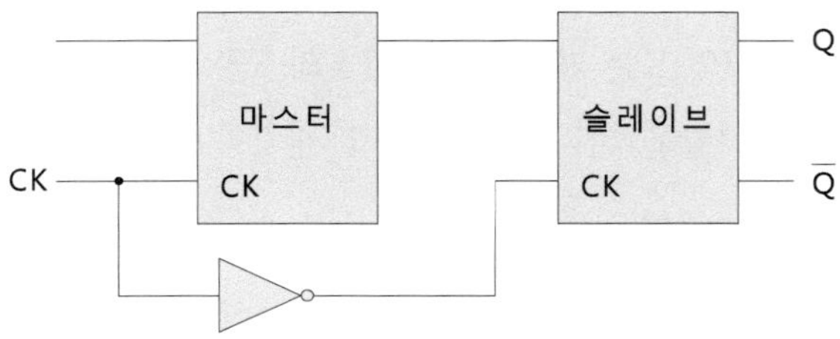

JK 플립플롭은 두 개의 게이트 SR 래치를 이용하여 마스터-슬레이브를 구성하고 전체 출력을 다시 입력으로 피드백 시켜서 SR 래치의 금지 모드를 해결한 플립플롭이다. JK 플립플롭의 회로 구성과 논리기호는 각각 그림 9-29와 9-30과 같다.

▌그림 9-29 ▌ 마스터-슬레이브 JK 플립플롭의 구성

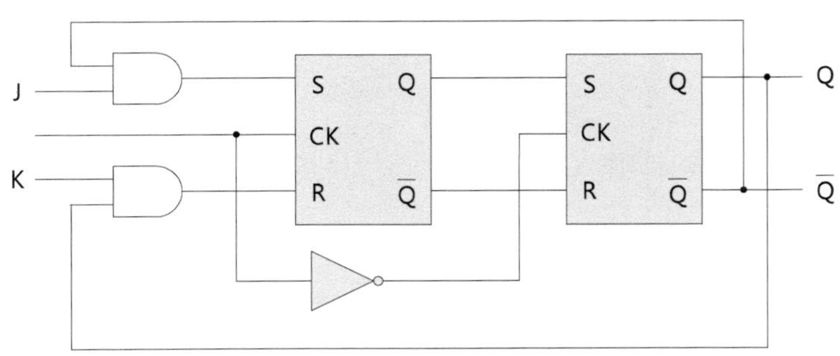

▌그림 9-30▌ JK 플립플롭의 기호

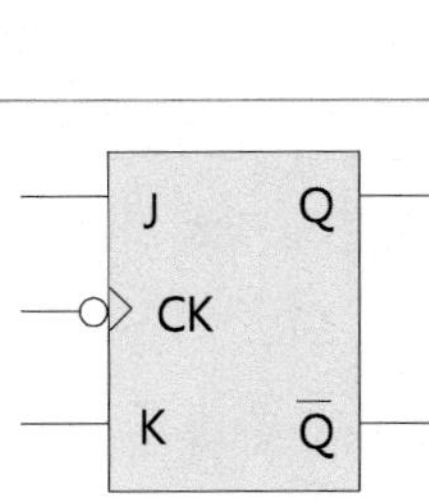

그림 9-29에서 마스터-슬레이브 JK 플립플롭은 게이트 SR 래치 두 개가 종속 연결되고 출력이 다시 입력으로 피드백 되어 구성되어 있다. 그림 9-30은 클럭에 삼각형 기호와 함께 작은 동그라미가 있으므로 하강 모서리에서 동작하는 JK 플립플롭을 나타내는 기호이다.

JK 플립플롭의 입력 J와 K는 게이트 SR 래치의 S와 R 입력에 대응되어 플립플롭을 세트 혹은 리셋 시키는 역할을 한다. 게이트 SR 래치와 마찬가지로 정출력(Q)과 부출력($\overline{Q}$)의 2가지 출력을 가진다.

그림 9-31은 마스터-슬레이브 JK 플립플롭의 구성회로를 로직웍스로 나타낸 것이다. 클럭 신호의 변화에 따라 출력이 어떻게 변하는지 알아보기 위해 클럭 대신 스위치를 연결하였다. 그림 9-32는 JK 플립플롭의 입력 변화에 따른 출력을 나타낸 타이밍 다이어그램이다. Q=0인 상태에서 J=1, K=0이 되면 클럭의 하강모서리가 지난 후 Q=1이 된다(①). J=K=1이 되면 Q는 클럭의 하강 모서리마다 반전됨을 알 수 있다(②~④). SR 래치에서는 S=R=1이 금지 상태이지만 JK 플립플롭에서는 출력이 반전되는 동작이 반복되는데 이러한 동작을 토글(toggle)이라고 한다.

J=0, K=1이 되면 출력은 0이 되고(⑤), J=K=0이 되면 출력이 계속 유지됨을 알 수 있다(⑥).

▌그림 9-31▌ JK 플립플롭의 로직웍스 회로도

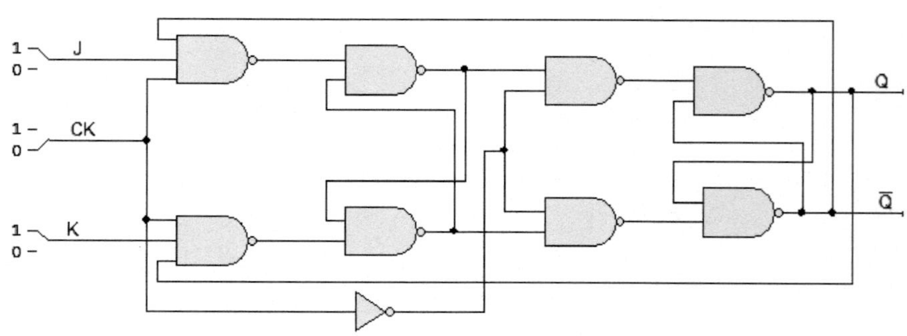

그림 9-32 JK 플립플롭의 타이밍 다이어그램

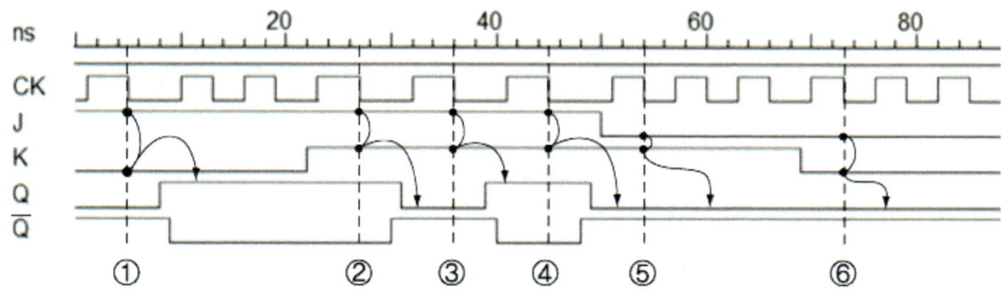

이와 같은 동작을 정리하여 진리표로 나타내면 표 9-6과 같다.

표 9-6 | JK 플립플롭의 진리표(1)

동작 모드	입력 CK	J	K	출력 Q	$\overline{Q}$
유지	↓	0	0	변화 없음	
리셋	↓	0	1	0	1
셋	↓	1	0	1	0
토글	↓	1	1	반대상태	

표 9-6의 진리표에서 첫 번째 행은 '유지(hold) 모드'를 표시한다. J와 K입력이 모두 0이면 출력은 아무런 변화가 없이 이전의 출력을 그대로 유지한다. 두 번째 행은 '리셋(reset) 모드'를 나타낸다. J 입력이 0이고 K 입력이 1이면, 클럭의 하강모서리에서 이전의 출력 상태와 상관없이 항상 $Q=0$, $\overline{Q}=1$이 된다. 세 번째 행은 '셋(set) 모드'를 나타낸다. J 입력이 1이고, K 입력이 0이면, 이전의 출력 상태와 상관없이 항상 $Q=1$, $\overline{Q}=0$이 된다. 네 번째 행은 '토글(toggle) 모드'이며, J와 K 입력이 모두 1이면 출력은 이전의 반대 상태가 된다. 만약, 클럭 신호가 계속 입력되면 출력은 0과 1을 반복하게 된다. 이 동작 모드를 이용하면 카운터 등을 쉽게 구현할 수 있다.

JK 플립플롭과 게이트 SR 래치를 비교해 보면, J와 K 입력은 각각 S와 R 입력에 대응하고 JK 플립플롭의 토글 동작을 제외하면 다른 동작이나 의미는 게이트 SR 래치와 유사하다는 것을 알 수 있다.

JK 플립플롭은 임의 시점 n에서의 입력 [J(n), K(n)]과 출력 [Q(n)]의 상태에 따라 다음 클럭 시점인 (n+1)에서의 출력 [Q(n+1)]이 결정되며, 이를 진리표로 작성하면 표 9-7과 같다.

표 9-7 | JK 플립플롭의 진리표(2)

Q(n)	J	K	Q(n+1)
0	0	0	0
0	0	1	0
0	1	0	1
0	1	1	1
1	0	0	1
1	0	1	0
1	1	0	1
1	1	1	0

표 9-7과 게이트 SR 래치의 진리표인 표 9-4를 비교해보면, 표 9-7에서는 J=K=1인 네 번째와 마지막 행에서의 출력이 다르지만 표 9-4에서는 출력이 1이다. 즉 게이트 SR 래치에서는 S=R=1은 금지모드이지만 JK 플립플롭에서 J=K=1은 토글모드이다. 표 9-7에서 Q(n+1)을 K-map으로 간소화하면 그림 9-33과 같다. 그림 9-33에서 이웃하는 항을 묶으면 식 (9-2)와 같은 식을 얻을 수 있으며, 이를 **JK 플립플롭의 특성 방정식**이라 한다.

그림 9-33 JK 플립플롭의 K-map

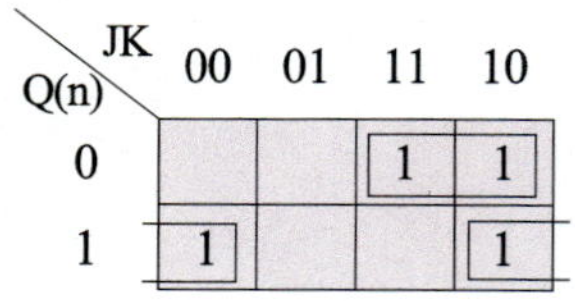

$$Q(n+1) = \overline{Q}(n)J(n) + \overline{K}(n)Q(n) \quad (9\text{-}2)$$

특성방정식은 JK 플립플롭의 다음 출력을 나타낸 불 대수식이다. JK 플립플롭의 다음 출력을 1로 만들기 위해서는 현재 출력이 1일 때 K=0이거나 현재 출력이 0일 때 J=1이어야 함을 나타낸다.

대표적인 JK 플립플롭으로는 7476이 있다. 7476에는 두 개의 JK 플립플롭이 들어있으며 그림 9-34와 같은 핀아웃에서 클럭 단자(Clk)를 살펴보면 작은 동그라미가 있으므로 하강 모서리에서 동작하는 플립플롭임을 알 수 있다.

▌그림 9-34▌ 7476 JK 플립플롭

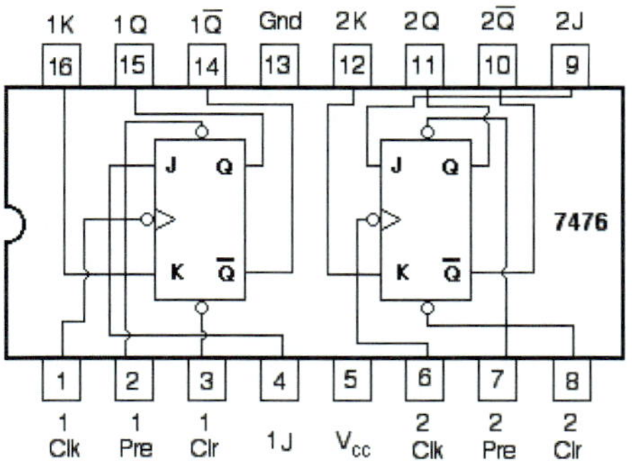

9.6 D 플립플롭

D 플립플롭은 앞에서 설명한 게이트 D 래치와 같이 입력 D를 출력 Q에 저장하는 기억 소자이다. 다만 출력이 클럭의 모서리에서만 변하는 것이 다른 점이다. 그림 9-35에 D 플립플롭의 논리 기호를 도시하였다. 이 그림에서 D 플립플롭은 입력 D와 출력 Q, $\overline{Q}$로 구성되어 있음을 알 수 있다.

▌그림 9-35▌ D 플립플롭의 기호

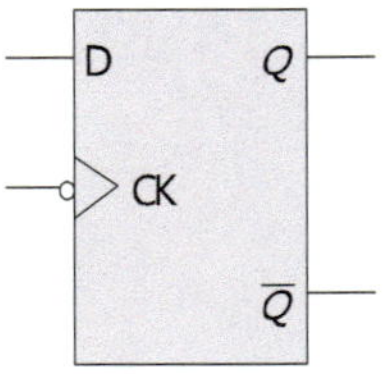

D 플립플롭은 게이트 D 래치를 사용하여 그림 9-36과 같이 마스터-슬레이브형으로 구현할 수 있다.

▌그림 9-36▌ D 플립플롭의 구성

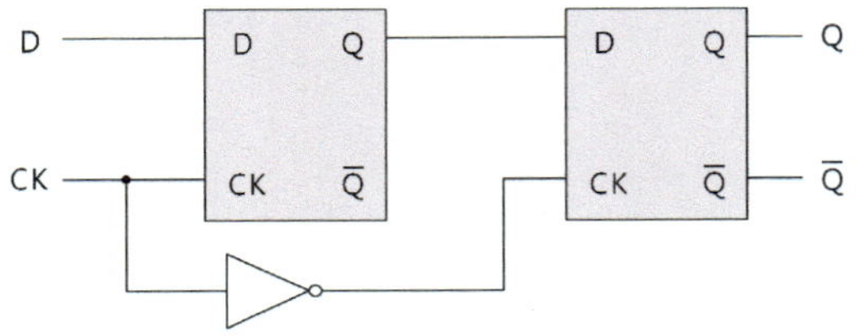

게이트 D 래치에서 설명한 바와 같이 클럭이 1이면 입력 D의 값이 마스터 출력에 나타나고 클럭이 0으로 변하는 순간에 슬레이브 출력에 나타나게 된다. 즉 클럭의 하강 모서리에서 Q=D가 된다.

그림 9-37은 D 플립플롭의 동작을 나타낸 타이밍 다이어그램이다.

그림 9-37 D 플립플롭의 동작 타이밍

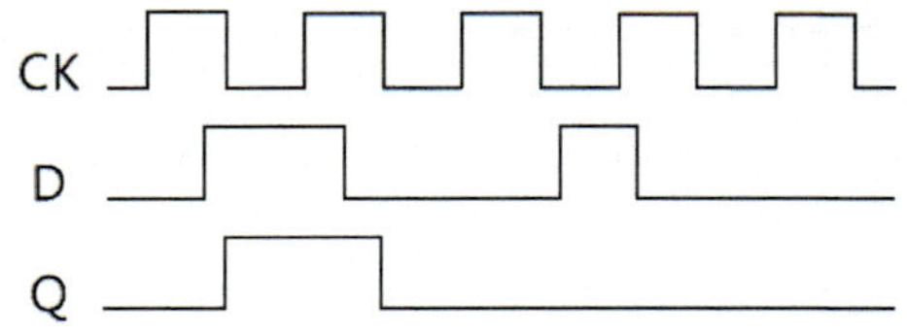

그림 9-37에서 보는 바와 같이 첫 번째 클럭의 하강 모서리에서 D 입력이 1이므로 Q=1이 된다. 두 번째 하강 모서리에서는 D=0이므로 Q=0이 된다. 그러나 그 이후의 클럭 하강 모서리에서는 입력이 0이므로 출력이 그대로 유지되고 있음을 알 수 있다. 두 번째 D 입력이 1인 경우가 있지만 이 기간 동안 클럭의 하강 모서리가 없으므로 출력은 변하지 않는다. 이와 같이 출력 Q는 입력 D와 같아지므로 D 플립플롭에 데이터를 저장할 수 있다. 따라서 D 플립플롭을 데이터 플립플롭이라고 한다. 또한, D 입력 신호가 지연되어 출력으로 전달하므로 D 플립플롭은 지연(delay) 플립플롭이라고도 한다.

D 플립플롭의 동작을 진리표로 나타내면 표 9-8과 같다. 다음 출력 Q(n+1)은 현재 출력 Q(n)과 무관하게 입력 D에 의해 결정된다.

표 9-8 | D 플립플롭의 진리표

D	Q(n)	Q(n+1)
0	0	0
0	1	0
1	0	1
1	1	1

따라서 D 플립플롭의 다음 출력 Q(n+1)이 1이 되는 경우를 나타내는 D 플립플롭의 특성방정식은 다음과 같다.

$$Q(n+1) = D(n) \quad (9\text{-}3)$$

대표적인 D 플립플롭 소자로는 7474가 있다. 7474의 핀아웃을 나타내는 그림 9-38에서 클럭(CK) 단자를 살펴보면 7474는 상승 모서리형 플립플롭임을 알 수 있다. CLR과 S는 비동기입력이라고 하는데, CLR=0이면 출력은 클럭과 무관하게 무조건 0이 되고 S=0이면 출력은 무조건 1이 된다. 따라서 보통은 CLR=S=1로 설정해야 한다.

▌그림 9-38▐ 7474 D 플립플롭

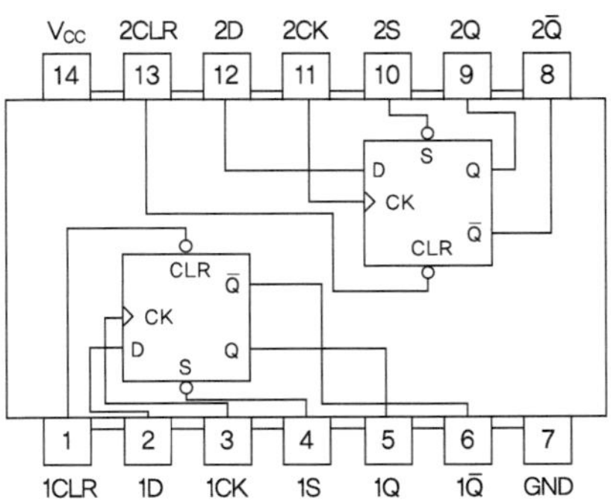

예제 9-3

7474 D 플립플롭의 입력(D)과 비동기 입력 S, CLR가 그림 9-39와 같을 때, 출력의 변화를 타이밍 다이어그램으로 나타내어 보자.

풀이

▌그림 9-39▐ 7474 D 플립플롭 동작 예

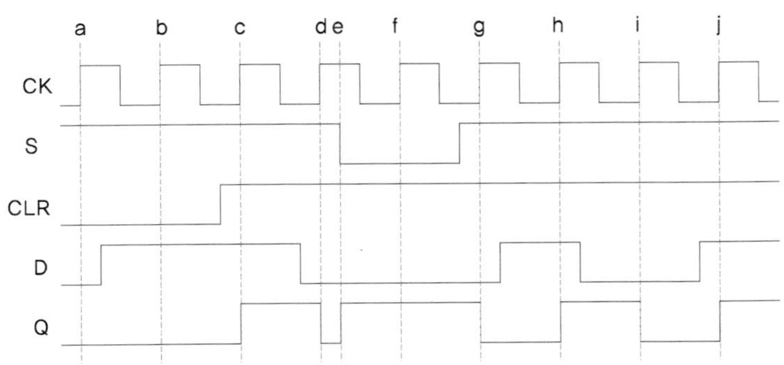

그림 9-39에서 알 수 있는 바와 같이 a와 b 시점에서는 D 입력과 관계없이 CLR=0이기 때문에 출력 Q가 0이 된다. c 시점에서는 CLR와 S 둘 다 1이기 때문에 D 입력에 따라 출력이 결정된다. 즉, c 시점에서 D 입력이 1이므로 출력이 1이 된다. d 시점에서 D 입력이 0이므로 출력이 0으로 변환 후, e 시점에서 S 입력이 0으로 되어 클럭 신호와 관계없이 출력이 1로 변한다. f 시점에서는 D 입력이 0이지만 S 입력이 0이므로 출력이 1로 유지된다. g 시점부터는 S와 CLR이 모두 1이므로 D 입력에 따라 출력 Q가 결정되는 것을 알 수 있다.

9.7 T 플립플롭

T 플립플롭은 JK 플립플롭의 입력 J와 K를 하나로 연결하여 그림 9-40과 같이 구성되며 입력은 T로 표시한다.

그림 9-40 T 플립플롭의 구성

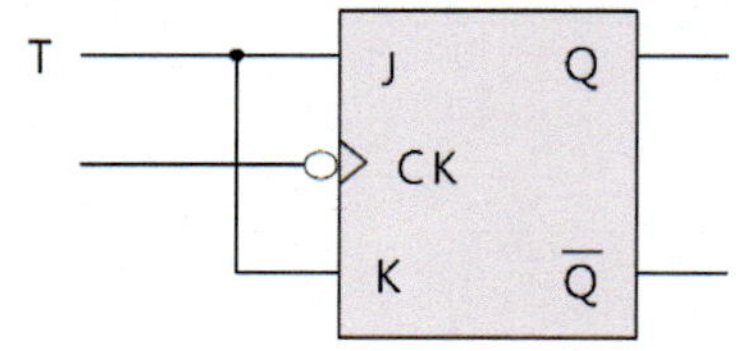

그림 9-41(a)와 같이 JK 입력에 1을 인가하면 JK 플립플롭은 클럭의 하강 모서리마다 출력이 반대로 변하는 토글 동작을 하게 된다. 이를 T 플립플롭으로 표현하면 그림 9-41(b)와 같다.

그림 9-41 JK 플립플롭의 토글 모드 결선과 T 플립플롭

T 플립플롭의 진리표는 표 9-9와 같다. T=0이면 출력은 유지되고, T=1이면 출력은 반대가 된다. Q(n+1)=1이 되는 조건을 모아 T 플립플롭 특성방정식을 구하면 식 (9-4)와 같다.

표 9-9 | T 플립플롭의 진리표

T	Q(n)	Q(n+1)
0	0	0
0	1	1
1	0	1
1	1	0

$$Q(n+1) = \overline{T}(n)Q(n) + T(n)\overline{Q}(n) = T(n) \oplus Q(n) \quad (9\text{-}4)$$

T 플립플롭은 JK 플립플롭으로 간단히 구성할 수 있기 때문에 실제 T 플립플롭 소자는 없다.

예제 9-4

그림 9-41(a)와 같은 회로에 클럭이 인가될 때 출력의 변화를 타이밍 다이어그램으로 나타내어 보자.

풀이

J=K=1이므로 출력은 그림 9-42와 같이 클럭의 하강 모서리에서 계속 반전된다.

그림 9-42 T 플립플롭의 타이밍다이어그램

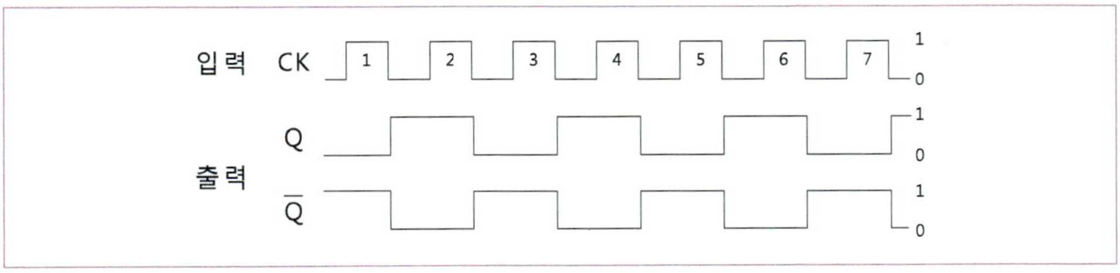

9.8 비동기 입력신호

플립플롭에는 JK, D, T, CK 입력 외에도 $\overline{S}$(Set) 또는 $\overline{PR}$(PreSet) 입력과 $\overline{CLR}$(Clear) 입력이 있다. JK나 D 입력은 클럭 CK와 동기화 되어 동작하지만 $\overline{PR}$과 $\overline{CLR}$ 입력은 클럭과 무관하게 동작한다. $\overline{PR}$ 입력이 0이면 현재 출력이나 입력에 관계없이 Q는 1이 되고, $\overline{CLR}$ 입력이 0이면 Q는 0이 된다. 일반적으로 이 두 신호는 순차 논리회로나 플립플롭의 초기 상태를 결정하는 데 사용된다. 시스템이 동작하기 전에 출력을 0으로 설정하려면 $\overline{CLR}$=0, $\overline{PR}$=1로 하고, 출력을 1로 설정하려면 $\overline{CLR}$=1, $\overline{PR}$=0으로 하면 된다. $\overline{PR}=\overline{CLR}$=0은 논리적으로 모순이므로 금지되어 있다. 초기화 후에 시스템이 클럭에 동기화되어 정상적으로 동작하려면 $\overline{PR}=\overline{CLR}$=1로 설정해야 한다.

그림 9-38의 7474 D 플립플롭을 비동기 입력을 포함하여 진리표로 나타내면 표 9-10과 같다.

표 9-10 | 7474 D 플립플롭의 진리표

동작모드	입력				출력	
	비동기 입력		동기 입력			
	$\overline{PR}$	$\overline{CLR}$	CK	D	Q	$\overline{Q}$
비동기 셋	0	1	X	X	1	0
비동기 리셋	1	0	X	X	0	1
금지	0	0	X	X	1	1
셋	1	1	↑	1	1	0
리셋	1	1	↑	0	0	1

* 0=LOW, 1=HIGH, X=임의조건 입력, ↑= 클럭의 상승모서리

플립플롭 실험

(1) 사용 부품

부품명	규격	수량
IC	7400	2
IC	7476	1

부품명	규격	수량
IC	7474	1

(2) 사용 기자재

- 논리회로 실험장치(Logic Lab)
- 2채널 오실로스코프
- 함수 발생기
- 파워 서플라이

(3) 실험 1: 게이트 SR 래치 실험

실험순서

① 7400을 이용하여 그림 9-43과 같은 논리회로를 구성하라. 입력은 논리회로 실험장치의 토글 스위치에 연결하라.

② S, R, CK 입력을 아래 표의 조합에 따라 변화시키면서 오실로스코프를 이용하여 Q와 $\overline{Q}$의 상태(1과 0)를 기록하라. 입력 조합의 순서가 중요하므로 차례대로 진행해야 한다. 만약 실험 도중에 S, R을 잘못 설정했으면 처음부터 다시 시작해야 한다.

그림 9-43 게이트 SR 래치 실험회로

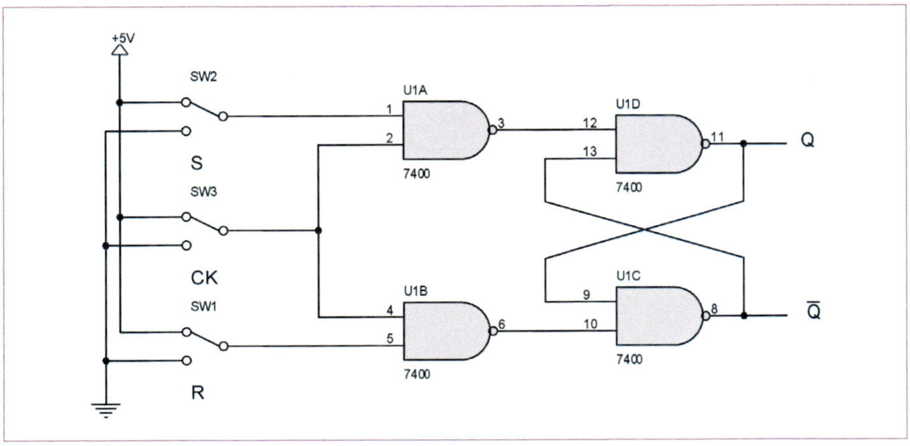

▶ 표 9-11 | 게이트 SR 래치 실험 결과

입력			출력 상태	
S	R	CK	Q	$\overline{Q}$
0	0	0		
0	0	1		
0	0	0		
0	1	0		
0	1	1		
0	1	0		
1	0	0		
1	0	1		
1	0	0		

(4) 실험 2: D 플립플롭 실험

실험순서

① 7474를 이용하여 그림 9-44와 같은 논리회로를 결선하라.

② CLK 신호는 논리회로 실험 장치의 상승 모서리 발생 단자  또는 LED & Switch 보드의 P1 단자에 연결한다. 다른 입력 신호는 논리회로 실험 장치의 토글 스위치에 연결한다.

③ 표 9-12에 표시된 순서에 따라 CLR, PRE, D 입력을 설정하고 상승 모서리 발생 스위치를 한번만 누른 다음, 출력 Q와 $\overline{Q}$의 상태를 오실로스코프로 측정하여 기록하라.

▌그림 9-44▌ D 플립플롭 실험회로

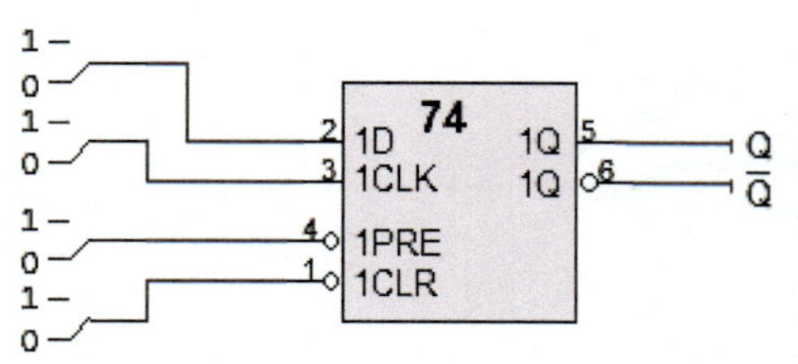

표 9-12 | D 플립플롭 실험 결과

입력				출력 상태	
CLR	PRE	D	CK	Q	$\overline{Q}$
1	1	1	↑		
0	1	1	↑		
1	0	0	↑		
1	1	1	↑		
1	1	0	↑		

(5) 실험 3: JK 플립플롭 실험

실험순서

① 7476을 이용하여 그림 9-45와 같은 회로를 브레드보드 위에 구성하라. CK 신호는 논리회로 실험 장치의 하강 모서리 발생 단자 [하강 모서리 기호] 또는 LED & Switch 보드의 P1 단자에 연결한다. 다른 입력 신호는 논리회로 실험 장치의 토글 스위치에 연결한다. 7476의 전원(5번)과 접지(13) 단자는 다른 소자와 다르므로 주의해야 한다.

그림 9-45 JK 플립플롭 실험회로

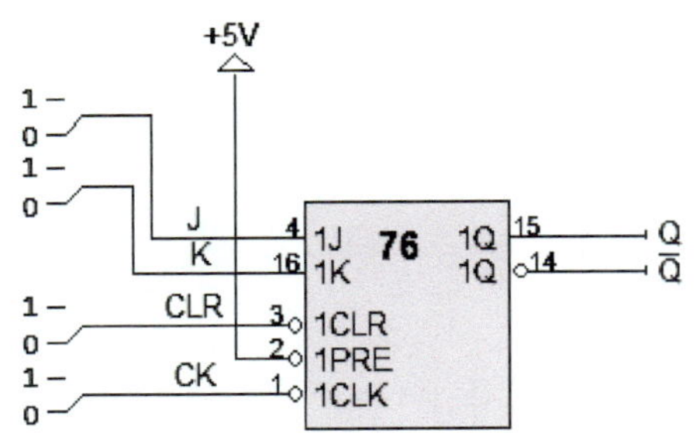

② 그림 9-46의 타이밍 다이어그램을 완성하라.
CLR=0으로 설정하고 출력을 측정한다. 측정이 끝나면 CLR=1로 설정한다. 그림 9-46과 같이 첫 번째 CK의 하강 모서리 직전에 J=0, K=1를 설정하고 논리회로 실험 장치의 하강 모서리 발생 버튼을 한 번만 누르고 출력을 측정한다. 다음 CK에 대해서도 같은 방법으로 입력 JK를 설정하고 하강 모서리 발생 버튼을 한 번 누르고 출력을 측정하여 타이밍 다이어그램에 그린다. 이와 같은 방법으로 모두 7번 반복한다.

| 그림 9-46 | JK 플립플롭 타이밍 다이어그램

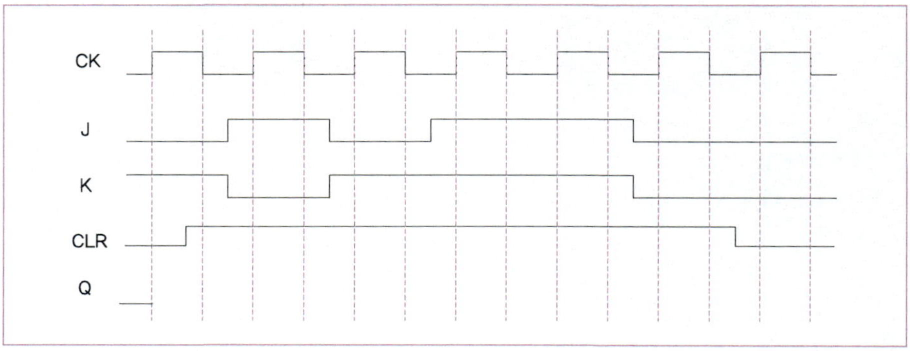

(6) 실험 4: T 플립플롭 실험

실험순서

① 7476을 이용하여 그림 9-47과 같은 회로를 구성하라. CK 신호는 논리회로 실험 장치의 하강 모서리 발생 단자  또는 LED & Switch 보드의 P1 단자에 연결한다. 다른 입력 신호는 논리회로 실험 장치의 토글 스위치에 연결한다.

| 그림 9-47 | T 플립플롭 실험회로

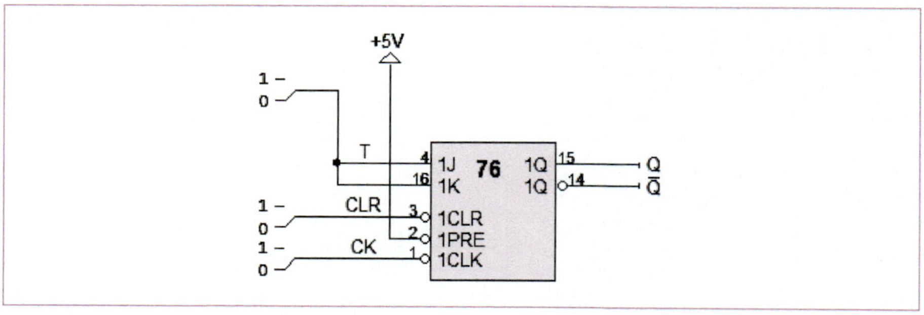

② 그림 9-48의 타이밍 다이어그램을 완성하라. 모든 클럭의 하강 모서리 이전에 T와 CLR 입력을 설정하고 CK 신호를 입력한다. CK 신호를 입력하기 위해서는 하강 모서리 발생 버튼을 한 번만 눌러야 한다.

| 그림 9-48 | T 플립플롭 타이밍 다이어그램

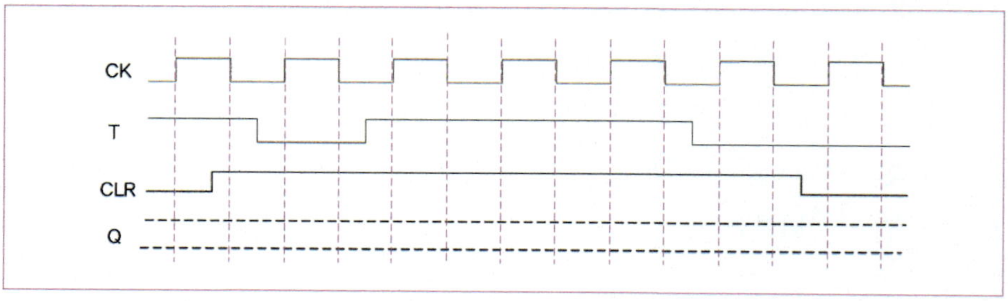

③ CK 단자에 스위치 대신 함수 발생기의 구형파 출력을 연결하라. 단 구형파의 주파수는 1KHz로 설정하고, 전압 범위는 0~5V로 설정하라. T=1, CLR=1로 설정했을 때 출력 Q의 파형을 오실로스코프로 측정하여 그림 9-49에 그려라.

▌그림 9-49▌ T 플립플롭의 토글 모드

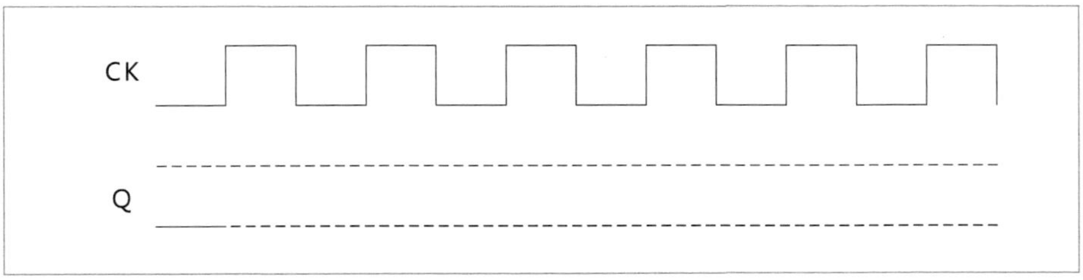

(7) 실험결과 및 검토

(1) 게이트 SR 래치 실험에 대하여 다음 물음에 답하라.

① CK=0일 때 S와 R을 변경하면 출력은 변하는가? 변하지 않으면 그 이유는 무엇인가?

② 입력 S, R을 설정한 다음, CK 신호의 논리 값이 얼마일 때 출력이 변하는가? 또 그 이유는 무엇인가?

③ 마지막 실험 후에 S=R=0으로 설정하고 CK 신호를 인가하면 출력은 어떤 값을 갖게 되는가?

④ 실험에서 왜 하강 모서리 발생 단자를 두 번 누르면 안 되는가?

(2) D 플립플롭 실험에 대하여 다음 물음에 답하라.

① CLR=0, PRE=1일 때 Q는 얼마인가?

② CLR=1, PRE=0일 때 Q는 얼마인가?

③ D 플립플롭이 정상 동작을 하려면 CLR=PRE=1로 설정해야 하는 이유는 무엇인가?

④ 실험결과로부터 D 플립플롭의 입력 D와 출력 Q 사이의 관계를 설명하라.

⑤ 7474 외에 어떤 D 플립플롭이 있는지 소자를 조사하라.

(3) JK 플립플롭 실험에 대하여 다음 물음에 답하라.

① 실험 결과의 타이밍 다이어그램에서 클럭의 각 구간은 어떤 모드인지 기록하라.

② JK 플립플롭의 특성방정식을 이용하여 구한 다음 출력과 실험 결과가 일치하는지 확인하라.

③ 다음 JK 플립플롭의 타이밍 다이어그램을 완성하라.

▌그림 9-50▌ JK 플립플롭 타이밍 다이어그램

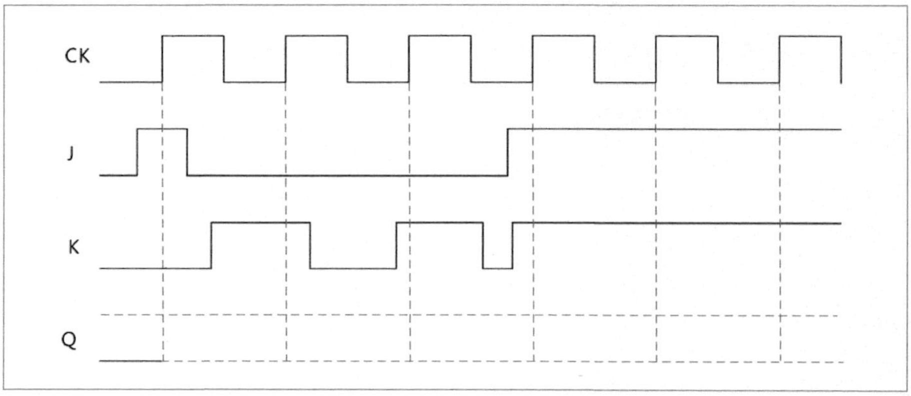

(4) T 플립플롭 실험에 대하여 다음 물음에 답하라.

① 실험 ②를 로직웍스로 시뮬레이션하고 그 결과를 실험 결과와 비교하라.

② 실험 ③의 출력은 어떻게 변하는가? 이러한 동작을 무엇이라 하는가?

연습문제

9.1 다음 그림과 같은 래치 회로를 로직웍스로 구성하고 시뮬레이션하여 동작 진리표를 완성하라. 또한 이 회로의 동작을 설명하라.

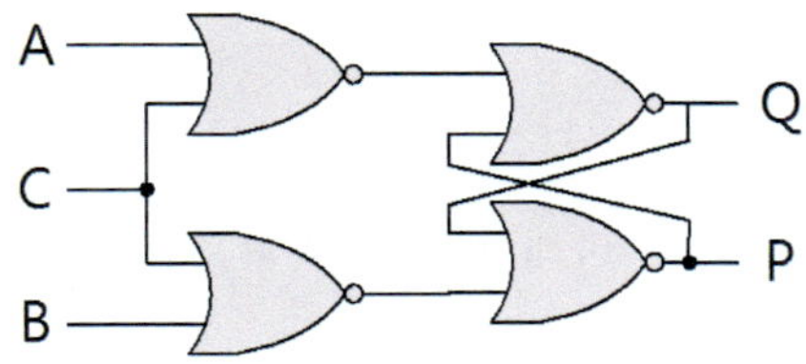

C	A	B	$Q(n)$	$Q(n+1)$	$P(n+1)$
1	×	×	0		
1	×	×	1		
0	0	0	0		
0	0	0	1		
0	0	1	0		
0	0	1	1		
0	1	0	0		
0	1	0	1		
0	1	1	0		
0	1	1	1		

9.2 논리회로의 입력으로 토글 스위치를 사용하면 스위치의 접점이 변할 때 채터링(chattering) 현상에 의해 스위치의 출력이 짧은 시간동안 진동을 하게 된다. SR 래치를 이용하여 채터링 현상을 제거한 스위치 입력 회로를 그려라.

9.3 7476 JK 플립플롭을 로직웍스로 시뮬레이션하여 CK, J, K, Q를 포함하는 타이밍 다이어그램으로 나타내라.

9.4 래치와 플립플롭의 차이점을 설명하라. 게이트 D 래치에는 어떤 소자가 있는지 조사해 보라.

9.5 플립플롭에서 클럭 신호의 기능에 대해 설명하라. 또한 하강 모서리 트리거와 상승 모서리 트리거에 대해 설명하라.

9.6 플립플롭에서 $\overline{PR}$과 $\overline{CLR}$ 신호의 역할은 무엇인가?

9.7 AND, OR, NOT 게이트를 이용하여 다음 그림과 같은 래치를 구성하였다.

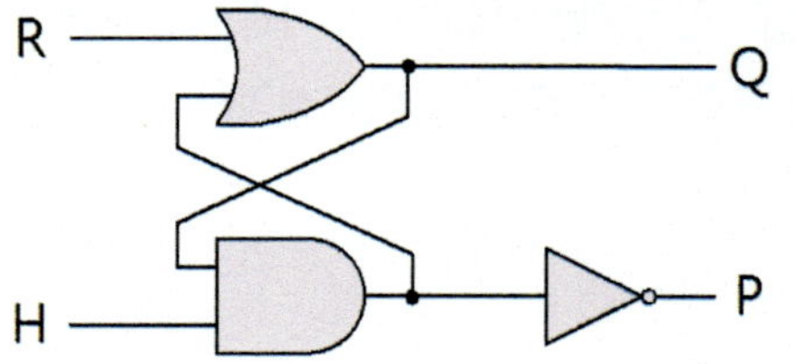

(a) P와 Q가 서로 반대가 되기 위해 허용되지 않는 R, H의 조건은 무엇인가?

(b) 다음 표를 완성하라.

R	H	$Q(n)$	$Q(n+1)$
0	0	0	
0	0	1	
0	1	0	
0	1	1	
1	0	0	
1	0	1	
1	1	0	
1	1	1	

(c) 래치의 특성방정식을 구하라.

9.8 다음 그림과 같은 하강 모서리 JK 플립플롭의 동작을 나타내는 타이밍 다이어그램을 완성하라. 단, J = K = 1로 가정한다.

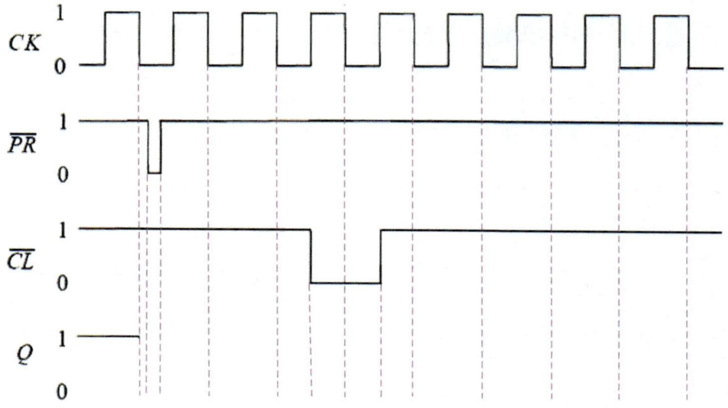

9.9 다음 그림과 같은 하강 모서리 JK 플립플롭의 동작을 나타내는 타이밍 다이어그램을 완성하라.

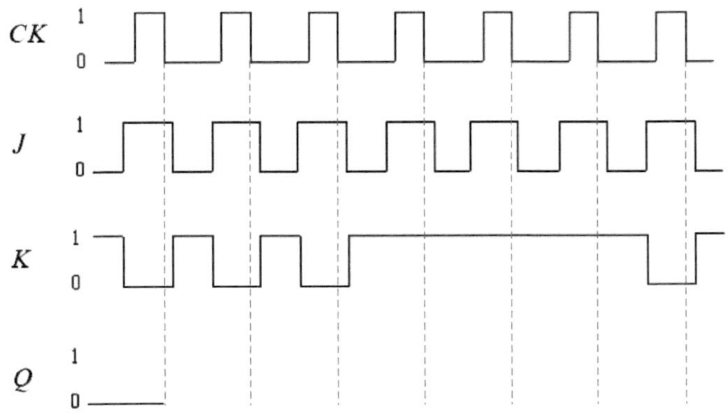

9.10 다음 그림과 같은 상승 모서리 JK 플립플롭의 동작을 나타내는 타이밍 다이어그램을 완성하라.

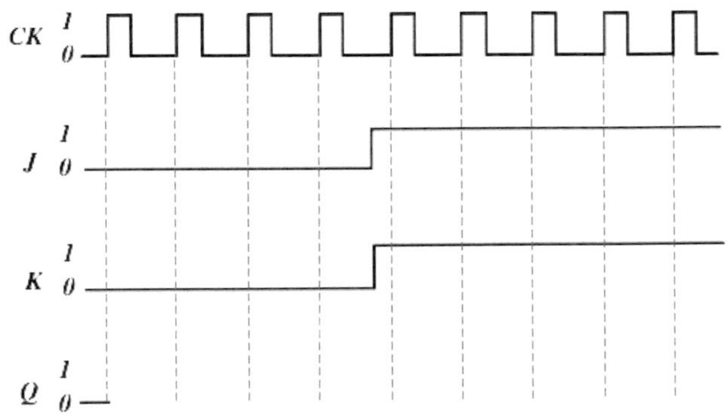

9.11 다음 그림과 같은 입력 신호가 하강 모서리 JK 플립플롭에 인가될 때 출력 신호의 변화를 완성하라. 단 Q의 초기값은 0으로 가정하라.

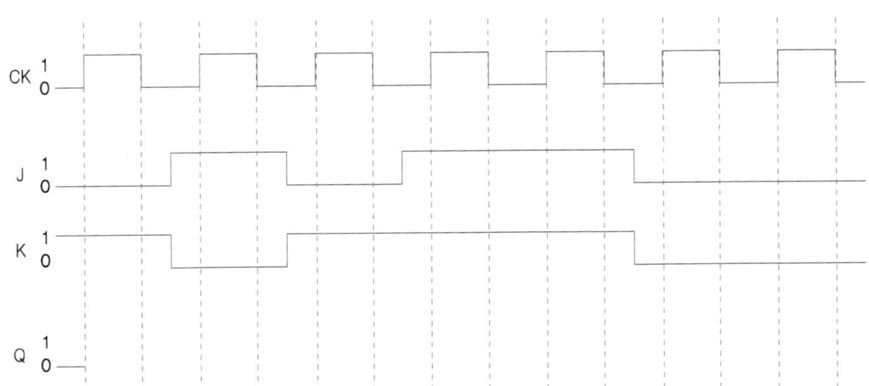

9.12 다음 그림과 같은 상승 모서리 D 플립플롭의 동작을 나타내는 타이밍 다이어그램을 완성하라.

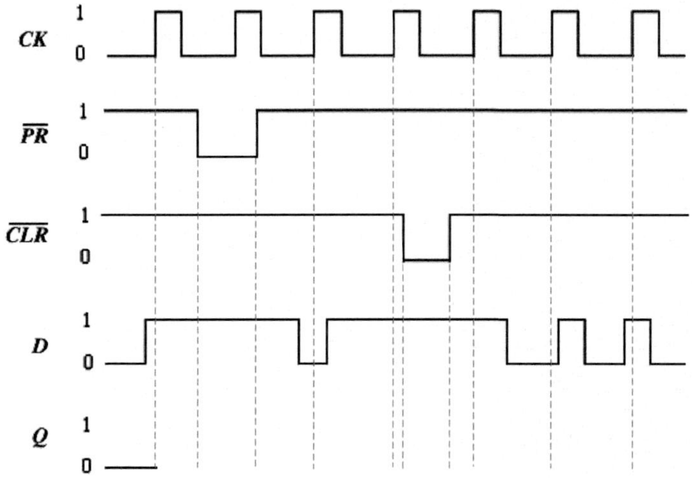

9.13 다음 그림과 같은 상승 모서리 D 플립플롭에 대한 타이밍 다이어그램을 완성하라.

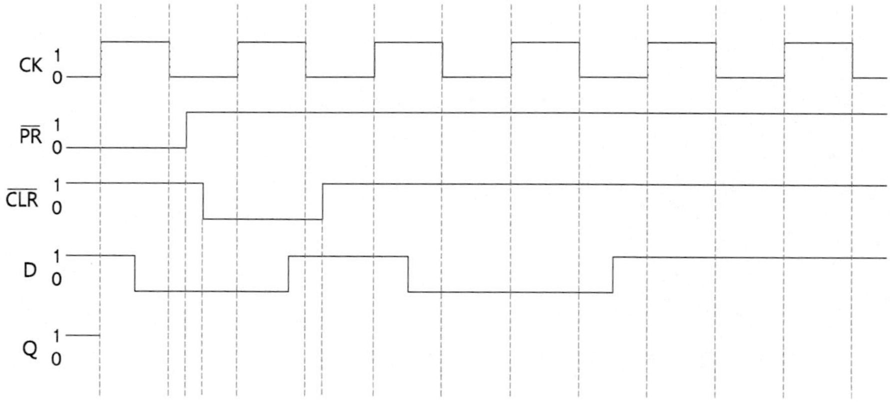

9.14 7476 JK 플립플롭에 아래와 같은 순서로 입력 J, K를 인가했을 때 출력의 변화를 기록하고 로직웍스를 이용하여 타이밍 다이어그램으로 나타내라.

$\overline{PR}$	$\overline{CLR}$	J	K	Q
1	0	0	1	
1	1	0	1	
1	1	0	0	
0	1	0	0	
1	1	1	1	
1	1	1	1	
1	1	0	1	
1	1	1	0	

9.15 7474 D 플립플롭에 아래 표와 같은 순서로 입력 D를 인가했을 때, 출력의 변화를 기록하고 로직웍스를 이용하여 타이밍 다이어그램으로 나타내라.

$\overline{PR}$	$\overline{CLR}$	D	Q
1	0	0	
1	1	0	
1	1	0	
0	1	1	
1	1	1	
1	1	1	
1	1	0	
1	1	1	

9.16 D 플립플롭을 이용하여 T 플립플롭을 구성하라. 구성한 회로를 로직웍스로 시뮬레이션하여 T 플립플롭으로 동작하는지 확인하라.

CHAPTER

10

카운터(Counter)

학습목표

1 카운터의 특성을 이해하고 설명할 수 있다.
2 비동기 리플 카운터의 동작을 이해하고 플립플롭을 이용하여 구성할 수 있다.
3 상승 카운터와 하강 카운터를 이해하고 회로를 구성할 수 있다.
4 동기 카운터의 동작을 이해하고 설명할 수 있다.
5 카운터를 이용하여 분주 회로와 시퀀스 발생기를 구성할 수 있다.

10.1 개요

카운터(counter)는 중요한 디지털 순차 논리회로 중의 하나로, 클럭 신호의 수를 세는 순차 논리회로이다. 클럭 신호의 주파수를 분주하거나 특정한 비트 시퀀스를 만들기 위해 사용되기도 한다. 또한 일정한 주파수를 갖는 신호를 카운터의 클럭 신호로 사용하면 타이머로도 사용할 수 있어 디지털 시스템에서 중요한 역할을 하고 있다.
카운터는 일반적으로 그림 10-1과 같이 구성된다.

그림 10-1 일반적인 카운터의 구성

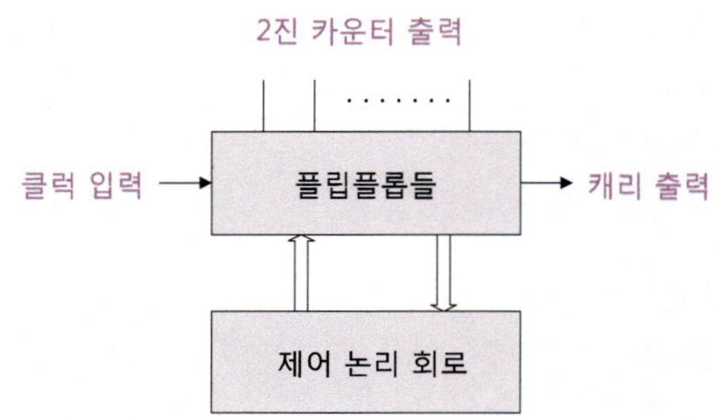

카운터는 현재의 카운트 값을 저장하는 플립플롭과 플립플롭의 동작을 제어하는 제어 논리회로 구성된다. 클럭 입력을 받아 정해진 순서대로 카운트를 진행하고 카운터의 현재 값을 외부에 알려 주는 2진 카운터 출력 신호가 있다. 또한, 카운트 값이 최대값에 도달했을 때, 이를 알려주는 캐리(carry) 출력도 있다.

카운터의 동작은 다음과 같은 특성을 이용하여 나타낼 수 있다.

가 모듈러스(modulus)

모듈러스는 카운터가 수를 세는데 사용되는 상태의 수를 나타낸다. 이는 카운터의 출력 값을 의미하는 것이 아니라 순환되는 출력의 개수를 의미한다. 예를 들어 카운터의 출력이 1,3,5,7,9의 순서로 반복되면 출력의 개수가 5개이므로 모듈러스는 5가 된다. 모듈러스가 10이면 그 카운터는 10진 카운터(decade counter)라 하며, 모듈러스가 16이면 16진(hex) 카운터라 한다. 일반적으로 모듈러스가 N이면 N-진 카운터라 한다. 카운터를 구성하는 플립플롭의 수가 m이면 모듈러스 N은 $N \le 2^m$이 된다. 카운터의 모듈러스는 응용 분야에 따라 달라지는 데, 일반적인 사건의 계수는 10진 카운터를 사용하고, 디지털 시계에서는 12진 또는 60진 카운터를 사용한다.

나 상승 혹은 하강 계수(up or down count)

클럭이 인가될 때 현재 카운터에 기억되어 있는 계수 값이 증가하면 상승 계수이고, 감소하면 하강 계수이다. 즉, 상승 계수의 경우 클럭이 입력될 때마다 계수 값이 0 → 1 → 2 → 3 → …과 같이 변화하고, 하강 계수의 경우에는 … → 5 → 4 → 3 → …과 같이 변화한다. 값이 증가하는 카운터를 상승 카운터라 하고, 값이 감소하는 카운터를 하강 카운터라 한다.

다 계속 혹은 자동 멈춤 동작(free-running or self-stopping)

카운터가 최대값 혹은 어느 특정한 값에 도달했을 때 계수 동작이 정지하면 "자동 멈춤 동작"을 하는 것이고, 다음 클럭 신호가 인가되었을 때 초기 값으로 바뀌어 계속 계수 동작이 진행되면 "계속 동작"을 하는 것이 된다. 예를 들어, 자동 멈춤 동작을 하는 10진 상승 카운터는 계수 값이 0 → 1 → 2 → 3 → 4 → 5 → 6 → 7 → 8 → 9 다음에 클럭이 입력되어도 더 이상 값이 증가하지 않으며, 계속 동작을 하게 되면 … → 8 → 9 → 0 → 1 → 2 → …와 같이 10진 카운터의 출력이 최대값인 9에 도달한 다음에도 클럭 입력이 있으면 출력이 다시 0이 되어 계속 계수하게 된다.

카운터는 응용 분야에 따라 위의 특성들을 조합하여 사용하므로 다양한 형태의 회로가 구성되며, 다른 순차 논리회로와 같이 플립플롭 특히 JK 플립플롭을 중심으로 구성된다.

카운터는 클럭 연결 방식에 따라 동기 카운터와 비동기 카운터로 나눌 수 있다. 비동기 카운터에서는 카운터를 구성하는 플립플롭이 공통의 클럭을 사용하지 않는다. 외부의 클럭 신호가 카운터를 구성하는 첫 번째 플립플롭의 클럭에 입력되고 이 플립플롭의 출력이 다음 단계의 플립플롭의 클럭에 연결되는 형태로 구성된다. 이와 같은 방법으로 구성되기 때문에 비동기 리플(ripple) 카운터라고도 하며 따라서 모든 플립플롭의 출력이 동시에 변하지 않는다. 반면에 동기 카운터는 카운터를 구성하는 모든 플립플롭에 외부의 클럭 신호가 공통으로 연결되어 카운터의 출력이 동시에 변한다.

10.2 비동기 카운터

(1) 2비트 비동기 카운터

2비트 비동기 카운터는 출력이 2비트인 카운터로 2개의 플립플롭으로 구성된다. 카운터의 출력은 표 10-1과 같이 2진수로 출력된다. 클럭이 입력될 때 마다 00 → 01 → 10 → 11 → 00의 순서로 출력이 나온다.

카운터의 출력 순서를 표시하면 그림 10-2와 같이 표현할 수 있다.

표 10-1 | 2비트 비동기 카운터의 출력

계수 값	출력	
	Q_1	Q_0
0	0	0
1	0	1
2	1	0
3	1	1

그림 10-2 카운터의 출력

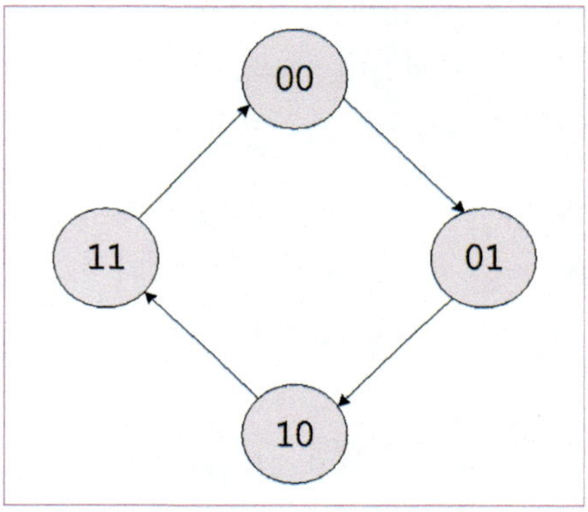

표 10-1을 자세히 살펴보면 플립플롭의 구성 방법을 이해할 수 있다. 첫 번째 플립플롭의 출력 Q_0는 클럭이 입력될 때 마다 반전됨을 알 수 있다. 따라서 첫 번째 JK 플립플롭의 입력 J=K=1에 연결하면 플립플롭은 토글 동작으로 출력을 반전시킨다. 표 10-1에서 두 번째 플립플롭의 출력 Q_1은 Q_0이 1 → 0으로 변할 때 마다 반전된다. 따라서 두 번째 JK 플립플롭의 입력도 J=K=1에 연결하고, Q_0을 두 번째 플립플롭의 클럭으로 사용하면 Q_0의 하강 모서리마다 Q_1의 출력이 토글되게 할 수 있다.

위에서 설명한 바와 같이 2비트 비동기 카운터는 그림 10-3과 같이 2개의 JK 플립플롭으로 구성되며 플립플롭의 입력은 모두 1에 연결되고 앞쪽 플립플롭의 출력이 뒤쪽 플립플롭의 클럭에 연결된다. 카운터의 클럭은 첫 번째 플립플롭의 클럭 단자에 연결된다. 각 플립플롭의 클럭이 공통으로 사용되지 않으므로 이 카운터는 비동기 카운터이다.

▌그림 10-3▐ 2비트 비동기 카운터의 구성

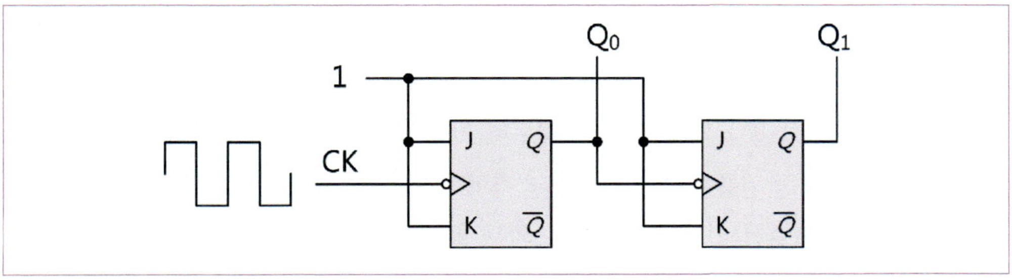

▌그림 10-4▐ 2비트 비동기 카운터의 타이밍 다이어그램

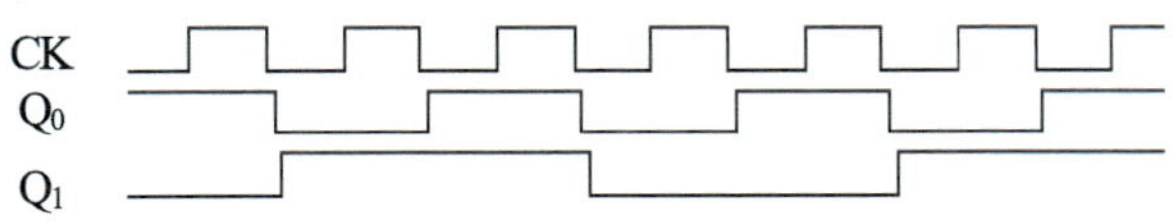

그림 10-4는 2비트 비동기 카운터의 타이밍 다이어그램이다. 첫 번째 플립플롭의 출력 Q_0은 클럭의 하강 모서리마다 반전되고, 두 번째 플립플롭의 출력 Q_1은 Q_0의 하강 모서리마다 반전됨을 알 수 있다. 따라서 Q_1Q_0는 01 → 10 → 11 → 00 → 01의 순서로 변하므로 4진 카운터 임을 알 수 있다.

(2) 4비트 비동기 카운터

표 10-2는 4비트 비동기 카운터의 출력을 나타낸 것이다. 이 카운터는 0000부터 1111까지 16개의 출력을 가지므로 모듈러스는 16이다.

표 10-2 | 4비트 카운터의 계수

계수값	카운터 출력				계수값	카운터 출력			
	Q_3	Q_2	Q_1	Q_0		Q_3	Q_2	Q_1	Q_0
0	0	0	0	0	8	1	0	0	0
1	0	0	0	1	9	1	0	0	1
2	0	0	1	0	10	1	0	1	0
3	0	0	1	1	11	1	0	1	1
4	0	1	0	0	12	1	1	0	0
5	0	1	0	1	13	1	1	0	1
6	0	1	1	0	14	1	1	1	0
7	0	1	1	1	15	1	1	1	1

2비트 비동기 카운터와 마찬가지로 Q_0 출력은 클럭이 입력될 때 마다 반전되고 Q_1은 Q_0가 1 → 0으로 변할 때 반전된다. Q_2, Q_3도 각각 Q_1, Q_2 신호가 1 → 0으로 변할 때 반전된다. $Q_3Q_2Q_1Q_0 = 1111$일 때 클럭이 입력되면 Q_0가 0이 되고 이로 인하여 Q_1, Q_2, Q_3가 차례대로 0이 되어 다시 0000부터 카운팅이 반복된다. 따라서 4비트 비동기 카운터도 모든 JK 플립플롭의 입력을 논리 1에 연결하여 토글 모드로 동작하도록 구성한다. 첫 번째 플립플롭의 클럭 단자에는 외부 클럭을 연결하고 다음 플립플롭의 클럭에는 앞 단 플립플롭의 출력을 연결하여 구성된다. 그림 10-5에 4비트 비동기 카운터 회로를 JK 플립플롭으로 구성한 논리 회로도를 나타내었다.

그림 10-5의 동작을 타이밍 다이어그램으로 나타내면 그림 10-6과 같다. 그림 10-6에서 첫 번째 부분은 FF0의 CK 입력이다. 나머지 4 부분은 카운터의 출력을 나타낸 것이다. 카운터는 0000에서 시작되는 데, 이를 리셋(Reset) 또는 클리어(Clear) 상태라고 한다. 그 후, 매 클럭 신호가 입력될 때마다 카운터 출력은 1씩 증가한다.

▌그림 10-5▌ 4비트 비동기 카운터의 구성

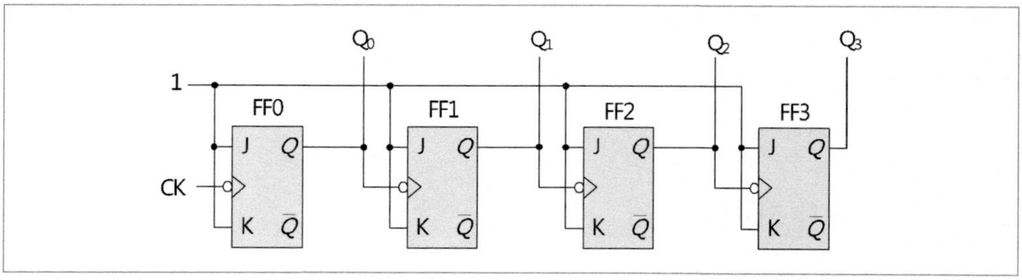

▌그림 10-6▌ 4비트 비동기 카운터의 타이밍 다이어그램

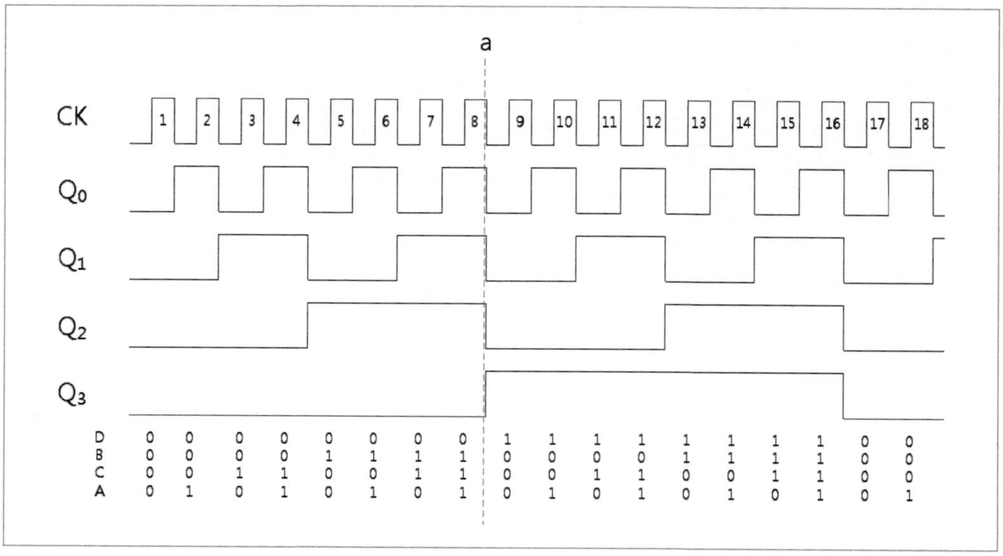

그림 10-5에서 JK 플립플롭의 CK 입력 앞에 작은 동그라미가 있는 것은 하강 모서리 트리거 플립플롭임을 의미한다. 클럭 1의 하강 모서리에서 출력 Q_0이 0 → 1로 변함을 알 수 있다. 이 때 카운터의 출력은 0000에서 0001이 된다.

클럭 2의 하강 모서리에서 FF0의 출력이 1 → 0 변환을 하고, 그것이 FF1의 CK 입력이 되므로 FF1의 출력이 0 → 1로 변환을 한다. 즉 클럭 2의 하강 모서리에서 카운터의 출력은 0010이 된다. 클럭 3에서는 클럭 1에서와 같이 FF0의 출력만 0 → 1로 변하고 다른 플립플롭의 출력은 그대로 유지되므로 카운터의 출력은 0011이 된다.

클럭 4의 하강 모서리에서 FF0의 출력이 1 → 0 변환을 하고, 그것이 FF1의 CK 입력이 되므로 FF1의 출력이 1 → 0 변환을 한다. FF1의 출력이 FF2의 CK 입력이 되므로 FF2의 출력은 0 → 1 변환을 한다. 따라서 카운터의 출력이 0100이 된다.

그림 10-6에서 a시점, 즉 클럭 8의 하강 모서리 시점에서 파형을 보면 모두 동시에 변하는 것처럼 보이나 이를 확대하여 보면 그림 10-7과 같다. a 시점에서 FF3의 출력이 1로 되는 시간은 펄스 8의 하강 모서리보다 다소 지연되어 있음을 알 수 있다. 이것은 펄스 8의 하강 모서리에 의해 FF0이 트리거된 후, 출력의 변화가 발생하려면 플립플롭의 전달지연시간(td) 만큼 시간지연이 있어야 하기 때문이다. FF0의 출력에 의해 FF1이 트리거되므로 같은 이유로 지연이 발생한다. 따라서 앞 단의 출력에 의해 다음 단의 플립플롭이 트리거되는 이러한 형태의 카운터를 리플 카운터라고 한다. 또한 비동기 카운터의 출력이 같은 순간에 변화하지 않으므로 비동기 카운터라고 한다.

▌그림 10-7▌ 확대된 파형

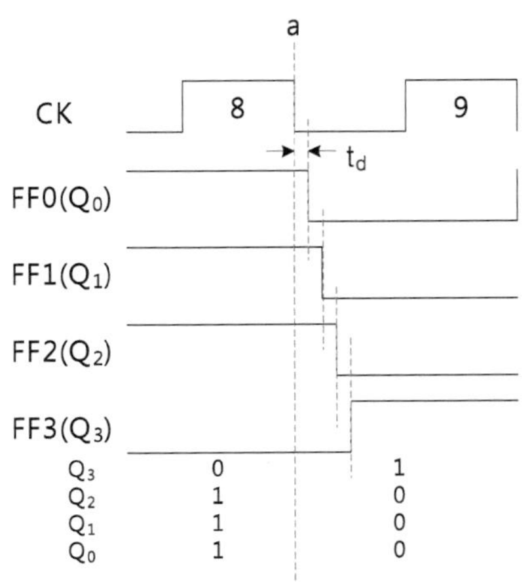

그림 10-6의 클럭 16의 하강 모서리에서 카운터의 출력이 1111에서 0000으로 변환되고 다시 앞의 동작들이 반복된다. 이 카운터는 FF0의 CK 입력이 있으면 계속 동작을

하게 된다.

그림 10-6에서 FF0의 출력 Q_0를 보면 16개의 클럭이 입력되었을 때 Q_0에서는 8개의 펄스가 출력되었음을 알 수 있다. 이를 주파수의 관점에서 보면 입력 신호(CK 입력)의 주파수 보다 FF0의 출력 신호의 주파수가 1/2이 되었다. 따라서 FF0은 2분주 회로라고도 불린다.

FF1의 출력 Q_1을 보면 16개 클럭이 입력되면 4개의 펄스가 나옴을 알 수 있다. 따라서 FF1는 4분주 회로이다. FF2는 8분주 회로이고, FF3는 16분주 회로이다.

(3) 임의 계수 비동기 카운터

지금까지 살펴본 n-비트 비동기 카운터의 모듈러스는 2^n이다. 만약 모듈러스 m이 2^n이 아니라면 카운터는 어떻게 구성할 수 있는가? 모듈러스가 6인 6진 비동기 카운터 구성 방법을 예로 들어 살펴보기로 한다. 먼저, 6진 카운터의 동작 순서를 살펴보면 표 10-3과 같다. 이 카운터는 000에서 101까지 출력되므로 모듈러스는 6이다. 모듈러스가 m인 카운터를 구성하려면 $m \leq 2^n$을 만족하는 n개의 플립플롭이 필요하다. 따라서 6진 카운터를 구성하려면 3개의 플립플롭이 필요하게 된다. 앞에서 설명한 방법대로 3비트 비동기 카운터를 구성하면 000~111까지 출력을 하게 될 것이다. 그러나 6진 카운터는 101까지만 카운트하므로 마지막 110과 111는 필요 없게 된다. 따라서 3비트 비동기 카운터를 구성한 후 카운터의 출력이 110이 되는 순간, 출력을 000으로 만들어주는 제어회로를 추가하면 6진 카운터를 구성할 수 있다. 즉, 2진 출력이 110이 되는 순간 플립플롭의 $\overline{CLR}$ 단자에 논리 0의 신호를 인가하여 출력을 리셋시키는 제어회로를 추가하면 된다.

표 10-3 | 6진 카운터 출력

Q_2	Q_1	Q_0
0	0	0
0	0	1
0	1	0
0	1	1
1	0	0
1	0	1
1	1	0
1	1	1

3비트 비동기 카운터 출력 (000~111)

6진 비동기 카운터 출력 (000~101)

그림 10-8에서와 같이 JK 플립플롭을 사용하여 3비트 비동기 카운터를 구성하고 카운터의 출력이 $110_2 = 6_{10}$이 되면, 즉시 전체 카운터의 출력을 0으로 클리어시키면 된다. JK 플립플롭에는 비동기 클리어 입력($\overline{CLR}$)이 있는 데, 카운터의 출력이 110이 되는 순간 $\overline{CLR}$ 입력 단자에 0을 인가함으로써 카운터의 출력이 000이 되게 하는 것이다.

NAND 게이트를 사용하여 그림 10-8과 같이 $\overline{CLR}$ 신호를 만들 수 있다. NAND 게이트의 입력을 FF1과 FF2의 출력에 연결하면, 110의 출력이 발생하는 순간 NAND 게이트의 출력이 0이 되고 이로 인하여 JK 플립플롭의 $\overline{CLR}$ 입력 신호가 0이 되어 모든 플립플롭의 출력이 000으로 된다.

▌그림 10-8▌ 6진 비동기 카운터의 구성 회로

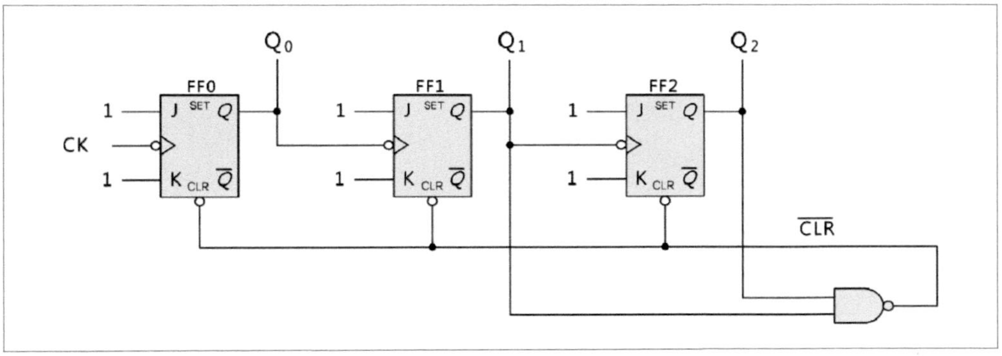

6진 비동기 카운터의 동작을 타이밍 다이어그램으로 나타내면 그림 10-9와 같다.

그림 10-9에서 주목할 점은 클럭 6의 하강 모서리 이후에 발생하는 폭이 좁은 펄스이다. 이는 카운터의 출력이 110이 되고 이로 인하여 NAND 게이트 출력이 0이 되어 카운터를 리셋시킬 때까지 전파지연시간(t_d)이 있기 때문이다. 일반적으로 펄스의 폭은 약

▌그림 10-9▌ 6진 비동기 카운터의 타이밍 다이어그램

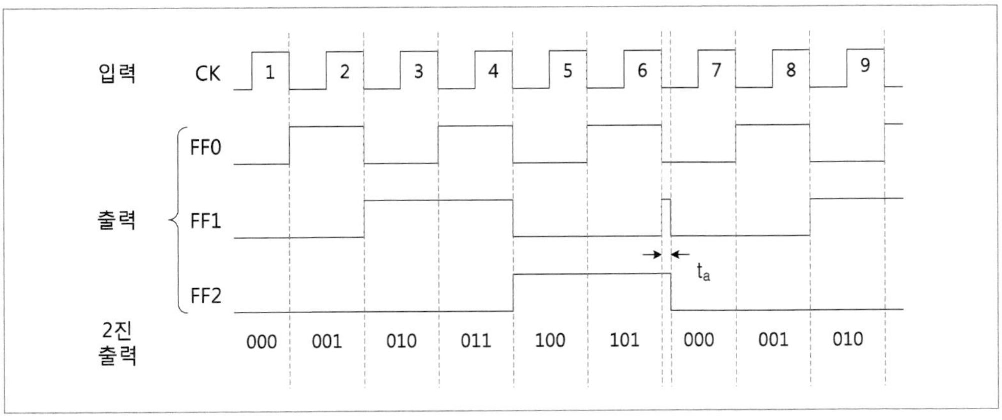

수십ns 이하로 보통은 문제가 되지 않으나, 장치에 따라서는 문제가 될 수도 있으므로 설계할 때 항상 고려하여야 할 것이다.

(4) 10진 비동기 카운터

일반적으로 많이 사용되는 카운터는 10진 카운터이다. 이는 우리가 일상생활에서 10진수를 주로 사용하기 때문이다. 그림 10-10은 10진 비동기 카운터의 구성을 나타낸 것이다. 0000~1001까지 10개의 수를 나타내야 하므로 4개의 JK 플립플롭이 필요하다. JK 플립플롭으로 4비트 비동기 카운터를 구성하고, NAND 게이트의 출력을 JK 플립플롭의 $\overline{CLR}$ 신호에 연결한다. 카운터의 출력이 1010이 되는 순간 NAND 게이트의 출력이 0이 되므로 모든 플립플롭의 출력은 클리어 된다.

▌그림 10-10▐ 10진 비동기 카운터 회로

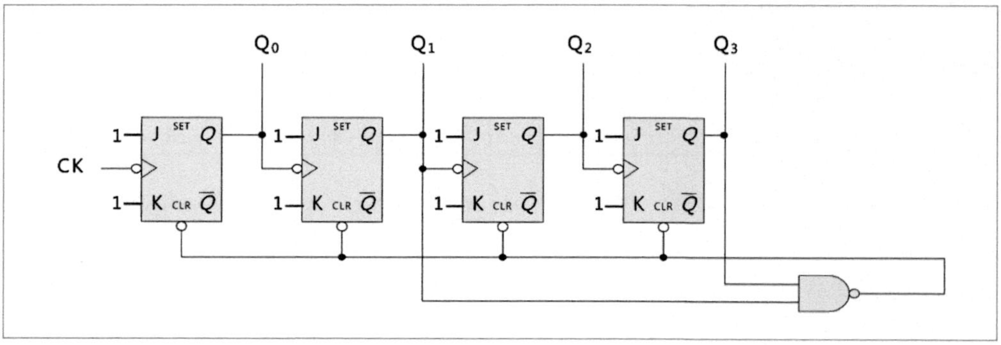

그림 10-11은 10진 비동기 카운터의 동작을 시뮬레이션한 타이밍 다이어그램이다. 출력 $Q_3Q_2Q_1Q_0$가 0000~1001까지 변한 후 1010이 되는 순간 $\overline{CLR}$ 신호에 의해 클리어 됨을 알 수 있다. 이 그림에서 짧은 펄스를 볼 수 있는데, 이는 앞에서 설명한 바와 같이 출력이 1010이 되었을 때 NAND 게이트에 의해 $\overline{CLR}$ 신호가 발생하고 이로 인하여 출력이 0000으로 변할 때 까지 각 소자의 지연시간으로 발생한 것이다.

▌그림 10-11▐ 10진 비동기 카운터의 타이밍 다이어그램

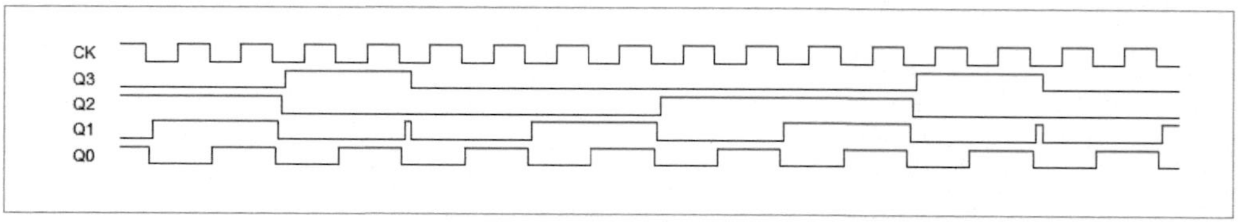

예제 10-1

디지털 시계를 만들려면, 오전 12시간과 오후 12시간을 표시하기 위한 12진 카운터가 필요하다. 12진 비동기 카운터를 설계하여 보자.

풀이

12진 비동기 카운터를 설계하려면 $12 \le 2^4 = 16$이므로 16진 비동기 카운터를 이용하여야 한다. 16진 비동기 카운터에서 출력이 1100이 되는 순간 플립플롭의 출력을 0으로 만들어야 하므로 그림 10-12와 같은 회로를 구성한다. 즉, Q_2와 Q_3의 출력이 처음으로 둘 다 1이 되는 경우는 1100이므로 Q_2와 Q_3를 NAND 게이트의 입력으로 하고 NAND 게이트 출력 신호를 각 JK 플립플롭의 $\overline{CLR}$ 입력에 접속하면 원하는 12진 카운터가 된다. 그러나 이 회로의 출력은 0~11사이의 숫자로 나타나지만 실제 시계 회로에서는 0의 출력이 나오면 12로 표시하기 위한 변환 회로가 추가되어야 한다.

그림 10-12 12진 비동기 카운터 회로

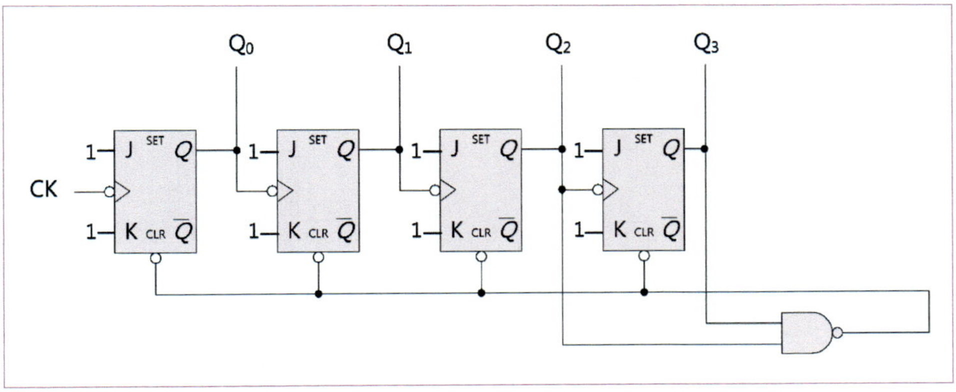

예제 10-2

아래 그림 10-13(a)는 7492 비동기 카운터의 내부 구조이다. 입력 J, K에 신호가 연결되어 있지 않으면 논리 1에 연결된 것으로 간주한다. 7492를 이용하여 그림 10-13(b)와 같은 회로를 구성했을 때 출력 Q_D, Q_C, Q_B의 타이밍 다이어그램을 그려라. 단 모든 플립플롭은 0으로 초기화되어 있다고 가정하라.

그림 10-13 7492 비동기 카운터

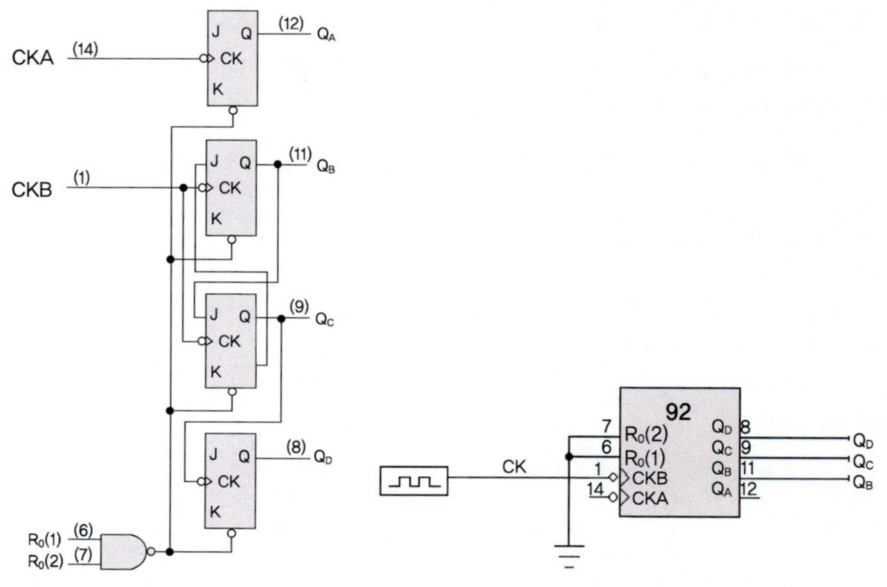

(a) 7492 내부 구조 (b) 7492를 이용한 카운터

풀이

그림 10-13(b)에서 보면 CKA에는 입력이 없으므로 Q_A 플립플롭은 사용되지 않음을 알 수 있다. 또한 입력 R0(1), R0(2)는 모두 0이므로 플립플롭의 클리어 신호도 무시할 수 있다. 플립플롭의 입력 K가 모두 1에 연결되어 있으므로 J=0이면 출력은 0이 되고 J=1이면 토글 동작을 한다. 그림 10-13(a)를 살펴보면 $J_B = \overline{Q_C}$, $J_C = Q_B$임을 알 수 있다. 따라서 출력 Q_B, Q_C와 입력 J_B, J_C와의 관계를 진리표로 나타내면 다음과 같다.

표 10-4 | [예제 10-2]의 입출력 진리표

Q_C	Q_B	J_C	J_B
0	0	0	1
0	1	1	1
1	0	0	0

이 표에서 출력 Q_CQ_B는 00 → 01 → 10 → 00 → ⋯으로 변하는 것을 알 수 있다. 또한 Q_D

는 입력 J, K가 모두 1이므로 출력 Q_C가 1 → 0으로 변할 때 토글된다. $Q_C = Q_B = 1$인 경우 $J_B = 0$, $J_C = 1$이 되므로 다음 클럭에서 $Q_C = Q_B = 0$이 된다. 따라서 $Q_C = Q_B = 1$인 경우는 특별한 경우가 아니면 발생하지 않는다. 예제에서는 플립플롭이 0으로 초기화되어 있다고 가정하므로 $Q_C = Q_B = 1$은 발생하지 않는다. 지금까지 설명한 내용을 타이밍 다이어그램으로 나타내면 그림 10-14와 같다.

▌그림 10-14▐ 7492 타이밍 다이어그램

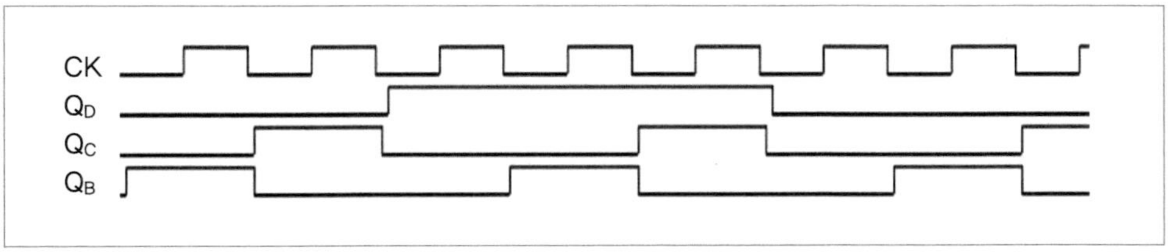

예제 10-3

비동기 카운터가 필요하면 JK 플립플롭으로 직접 구성해도 되지만 기존에 판매되고 있는 소자를 이용하면 편리하다. 예를 들어 7493은 4비트 비동기 카운터로 그림 10-15와 같이 구성되어 있다.

▌그림 10-15▐ 7493 4비트 비동기 카운터

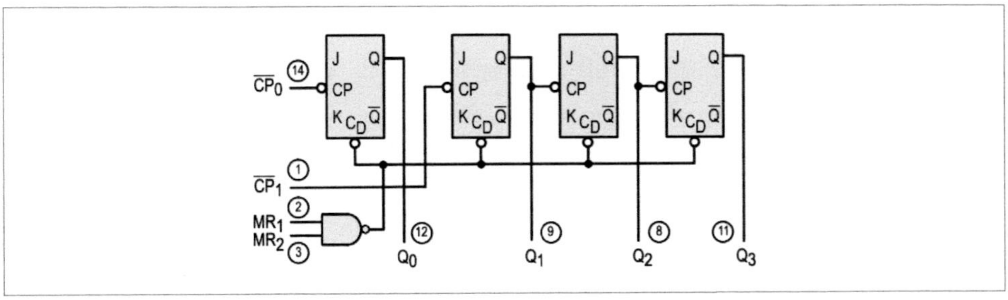

4개의 JK 플립플롭으로 구성되어 있는데, 첫 번째 플립플롭에 클럭 신호 $\overline{CP_0}$가 연결되어 있고 출력 Q_0는 분리되어 있다. 두 번째 플립플롭도 별도의 클럭 신호 $\overline{CP_1}$을 공급 받을 수 있도록 되어 있다. 따라서 클럭 신호 $\overline{CP_0}$가 연결되는 첫 번째 플립플롭은 1비트 비동기 카운터로 동작하고, $\overline{CP_1}$이 입력되는 나머지 세 개의 플립플롭은 3비트 비동기 카운터임을 알 수 있다. 그러나 출력 Q_0를 $\overline{CP_1}$에 연결하면 4비트 비동기 카운터를 구성할 수 있다. 이와 같이 7493은 구성에 따라 1비트 카운터나 3비트 카운터 또는 4비트 카운터로 사용할 수 있다. 출력을 클리어시키기 위한 비동기 입력 신호로 MR_1과 MR_2가 있다.

모든 플립플롭의 $C_D(\overline{CLR})$는 MR_1과 MR_2를 입력으로 하는 NAND 게이트의 출력에 접속되어 있다. MR_1과 MR_2가 모두 1인 경우에는 NAND 게이트의 출력이 0이 되어 출력이 모두 클리어된다.

이와 같은 7493을 이용하여 6진 비동기 카운터와 10진 비동기 카운터를 설계하여 보자.

풀이

6진 카운터를 구성하기 위해서는 최소 3비트 카운터가 필요하다. 따라서 7493에서 첫 번째 JK 플립플롭은 사용하지 않고 외부 클럭 신호를 $\overline{CP_1}$에 연결한다. $Q_3Q_2Q_1$ 출력이 110이 될 때 $Q_3Q_2Q_1$을 리셋시키는 회로를 추가하면 6진 카운터를 구성할 수 있다. Q_3, Q_2를 각각 MR_1과 MR_2에 연결하면 출력이 110이 될 때 $MR_1 = MR_2 = 1$이 되므로 내부의 플립플롭에 $\overline{CLR}(C_D)$신호가 발생하여 출력이 클리어된다. 따라서 그림 10-16과 같이 구성하면 000~101까지 카운트하는 6진 카운터가 된다.

▌그림 10-16 ▌ 7493을 이용한 6진 카운터

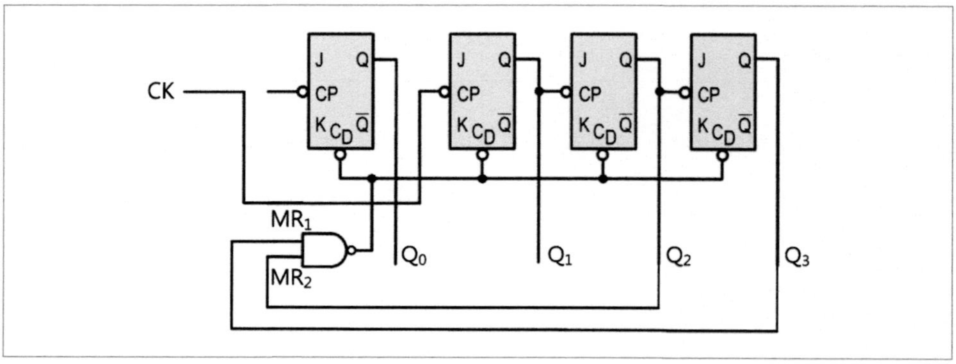

10진 카운터를 구성하기 위해서는 4비트 카운터가 필요하다. 따라서 7493 내부의 JK 플립플롭 모두를 사용하여야 한다. 외부 클럭은 $\overline{CP_0}$에 연결하고, $\overline{CP_1}$는 Q_0와 연결한다. 이와 같이 연결하면 16진 카운터가 되지만 $Q_3Q_2Q_1Q_0$ 출력이 1010이 될 때 $Q_3Q_2Q_1Q_0$를 클리어 시키면 10진 카운터로 동작한다. Q_3, Q_1을 MR_1과 MR_2에 각각 연결하면 간단히 해결된다. 그림 10-17은 이와 같이 7493을 이용하여 10진 비동기 카운터를 구성한 회로이다.

▌그림 10-17 ▌ 7493을 이용한 10진 카운터

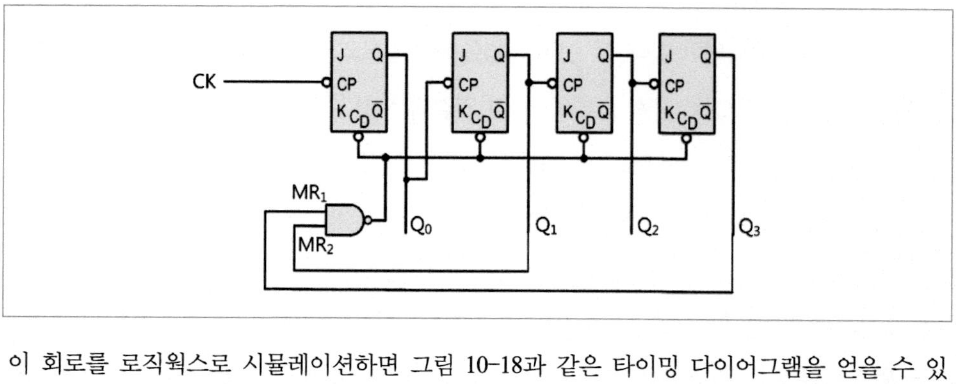

이 회로를 로직웍스로 시뮬레이션하면 그림 10-18과 같은 타이밍 다이어그램을 얻을 수 있다. 10번째 클럭의 하강 모서리 후에 아주 짧은 시간 동안 출력이 1010이 되었다가 클리어됨을 알 수 있다.

▌그림 10-18▐ 7493을 이용한 10진 카운터의 타이밍 다이어그램

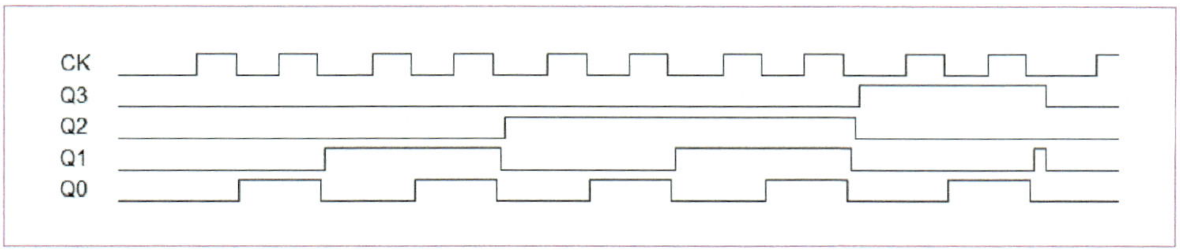

예제 10-4

74176은 카운터의 초기값을 설정할 수 있는 10진 비동기 카운터이다. 아래의 74176 내부 회로도에서 $COUNT \cdot \overline{LOAD}$ 신호는 비동기 신호로 0이면 DATA A, DATA B, DATA C, DATA D의 입력이 $\mathrm{Q_A}$, $\mathrm{Q_B}$, $\mathrm{Q_C}$, $\mathrm{Q_D}$ 출력에 나타난다. 이 신호가 1이면 74176은 카운트

▌그림 10-19▐ 74176 내부 회로도

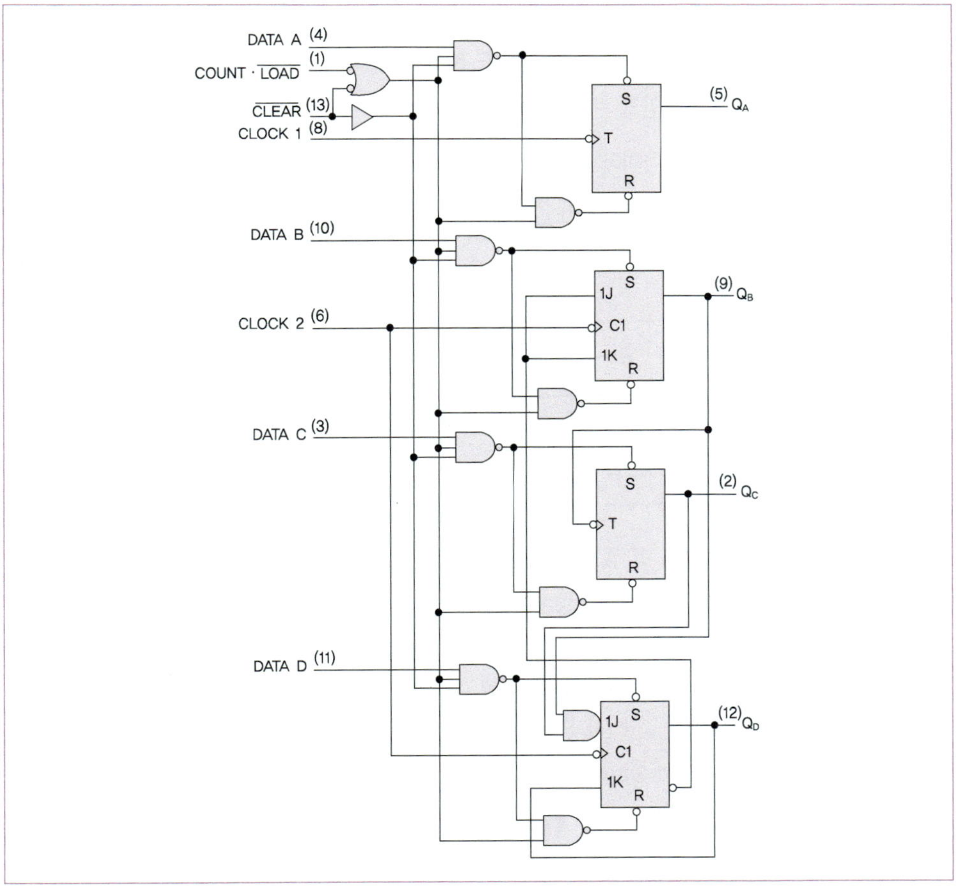

동작을 한다. DATA n에 값을 설정한 다음, $COUNT \cdot \overline{LOAD}$ 신호를 0으로 하면 설정된 값이 출력에 나타나고 이 값이 카운터의 초기값이 된다. 다시 $COUNT \cdot \overline{LOAD}$ 신호를

1로 설정하고 클럭 신호를 입력하면 카운트가 시작되고 최대값에 도달하면 다시 0부터 9까지 카운트를 하게 된다. 74176을 이용하여 다음과 같은 회로를 구성하였을 때 타이밍 다이어그램을 그리고 74176의 동작을 설명하라.

▌그림 10-20▐ 74176 시뮬레이션 회로

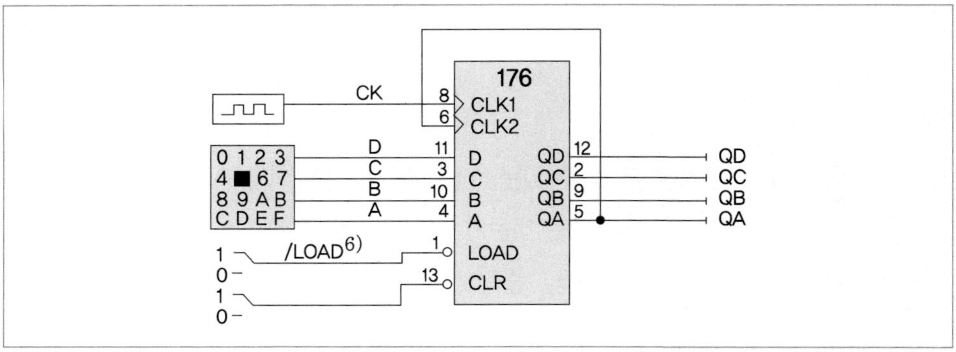

풀이

그림 10-20과 같은 회로를 입력하고 초기값을 $5(0101_2)$로 설정하고 시뮬레이션하면 아래와 같은 타이밍 다이어그램을 얻을 수 있다.

▌그림 10-21▐ 74176 타이밍 다이어그램

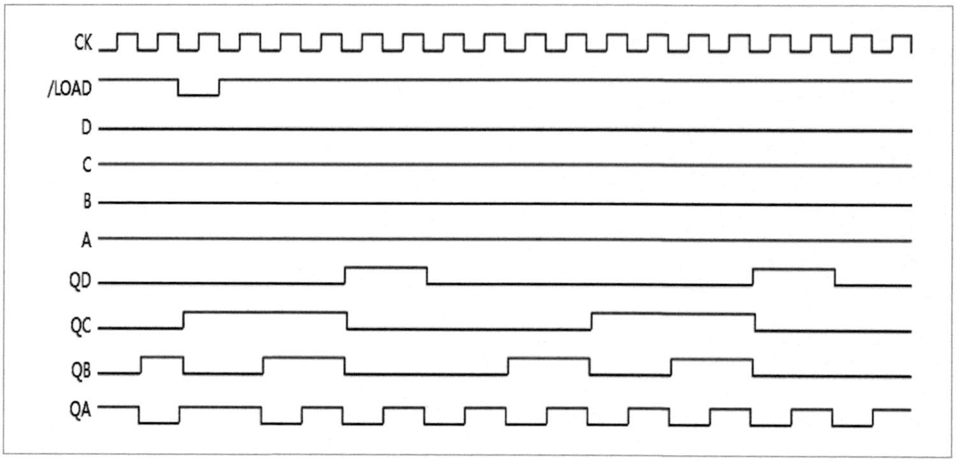

초기값이 0101이므로 /LOAD 신호가 0이 되면 출력은 0101이 된다. /LOAD=1이 되고 클럭이 인가되면 카운터는 5 → 6 → 7 → 8 → 9→ 0 → 1 → … 9의 순서로 카운트를 하게 된다. 따라서 이 카운터는 10진 카운터이다.

---

6) 로지웍스에서는 $\overline{\text{LOAD}}$를 나타낼 수 없으므로 그 대신 /LOAD로 표시한다. /LOAD는 $\overline{\text{LOAD}}$와 같은 의미이다.

(5) 비동기 하강 카운터

지금까지는 출력이 하나씩 올라가는 상승 카운터(up counter)에 대해 설명하였는데, 이번에는 출력이 하나씩 감소하는 하강 카운터(down counter)에 대해 살펴보기로 하자. 그림 10-22에 3비트 비동기 하강 카운터의 구성이 나와 있다. 카운터는 111, 110, 101, 100, 011, 010, 001, 000 순서로 감소하다가 다시 111의 순서로 동작한다. 하강 카운터를 구성할 때 상승 카운터와의 차이는 FF1과 FF2의 CK 입력이 FF0과 FF1의 부출력($\overline{Q}$)에 연결되어 있는 점이다. 나머지 부분은 전부 상승 카운터와 동일하다.

그림 10-23의 타이밍 다이어그램에서 FF0은 CK 신호의 하강 모서리에서 출력이 변하지만, 두 번째 플립플롭부터는 앞 단의 $\overline{Q}$ 출력이 다음 단 플립플롭의 클럭으로 사용되었기 때문에 FF1은 FF0의 Q_0 상승 모서리에서, FF2는 FF1의 Q_1 상승 모서리에서 출력이 변하는 점을 제외하면 상승 카운터의 동작과 유사하다.

▌그림 10-22▐ 3비트 비동기 하강 카운터

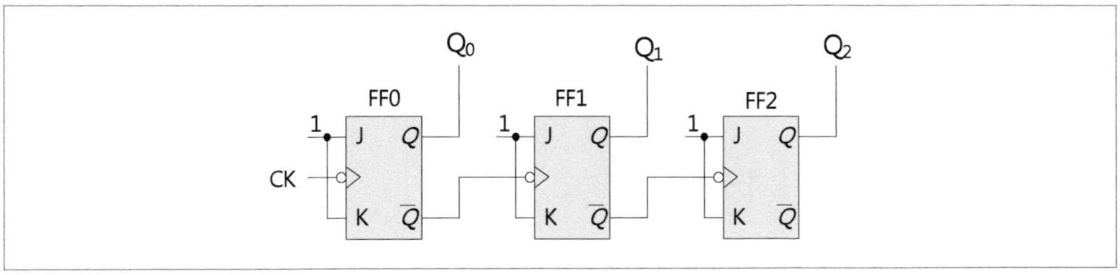

▌그림 10-23▐ 3비트 비동기 하강 카운터의 타이밍 다이어그램

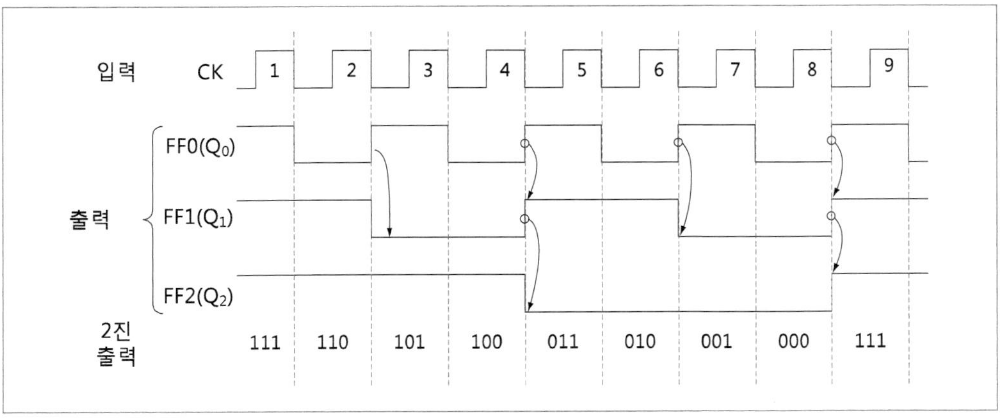

10.3 동기 카운터

비동기 카운터는 가장 간단한 형태의 카운터이지만, 그림 10-7에서 보는 바와 같이 각 플립플롭의 출력들 사이에 시간 지연의 차이가 발생하는 것이 단점이다.

대부분의 경우 이러한 시간 지연의 차이는 큰 문제가 되지 않으나, 동작 주파수가 빠른 회로에서는 하나의 클럭 주기 동안에 모든 플립플롭 출력이 변하지 않는 문제가 발생할 수 있으며, 각 플립플롭의 전달 지연시간이 긴 경우에는 클럭 신호가 인가되어도 그 값이 즉시 출력으로 나타나지 않는 문제가 있을 수 있다.

이것을 해결한 것이 동기 카운터이다. 동기 카운터는 모든 플립플롭이 공통의 클럭으로 동작하므로 출력이 동시에 결정된다.

그림 10-24는 3비트 동기 카운터의 한 가지 구성을 나타낸 것이다. 그림 10-24에서 알 수 있는 바와 같이 동기 카운터는 동일한 클럭이 모든 플립플롭의 CK 입력에 연결되어 있다. 플립플롭의 CK 신호가 같으므로 플립플롭들의 출력은 동시에 변하게 된다. 따라서 동기 카운터에서는 출력이 서로 다른 시점에서 변하는 문제가 더 이상 발생하지 않는다.

▌그림 10-24▐ 3비트 동기 카운터

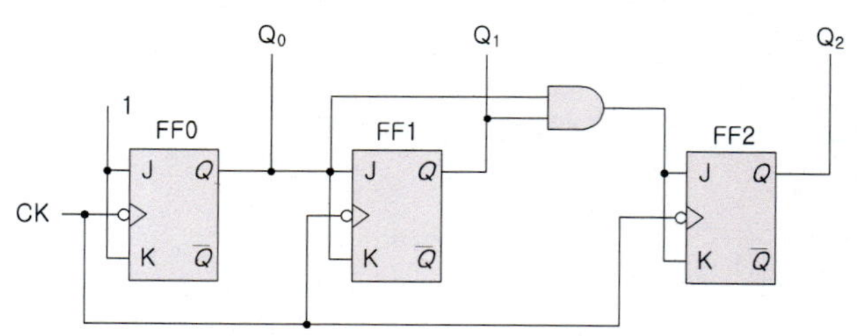

동기 카운터를 체계적으로 설계하는 방법은 제 13장에서 자세히 설명되어 있다. 여기서는 다른 관점에서 동기 카운터의 구성 방법을 설명하기 위해 먼저 3비트 동기 카운터의 출력을 살펴보기로 하자.

표 10-5는 3비트 동기 카운터의 출력을 나타낸 것이다. 3비트 출력을 Q_2, Q_1, Q_0라 할 때 출력은 000 → 001 → 010 → 011 → 100 → 101 → 110 → 111 → 000 → …의 순서로 변한다. 이를 타이밍 다이어그램으로 나타내면 그림 10-25와 같다.

동기 카운터도 JK 플립플롭의 토글과 유지 모드를 이용하여 구성할 수 있다. 즉 출력이 토글 되면 입력 JK를 1에 연결하고 유지되면 0에 연결한다. 다만 카운터의 출력은 항상 클럭의 하강 모서리에서만 변하는 것으로 가정한다.

표 10-5 | 3비트 동기 카운터의 출력

클럭	Q_2	Q_1	Q_0
0	0	0	0
1	0	0	1
2	0	1	0
3	0	1	1
4	1	0	0
5	1	0	1
6	1	1	0
7	1	1	1
8	0	0	0

클럭의 하강 모서리에서 출력의 변화를 자세히 살펴보기로 하자. 그림 10-25에서 출력 Q_0는 클럭의 하강 모서리에서 항상 토글 됨을 알 수 있다. 따라서 출력이 Q_0인 첫 번째 플립플롭 FF_0의 입력은 항상 1에 연결하면 된다. Q_1은 Q_0가 1일 때 클럭의 하강 모서리에서 토글 된다. 이로부터 두 번째 플립플롭 FF_1의 입력을 Q_0에 연결하면 이와 같은 동작을 구현할 수 있다. Q_2는 $Q_1Q_0 = 11$일 때 토글 되므로 세 번째 플립플롭의 입력은 AND 게이트를 이용하여 구성할 수 있다.

그림 10-25 | 3비트 동기 카운터의 타이밍 다이어그램

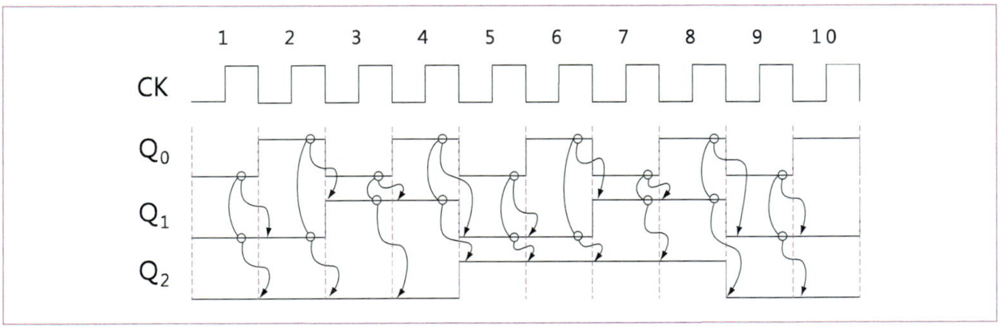

위와 같은 사실로부터 n비트 동기 카운터를 구성하는 방법은 다음과 같이 정리할 수 있다.

① 첫 번째 JK 플립플롭의 입력은 1에 연결한다.

② n 번째 JK 플립플롭의 입력 $J_n = K_n = Q_{n-1}Q_{n-2} \cdots Q_1Q_0$가 되게끔 AND 게이트로 구성한다.

그림 10-24에서 FF_0은 입력이 1에 연결되어 있으므로 항상 토글 모드로 동작한다. FF_1의 JK 입력은 FF_0의 출력 Q_0에 연결되어 있으므로 $Q_0=1$이면 FF_1은 클럭의 하강 모서리에서 토글 동작을 하게 되고, $Q_0=0$이면 유지 모드로 동작하게 된다. FF_0과 FF_1의 출력은 AND 게이트의 입력으로 사용되고, AND 게이트의 출력이 FF_2의 JK 입력으로 연결되어 FF_2의 동작 모드를 제어하게 된다. FF_2는 FF_0과 FF_1의 출력이 모두 1일 때 JK 입력이 1이 되므로 토글 모드로 동작하고 그렇지 않은 경우에는 유지 모드로 동작하게 된다.

그림 10-25에서 동작을 좀 더 자세히 살펴보자. 처음에 $Q_2Q_1Q_0=000$라고 가정하면, 첫 번째 클럭에서 $Q_0=1$이 된다. 두 번째 클럭의 하강 모서리에서 $Q_0=1$이므로 FF_1의 출력 Q_1이 토글되어 $0 \rightarrow 1$이 되고, Q_0는 다시 $1 \rightarrow 0$이 된다. 세 번째 클럭의 하강 모서리에서 Q_0는 토글되어 다시 1이 되고 $Q_0=0$이므로 Q_1은 1로 유지된다. FF_2의 입력이 0이므로 Q_2는 0으로 유지된다. 이와 같이 Q_0는 클럭이 입력될 때 마다 0과 1이 토글되어 나타나고, Q_1은 Q_0가 1일 때만 토글되어 나타난다. 또한 FF_2는 $Q_1Q_0=11$일 때만 토글되고 다른 경우에는 유지되므로 표 10-5와 같은 동작을 하게 된다.

예제 10-5

4개의 JK 플립플롭을 이용하여 4비트 동기 카운터를 구성해 보자.

풀이

(1) 동기 카운터 구성 방법에서 설명한 바와 같이 첫 번째 플립플롭의 입력은 모두 1에 연결한다.

(2) 두 번째 플립플롭의 입력 $J_1=K_1=Q_0$에 연결한다.

(3) 세 번째 플립플롭의 입력 $J_2=K_2=Q_1Q_0$되어야 하므로 Q_1, Q_0를 입력으로 하는 AND 게이트의 출력을 J_2, K_2에 연결한다.

(4) 네 번째 플립플롭의 입력 $J_3=K_3=Q_2Q_1Q_0=Q_2(Q_1Q_0)$되어야 하므로 앞에서 구한 AND 게이트의 출력과 Q_2를 입력으로 하는 AND 게이트의 출력을 J_3, K_3에 연결한다.

이러한 방법대로 구성하면 그림 10-26과 같다.

그림 10-26 4비트 동기 카운터

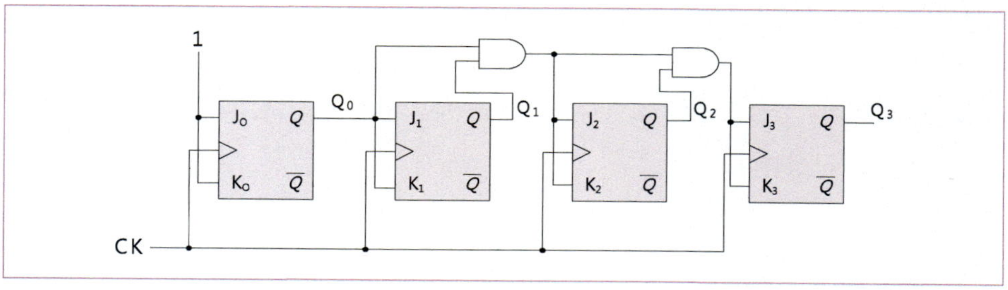

10.4 카운터의 응용

(1) 분주 회로와 디지털 시계

10.2절에서 분주의 기본 개념을 설명하였다. 그림 10-27과 같은 디지털 시계에서는 카운터를 분주 회로로 사용하고 있다. 중간 부분의 24진 또는 60진 카운터들은 입력 펄스의 수를 세어 저장하는 역할을 한다. 저장된 수는 디코더와 드라이버 회로를 통해 우리가 알 수 있는 숫자로 표시된다. 그림 10-27은 6-자리 24시간제 디지털 시계의 블록도이다.

그림 10-27 24시간제 디지털 시계 블록도

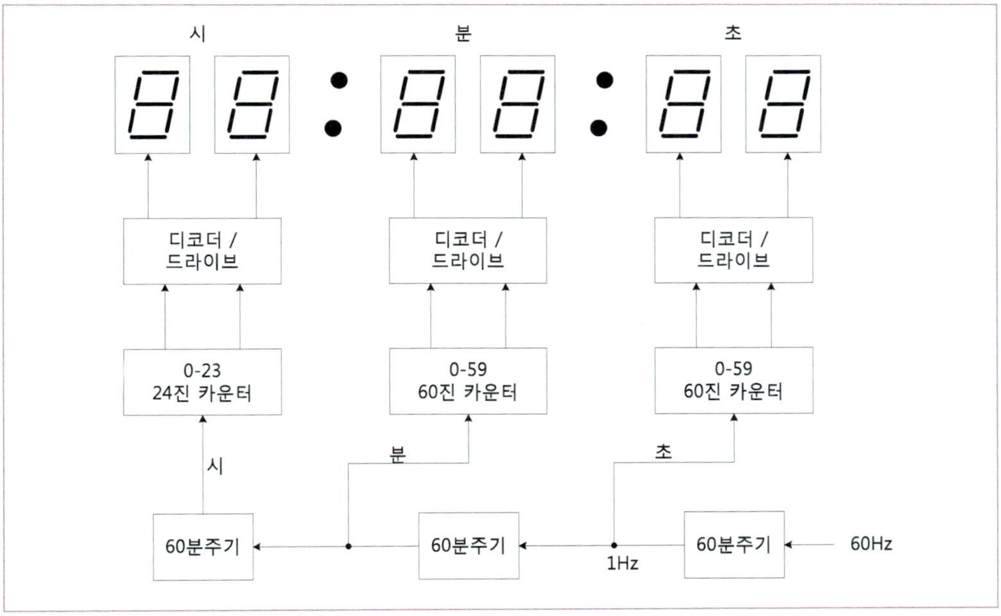

그림 10-27에서 첫 번째 60분주기의 입력은 60Hz의 구형파이다. 1초 주기의 펄스를 만들기 위해서는 60분주를 하여야 하는 데, 이는 6진 카운터와 10진 카운터를 종속 연결하면 된다. n_1진 카운터와 n_2진 카운터를 종속 연결하면 전체 분주값은 $n = n_1 \times n_2$가 된다. 따라서 60분주기는 그림 10-28과 같이 6분주×10분주 회로로 구성된다. 그림 10-28에서 6분주기는 60Hz 입력을 10Hz로 분주하고 그 출력을 10분주기를 종속 연결하면 최종 10분주기의 출력은 1Hz, 즉 초당 1 펄스 파형이 된다.

▌그림 10-28▐ 60분주기의 구성

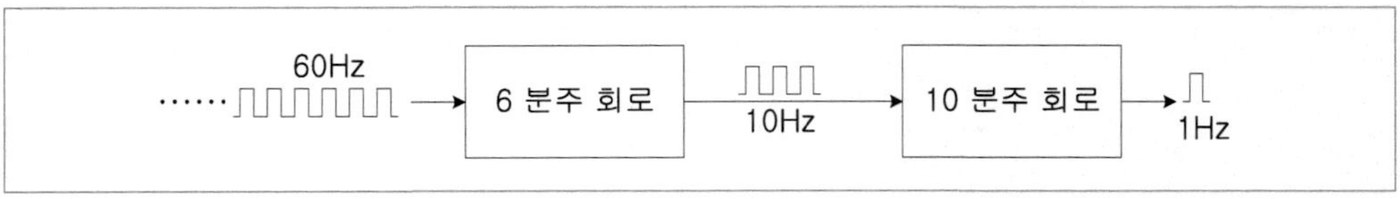

두 번째 60분주기는 1Hz를 60분주한 것이므로 1분에 한 개의 펄스를 발생한다. 세 번째 60분주기는 분마다 한 개의 펄스를 받아 60개의 펄스가 입력되면 출력이 나오므로 1시간에 한 개의 펄스를 발생한다. 시, 분, 초마다 하나씩 발생하는 클럭을 받아 동작하는 카운터는 시, 분, 초 단위의 경과 시간을 나타내게 된다.

그림 10-27에서 분, 초를 표시하는 60진 카운터는 1의 자리(0~9)와 10의 자리(0~5)를 나타내는 두 부분으로 나누어 구성하는 것이 편리하다. 이에 대한 블록도는 그림 10-29와 같다.

▌그림 10-29▐ 60진 카운터 블록도

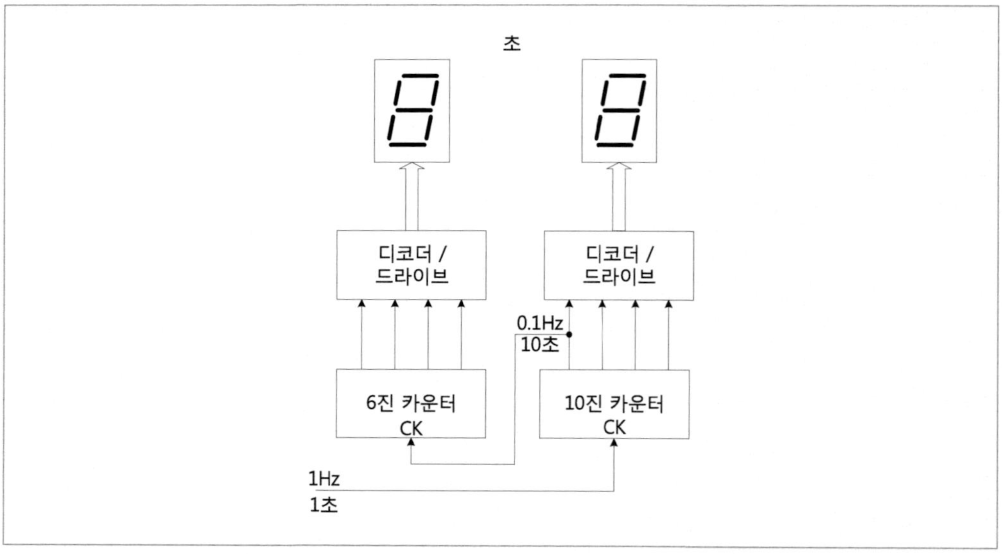

오른쪽 일의 자리 10진 카운터의 캐리 출력(9에서 다시 0으로 되는 순간에 발생함)을 십의 자리 6진 카운터의 클럭 입력으로 사용한다. 일의 자리 10진 카운터가 0~9까지 카운트한 다음, 다시 0이 되는 순간에 왼쪽의 십의 자리 6진 카운터에 클럭 입력이 발생하므로 전체적으로 0~59까지의 수를 셀 수 있도록 한다.

예제 10-6

그림 10-28의 60분주기를 7493을 이용하여 설계하라.

풀이

예제 10-3에서 구한 6분주 회로와 10분주 회로를 종속으로 연결한다. 그림 10-30과 같이 앞쪽 7493의 Q_3 출력을 뒤쪽 7493의 CP_0 입력으로 연결하면 6분주 회로의 Q_3는 10Hz 신호가 출력되고, 10분주 회로의 Q_3는 1Hz 신호가 출력된다. 그림 10-31은 그림 10-30의 분주기 회로를 로직웍스로 시뮬레이션한 타이밍 다이어그램이다.

그림 10-30 7493을 이용한 60분주 회로

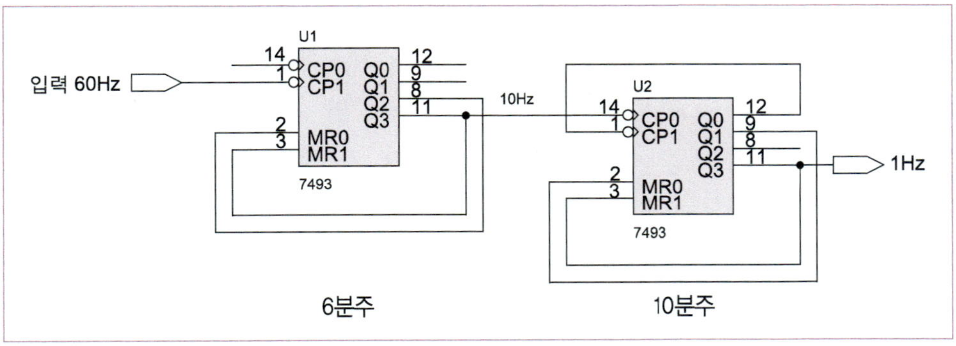

그림 10-31 60분주기의 타이밍 다이어그램

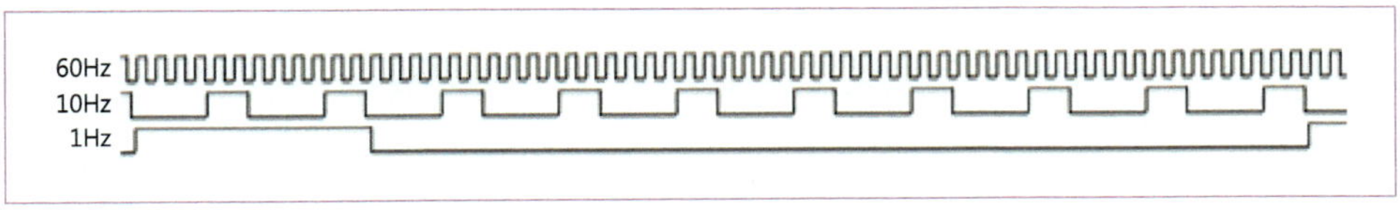

(2) 시퀀스 발생기

카운터는 제어 시스템에서 많이 사용되는 시퀀스 발생기를 구성하는 데 중요한 역할을 한다. 시퀀스 발생기란 미리 정해진 값을 차례대로 반복 출력하는 회로이다. 예를 들어 시퀀스 발생기의 출력을 $Q_2Q_1Q_0$라 할 때, 001→101→110→010→001→⋯와 같이 4가지 값이 차례로 반복 출력되는 회로이다. 이와 같은 시퀀스 발생기는 다음과 같이 구성할 수 있다.

시퀀스 발생기의 출력값($Y_mY_{m-1} \cdots Y_1$)의 종류는 카운터로 구성된다. 예를 들어 출력값이 4가지이면 4진 카운터(2비트 카운터)가 필요하다. 그림 10-32에서 조합 논리 회로는 카운터의 출력($Q_nQ_{n-1} \cdots Q_1$)으로부터 시퀀스 발생기의 출력을 만들기 위해 사용된다. 시퀀스 발생기의 값이 출력되는 시간 간격은 카운터의 클럭 주파수로 결정할 수 있다.

그림 10-32 시퀀스 발생기의 구성

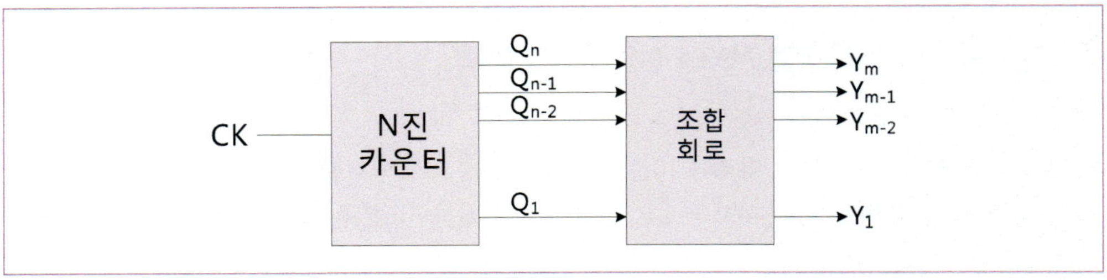

여기서는 유니폴라 스테핑 모터를 2상 여자 방식으로 회전시키기 위한 회로구성을 통하여 시퀀스 발생기를 구성하는 방법을 자세히 살펴보기로 하자.

스테핑 모터의 권선을 $A, \overline{A}, B, \overline{B}$이라고 하면 스테핑 모터를 시계 방향으로 회전시키기 위해서는 $AB \rightarrow \overline{A}B \rightarrow \overline{AB} \rightarrow A\overline{B} \rightarrow AB \rightarrow ...$의 순서로 권선에 전류가 흘러야 한다. 출력값이 4가지이므로 4진 카운터가 필요하다. 카운터의 출력을 Q_1, Q_0라 할 때 카운터의 출력값에 대한 시퀀스 발생회로의 출력을 진리표로 표시하면 표 10-6과 같다. 출력이 '00'이면 $A = B = 1$이 되고 출력이 '01'이 되면 $\overline{A} = B = 1$이 된다. 이와 같이 카운터가 하나씩 증가할 때 마다 발생 회로에서는 필요한 시퀀스가 하나씩 발생한다. 표 10-6의 진리표에서 권선 A, B에 대한 불 대수식을 구하면 $A = Q_1 \odot Q_0$, $B = \overline{Q_1}$이 된다. 따라서 시퀀스 발생 회로는 그림 10-33과 같이 구성된다. 4진 동기 카운터를 구성하고 카운터의 출력으로부터 $A = Q_1 \odot Q_0$, $B = \overline{Q_1}$를 구성하였다. 그림 10-34는 시퀀스 발생기의 타이밍 다이어그램을 나타낸 것이다. 이 그림에서 $A\overline{A}B\overline{B}$가 1100 → 0110 → 0011 → 1001 → 1100의 순서로 출력됨을 알 수 있다.

표 10-6 | 시퀀스 발생기의 진리표

Q_1	Q_0	A	B	$\overline{A}$	$\overline{B}$
0	0	1	1	0	0
0	1	0	1	1	0
1	0	0	0	1	1
1	1	1	0	0	1

▌그림 10-33▌ 스테핑 모터 시퀀스 발생 회로

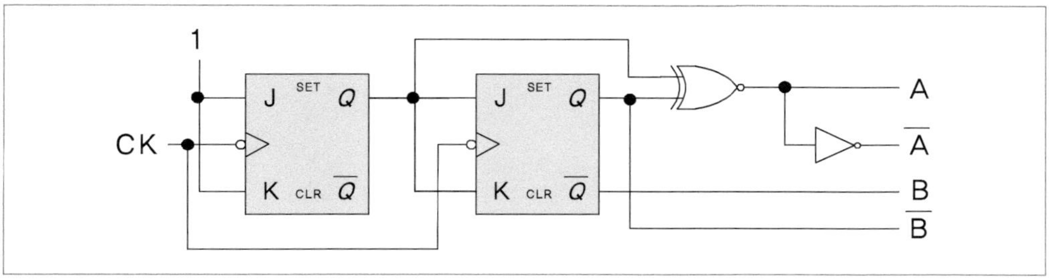

▌그림 10-34▌ 스테핑 모터 시퀀스 발생기의 타이밍 다이어그램

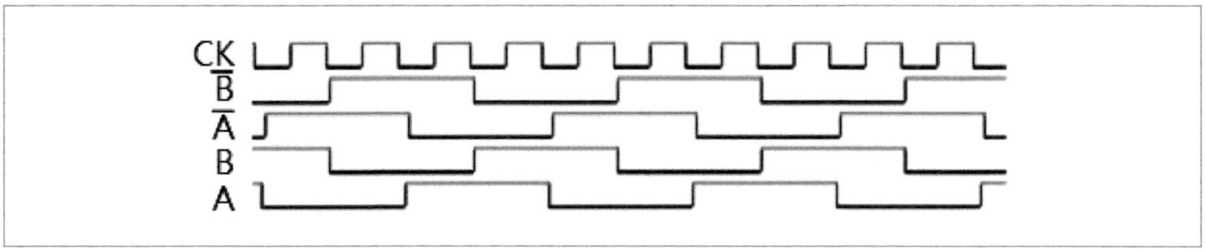

카운터 실험

(1) 사용 부품

부품명	규격	수량
IC	7400	1
IC	7476	2
IC	74193	1

(2) 사용 기자재

- 논리회로 실험장치(Logic Lab)
- 2채널 오실로스코프
- 함수 발생기

(3) 실험 1: 3비트 비동기 상승 카운터 실험

실험순서

① 7476 JK 플립플롭을 이용하여 그림 10-35와 같은 3비트 비동기 카운터 회로를 논리회로 실험장치에 구성한다. 7476의 V_{cc}=5번, GND=13번에 유의하라.

그림 10-35 3비트 비동기 카운터 실험 회로

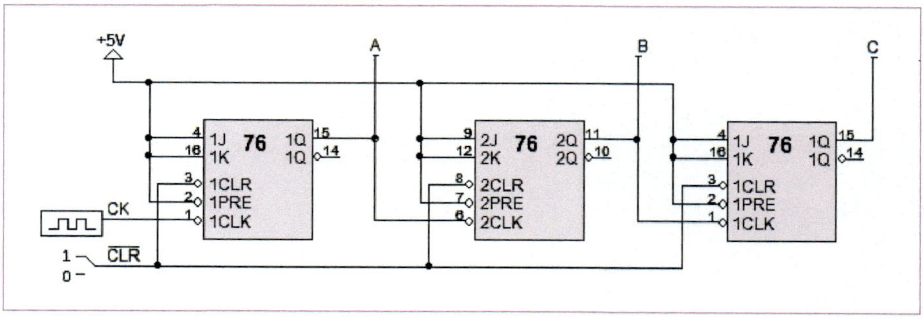

② $\overline{CLR}$ 신호는 논리회로 실험장치의 ON/OFF 스위치에 연결하고, CK 신호는 논리회로 실험장치의 "CLOCK PULSE"의 1khz에 연결한다. 처음에 $\overline{CLR}$ 신호를 0으로 설정했다가 다시 1로 설정하고 실험을 진행한다.

③ 오실로스코프의 1번 채널에는 CK 신호를 연결하고, 2번 채널에는 출력 A를 연결한다. 채널 1과 채널 2의 파형을 그림 10-36에 그려 넣는다.

④ 1번 채널에는 출력 A를 연결하고, 2번 채널에는 출력 B를 연결한다. 채널 1과 채널 2의 파형을 그림 10-36에 그려 넣는다.

⑤ 1번 채널에는 출력 B를 연결하고, 2번 채널에는 출력 C를 연결한다. 채널 1과 채널 2의 파형을 그림 10-36에 그려 넣는다.

그림 10-36 3비트 비동기 카운터 실험 결과

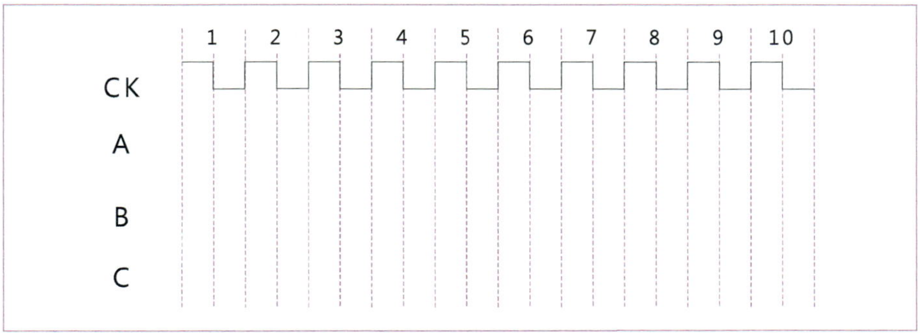

(4) 실험 2: 3비트 비동기 하강 카운터 실험

실험순서

① 실험 1의 회로를 하강 카운터로 변경하라.

② $\overline{CLR}$ 신호는 논리회로 실험장치의 ON/OFF 스위치에 연결하고, CK 신호는 논리회로 실험장치의 "CLOCK PULSE" 1khz 단자에 연결한다. 처음에 /CLR 신호를 0으로 설정했다가 다시 1로 설정하고 실험을 진행한다.

③ 오실로스코프의 1번 채널에는 CK 신호를 연결하고, 2번 채널에는 출력 A를 연결한다. 채널 1과 채널 2의 파형을 그림 10-37에 그려 넣는다.

④ 1번 채널에는 출력 A를 연결하고, 2번 채널에는 출력 B를 연결한다. 채널 1과 채널 2의 파형을 그림 10-37에 그려 넣는다.

⑤ 1번 채널에는 출력 B를 연결하고, 2번 채널에는 출력 C를 연결한다. 채널 1과 채널 2의 파형을 그림 10-37에 그려 넣는다.

▌그림 10-37▐ 3비트 비동기 하강 카운터 실험 결과

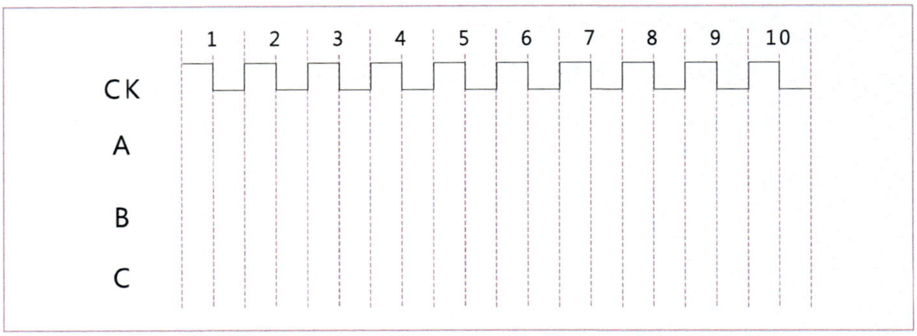

(5) 실험 3: 가변 N진 동기 카운터 실험

실험순서

① 7400 NAND 게이트와 74193 16진 상승/하강 카운터를 사용하여 그림 10-38과 같은 회로를 구성한다.

▌그림 10-38▐ 74193 카운터 실험 회로

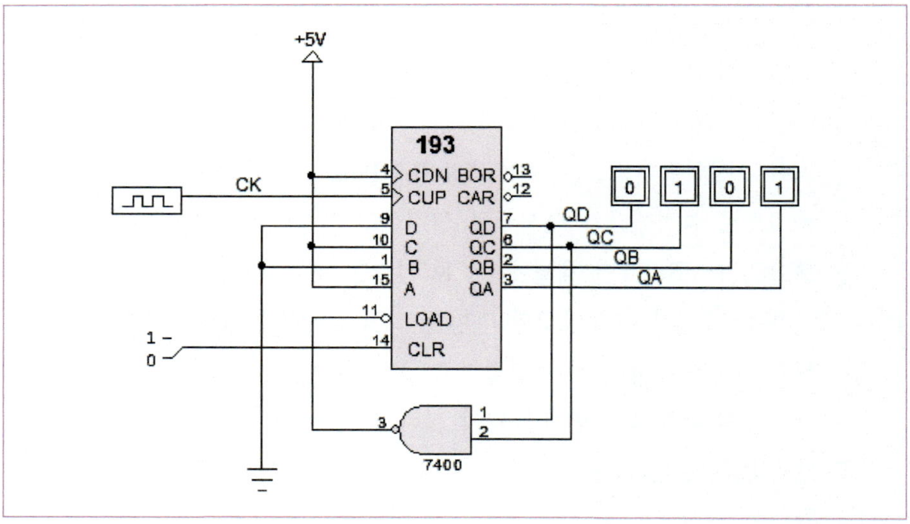

② CLR 신호는 논리회로 실험장치의 토글 스위치에 연결하고 CK 단자는 실험장치의 상승 모서리 클럭 발생 단자를 연결한다. 출력 QD, QC, QB, QA는 실험장치의 LED에 연결하고, 실험장치의 COMMON 스위치는 CATHODE로 설정한다.

③ CLR 신호를 0 → 1 → 0으로 입력한 다음, CK 단자에 상승 클럭을 하나씩 인가하면서 출력 QD, QC, QB, QA의 상태를 표 10-7에 0 또는 1로 기록한다.

표 10-7 | 74193 카운터 실험 결과

클럭 입력 회수	상승 모드				하강 모드			
	QD	QC	QB	QA	QD	QC	QB	QA
0								
1								
2								
3								
4								
5								
6								
7								
8								
9								
10								
11								
12								
13								
14								
15								

④ 위의 회로에서 CK을 CDN(4번 핀)에 연결하고, CUP(5번 핀)은 +5V에 연결하여 하강 카운터를 구성한다. ③의 실험과정을 반복하라.

(6) 실험결과 및 검토

(1) 3비트 비동기 상승 카운터와 하강 카운터를 로직웍스로 시뮬레이션하고 그 결과를 실험 결과와 비교하라.

(2) 가변 N진 동기 카운터 실험에서 다음 물음에 답하라.

① 입력 A, B, C, D의 기능은 무엇인가?

② LOAD와 CLR 단자의 기능은 무엇인가?

③ BOR, CAR 단자의 기능은 무엇인가?

④ 0000~1001까지 출력이 변하도록 회로를 수정하라.

⑤ 표 10-6과 같은 스테핑 모터를 구동하기 위한 시퀀스를 얻을 수 있도록 74193을 이용하여 회로를 구성하라.

연습문제

10.1 동기 카운터와 비동기 카운터의 차이점을 간단히 설명하라.

10.2 다음과 같이 구성된 비동기 카운터에서 $Q_2=0$이고 $Q_1=1$일 때 두 개의 클럭이 인가된 후 Q_2, Q_1의 값은 각각 얼마인가?

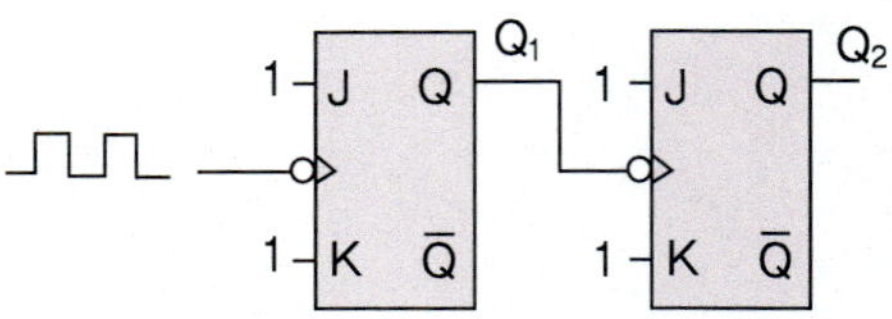

10.3 비동기 카운터가 아래 그림과 같이 구성되어 있다. 이 카운터의 출력 범위는 얼마인가? 단 QA가 가장 낮은 자리이다.

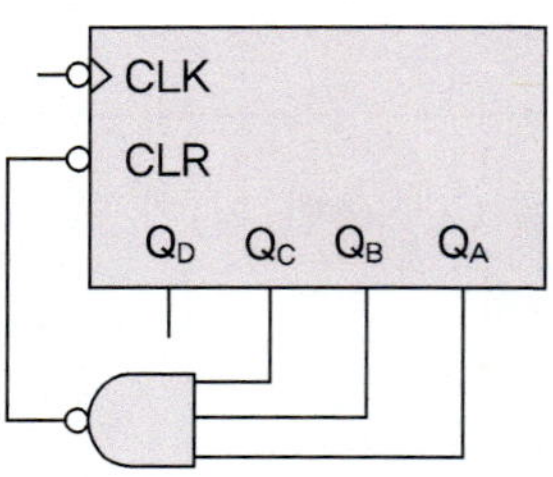

10.4 D 플립플롭을 이용하여 3비트 비동기 카운터를 설계하라.

Hint 한 개의 D 플립플롭의 출력이 토글 동작을 하도록 회로를 구성하라. 이와 같이 구성된 회로를 종속 연결하여 비동기 카운터를 구성하라. 상승 카운터인 경우, 카운터의 출력은 플립플롭의 $\overline{Q}$에서 얻어진다.

10.5 7493 비동기 카운터를 2개 사용하여 0~99까지 카운트할 수 있는 카운터를 설계하라.

10.6 출력이 0~6까지 변하는 7진 비동기 카운터를 설계하고, 출력을 타이밍 다이어그램으로 나타내라.

10.7 3비트 비동기 카운터에서 0에서 시작하여 최대값이 되면 더 이상 카운트되지 않도록 하는 회로를 설계하라.

10.8 다음은 7490 비동기 카운터이다. 7490을 이용하여 10진 카운터를 구성하는 방법을 설명하라. $MS_1 = MS_2 = 1$이면 모든 플립플롭의 출력은 1이 되고, $MR_1 = MR_2 = 1$이면 모든 플립플롭의 출력은 0이 된다.

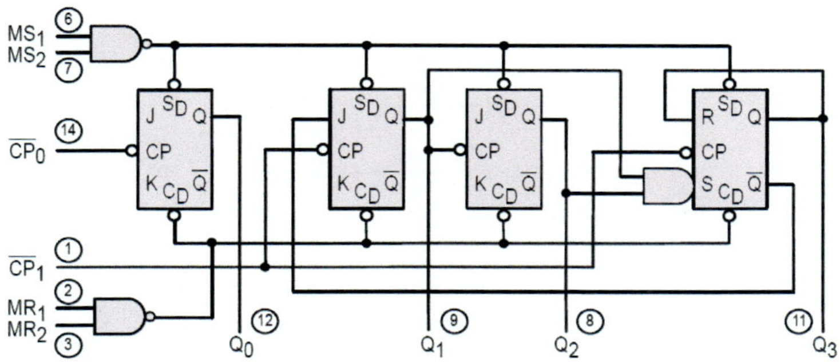

10.9 74176을 이용하여 8진 비동기 카운터를 로직웍스로 설계하라. 카운터는 0부터 7까지의 값을 차례대로 출력한다.

Hint 출력이 8이 되면 0이 로드 되도록 한다.

10.10 그림 10-27의 디지털 시계 회로를 오전, 오후를 표시하는 12시간제 디지털 시계회로로 변환하여 구성하라.

10.11 다음 그림은 동기 카운터이다. 카운터의 처음 출력을 $Q_3Q_2Q_1 = 000$이라 가정하고 클럭이 입력될 때마다 나오는 카운터의 출력을 차례대로 써라.

Hint 카운터의 출력에 대한 카운터의 입력을 구하고 구한 입력에 의한 카운터의 다음 출력을 구하라. 예를 들어 $Q_3Q_2Q_1 = 000$이면 $J_1 = 1,\ K_1 = 1,\ J_2 = 0,\ K_2 = 0,\ J_3 = 0,\ K_3 = 1$이 되므로 다음 출력 $Q_3Q_2Q_1 = 001$이 된다.

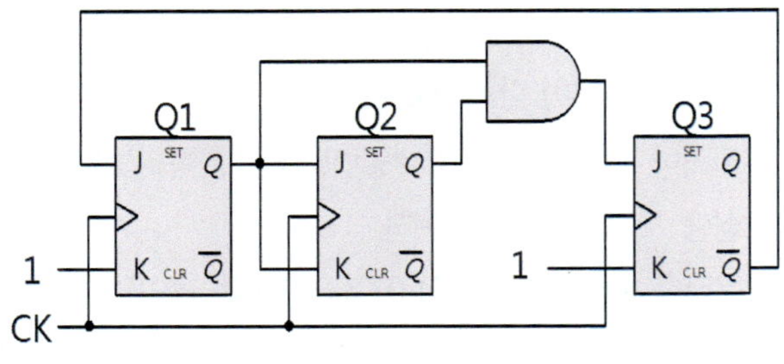

10.12 다음 동기 카운터의 처음 출력이 0000이라 할 때 클럭이 입력될 때마다 나오는 출력을 차례대로 써라. 이 카운터는 어떤 카운터인가?

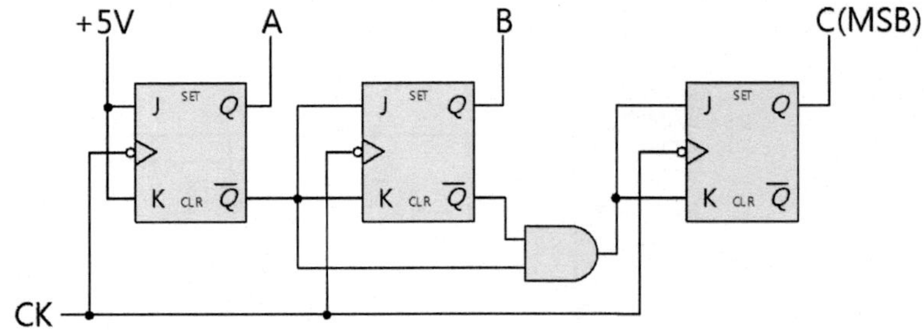

10.13 다음은 상승/하강 동기 카운터이다. 상승 모드일 때는 0000 → 0001 → 0010 → 0011 → 0100 → 0101 → 0110 → 0111 → 1000 → 1001 → 0000의 순서로 변하고, 하강 모드일 때는 0000 → 1001 → 1000 → ⋯ → 0001 → 0000의 순서로 변한다.

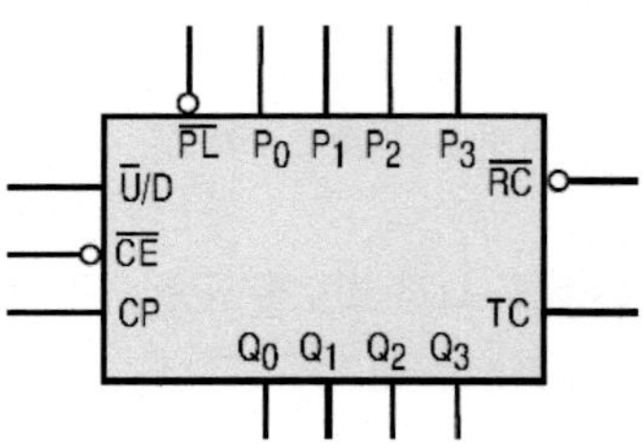

CP는 클럭이 입력되는 단자이다. $\overline{U}/D$ 단자는 카운터의 방향을 제어한다. $\overline{U}/D$=0이면 상승 카운터로 동작하고, 1이면 하강 카운터로 동작한다. $\overline{PL}$ 신호는 카운터의 출력을 설정하는 제어신호이다. $\overline{PL}$=0이면 다른 신호와 상관없이 카운터의 출력 $Q_3Q_2Q_1Q_0 = P_3P_2P_1P_0$가 된다. $\overline{CE}$는 카운터의 동작을 제어하는 신호이다. $\overline{CE}$=0이면 정상적으로 동작하고 $\overline{CE}$=1이면 출력이 그대로 유지된다. TC 신호는 평소에는 0으로 유지되나 카운터의 출력이 0000(하강 모드) 또는 1001(상승 모드)이 되면 1이 된다. 출력이 다시 변하면 TC 신호도 다시 0이 된다. $\overline{RC}$ 신호는 평소에는 1로 유지되나 $\overline{CE}$=0이고 TC=1일 때 다음 클럭의 하강 모서리에서 0이 되고 다음 클럭의 상승 모서리에서 1이 된다.

이 카운터를 이용하여 출력이 0101 → 0110 → 0111 → 1000 → 1001 → 0101의 순서로 변하는 5진 동기 카운터를 설계하라.

10.14 4비트 동기 카운터의 타이밍 다이어그램을 그리고 JK 플립플롭을 이용하여 설계하라.

10.15 10진 동기 카운터의 타이밍 다이어그램을 그리면 아래 그림과 같다.

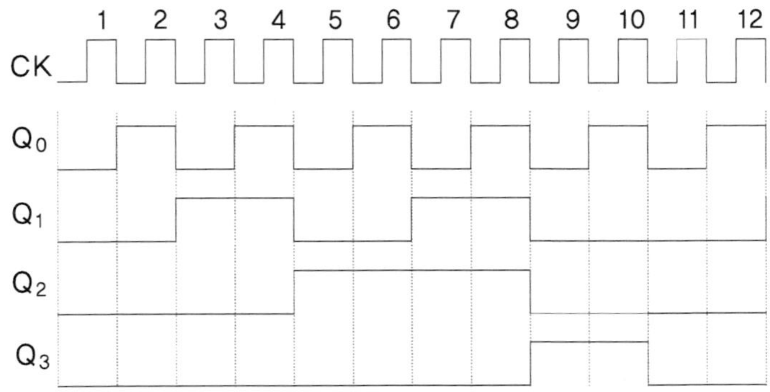

출력 $Q_3Q_2Q_1Q_0$가 1001이 된 다음에 다시 0000으로 돌아가서 카운팅을 계속하므로 10진 카운터임을 알 수 있다. 출력 Q_0는 클럭 하강 모서리에서 항상 토글 된다. Q_1은 $Q_3Q_0 = 01$일 때 토글 됨을 알 수 있다. 또한 Q_2는 $Q_1Q_0 = 11$일 때 토글 된다. Q_3는 $Q_3Q_2Q_1Q_0 = 0111$ 또는 1001일 때 토글 된다. $Q_3Q_2Q_1Q_0 = 1010 \sim 1111$인 경우는 발생하지 않는다. 이러한 사실을 이용하여 각 JK 플립플롭의 입력에 대한 간소화된 불 대수를 구하고 10진 동기 카운터를 설계하라.

10.16 D 플립플롭을 이용하여 2분주 회로를 구성하라. D 플립플롭의 출력은 입력에 따라 변한다. 즉 입력 D=0이면 다음 클럭의 하강 모서리에서 $Q_0 = 0$이 되고 D=1이면 다음 클럭에서 $Q_0 = 1$이 된다. 이 회로의 출력 Q_0의 타이밍 다이어그램은 아래와 같다. 이 카운터를 설계하기 위해 D가 1이 되는 조건을 생각하라.

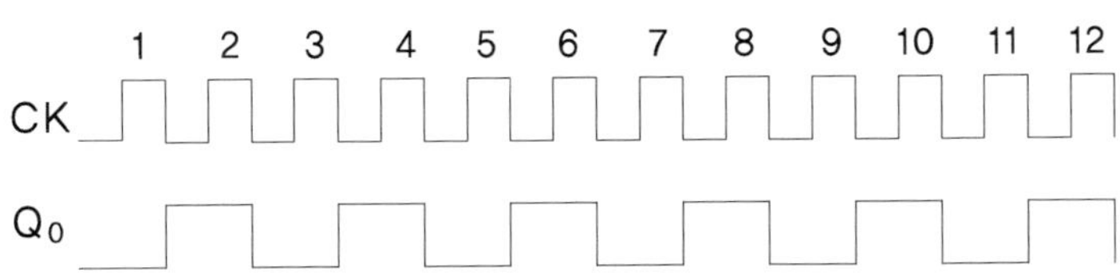

10.17 아래 그림과 같이 동작하는 10진 동기 카운터를 D 플립플롭으로 설계하라. 타이밍 다이어그램에서 클럭의 하강 모서리 직전의 출력(현재 출력) 값을 이용하여 다음 클럭의 하강 모서리에서 각 출력(다음 출력)이 1이 되는 경우를 구하라. 예를 들어, 다음 출력 Q_0가 1이 되는 경우는 현재 출력이 $Q_3Q_2Q_1Q_0 =$0000, 0010, 0100, 0110, 1000일 때이다. 다음 출력 Q_1이 1이 되는 경우는 0001, 0010, 0101, 0110이며, 다음 출력 Q_2는 현재 출력이 0011, 0100, 0101, 0110일 때 1이 된다. 또한 다음 출력 Q_3는 현재 출력이 0111이거나 1000일 때 1이 된다.
다음 출력이 1이 되는 경우를 K-map으로 간소화하고 그 결과를 해당 D 플립플롭의 입력으로 사용하라.

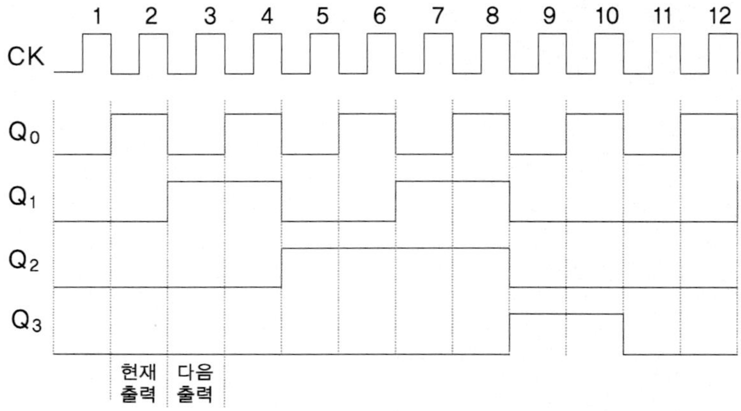

10.18 문제 10.16에서 구성한 회로를 로직웍스로 시뮬레이션하고 그 결과를 확인하라.

10.19 다음 그림과 같이 구성된 동기 카운터의 타이밍 다이어그램을 완성하라. 단, SET과 CLR입력은 모두 1에 연결되어 있다. 이 카운터는 어떤 카운터인가?

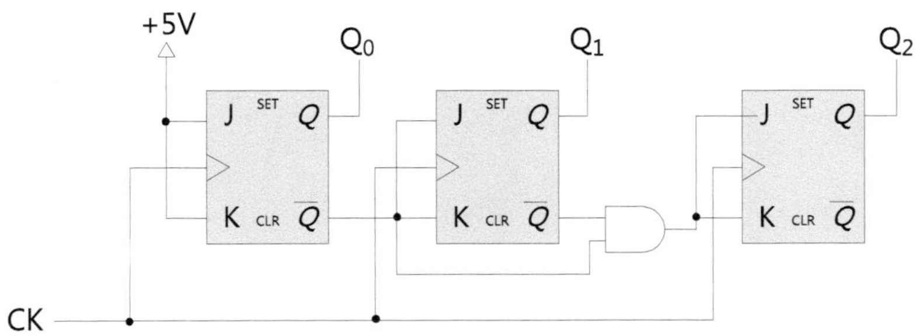

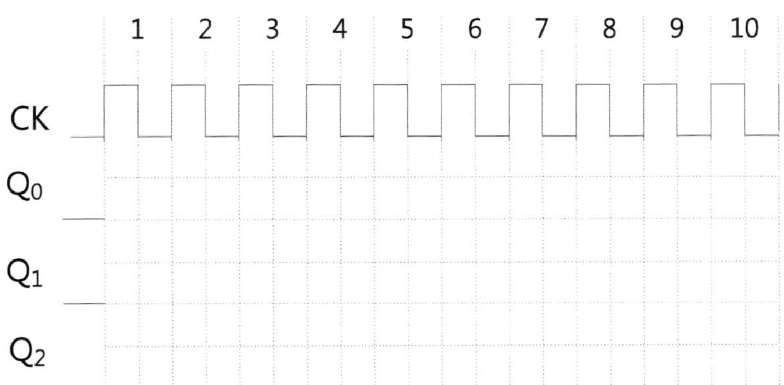

10.20 유니폴라 스테핑 모터의 4권선을 각각 A, B, C, D라 하자. 스테핑 모터를 1-2상 여자 방식으로 회전(시계방향)시키기 위해서는 A → AB → B → BC → C → CD → D → DA → A의 순서로 권선에 전류가 흘러야 한다. 3비트 동기 카운터를 이용하여 스테핑 모터를 1-2상 여자 방식으로 구동하기 위한 시퀀스 발생회로를 설계하라.

CHAPTER

11

이동 레지스터 (Shift Register)

학습목표

1. 직렬 입력/직렬 출력, 직렬 입력/병렬 출력, 병렬 입력/직렬 출력, 병렬 입력/병렬 출력 레지스터의 기본 동작을 설명할 수 있다.
2. 양방향 이동 레지스터의 데이터 이동원리를 설명할 수 있다.
3. 링 카운터를 구성하고 동작을 설명할 수 있다.
4. 존슨 카운터를 구성하고 동작을 설명할 수 있다.

11.1 개요

이동 레지스터(shift register)는 디지털 시스템에서 가장 널리 사용되는 순차 논리회로의 하나이다. 이동 레지스터는 디지털 데이터를 일시적으로 저장하거나 저장된 데이터를 이동하기 위해 주로 사용된다. 저장할 수 있는 데이터의 크기는 총 저장 비트 수로 나타낸다. 하나의 비트를 저장하기 위해 플립플롭이 하나 필요하므로 이동 레지스터를 구성하기 위해서는 저장 비트 수 만큼의 플립플롭이 사용된다. 이동 레지스터의 동작을 쉽게 이해할 수 있는 것이 소형 전자계산기이다. 123이라는 숫자를 입력하려면 먼저 1, 2, 3의 숫자 키를 차례로 누른다. 그러면, 표시창의 가장 오른쪽에 1이 나타난 후, 2를 누르면 12가 표시되고 3을 누르면 123이 나타난다. 새로운 숫자를 누를 때마다 먼저 입력되었던 숫자들은 왼쪽으로 이동하는 데 이를 좌 이동(shift left) 레지스터라고 할 수 있다. 이동 레지스터는 순차 논리회로이며, 플립플롭들로 구현될 수 있다.

이동 레지스터는 디지털 시스템에서 데이터를 외부로 전송하기 위해서 많이 사용된다. 디지털 시스템에서 데이터를 다른 시스템으로 전송하는 경우 주로 직렬 전송을 한다. 직렬 전송을 하면 데이터 신호선이 하나만 필요하기 때문에 비용과 공간을 줄일 수 있기 때문이다. 이러한 직렬 전송 시스템에서는 데이터를 직렬로 변환하여 전송하고 받을 때는 직렬로 받아 다시 병렬로 변환한다. 이러한 기능을 구현하기 위해서 이동 레지스터가 사용된다.

이동 레지스터는 데이터를 입력하는 방법과 출력하는 방법에 따라 4가지 종류로 나눌 수 있다. 이를 그림으로 표시하면 그림 11-1과 같다.

1. **직렬 입력-직렬 출력** (Serial-In Serial-Out : SISO, 그림 11-1(a))
   단일 선을 통하여 데이터가 1비트씩 입력되고, 출력될 때도 먼저 입력된 비트부터 차례로 1비트씩 출력되는 레지스터이다. 데이터의 입출력에 시간이 많이 소요되는 단점은 있으나, 입출력을 위한 외부 단자의 수가 적은 것이 장점이다.
2. **직렬 입력-병렬 출력** (Serial-In Parallel-Out : SIPO, 그림 11-1(b))
   단일 선을 통하여 1비트씩 순차적으로 입력되지만, 저장된 데이터가 출력될 때는 여러 개의 선을 통하여 동시에 출력되는 레지스터이다. 예를 들어 8비트 직렬 입력-병렬 출력 이동 레지스터는 직렬로 8비트의 데이터를 받아 차례대로 저장해 두었다가 입력이 완료되면 병렬로 8비트를 동시에 출력한다. 컴퓨터가 직렬 통신을 이용하여 다른 기기로부터 데이터를 수신할 때 이용될 수 있다.

3. **병렬 입력-직렬 출력** (Parallel-In Serial-Out : PISO, 그림 11-1(c))
   병렬로 데이터를 입력받아 저장하고, 저장된 데이터가 출력될 때는 단일 선을 통하여 1비트씩 차례로 출력되는 레지스터이다. 컴퓨터가 직렬 통신을 이용하여 다른 기기로 데이터를 송신할 때 이용될 수 있다.
4. **병렬 입력-병렬 출력** (Parallel-In Parallel-Out : PIPO, 그림 11-1(d))
   모든 데이터 비트들이 동시에 입력되거나 출력되는 레지스터이다. 가장 빠르게 데이터의 입력과 출력을 할 수 있으나 데이터 입출력을 위한 신호 선이 늘어나는 것이 단점이다. 디지털 시스템 내부에서 데이터를 이동할 경우에는 이러한 방식이 사용된다.

그림 11-1은 4가지 형태의 이동 레지스터의 개념도이다. 레지스터들의 데이터 입출력 방식은 다르지만 데이터를 저장하기 위한 내부 기억소자는 주로 D 플립플롭이 사용된다.

그림 11-1 이동 레지스터의 종류

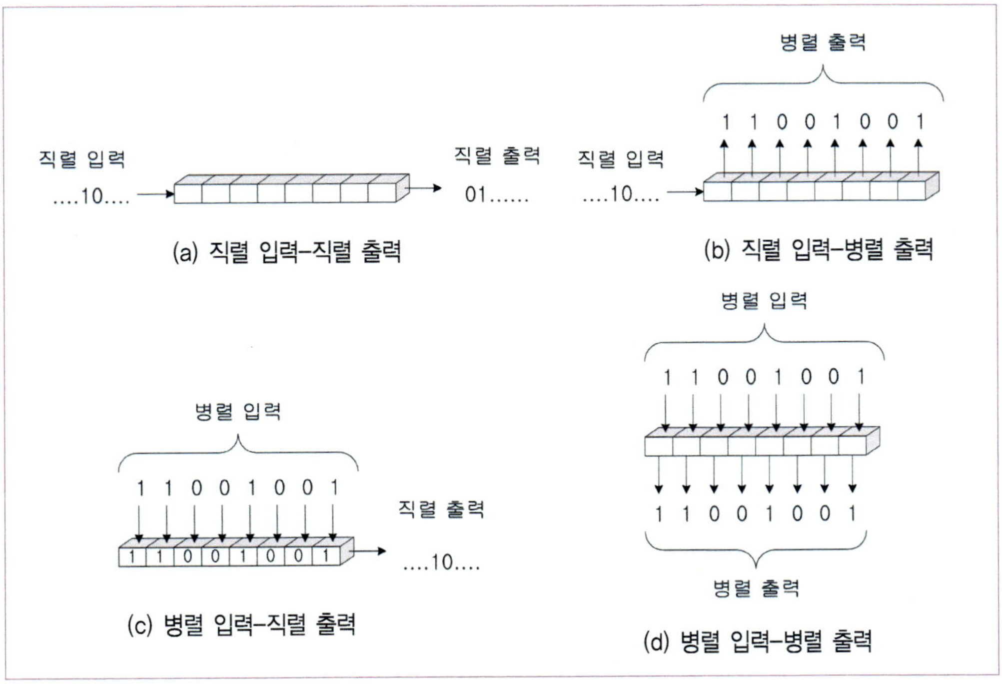

11.2 직렬 입력 이동 레지스터

그림 11-2는 간단한 형태의 4비트 직렬 입력 이동 레지스터이다. 4개의 D 플립플롭으로 구성되어 있는데 직렬 입력 데이터는 FF1의 D 입력을 통해 입력된다. 이 입력을 직렬 입력 단자라 한다.

┃그림 11-2┃ 4비트 직렬 입력 이동 레지스터

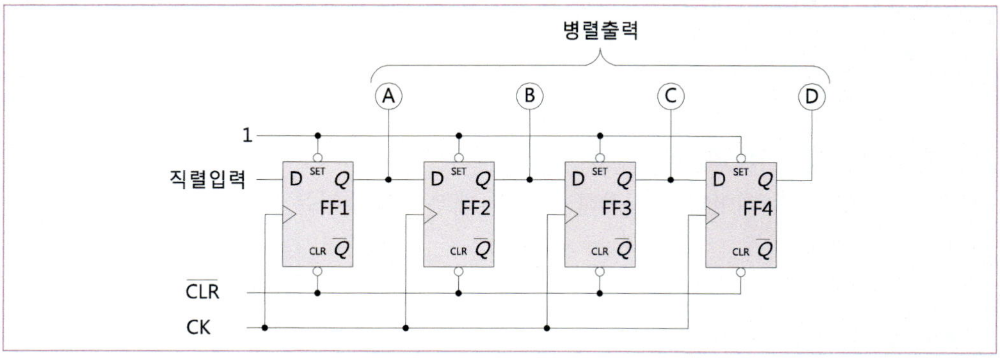

1001의 데이터를 이동시켜 저장하는 과정을 통하여 이동 레지스터의 동작을 좀 더 자세히 살펴보자. 가장 오른쪽(MSB)에 저장될 비트부터 차례로 입력된다. 초기에 $\overline{CLR}$ 신호에 의해 4개의 D 플립플롭들의 출력은 전부 0으로 리셋된다. 첫 번째 클럭에서 직렬입력 단자의 값이 FF1의 출력으로 이동된다. 따라서 FF1의 출력 A는 1이 된다. 두 번째 클럭이 들어가면 FF1의 출력이 FF2의 D 입력에 연결되어 있으므로 FF1에 저장된 데이터는 FF2에 저장되어 FF2의 출력 B에 나타난다. FF1은 두 번째 입력 비트인 0을 저장하게 된다. 세 번째 클럭이 입력되면 FF3는 FF2에 저장된 1이 이동하여 저장되고, FF2는 FF1의 값이 이동되어 0이 된다. 또한 FF1은 세 번째 비트인 0을 저장하게 된다. 마찬가지로 네 번째 클럭이 입력되면 FF3 → FF4, FF2 → FF3, FF1 → FF2로 이동하고 FF1에는 마지막 비트인 1이 저장된다. 클럭 입력에 따른 이동 레지스터에 저장된 값의 변화를 표시하면 표 11-1과 같다.

표 11-1 | 4비트 직렬입력 이동 레지스터의 동작

클럭	FF1(A)	FF2(B)	FF3(C)	FF4(D)
초기화	0	0	0	0
1	1	0	0	0
2	0	1	0	0
3	0	0	1	0
4	1	0	0	1

4개의 클럭이 입력되고 나면 직렬로 입력된 데이터가 각 플립플롭의 출력 A, B, C, D에 나타나므로 병렬 출력으로 생각할 수 있다. 따라서 그림 11-2의 이동 레지스터는 직렬 입력-병렬 출력 레지스터이다. 새로운 4개의 클럭이 입력되면 마지막 플립플롭인 FF4의 출력을 통하여 입력된 데이터가 하나씩 직렬로 출력된다. 따라서 이 이동 레지스터는 직렬 입력-직렬 출력 레지스터로 볼 수도 있다. 새로운 클럭이나 $\overline{CLR}$ 입력이 0으로 되지 않는 한 현재 기억된 내용을 그대로 유지한다.

예제 11-1

그림 11-2의 4비트 직렬 입력 이동 레지스터에 그림 11-3과 같은 직렬 입력과 $\overline{CLR}$ 신호가 입력될 때 플립플롭의 출력을 타이밍 다이어그램으로 나타내 보자.

풀이

모든 플립플롭의 출력이 1111이라고 가정하여 시작한다. a 시점에서 $\overline{CLR}$ 입력이 인가되면 플립플롭의 출력은 0000으로 리셋된다. 이것은 클럭 신호와 관계없으므로 비동기 동작이다. b 시점에서 직렬 입력이 1이므로 FF1의 D 입력이 1이 된다. 클럭 1의 상승 모서리에서 D 입력이 FF1의 출력으로 전달된다. 따라서 출력은 1000이 된다. 클럭 2에서는 이전 출력이 오른쪽으로 한 비트씩 이동하므로 전체 출력은 0100이 된다. 이와 유사한 동작을 반복하여 클럭 4가 입력이 되면 출력은 0001이 되어 4비트의 데이터가 모두 입력된다.

그림 11-3 4비트 직렬입력 이동 레지스터의 동작

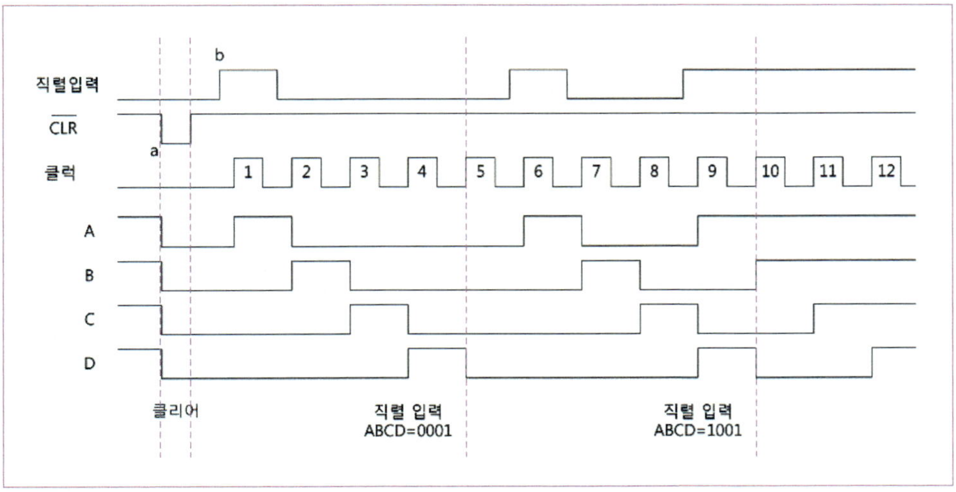

그림 11-3에서 클럭 6~9사이에 1001이라는 새로운 값이 입력되면 출력 ABCD=1001이 된다.

예제 11-2

그림 11-4는 74164 직렬 입력-병렬 출력 이동 레지스터의 내부 회로도이다.

▌그림 11-4▌ 74164 직렬 입력-병렬 출력 이동 레지스터 내부 회로도

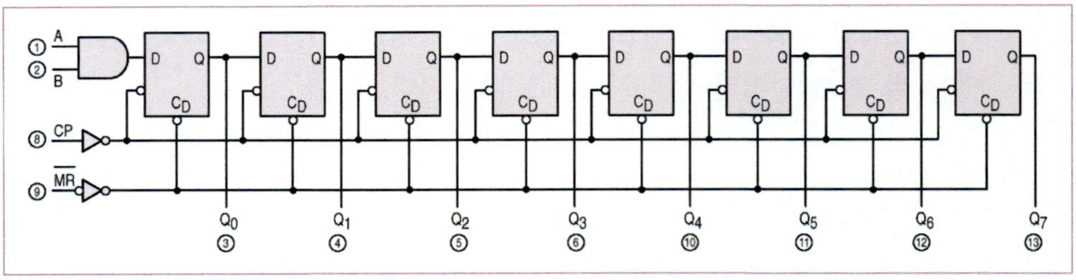

$\overline{MR}$을 0으로 설정했다가 다시 1로 설정한 상태에서 8개의 클럭이 CP 단자에 입력된 후, $Q_7 \sim Q_0$의 출력이 00110110이 되기 위한 A, B 입력 신호를 CP 신호와 함께 타이밍 다이어그램으로 나타내어라.

풀이

Q_7에 저장될 비트부터 입력되어야 하므로 그림 11-4의 첫 번째 D 플립플롭의 입력 신호는 0, 0, 1, 1, 0, 1, 1, 0의 순서가 되어야 8개의 클럭 입력 후 Q_7~Q_0의 출력이 00110110이 된다. $\overline{MR}$=0이면 출력은 모두 0이 된다. 그 다음에는 클럭에 따라 (직렬 입력) → Q_0, Q_0 → Q_1, Q_1 → Q_2, Q_2 → Q_3, Q_3 → Q_4, Q_4 → Q_5, Q_5 → Q_6, Q_6 → Q_7와 같이 데이터가 이동한다. 이를 타이밍 다이어그램으로 표시하면 그림 11-5와 같다. 8번의 클럭이 인가된 후 출력 $Q_7 \sim Q_0$ = 00110110이 됨을 알 수 있다.

▌그림 11-5▌ 4비트 직렬입력-병렬출력 이동 레지스터의 동작

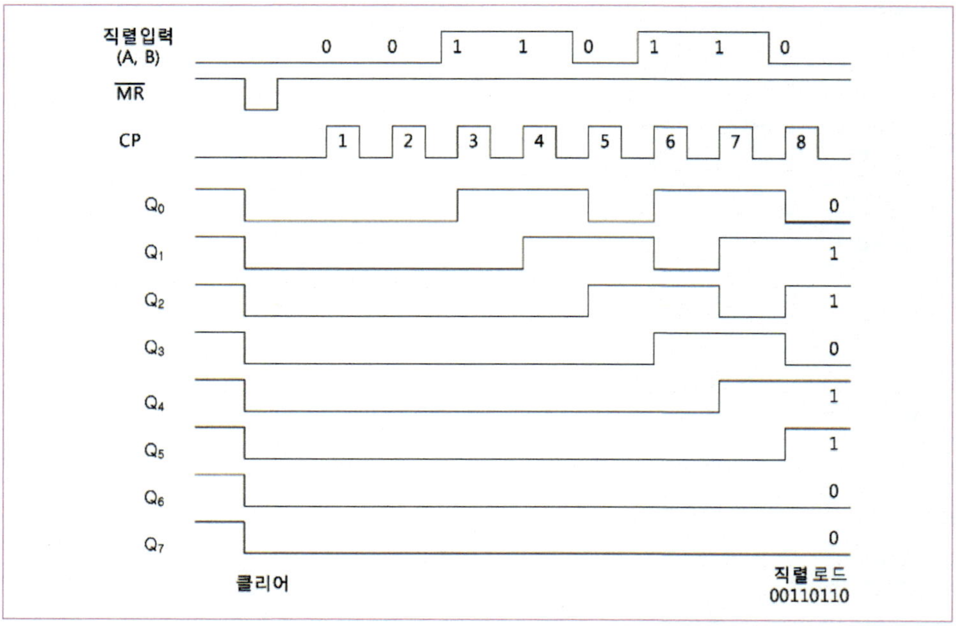

예제 11-3

D 플립플롭을 이용하여 4비트 양방향 직렬입력-직렬출력 이동 레지스터를 설계해 보자. 플립플롭의 입력과 출력을 각각 D_0, D_1, D_2, D_3와 Q_0, Q_1, Q_2, Q_3라 하라. 이동방향 제어 신호는 DIR이며 DIR=0이면 오른쪽으로 이동($Q_0 \rightarrow Q_3$)하고, DIR=1이면 왼쪽으로 이동($Q_0 \leftarrow Q_3$)하도록 하라. 직렬 입력 신호는 SI로 표시한다.

풀이

DIR=0일 때, 오른쪽으로 이동하므로 D0 ← SI, D1 ← Q0, D2 ← Q1, D3 ← Q2가 되어야 하고, DIR=1일 때 왼쪽으로 이동하므로 D0 ← Q1, D1 ← Q2, D2 ← Q3, D3 ← SI가 입력되어야 한다. 따라서 2-to-1 멀티플렉서와 D 플립플롭를 이용하여 구성한 회로는 그림 11-6과 같다.

그림 11-6 양방향 이동 레지스터

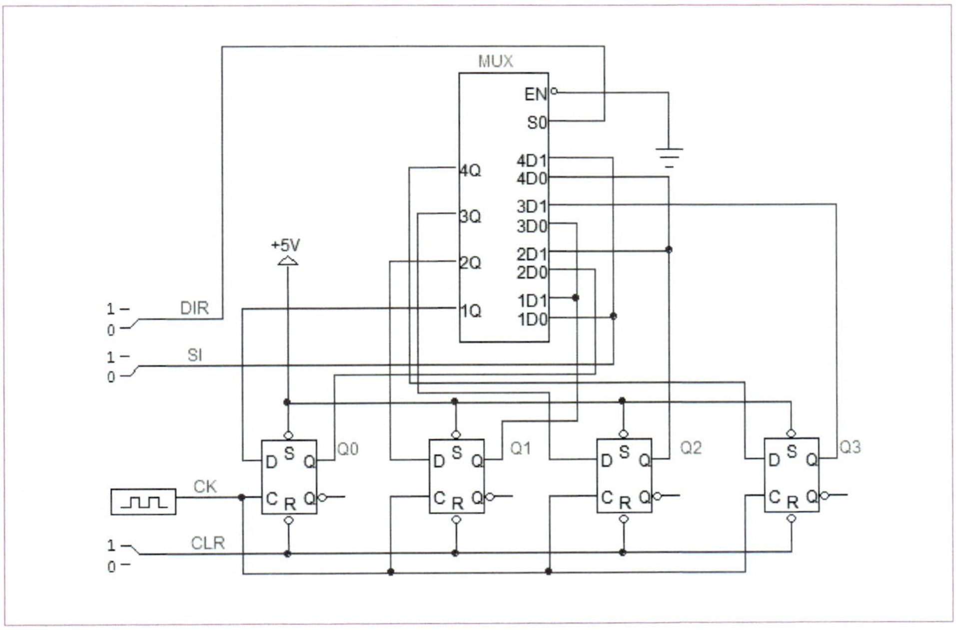

11.3 병렬 입력 이동 레지스터

직렬 입력 이동 레지스터는 하나의 비트를 입력하기 위해 하나의 클럭이 사용되므로 입력하려는 비트 수 만큼의 클럭이 필요하다. 병렬 입력 이동 레지스터는 모든 데이터를 한 번에 비동기적으로 입력하는 이동 레지스터이다.

그림 11-7에 $\overline{CLR}$ 입력과 $\overline{SET}$ 입력을 갖는 SR 플립플롭을 사용하여 4비트 병렬

입력 이동 레지스터의 논리 회로도를 나타내었다. 각 SR 플립플롭의 입력 S와 R은 각각 앞 단의 Q와 $\overline{Q}$에 연결되어 있으므로 셋 모드 또는 리셋 모드에서 동작한다. 병렬 입력 데이터 신호(A, B, C, D)들은 $\overline{LD}$ 신호와 NAND 게이트로 결합되어 각 플립플롭의 $\overline{SET}$ 입력과 $\overline{CLR}$ 입력으로 연결된다. 입력 신호 $\overline{LD}$와 A의 조합에 대한 $\overline{SET}$과 $\overline{CLR}$의 진리표를 작성하면 표 11-2와 같다. 표 11-2로부터 $\overline{SET}$과 $\overline{CLR}$의 논리식을 구하면 다음과 같다.

$$\overline{SET} = \overline{A} + \overline{LD} = \overline{A \cdot LD}$$

$$\overline{CLR} = SET + \overline{LD} = \overline{\overline{SET} \cdot LD}$$

표 11-2 | 4비트 병렬입력 레지스터의 입출력 신호 진리표

$\overline{LD}$	A	$\overline{SET}$	$\overline{CLR}$
0	0	1	0
0	1	0	1
1	0	1	1
1	1	1	1

그림 11-7 4비트 병렬입력 레지스터

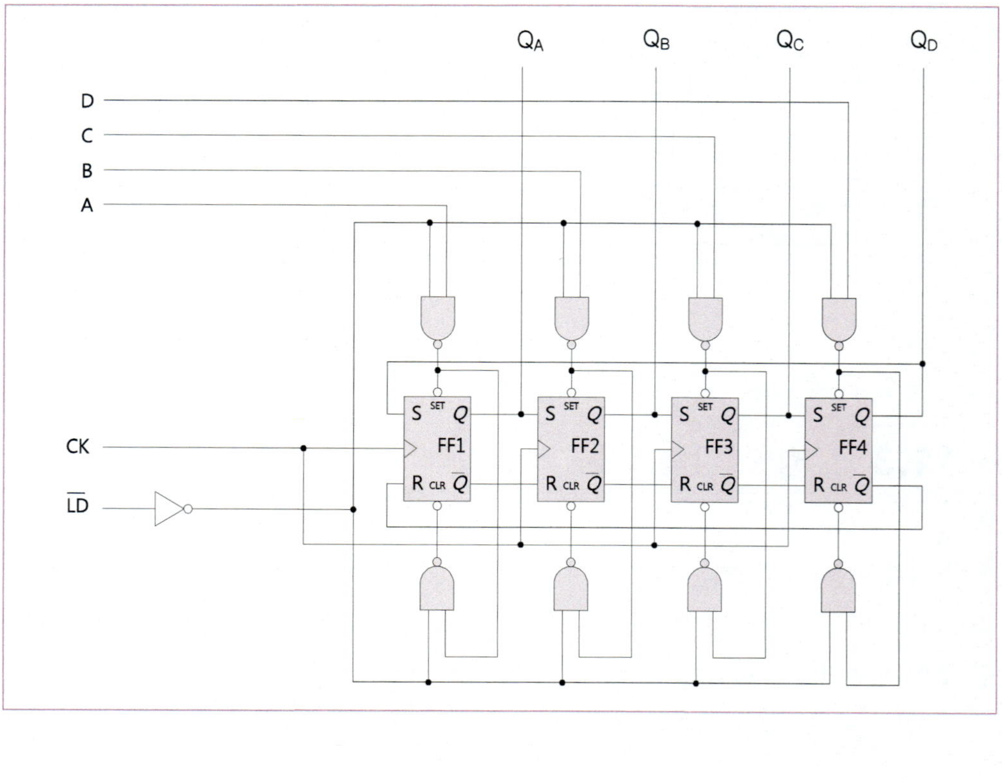

$A=1$, $\overline{LD}=0$이면 $\overline{SET}=0$, $\overline{CLR}=1$이 되므로 출력 $Q_A=1$로 설정된다. $A=0$, $\overline{LD}=0$이면 $\overline{SET}=1$, $\overline{CLR}=0$이 되므로 출력 $Q_A=0$으로 설정된다.

그림 11-7에서 보는 바와 같이 FF4의 출력이 FF1의 S, R 입력으로 피드백 되고 있는 것이 특징이다. 이는 가장 오른쪽의 데이터가 클럭 입력에 따라 사라지는 것이 아니라 FF1으로 재순환됨을 의미한다. 이와 같이 데이터가 순환하는 레지스터를 순환 레지스터라 한다.

그림 11-7의 이진 출력들 중에서 Q_D만 사용하면 병렬 입력-직렬 출력 이동 레지스터가 된다. 그림 11-8은 4비트 병렬 입력 이동 레지스터의 타이밍 다이어그램이다. 그림 11-8에서 A, B, C, D는 병렬 입력 데이터로 $\overline{LD}$ 신호가 0이 될 때 레지스터에 저장될 값들이다. $\overline{LD}$ 신호는 평상시에는 1을 유지하고, 새로운 값을 로드하는 경우에만 0이 된다.

그림 11-8에서 초기 병렬 입력 데이터를 1001이라고 가정한다. a 시점에서 $\overline{LD}$ 신호가 인가되면, 출력은 즉시 $Q_AQ_BQ_CQ_D=1001$이 된다. 이 동작에는 클럭 신호가 필요치 않기 때문에 비동기 동작을 한다.

▌그림 11-8▐ 4비트 병렬입력 이동 레지스터의 타이밍 다이어그램

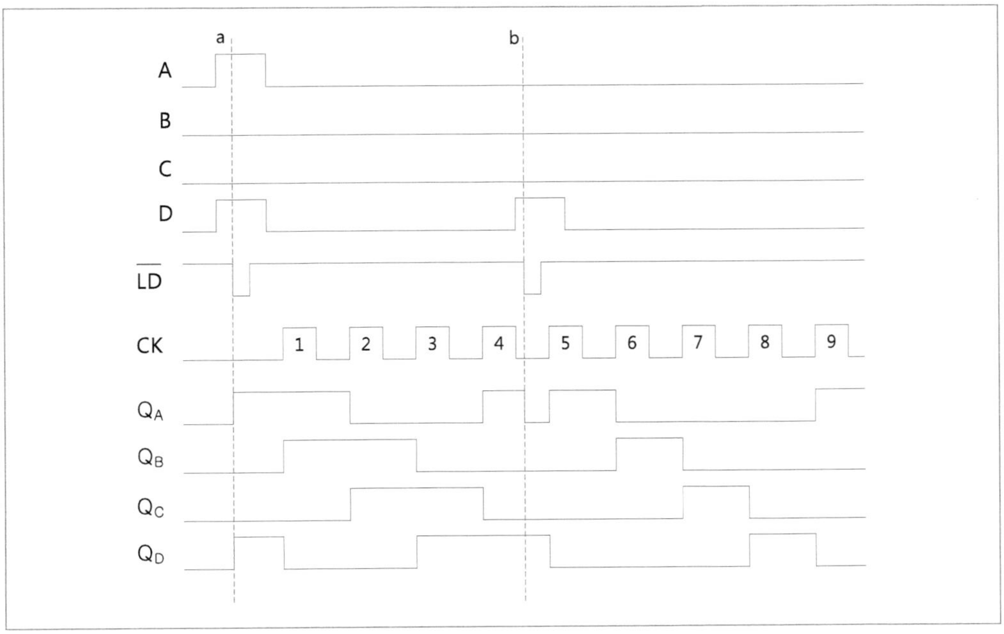

$\overline{LD}$ 신호가 1이면 이후 클럭이 입력될 때마다 각 플립플롭의 출력들은 오른쪽에 있는 플립플롭으로 이동한다. 마지막에 있는 FF4의 출력은 다시 FF1으로 이동한다. 4개의 클럭 신호가 입력되면 1001 → 1100 → 0110 → 0011 → 1001의 값이 된다.

b시점에서 다시 $\overline{LD}$ 입력이 인가되면 모든 플립플롭의 출력값들은 0001으로 변환한다. 이후의 클럭 입력에 따른 동작은 앞에서와 같다. 즉, 0001 → 1000 → 0100 → 0010 → 0001의 순으로 동작한다.

예제 11-4

그림 11-9는 74165 8비트 병렬 입력-직렬 출력 이동 레지스터의 내부 회로도이다. $\overline{PL}$ 신호는 $\overline{LD}$ 신호와 같이 병렬 입력을 내부 플립플롭에 저장하는 제어신호이고, D_S는 직렬 입력 단자이다. 또한 $P_7 \sim P_0$은 병렬 입력 신호이고, CP_1과 CP_2는 클럭 신호이다. 그림 11-9를 순환 레지스터로 동작시키려면 어떻게 연결해야 하는지 살펴보자.

그림 11-9 74165 8비트 병렬입력-직렬출력 이동 레지스터

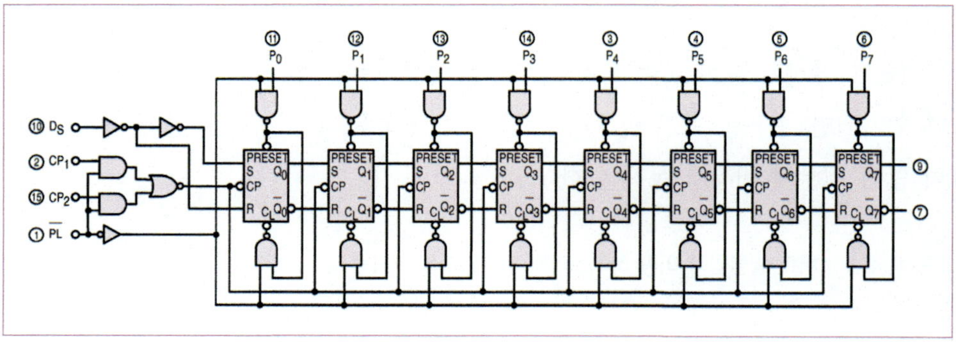

풀이

마지막 플립플롭의 출력을 처음 플립플롭의 입력에 연결하기 위해 9번 핀(Q_7)과 10번 핀(D_S)를 연결하고, 2번 핀(CP_1)과 15번 핀(CP_2)를 서로 연결한 후 클럭 입력(CK)으로 사용한다. $P_7 \sim P_0$을 10011101로 설정하고 $\overline{PL}$=0으로 설정했다가 다시 1로 설정하면 최종 출력 Q_7의 타이밍 다이어그램은 그림 11-10과 같다.

그림 11-10 74165의 동작을 나타내는 타이밍 다이어그램

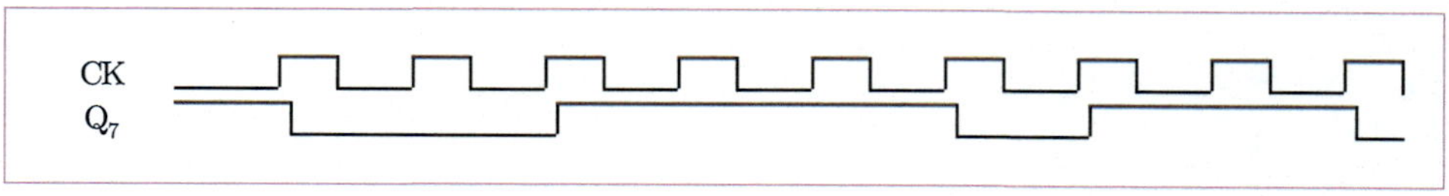

예제 11-5

예제 11-4에서 74165를 직렬 입력-직렬 출력 이동 레지스터로 동작시킬 수도 있는 데, 10번 핀의 D_S를 직렬 입력 데이터 단자로, Q_7(9번 핀)을 직렬출력 단자로 사용하면 된다. 동일한 8비트 데이터를 Q_7로부터 얻고자 할 때, 병렬입력과 직렬입력 방식에서 사용하여야 하는 클럭의 수를 비교하라.

풀이

병렬입력의 경우 데이터 입력 제어신호인 $\overline{PL}$ 신호를 이용하여 원하는 데이터를 플립플롭에 저장한 후, 8개의 클럭 입력을 하면 Q_7로부터 얻을 수 있다. 직렬 입력의 경우 데이터를 플립플롭에 저장하는 데 8개의 클럭과 Q_7로부터 데이터를 얻는 데 8개의 클럭이 필요하여 총 16개의 클럭이 필요하다. 그림 11-11은 직렬입력 단자(D_S)에 10111001을 차례로 입력하고 16개의 클럭을 입력했을 때 D_S와 Q_7의 파형을 나타낸 것이다.

▌그림 11-11▐ 74165를 직렬입력-직렬출력을 사용했을 때의 타이밍 다이어그램

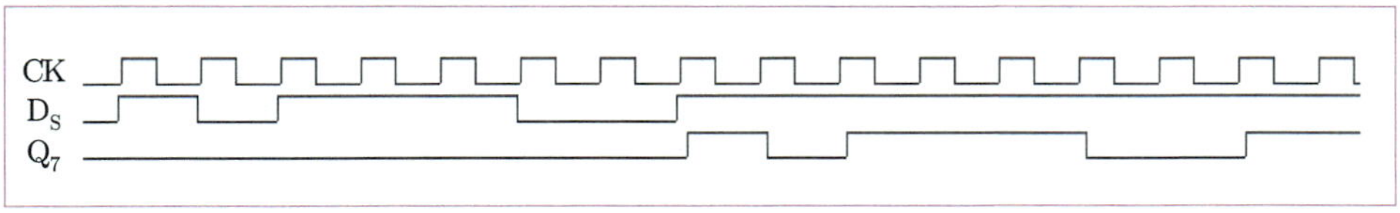

예제 11-6

4비트 병렬 입력 이동 레지스터를 D 플립플롭을 이용하여 구성해 보자. 비동기 병렬 입력 신호는 $\overline{LD}$이다.

풀이

$\overline{LD}$ 신호가 1이면 이동 레지스터로 동작하고 $\overline{LD}$=0이면 병렬입력이 출력에 나타난다. 이동 레지스터의 n번째 병렬입력을 D_n, $(n-1)$번째 플립플롭의 출력을 Q_{n-1}, n번째 플립플롭의 입력을 d_n이라 하자. $\overline{LD}$=0이면 입력 기능을 하므로 병렬입력이 D 플립플롭의 출력에 나타나야 하고 $d_n = D_n$이 된다. $\overline{LD}$=1이면 이동 기능을 하여 $Q_n = Q_{n-1}$이 되어야 하므로 $d_n = Q_{n-1}$이 되어야 한다. 이러한 관계를 진리표로 나타내면 표 11-3과 같다. 표 11-3으로부터 $d_n = \overline{LD} \cdot Q_{n-1} + LD \cdot D_n$이 된다. 이러한 병렬입력 이동 레지스터를 D 플롭플롭으로 구성하면 그림 11-12와 같다.

표 11-3 | 플립플롭으로 구성한 병렬입력 레지스터의 입출력 신호 진리표

$\overline{LD}$	D_n	Q_{n-1}	d_n
0	0	x	0
0	1	x	1
1	x	0	0
1	x	1	1

그림 11-12 D 플립플롭으로 구성한 병렬입력 이동 레지스터

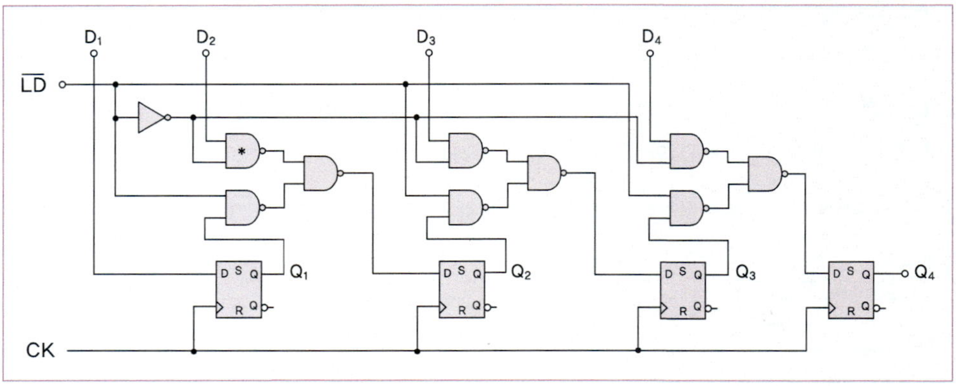

병렬 입력-병렬 출력 레지스터 중에서 이동 기능이 없는 것을 래치(latch)라고도 부른다. 이러한 기능을 갖는 IC로는 그림 11-13의 74373과 그림 11-14의 74374가 있다. 8비트의 데이터를 저장하는 것은 동일하나, 74373은 로드 신호가 레벨 트리거이고, 74374는 모서리 트리거이다. 즉, 74373의 경우 LE가 0인 상태에서 병렬입력 신호가 변하면 그것이 그대로 반영되어 레지스터에 저장되나, 74374의 경우 CP가 0→1로 변하는 상승 모서리일 때 병렬입력 값이 레지스터에 저장된다. $\overline{OE}$ 신호는 출력을 제어하는 신호이다. $\overline{OE}$=0이면 내부 D 플립플롭에 저장된 값이 출력되지만 $\overline{OE}$=1이면 출력 $O_7 \sim O_0$는 내부와 완전 분리되는 고 임피던스(high impedance) 상태가 된다. 이러한 소자들은 마이크로프로세서 시스템에서 단순한 병렬 출력 포트를 구성하기 위해 사용되거나, 래치 기능이 없는 D/A 변환기에서 디지털 입력을 유지하는 데 사용되기도 한다.

▌그림 11-13 ▌ 74373 래치 레지스터

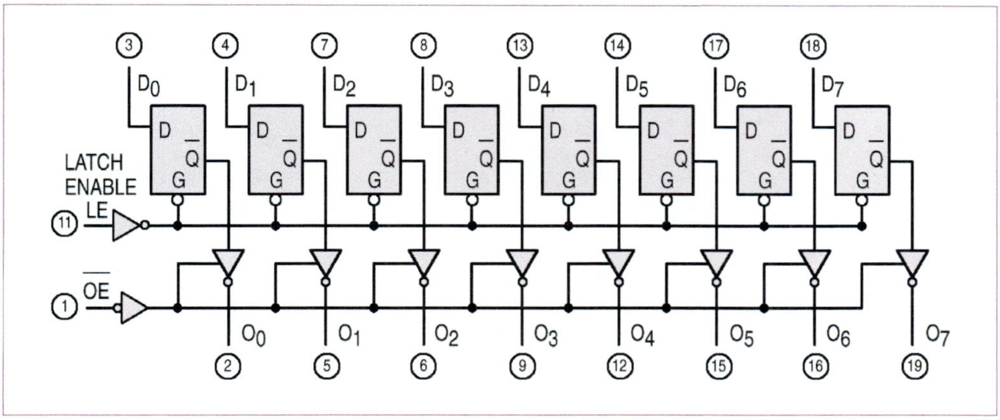

▌그림 11-14 ▌ 74374 래치 레지스터

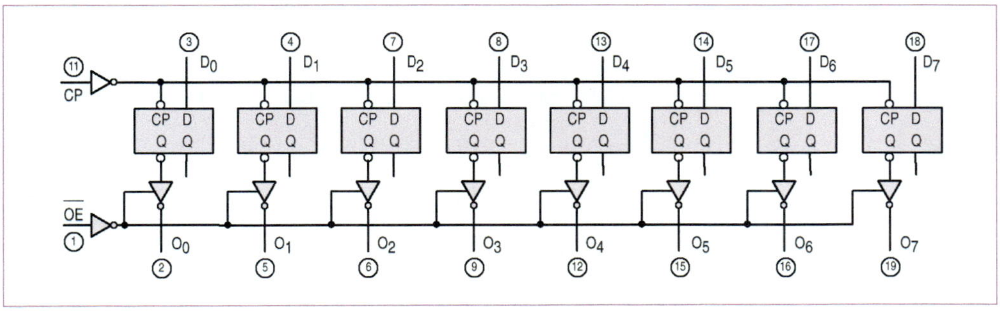

11.4 디지털 데이터 전송

디지털 데이터 전송은 하나의 시스템에서 다른 시스템으로 정보를 보내는 과정이다. 시스템의 위치가 가까운 경우도 있고, 멀리 떨어진 경우도 있다. 디지털 데이터 전송방법으로는 직렬전송과 병렬전송이 있다.

그림 11-15(a)는 병렬 전송의 개념을 나타낸 것이다. 그림 11-15(a)에서 보는 것과 같이 8비트 병렬 전송에서는 각 비트에 하나씩 8개의 선이 필요하다. 이러한 병렬 데이터 전송은 많은 데이터를 빠른 속도로 한꺼번에 전송할 때 사용되며, 데이터 비트가 많아지면 그에 따라 비용이 증가하고 시스템이 복잡해지는 단점이 있다.

그림 11-15(b)는 직렬 전송의 개념을 나타낸 것이다. 직렬 전송에서는 오직 하나의 전송선이 있으며, 데이터는 그 선을 통해 한 번에 1비트씩 직렬로 전송된다.

| 그림 11-15 | 디지털 데이터 전송 방식

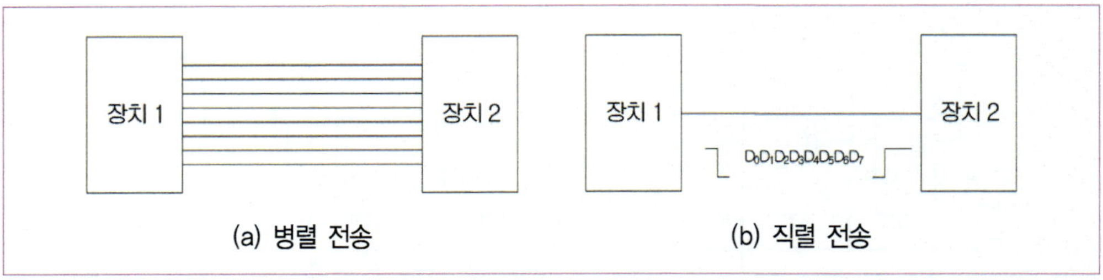

그림 11-15(a)와 같은 병렬 전송 방식에서는 두 장치 모두 병렬 입력-병렬 출력 레지스터가 필요하다. 그러나 그림 11-15(b)와 같은 직렬 전송 방식에서는 송신 측인 장치 1에서는 병렬 입력-직렬 출력 레지스터가, 수신 측인 장치 2에서는 직렬 입력-병렬 출력 레지스터가 필요하다.

그림 11-16은 직렬전송 방식 중 하나인 SPI(serial peripheral interface)의 전송 방식을 나타낸 것이다. 마스터에서 전송할 데이터는 내부의 병렬 입력-직렬 출력 이동 레지스터를 이용하여 직렬로 변환된 다음, MOSI(master output slave input) 신호선으로 슬레이브로 전달된다. 슬레이브에서는 직렬 입력-병렬 출력 레지스터를 이용하여 병렬로 변환하여 처리한다. 슬레이브에서 마스터로 전송할 경우에도 직렬로 변환된 데이터가 MISO(master input slave output) 신호선으로 전송된다. 이동 레지스터 동작에 필요한 클럭 신호(SCLK)는 동일한 클럭이 사용되어 정확한 동기가 이루어지도록 한다. SS(slave select)는 여러 개의 슬레이브가 연결된 경우 데이터를 전송할 슬레이브 선택 신호이다.

| 그림 11-16 | SPI 개념도

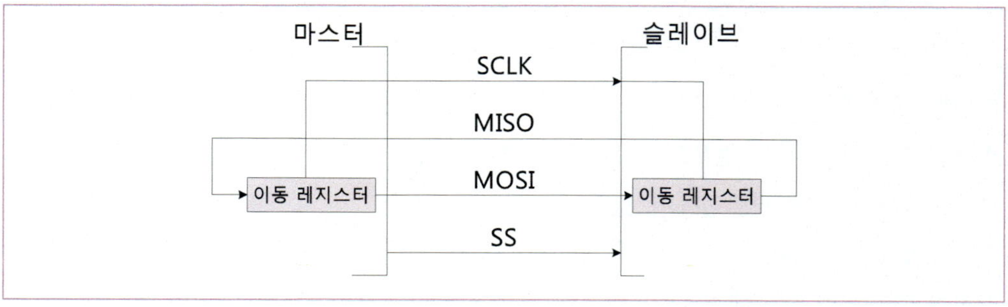

11.5 링 카운터와 존슨 카운터

(1) 링 카운터

링 카운터는 모듈러스 n 카운터를 만들기 위해 n개의 플립플롭을 사용하며, 이동 레지스터의 마지막 비트를 다시 처음 위치로 순환시켜 구현된다.

카운터를 구성하는 플립플롭 중 하나의 플립플롭만 출력이 1이 되고 나머지 플립플롭의 출력은 모두 0이 된다. 먼저, CLR 신호를 모든 플립플롭에 인가하여 출력을 모두 0으로 만든 후에 첫 번째 플립플롭에만 PRESET 신호를 인가하면 하나의 플립플롭만 출력이 1이 된다. 이후에 클럭이 인가될 때마다 1인 출력이 하나씩 이동하게 된다. 따라서 하나의 플립플롭을 사용하여 순서를 나타내는 것이 된다. 예를 들어 10비트 링 카운터의 경우, 각 10진수에 대해 하나씩의 출력이 나오게 된다.

링 카운터는 동일한 패턴의 데이터 열을 반복하여 출력하거나, 입력 클럭이 일정한 개수만큼 입력될 때마다 출력을 발생시켜 일정 단위마다 계수하고자 할 때 사용되기도 한다. 이름은 카운터이지만 내부의 동작은 이동 레지스터와 같다.

그림 11-17 5비트 링 카운터 회로도

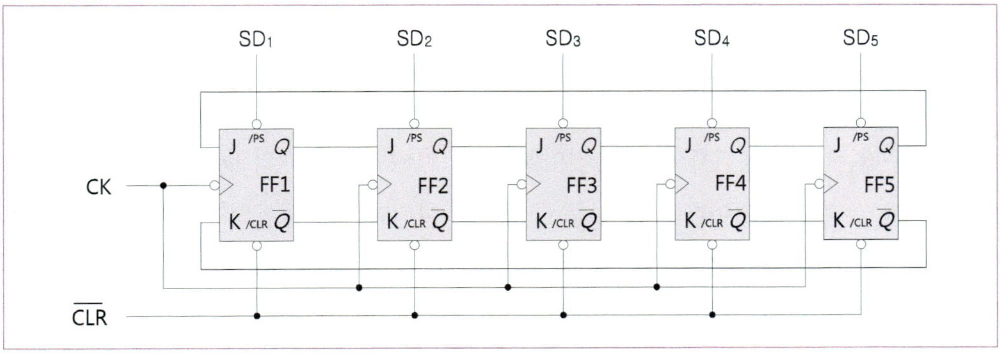

그림 11-17은 5비트 링 카운터의 구성을 나타낸 것이다. JK 플립플롭의 출력 Q, $\overline{Q}$은 다음 플립플롭의 J, K 입력으로 연결되고, 마지막 플립플롭의 출력은 첫 번째 플립플롭의 J, K 입력으로 연결되어 있다. 그림 11-17에서 $\overline{CLR}$ 입력은 링 카운터를 리셋시키는 역할을 하며, SD_n는 링 카운터의 초기치를 설정하는 데 사용된다. 링 카운터의 동작은 그림 11-18과 같다. 그림 11-18에서 첫 번째 플립플롭만 1로 한 후, 클럭 신호(CK)가 입력될 때마다 각 플립플롭의 출력은 1비트씩 오른쪽으로 이동하고 가장 오른쪽 출력이 다시 처음으로 이동하여 순환 동작을 한다. 따라서 5번째 클럭이 입력되면 다시 처

음과 같은 출력이 나오게 된다. 여기서 알 수 있는 바와 같이 링 카운터는 각 순서마다 하나의 출력이 나오는 것을 알 수 있다. 따라서 링 카운터의 모듈러스 값은 플립플롭의 개수와 같다.

▌그림 11-18▌ 5비트 링 카운터의 동작

그림 11-18에서 클럭 신호와 임의의 플립플롭 출력 신호의 주파수 관계를 보면 5:1로 변환되었음을 알 수 있다. 즉 5분주 회로가 된 것이다. 일반적으로 2^n분주 회로가 아닌 임의의 분주 회로를 구성하려면 대단히 복잡하다. 그러나 링 카운터를 이용하면 n분주 회로를 쉽게 구성할 수 있다. 즉, n개의 플립플롭으로 구성된 링 카운터는 n:1 주파수 분주기로서 활용될 수 있다.

(2) 존슨 카운터

존슨 카운터는 링 카운터를 변형한 것이다. 그림 11-19는 세 개의 D 플립플롭을 이용하여 구성한 존슨 카운터이다. 카운터를 구성하는 마지막 플립플롭의 $\overline{Q}$ 출력을 첫 번째 플립플롭의 입력에 연결하여 구성된다. 존슨 카운터의 장점은 모듈러스 값이 같을 경우 링 카운터에 비해 절반의 플립플롭으로 카운터를 구성할 수 있다.

그림 11-19에서 RESET 신호가 0으로 입력되면 모든 플립플롭의 출력은 0으로 초기화 된다. RESET이 다시 1인 상태에서 클럭이 입력되면 $\overline{Q_2}$=1이므로 $Q_0=1$이 된다. 클럭이 입력되기 전에 $Q_0=0$이므로 $Q_1=0$이 되고, $Q_1=0$이었기 때문에 $Q_2=0$이 된다, 이와 같은 동작을 표로 나타내면 표 11-4와 같다.

그림 11-19 존슨 카운터

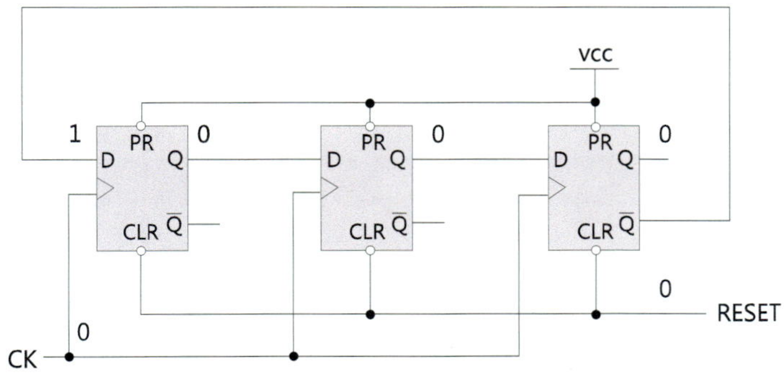

표 11-4 | 존슨 카운터의 출력

클럭	Q_0	Q_1	Q_2
0	0	0	0
1	1	0	0
2	1	1	0
3	1	1	1
4	0	1	1
5	0	0	1
6	0	0	0

3비트 존슨 카운터의 동작을 타이밍 다이어그램으로 나타내면 그림 11-20과 같다. 이 그림에서 최대 계수값이 6임을 알 수 있다. RESET 신호가 0인 동안에는 모든 출력이 0이다. RESET=1일 때 그림 11-20에서 화살표의 시작점이 나타내는 논리값 때문에 화살표 끝 부분의 논리값이 결정된다. 첫 번째 클럭의 상승모서리 직전에서 Q_0=0이므로 Q_1=0이 된다. 이 때 $\overline{Q_2}$=1이므로 Q_0은 1로 전환된다. 두 번째 클럭의 상승 모서리에서는 Q_0=1이므로 Q_1=1이 된다. 다른 클럭에서도 클럭 신호 직전의 출력 값에 따라 다음 출력이 결정된다.

만약 계수값이 6인 카운터를 링 카운터로 구성하면 6개의 플립플롭이 필요하지만 존슨 카운터는 3개의 플립플롭으로 구성할 수 있음을 알 수 있다.

그림 11-20 존슨 카운터의 타이밍 다이어그램

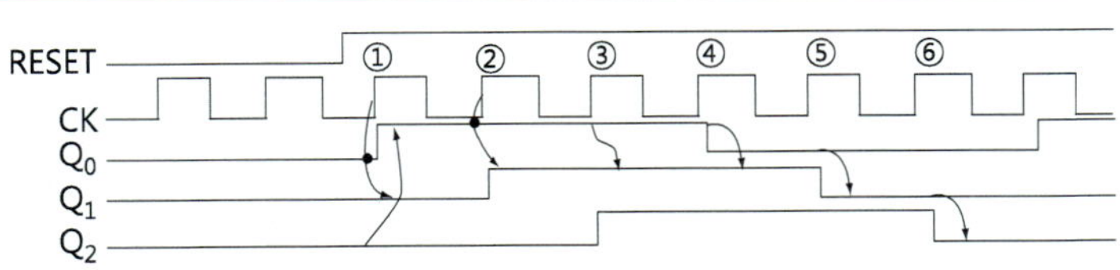

레지스터 실험

(1) 사용 부품

부품명	규격	수량
IC	74164	1
IC	74165	1

부품명	규격	수량
IC	7476	2
IC	7408	1

(2) 사용 기자재

- 논리회로 실험 장치(Logic Lab)
- 2채널 오실로스코프

(3) 실험 1: 직렬 입력 – 병렬 출력 이동 레지스터

실험순서

① 74164(SIPO 레지스터)를 사용하여 논리회로 실험 장치에 그림 11-21과 같은 회로를 구성한다. $\overline{CLR}$와 SI 단자는 논리회로 실험 장치의 토글 스위치에 연결하고, CK 단자는 실험 장치의 상승 모서리 클럭 발생 단자  또는 LED & Switch 보드의 P1 단자에 연결한다.

▌그림 11-21▌ 직렬 입력 이동 레지스터 실험 회로

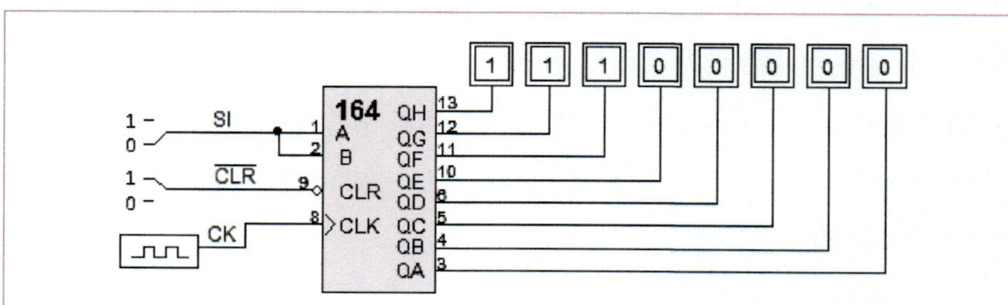

② 모든 플립플롭을 클리어하기 위하여 $\overline{CLR}$을 0으로 설정하였다가 다시 1로 설정한다.

③ 첫 번째는 SI=1로 하고 클럭을 입력한 다음 출력 A~H를 측정하여 기입한다. 두 번째는 SI=0으로 하고 클럭 입력 후 출력을 모두 측정하여 기입한다. 같은 방법으로 SI에 모든 직렬 입력 데이터를 차례로 설정한 후 클럭 발생 단자를 한 번 누르고 출력 A~H를 조사하여 아래 표에 기입한다.

표 11-5 | 직렬 입력 이동 레지스터 실험 결과

클럭 회수	SI	$\overline{CLR}$	A	B	C	D	E	F	G	H
X	X	0								
1	1	1								
2	0	1								
3	1	1								
4	1	1								
5	0	1								
6	0	1								
7	0	1								
8	1	1								
9	1	1								
10	0	1								
11	1	1								
12	1	1								
13	0	1								
14	1	1								
15	1	1								
16	0	1								
17	0	1								
18	0	1								
19	0	1								
20	0	1								
21	0	1								
22	0	1								
23	0	1								
24	0	1								

(4) 실험 2: 병렬 입력 – 직렬 출력 이동 레지스터

실험순서

① 그림 11-22와 같은 74165 병렬 입력 - 직렬 출력 이동 레지스터 회로를 논리회로 실험 장치에 구성한다. $\overline{LD}$ 단자는 논리회로 실험 장치의 토글 스위치에 연결하고, CK 단자에는 실험 장치의 상승 모서리 클럭 발생 단자 또는 LED & Switch 보드의 P1 단자를 연결한다.

▌그림 11-22▌ 병렬 입력 이동 레지스터 실험 회로

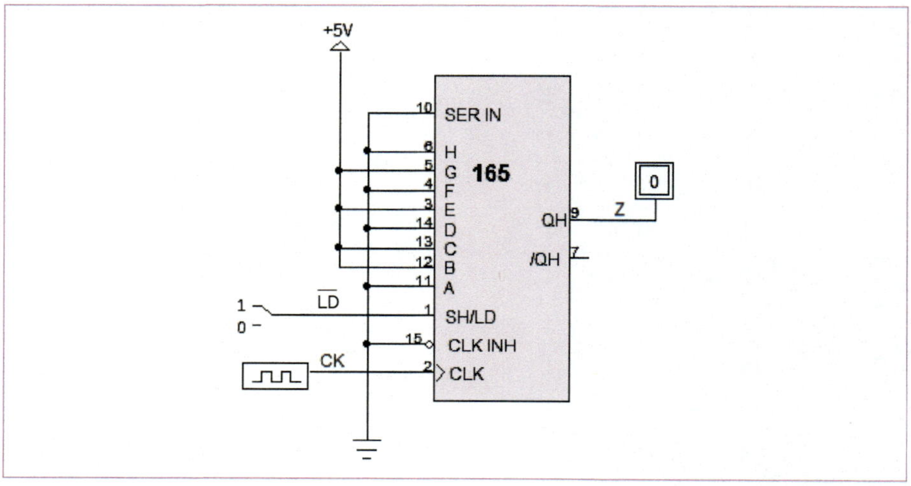

② 병렬 입력 신호 A~H를 01101010로 설정한다. 논리 0은 접지, 논리 1은 +5V에 연결한다.

③ $\overline{LD}$ 신호를 1 → 0 → 1로 입력시킨다.

④ CK 입력에 클럭 펄스를 입력시키면서 출력 Z의 값을 조사한다. 클럭을 입력할 때마다 입력 H부터 A까지 차례로 출력된다. 클럭 펄스를 8번 이상 입력하라.

⑤ ④의 결과를 이용하여 타이밍 다이어그램을 그려라.

▌그림 11-23▌ 병렬 입력 이동 레지스터 실험 결과

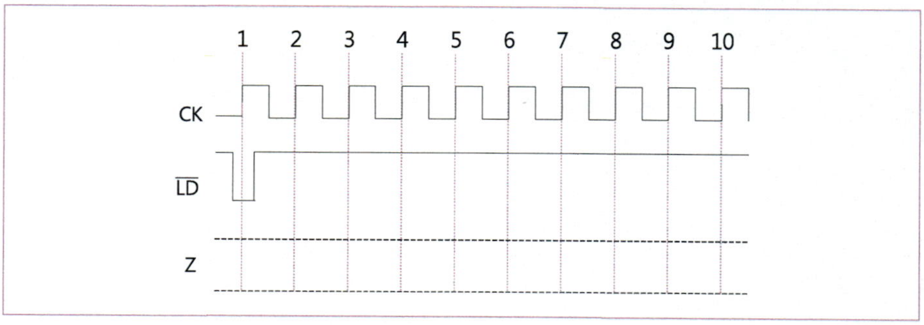

⑥ 병렬 입력 신호를 10101100으로 변경한 후 과정 ②~⑤를 반복하라.

(5) 실험 3: 링 카운터

실험순서

① 그림 11-24와 같은 회로를 논리회로 실험 장치에 구성한다. $\overline{\text{CLR}}$와 $\overline{\text{PRE}}$는 실험 장치의 토글 스위치에 연결한다. 7476의 Vcc=5번, GND=13번에 유의하라.

그림 11-24 링 카운터 실험 회로

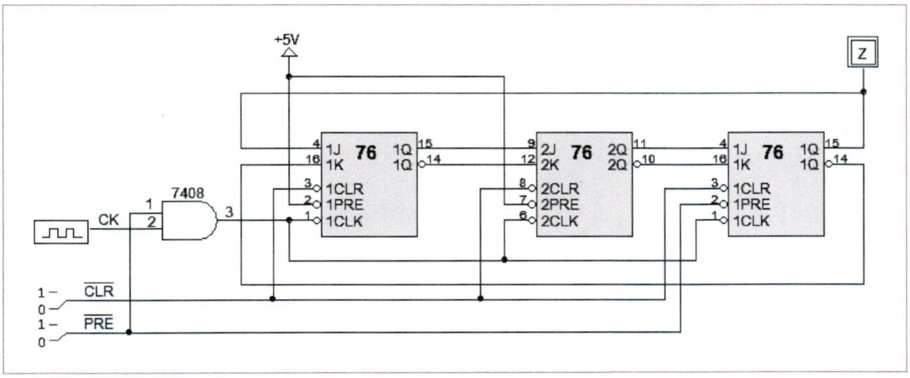

② $\overline{\text{CLR}}$를 1 → 0 → 1로 변화시켜 모든 플립플롭을 리셋 시킨다.

③ $\overline{\text{PRE}}$를 1 → 0 → 1로 변화시켜 세 번째 플립플롭만 1로 셋 시킨다.

④ CK 단자에 그림 11-25와 같이 논리회로 실험 장치의 CLOCK PULSE 단자 중에서 1kHz의 신호를 인가한다.

그림 11-25 CLOCK PULSE 단자

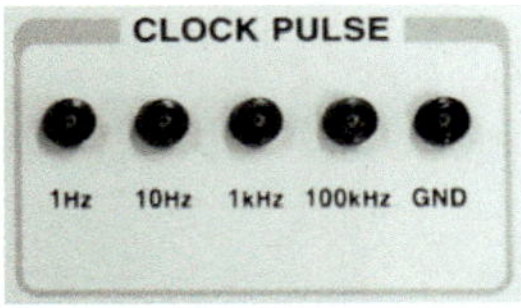

⑤ 2 현상 오실로스코프로 CK 신호와 출력 Z 신호를 동시에 측정한다. CK와 Z를 타이밍 다이어그램으로 그리고, 그 관계를 설명하여 보자.

그림 11-26 링 카운터 실험 결과

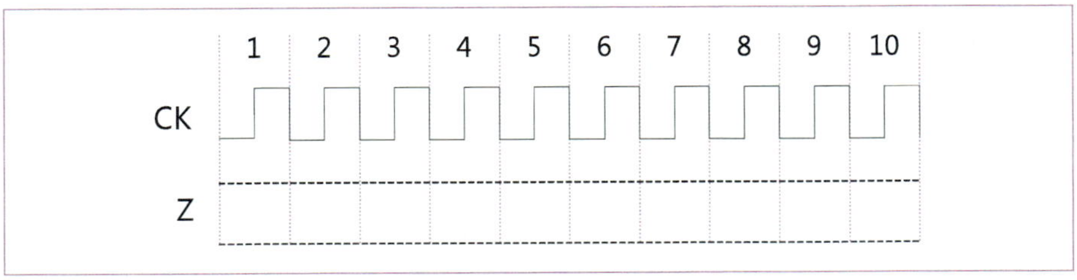

CHAPTER 11

(6) 실험결과 및 검토

① 실험 1에서 구한 표를 사용하여 타이밍 다이어그램을 그려라.

② 실험 1에서 원하는 8비트의 데이터를 모두 저장시키려면 클럭 신호는 몇 개가 필요한가?

③ 실험 1의 회로를 로직웍스로 시뮬레이션하고 결과를 실험 결과와 비교하라.

④ 실험 2의 회로를 로직웍스로 시뮬레이션하고 결과를 실험 결과와 비교하라.

⑤ 실험 2의 회로에서 출력 Z(9번)를 SER(10번)에 연결했을 때 타이밍 다이어그램을 그려라. 단 처음 병렬 입력은 01101010이라고 가정하라.

⑥ D 플립플롭과 NOR 게이트를 이용하여 실험 3과 같은 3비트 링 카운터를 구성하라.

⑦ 74194 범용 이동 레지스터를 이용하여 4비트 링 카운터를 구성하고 로직웍스로 시뮬레이션하라.

연습문제

11.1 7474 D 플립플롭을 사용하여 4비트 병렬입력 이동 레지스터를 구성하라.

11.2 JK 플립플롭을 이용하여 4비트 병렬입력 이동 레지스터를 구성하고자 한다. I_n을 n번째 외부 입력, Q_{n-1}을 (n−1)번째 플립플롭의 출력이라 할 때 $\overline{LD}=0$이면 외부 입력이 병렬로 로드되고, $\overline{LD}=1$이면 $Q_0 \rightarrow Q_1$, $Q_1 \rightarrow Q_2$, $\cdots$와 같이 데이터가 이동한다. (a) n 번째 JK 플립플롭의 입력을 J_n, K_n이라 할 때, 다음 진리표를 완성하고 J_n, K_n의 논리식을 구하라($n \geq 2$). 또 첫 번째 입력 J_1, K_1의 입력식을 따로 구하라. (b) 로직 웍스를 이용하여 회로도를 그려라.

$\overline{LD}$	Q_{n-1}	I_n	J_n	K_n
1	0	x		
1	1	x		
0	x	0		
0	x	1		

11.3 74194 범용 이동 레지스터의 외부 핀 구성과 타이밍 다이어그램이다. 74194를 사용하여 모든 종류의 이동 레지스터 기능을 할 수 있다.

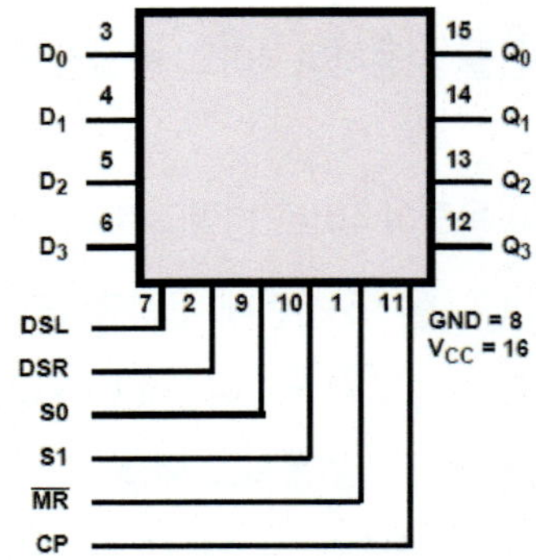

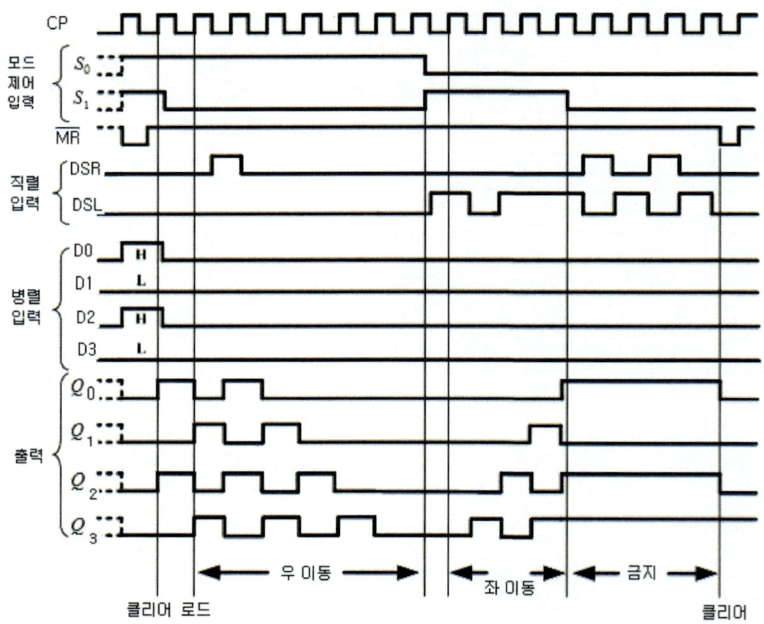

S_0, S_1은 다음 표와 같이 레지스터의 동작을 제어하는 신호이다.

S_1	S_0	모드
0	0	금지(유지) 모드
1	0	좌 이동
0	1	우 이동
1	1	병렬 입력

(a) 74194를 이용하여 병렬입력-직렬출력 이동 레지스터 구성방법을 설명하라.

(b) 74194를 이용하여 직렬입력-병렬출력 이동 레지스터 구성방법을 설명하라.

11.4 링 카운터를 이용하여 10MHz의 클럭 입력을 받아 2MHz의 클럭 신호를 출력시키는 회로를 구성하라.

11.5 11.4번 문제의 회로를 링 카운터가 아닌 형태의 회로로 구현하라.

11.6 4비트 이동 레지스터의 내용이 1101이다. 직렬 입력이 101111로 가해지면서 6번 오른쪽으로 이동하였다면, 레지스터의 내용은 어떻게 변하는가를 말하라.

11.7 4비트 이동 레지스터의 현재 저장된 값이 ABCD=1010이다. 직렬입력이 110011000011의 순서로 D 플립플롭에 입력이 되며, 왼쪽 이동을 하였다면(D → C → B → A로 이동), 마지막에 저장되어 있는 레지스터의 내용은 무엇인가?
직렬 입력이 110011000011의 순서로 A 플립플롭에 입력이 되며, 오른쪽 이동을 하였다면(A → B → C → D로 이동), 마지막에 저장되어 있는 레지스터의 내용은 무엇인가?

11.8 다음 소자를 이용하여 8비트 두 수 A, B를 한 비트씩 더하여 8비트 합과 자리올림을 구하는 직렬 가산기(serial adder) 회로를 설계하라. A, B는 직렬 입력을 통해 가장 낮은 자리수(LSB)부터 차례로 이동 레지스터에 입력된다. 입력이 끝난 후, 8개의 클럭이 더 입력되면, 합은 Reg A에 저장되고 자리올림은 D 플립플롭에 저장된다.

(a) 8비트 직렬입력 이동 레지스터, 2개(Reg A, Reg B)
(b) 전가산기(그림 7-27)
(c) D 플립플롭

11.9 다음 그림은 74195 이동 레지스터의 핀아웃과 동작 진리표이다.

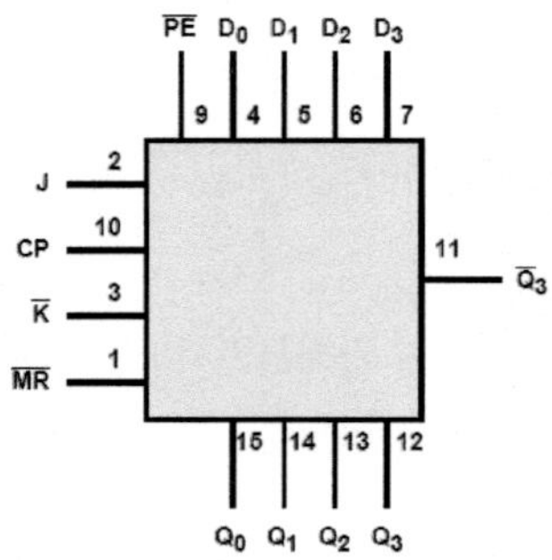

입력						출력				
$\overline{MR}$	CP	$\overline{PE}$	J	$\overline{K}$	Dn	Q_0	Q_1	Q_2	Q_3	$\overline{Q}_3$
L	X	X	X	X	X	L	L	L	L	H
H	↑	h	h	h	X	H	q_0	q_1	q_2	$\overline{q}_2$
H	↑	h	l	l	X	L	q_0	q_1	q_2	$\overline{q}_2$
H	↑	h	h	l	X	$\overline{q}_0$	q_0	q_1	q_2	$\overline{q}_2$
H	↑	h	l	h	X	q_0	q_0	q_1	q_2	$\overline{q}_2$
H	↑	l	X	X	dn	d_0	d_1	d_2	d3	$\overline{d2}$

이 그림을 참조하여 $D_0D_1D_2D_3=1101$일 때 다음 타이밍 다이어그램을 완성하라.

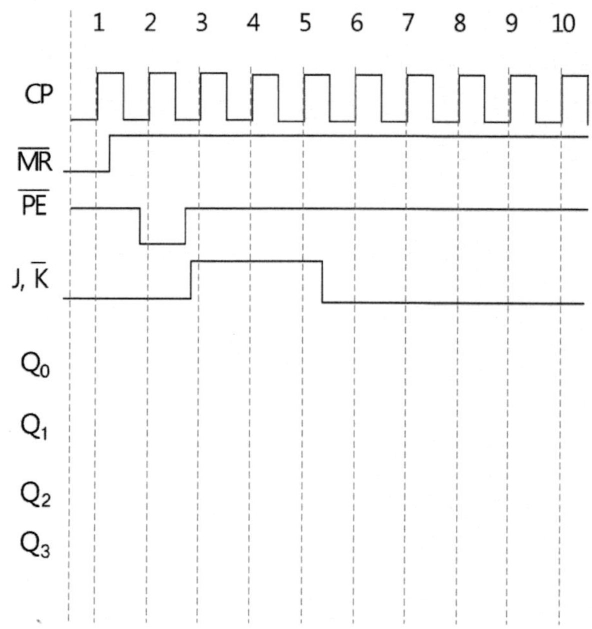

11.10 래치와 이동 레지스터의 차이점에 대해 설명하라.

11.11 74245 3 상태(tri-state) 버퍼와 74373 래치의 차이점에 대해 조사하고 사용 용도에 대해 각각 설명하라.

11.12 74373과 74374의 차이점에 대해 설명하라.

11.13 D 플립플롭을 사용하여 4비트 링 카운터 회로를 설계하라.

11.14 클럭 펄스에 의해 다음과 같은 출력 패턴이 반복되는 회로를 설계하라.

010110

Hint 6비트 링 카운터를 설계하며, 초기치로 위의 패턴을 설정할 수 있는 회로를 구성한다. 병렬입력 레지스터 회로를 참조한다.

11.15 2분주 회로를 다음과 같이 구현하라.

(a) JK 플립플롭을 사용하여 구현

(b) D 플립플롭을 사용하여 구현

(c) 링 카운터 형태로 구현

11.16 2×1 멀티플렉서와 4개의 D 플립플롭을 이용하여 4비트 양방향 이동 레지스터를 구성하라.

Hint 멀티플렉서를 아래 그림과 같이 구성하여 $\overline{LE}/RG=0$이면 Q_{n+1}선택되고, $\overline{LE}/RG=1$이면 Q_{n-1}이 선택되어 D 플립플롭의 입력 D_n에 연결된다. 여기서 Q_{n+1}은 D_n 플립플롭보다 오른쪽에 있는 플립플롭의 출력이고, Q_{n-1}은 왼쪽에 있는 플립플롭의 출력이다.

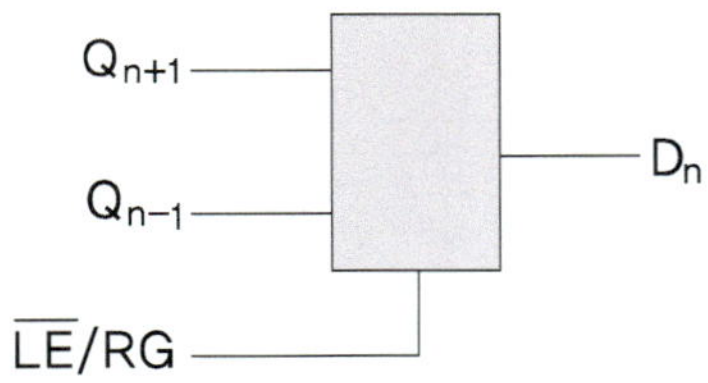

11.17 다음 그림은 74178 4비트 이동 레지스터의 내부 구성도이다. 단, $\overline{CLEAR}$, $\overline{Q_D}$ 신호는 제공되지 않는다.

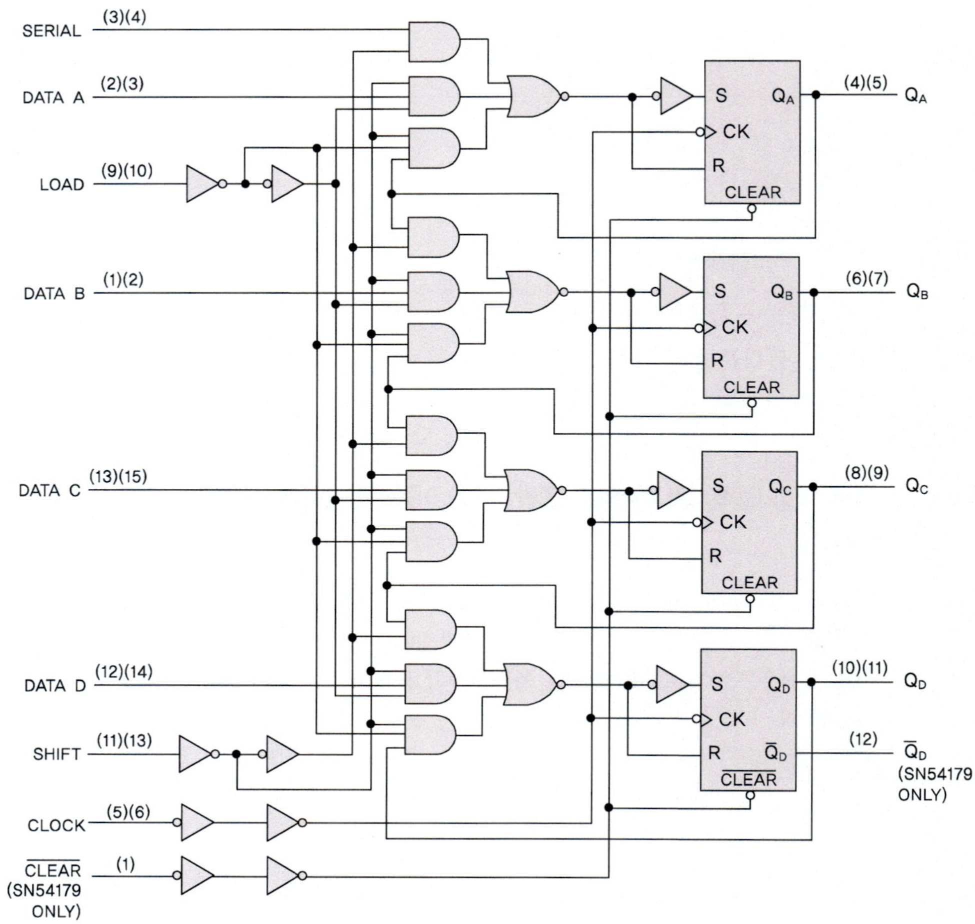

내부 구성도를 보고 다음 진리표의 출력을 써라. 단, 출력이 이전 출력과 같으면 Q_n, 새로운 출력이면 Q_{n+1}로 표시하라.

입력								출력			
SHIFT	LOAD	CLOCK	SERIAL	DATA				Q_A	Q_B	Q_C	Q_D
				A	B	C	D				
X	X	H	X	X	X	X	X				
L	L	↓	X	X	X	X	X				
L	H	↓	X	a	b	c	d				
H	X	↓	H	X	X	X	X				
H	X	↓	L	X	X	X	X				

11.18 다음은 7495 이동 레지스터의 내부 구성도이다. $P_3 \sim P_0$는 병렬입력이고 D_S는 직렬입력이다. S는 동작 모드를 결정하는 제어신호이며 $S=1$이면 병렬입력, $S=0$이면 이동 동작을 한다.

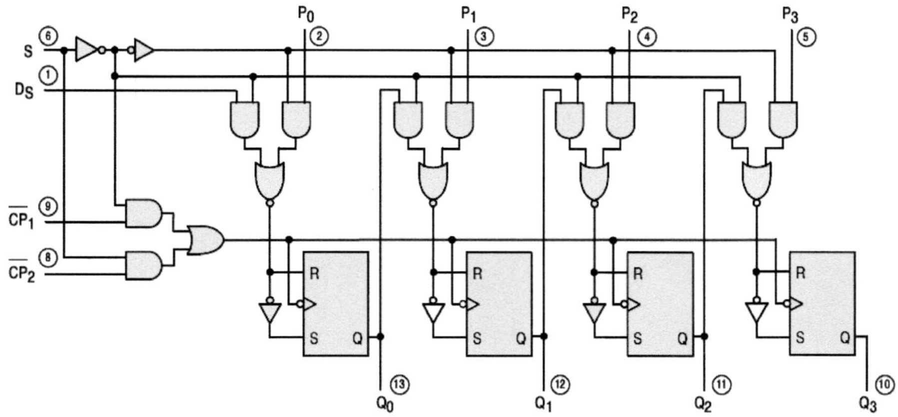

$P_3 \sim P_0 = 1101$일 때 다음 타이밍 다이어그램을 완성하라.

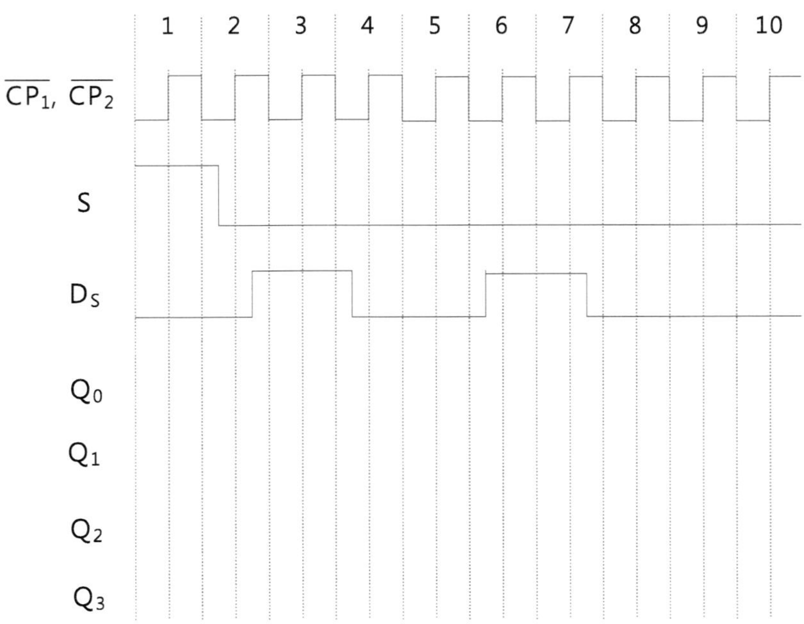

11.19 2비트 존슨 카운터를 이용하여 표 10-6과 같은 스테핑 모터 구동 시퀀스 발생 회로를 구성하라. 두 개의 D 플립플롭을 사용하고 카운터의 초기값은 플립플롭의 $\overline{CLR}$ 신호와 $\overline{PRE}$ 신호를 이용하라.

CHAPTER

12

동기 순차 논리회로의 해석

학습목표

1. 순차 논리회로의 기본 개념(현재 상태, 다음 상태, 상태 변수, 제어입력식, 출력식, 다음 상태식)을 이해한다.
2. 순차 논리회로로부터 플립플롭 제어입력식, 다음 상태식을 작성할 수 있다.
3. 플립플롭 제어입력식과 다음 상태식을 이용하여 상태천이표를 작성할 수 있다.
4. 상태천이표를 이용하여 상태도를 작성할 수 있다.
5. 상태도로부터 입력 시퀀스에 따른 출력 시퀀스를 작성할 수 있다.

12.1 동기 순차 논리회로의 구성

순차 논리회로는 입력의 변화에 의해서만 결정되는 조합 논리회로와는 달리 **입력과 현재의 출력상태에 의하여 다음 출력상태가 결정되는 회로**이다. 앞에서의 계수회로와 이동 레지스터도 순차 논리회로의 일부이며, 이러한 순차 논리회로를 구성하기 위해서는 조합 논리회로와 플립플롭과 같은 현재의 상태를 기억하기 위한 소자가 필요하다. 그림 12-1에 순차 논리회로의 개념도를 보인다.

순차 논리회로에는 **저장장치(플립플롭 혹은 레지스터)와 전체 회로의 변화가 클럭 펄스에 의하여 동시에 동작되고 제어되는 동기 순차 논리회로(synchronous sequential logic circuits)**와 동기 순차 논리회로와는 달리 **산발적 동작을 하는 비동기 순차 논리회로(asynchronous sequential logic circuits)**의 2 종류가 있다. 디지털 시스템의 대부분은 클럭 신호에 의해 동기화 되어 동작하는 동기 순차 논리회로이며, 가장 대표적인 것이 컴퓨터이다. 컴퓨터 내에서 발생하는 모든 처리는 클럭 신호에 동기 되어 처리된다. 따라서, 컴퓨터의 주 클럭 주파수가 빠르면 컴퓨터 전체의 동작 속도가 향상된다고 생각할 수 있다.

그림 12-1 순차 논리회로의 구성

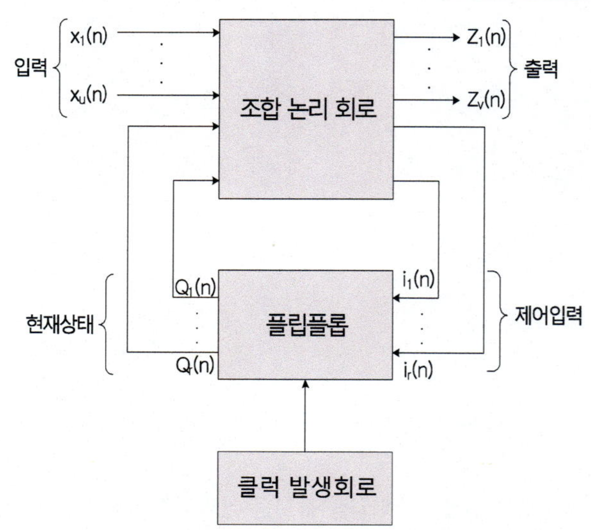

예제 12-1

엘리베이터의 동작을 순차 논리회로의 개념도를 이용하여 설명하여 보자.

풀이

고층 건물에 설치된 엘리베이터를 보면, 각 층 마다 엘리베이터를 호출하기 위한 스위치가 엘리베이터 외부에 설치되어 있고, 엘리베이터 내부에는 가고자 하는 층을 선택하기 위한 스위치들과 비상 정지 스위치들이 있다. 이러한 스위치들이 현 입력 신호에 해당하며, 그 개수는 건물의 층수에 따라 다르다. 엘리베이터를 모터로 움직인다면 스위치 입력에 따라 모터를 회전시키기 위한 신호와 현재 엘리베이터의 위치(층수)나 올라가는 중인지 내려가는 중인지를 표시하는 표시장치 등에 관련된 신호는 현재 출력 신호라 할 수 있다. 엘리베이터의 현재 위치 혹은 동작 상태를 '현재 상태'라고 하고 이를 기억하기 위한 플립플롭들이 있다.
엘리베이터의 현재 상태에 따라 같은 입력이 발생하더라도 엘리베이터의 동작은 달라진다. 예를 들면, 3층에서 1층으로 내려가기 위해 3층 복도에서 아래로 표시된 스위치를 눌렀다고 하자. 이 때, 엘리베이터가 5층에 있었다면 엘리베이터는 하강하여 3층에서 정지하게 되지만, 엘리베이터가 2층에 있었다면 상승하여 3층에 정지하게 될 것이다. 엘리베이터를 움직이는 모터의 회전 방향이 다르다. 따라서 어떤 시스템에서 현 상태에 따라 같은 입력이 발생하여도 출력 신호가 달라짐을 알 수 있으며, 이러한 시스템을 구현하기 위해서는 순차 논리회로가 필요하다.

12.2 동기 순차 논리회로의 해석

동기 순차 논리회로는 그림 12-1에서와 같이 조합 논리회로와 이전 상태 정보를 저장할 수 있는 플립플롭으로 이루어진다. 동기 순차 논리회로를 구성하는 모든 플립플롭은 공통 클럭에 의해 동작한다. 새로운 클럭이 가해지기 전 플립플롭의 출력을 현재 상태(present state)라 하고, 새로운 클럭이 가해진 후 플립플롭의 출력을 다음 상태(next state)라 한다. 조합 논리회로는 입력과 플립플롭의 현재 상태를 받아 플립플롭의 입력 신호를 만들거나 전체 출력을 생성하기 위해 사용된다. 그림 12-1은 u개의 입력(x), v개의 출력(z), r개의 플립플롭을 가진 시스템을 나타내고 있다.

순차 논리회로에서 플립플롭의 출력은 순차 논리회로의 현재 상태를 결정하고, 이 신호들과 새로운 입력 신호들의 조합에 의해 순차 논리회로의 다음 상태가 결정한다. 따라서 플립플롭의 현재 출력 $Q_1, Q_2, \cdots, Q_r$을 순차 논리회로의 상태변수(state variable)라 하고, 이 출력들의 조합을 상태(state)라 한다.

예를 들면, $r=4$이면, 이 회로는 4개의 상태 변수 Q_1, Q_2, Q_3, Q_4를 가지며 이들의 조합에 의해 16가지의 상태를 가질 수 있다.

클럭 신호가 인가될 때의 입력 x_u를 현재 입력(current input), 출력 z_v를 현재 출력(current output), i_j를 제어 입력(current control signal)이라 하며, 클럭 의 모서리가 지나가면 플립플롭은 새로운 상태로 변한다. 이 때 변한 플립플롭의 새 출력이 다음 상태가 된다.

(1) 플립플롭의 제어 입력식, 다음 상태식과 출력식

순차 논리회로를 해석하려면 현재의 전체 출력을 정의하는 출력식(output equations)과 플립플롭의 다음 상태를 나타내는 다음 상태식(next state equations) 및 플립플롭의 입력을 나타내는 플립플롭 제어 입력식(flip-flop control equations)을 구해야 한다. 이로부터 현재 상태와 다음 상태를 나타내는 상태표와 상태도를 구하면 입력 시퀀스에 따라 다음 상태와 출력이 어떻게 변하는지 해석할 수 있다.

순차 논리회로의 해석과정은 다음과 같다.

① 각 플립플롭에 상태 변수를 할당한다. 예를 들어 플립플롭의 출력을 Q_i로 표시한다.

② 각 플립플롭에 대한 제어 입력식과 전체 출력식을 구한다. 제어 입력식은 플립플롭의 입력을 나타내는 불 대수식으로 플립플롭의 종류에 따라, 모든 입력을 표시한다.

③ 제어 입력식을 플립플롭의 특성방정식에 대입하여 다음 상태식을 구한다.

D 플립플롭 : $Q_{i+1} = D_i$

JK 플립플롭: $Q_{i+1} = J_i\overline{Q_i} + \overline{K_i}Q_i$

T 플립플롭 : $Q_{i+1} = T_i \oplus Q_i$

④ 다음 상태식과 출력식을 이용하여 순차 논리회로의 진리표와 상태표를 작성한다.

⑤ 상태표를 이용하여 상태도를 작성한다. 상태도로부터 입력시퀀스에 따른 상태 변화와 출력 변화를 구할 수 있다.

그림 12-2와 같은 순차 논리회로를 해석해 보자. 그림 12-2의 순차 논리회로에서 기억장치는 2개의 D 플립플롭으로 구성되어 있다. 두 플립플롭의 출력(상태변수)을 각각 $Q_0(n)$, $Q_1(n)$이라 하자. n은 클럭이 가해진 회수를 나타낸다. 따라서 $Q_0(n)$, $Q_1(n)$은 n번째 클럭이 가해진 후의 출력이다.

▌그림 12-2▌ 순차 논리회로의 예

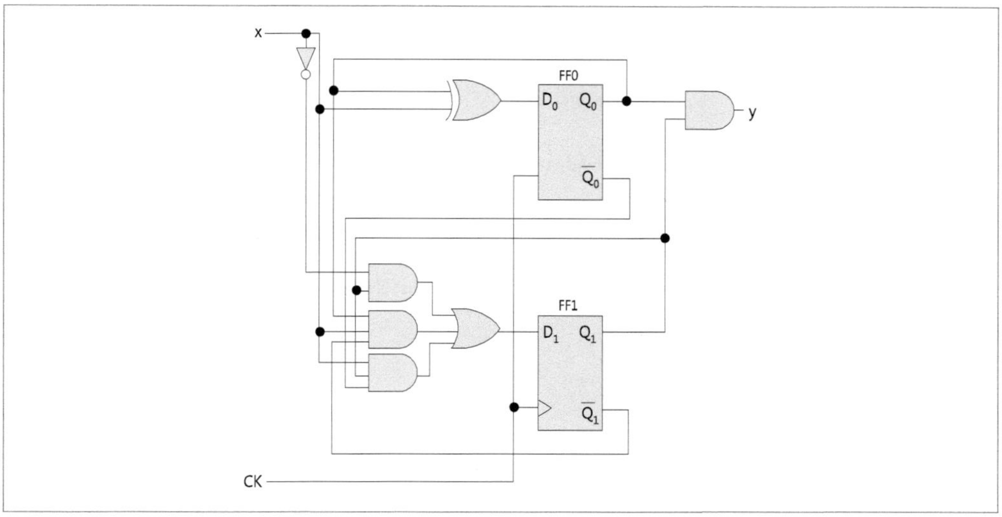

클럭이 가해지기 전 n=0일 때

$$\text{현재 입력} \qquad x(0) = 1 \tag{12-1a}$$

$$\text{현재 상태} \qquad [Q_0(0),\ Q_1(0)] = [0,\ 0] \tag{12-1b}$$

라 가정하자. n=0일 때의 상태를 초기상태(initial state)라 한다.

그림 12-2의 순차 논리회로에서 출력 $Y(n)$과 플립플롭의 입력 $D_0(n), D_1(n)$의 불 대수식을 구하면 다음과 같다.

$$Y(n) = Q_0(n)Q_1(n) \tag{12-2a}$$

$$D_0(n) = Q_0(n) \oplus x \tag{12-2b}$$

$$D_1(n) = \overline{x}\,Q_1(n) + x\,Q_0(n)\overline{Q}_1(n) + x\,\overline{Q}_0(n)\,Q_1(n) \tag{12-2c}$$

여기서 $Y(n)$은 출력식, $D_0(n), D_1(n)$은 제어 입력식이다.

D 플립플롭의 특성 방정식은

$$Q(n+1) = D(n) \tag{12-3}$$

이므로, 그림 12-2 순차 논리회로의 다음 상태식은

$$Q_0(n+1) = D_0(n) = Q_0(n) \oplus x \tag{12-4a}$$

$$Q_1(n+1) = D_1(n) = \overline{x}\,Q_1(n) + x\,Q_0(n)\,\overline{Q}_1(n) + x\,\overline{Q}_0(n)\,Q_1(n) \tag{12-4b}$$

가 된다.

위에서 구한 식으로부터 n=0에서 현재 입력, 현재 상태, 현재 출력, 현재 제어입력, 다음 상태를 구하면 다음과 같다.

현재 입력	$x(0) = 1$	
현재 상태	$[Q_0(0),\ Q_1(0)] = [0,\ 0]$	
현재 출력	$Y(0) = 1$	(12-5)
현재 제어입력	$D_0(0) = 1,\ D_1(0) = 0$	
다음 상태	$[Q_0(1),\ Q_1(1)] = [1,\ 0]$	

(2) 상태표와 상태도

지금까지 구한 제어 입력식, 다음 상태식, 출력식을 이용하여 현재 입력과 현재 상태의 조합에 대한 다음 상태와 출력을 표 12-1와 같은 순차 논리회로의 진리표를 구성해 보자.

표 12-1 | 그림 12-2 순차 논리회로의 진리표

입력	현재 상태		제어 입력		다음 상태		출력
$x(n)$	$Q_0(n)$	$Q_1(n)$	$D_0(n)$	$D_1(n)$	$Q_0(n+1)$	$Q_1(n+1)$	$Y(n)$
0	0	0	0	0	0	0	0
0	0	1	0	1	0	1	0
0	1	0	1	0	1	0	0
0	1	1	1	1	1	1	1
1	0	0	1	0	1	0	0
1	0	1	1	1	1	1	0
1	1	0	0	1	0	1	0
1	1	1	0	0	0	0	1

입력 행에는 전체 입력과 현재 상태의 조합을 모두 나열한다. 두 번째는 잔체 입력과 현재 상태의 조합에 대한 플립플롭의 입력을 나열한다. 플립플롭의 입력은 식 (12-2a)와 (12-2b)로부터 구할 수 있다. 마지막으로 다음 상태와 전체 출력을 나열한다. 다음 상태와 전체 출력은 식 (12-4a), (12-4b)와 (12-2a)로부터 구할 수 있다.

표 12-1을 다음과 같이 정리해 보자. 표 12-2와 같이 첫 번째 행에는 현재 상태를 나타내고, 두 번째와 세 번째 행에는 각각의 현재 상태에 대하여 입력이 0인 경우와 입력이 1인 경우의 다음 상태와 출력을 [다음 상태/출력]의 형식으로 표시한다.

표 12-2 | 현재 상태와 다음 상태 및 출력을 나타내는 진리표의 구성

현재 상태	다음 상태/출력	
	입력=0	입력=1
$[Q_0(n),\ Q_1(n)]$	$[Q_0(n+1),\ Q_1(n+1)]/Y$	$[Q_0(n+1),\ Q_1(n+1)]/Y$

각각의 현재 상태에서 입력 조건에 따라 다음 상태와 출력을 구하면 다음과 같다.

① 현재 상태 $[Q_0(n),\ Q_1(n)]=[0,\ 0]$**일 때**

입력 x(n)=0이면 다음 상태$[Q_0(n+1),\ Q_1(n+1)]=[0,\ 0]$이 되고, 출력 Y(n)=0이 된다. x(n)=1이면 $[Q_0(n+1),\ Q_1(n+1)]=[1,\ 0]$이 되고, 출력 Y(n)=0이 된다.

② 현재 상태 $[Q_0(n),\ Q_1(n)]=[0,\ 1]$**일 때**

입력 x(n)=0이면 다음 상태 $[Q_0(n+1),\ Q_1(n+1)]=[0,\ 1]$이 되고, 출력 Y(n)=0이 된다. x(n)=1이면 $[Q_0(n+1),\ Q_1(n+1)]=[1,\ 1]$이 되고, 출력 Y(n)=0이 된다.

③ 현재 상태 $[Q_0(n),\ Q_1(n)]=[1,\ 0]$**일 때**

입력 x(n)=0이면 다음 상태 $[Q_0(n+1),\ Q_1(n+1)]=[1,\ 0]$이 되고, 출력 Y(n)=0이 된다. x(n)=1이면 $[Q_0(n+1),\ Q_1(n+1)]=[0,\ 1]$이 되고, 출력 Y(n)=0이 된다.

④ 현재 상태 $[Q_0(n),\ Q_1(n)]=[1,\ 1]$**일 때**

입력 x(n)=0이면 다음 상태 $[Q_0(n+1),\ Q_1(n+1)]=[1,\ 1]$이 되고, 출력 Y(n)=1이 된다. x(n)=1이면 $[Q_0(n+1),\ Q_1(n+1)]=[0,\ 0]$이 되고, 출력 Y(n)=1이 된다.

지금까지 설명한 내용을 표로 정리하면 표 12-3과 같다.

표 12-3과 같이 현재 상태에서 입력조건에 따라 다음 상태와 출력을 나타낸 표를 **상태천이표(state transition table)**라 한다. 상태천이표는 다음과 같이 구성된다. 왼쪽 행

에는 현재 상태의 조합을 모두 나열하고, 오른쪽 행에는 현재 상태와 입력에 대한 다음 상태와 전체 출력 값을 적는다. 이 때 [다음 상태]/[전체 출력]의 값은 모든 입력 조합에 대해 따로 적는다. 따라서 오른쪽 행은 다시 x=0인 경우와 x=1인 경우의 두 행으로 나누어진다. 위의 예제에서는 입력이 하나(x)이므로 x=0인 경우와 x=1인 경우에 대해 [다음 상태]/[전체 출력]의 값을 적었다. 만약 입력이 두 개(x,y)이면 입력의 조합은 4개가 되므로 오른쪽 행은 [x,y]=[0,0], [0,1], [1,0], [1,1] 대하여 하나씩 모두 4개의 행으로 다시 나뉘게 되고, [다음 상태]/[전체 출력]의 값은 4가지 경우에 대하여 표시되어야 한다.

표 12-3 | 그림 12-2 순차 논리회로의 상태천이표

현재 상태 $[Q_{0(n)}, Q_{1(n)}]$	[다음 상태]/[전체 출력] $[Q_{0(n+1)}, Q_{1(n+1)}]/Y$	
	x=0	x=1
[0, 0]	[0, 0]/0	[1, 0]/0
[0, 1]	[0, 1]/0	[1, 1]/0
[1, 0]	[1, 0]/0	[0, 1]/0
[1, 1]	[1, 1]/1	[0, 0]/1

표 12-3에서 4개의 현재 상태를 각각 q_0, q_1, q_2, q_3라고 하면, $q_0 = [0, 0]$, $q_1 = [0, 1]$, $q_2 = [1, 0]$, $q_3 = [1, 1]$이 된다. 표 12-3을 이와 같은 상태 기호를 이용하여 다시 표시하면 표 12-4와 같다. 이와 같이 상태천이표에서 상태를 기호로 나타낸 표를 상태표(state table)라 한다. 표 12-4를 자세히 살펴보면 출력은 입력과 무관하게 현재 상태에 의해서만 정해짐을 알 수 있다. 이와 같이 출력이 현재 상태만으로 정해지는 순차 논리회로를 무어 머신(Moore machine)이라 한다.

표 12-4 | 그림 12-2 순차 논리회로의 상태표

현재 입력 x / 현재 상태 Q_0, Q_1	0	1
q_0	$q_0/0$	$q_2/0$
q_1	$q_1/0$	$q_3/0$
q_2	$q_2/0$	$q_1/0$
q_3	$q_3/1$	$q_0/1$

이 표를 그림으로 표시하면 그림 12-3과 같은 상태도(state diagram)가 된다.

▌그림 12-3▐ 그림 12-2 순차 논리회로의 상태도(밀리머신)

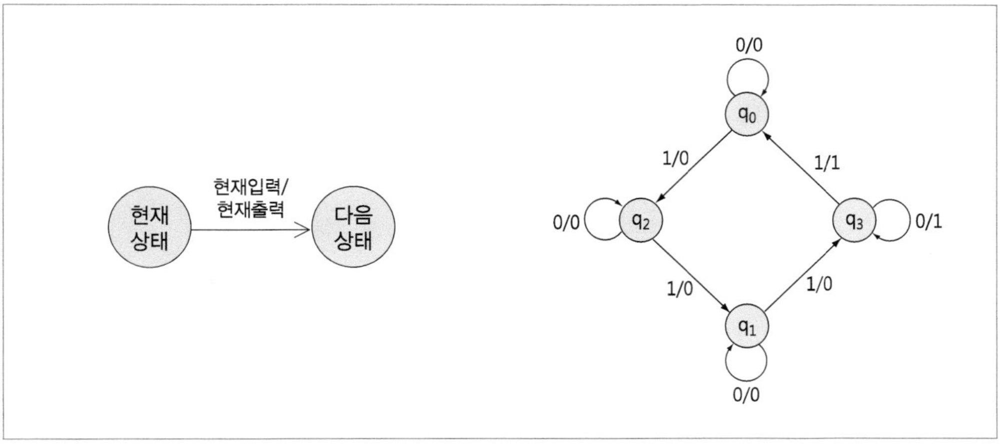

상태도는 각 상태 q_i를 원으로 표시하고, 현재 상태에서 새로운 입력에 의해 결정되는 다음 상태를 화살표로 연결한다. 화살표의 시작은 현재 상태이고, 끝이 다음 상태가 된다. 화살표 위에는 현재 상태에서 다음 상태로 가기 위한 [현재 입력]/[현재 출력]을 나타낸다. 이와 같은 상태도로 표시되는 순차회로를 밀리머신(Mealy machine)이라 한다.

무어 머신인 경우에는 동그라미 속에 [현재 상태/출력]을 같이 표현하고 상태 천이를 나타내는 화살표 위에는 입력 조건만 표시하기도 한다. 이와 같은 방법으로 상태도를 표시하면 그림 12-4와 같다.

▌그림 12-4▐ 그림 12-2 순차 논리회로의 상태도(무어머신)

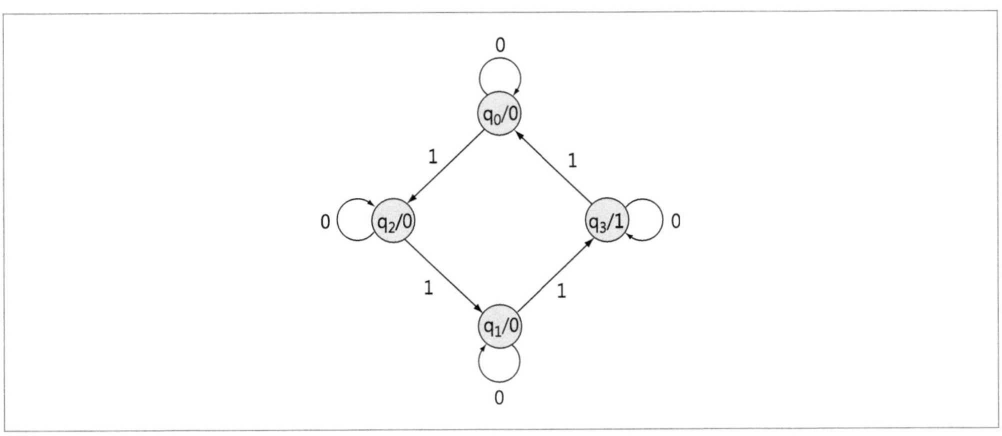

그림 12-4의 상태도를 살펴보면 현재 상태가 q_0일 때 입력이 0이면 다음 상태는 q_0가 되고 출력은 0이 된다. 입력이 1이면 다음 상태는 q_2가 되고 출력은 0이 된다. 현재 상태가 q_2일 때 입력이 0이면 다음 상태는 q_2가 되고 출력은 0이 된다. 입력이 1이면 다

음 상태는 q_1이 되고 출력은 0이 된다.

또한 현재 상태가 q_1일 때 입력이 0이면 다음 상태는 q_1이 되고 출력은 0이 된다. 입력이 1이면 다음 상태는 q_3이 되고 출력은 0이 된다. 현재 상태가 q_3일 때 입력이 0이면 다음 상태는 q_3가 되고 출력은 1이 된다. 입력이 1이면 다음 상태는 q_0이 되고 출력은 1이 된다.

그림 12-4의 상태도에서 현재 상태가 q_0일 때 입력 시퀀스가 0 → 1 → 0 → 1 → 1 → 0 → 1이라면 상태 변화는 $q_0 \rightarrow q_0 \rightarrow q_2 \rightarrow q_2 \rightarrow q_1 \rightarrow q_3 \rightarrow q_3 \rightarrow q_0$가 된다. 이 때 출력은 0 → 0 → 0 → 0 → 1 → 1 → 0으로 변하게 된다.

예제 12-2

SR, JK, D, T 플립플롭의 상태도를 그려라.

풀이

(a) 출력 상태에 따라 SR 플립플롭의 상태도를 그린다. 플립플롭은 출력이 0인 경우와 1인 경우가 있다. 따라서 플립플롭은 두 개의 상태를 갖는다. [S,R] = [1,1]은 금지모드이므로 발생하지 않는다.

그림 12-5 SR 플립플롭의 상태도

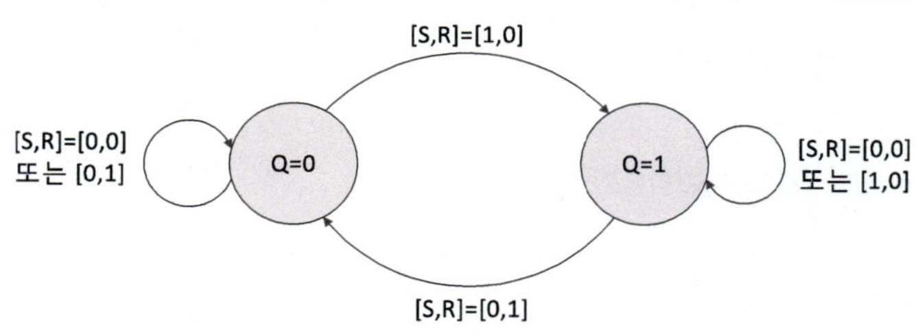

(b) 출력 상태에 따라 JK 플립플롭의 상태도를 그린다. [J,K]=[1,1]은 토글 모드이므로 서로 다른 상태로 천이한다.

그림 12-6 JK 플립플롭의 상태도

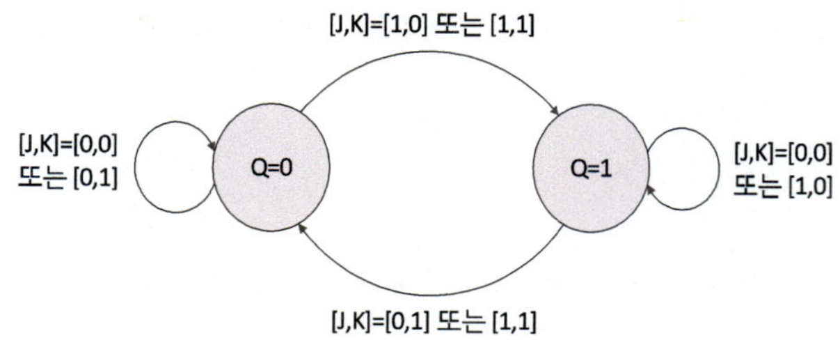

(c) 출력 상태에 따라 D 플립플롭의 상태도를 그린다. 다음 상태는 입력 D와 같다.

▌그림 12-7▌ D 플립플롭의 상태도

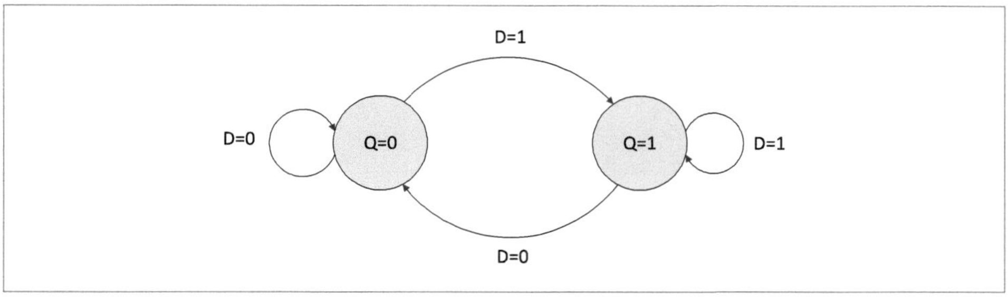

(d) 출력 상태에 따라 T 플립플롭의 상태도를 그린다. T=0이면 상태가 유지되고, T=1이면 다른 상태로 천이한다.

▌그림 12-8▌ T 플립플롭의 상태도

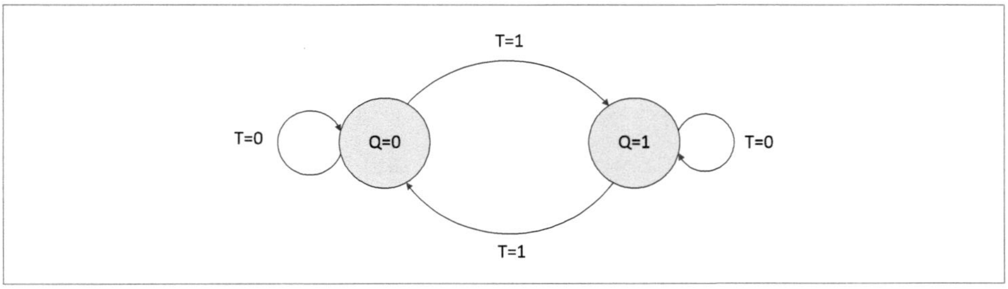

예제 12-3

그림 12-9와 같이 JK플립플롭으로 구성되는 순차 논리회로를 해석하라.

▌그림 12-9▌ JK 플립플롭 순차 논리회로

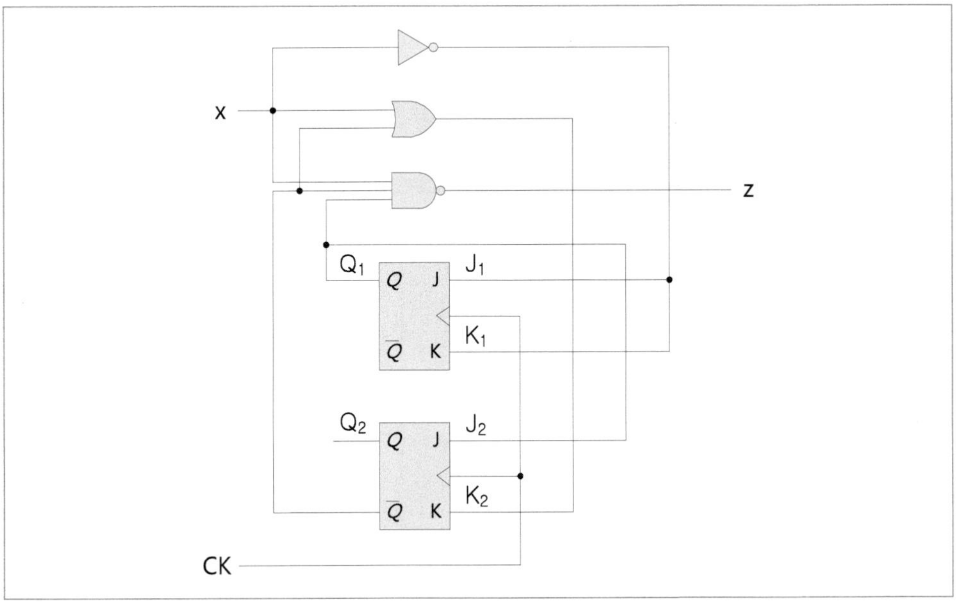

풀이

회로도로부터 플립플롭의 제어 입력식과 출력식을 구하면 다음과 같다. JK 플립플롭으로 구성되어 있으므로 J, K 입력에 대한 제어 입력식이 필요하다.

$$J_1(n) = \overline{x(n)},\ K_1(n) = x(n)$$

$$J_2(n) = Q_1(n),\ K_2(n) = x(n) + \overline{Q_2(n)}$$

$$z(n) = \overline{x(n)} + \overline{Q_1(n)} + Q_2(n)$$

JK 플립플롭의 특성 방정식 $Q_{i+1} = J_i\overline{Q_i} + \overline{K_i}Q_i$로부터 다음 상태식을 구하면 다음과 같다.

$$Q_1(n+1) = \overline{Q_1(n)}\ \overline{x(n)} + Q_1(n)x(n) = x(n) \odot Q_1(n)$$

$$Q_2(n+1) = \overline{Q_2(n)}\,Q_1(n) + Q_2(n)\overline{[x(n) + \overline{Q_2(n)}]}$$

$$= Q_1(n)\overline{Q_2(n)} + \overline{x(n)}\,Q_2(n)$$

이들 식으로부터 표 12-5와 같은 진리표를 작성할 수 있다. 제어 입력식과 출력식을 이용하여 표 12-5의 제어 입력과 출력의 값을 구한다. $J_1(n) = \overline{x(n)}$이므로 $x(n)$이 0이면 $J_1(n)$은 1이 되고, $x(n)$이 1이면 $J_1(n)$은 0이 된다. $K_1(n)$=$J_1(n)$이므로 $K_1(n)$은 $J_1(n)$과 같다. 또한 $z(n) = \overline{x(n)} + \overline{Q_1(n)} + Q_2(n)$이므로 $x(n) = 0$이거나 $Q_1(n) = 0$ 또는 $Q_2(n) = 1$일 때 $z(n)$은 1이 된다.

표 12-5의 다음 상태는 JK 플립플롭의 동작을 이용하여 구할 수 있다. 예를 들어 표 12-5의 첫 번째 열에서 $Q_1(n) = 0$일 때 $J_1(n) = K_1(n) = 1$이므로 토글 동작에 의해 $Q_1(n+1) = 1$이 된다. 또한 $Q_2(n) = 0$일 때 $J_2(n) = 0, K_2(n) = 1$이므로 리셋 동작에 의해 $Q_2(n+1) = 0$이 된다. 같은 방법으로 다른 열의 다음 상태값을 구할 수 있다.

표 12-5 | 그림 12-5 순차 논리회로의 진리표

입력	현재 상태		제어 입력				다음 상태		출력
x(n)	$Q_1(n)$	$Q_2(n)$	$J_1(n)$	$K_1(n)$	$J_2(n)$	$K_2(n)$	$Q_1(n+1)$	$Q_2(n+1)$	z(n)
0	0	0	1	1	0	1	1	0	1
0	0	1	1	1	0	0	1	1	1
0	1	0	1	1	1	1	0	1	1
0	1	1	1	1	1	0	0	1	1
1	0	0	0	0	0	1	0	0	1
1	0	1	0	0	0	1	0	0	1
1	1	0	0	0	1	1	1	1	0
1	1	1	0	0	1	1	1	0	1

표 12-5로부터 상태천이표를 구하면 표 12-6이 된다.

표 12-6 | 그림 12-5 순차 논리회로의 상태천이표

현재 상태 $[Q_{1(n)}, Q_{2(n)}]$	x=0 $[Q_{1(n+1)}, Q_{2(n+1)}]/z$	x=1 $[Q_{1(n+1)}, Q_{2(n+1)}]/z$
[0, 0]	[1, 0]/1	[0, 0]/1
[0, 1]	[1, 1]/1	[0, 0]/1
[1, 0]	[0, 1]/1	[1, 1]/0
[1, 1]	[0, 1]/1	[1, 0]/1

표 12-6에서 $q_0 = [0, 0]$, $q_1 = [0, 1]$, $q_2 = [1, 0]$, $q_3 = [1, 1]$라 하고 다시 표로 나타내면 표 12-7과 같은 상태표가 된다.

표 12-7 | 그림 12-5 순차 논리회로의 상태표

현재 상태 Q_1, Q_2 \ 현재 입력 x	0	1
q_0	$q_2/1$	$q_0/1$
q_1	$q_3/1$	$q_0/1$
q_2	$q_1/1$	$q_3/0$
q_3	$q_1/1$	$q_2/1$

표 12-7의 상태표를 살펴보면 같은 현재 상태에서도 입력에 따라 출력이 달라짐을 알 수 있다. 즉 현재 상태가 q_2일 때 입력이 0이면 출력은 1이 되고, 입력이 1이면 출력은 0이 된다. 이와 같이 출력이 현재 상태뿐 만 아니라 입력에 의해서 정해지는 순차 논리회로를 **밀리 머신(Mealy machine)**이라 한다.

표 12-7을 상태도로 나타내면 그림 12-10과 같다.

CHAPTER 12

그림 12-10 그림 12-9 순차 논리회로의 상태도

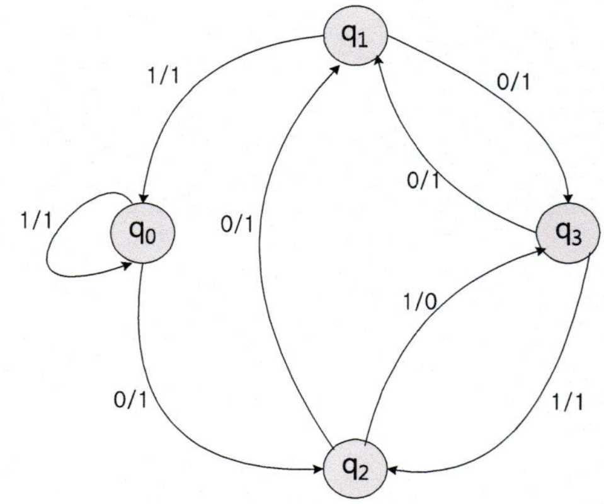

순차 논리회로는 이전의 상태에 따라 다음 상태 및 출력이 달라지므로, 초기 상태가 중요하다. 예를 들면, 그림 12-10과 같은 상태도를 갖는 순차 논리회로에서 입력값이 0 → 1 → 0 → 1 → 1 …과 같은 순서로 입력된다고 하자. 초기상태가 q_0인 경우와 q_2인 경우를 보면 그 결과가 다름을 알 수 있다. 초기 상태가 q_0에서 시작하였다면, 상태의 변화는 $q_0 \rightarrow q_2 \rightarrow q_3 \rightarrow q_1 \rightarrow q_0 \rightarrow q_0$ … 이고, 출력은 1 → 1 → 0 → 1 → 1 …으로 된다. 초기상태가 q_2에서 시작하였다면, 상태의 변화는 $q_2 \rightarrow q_1 \rightarrow q_0 \rightarrow q_2 \rightarrow q_3 \rightarrow q_2$ … 이고, 출력은 1 → 1 → 1 → 1 → 0 …으로 된다.

그림 12-11은 그림 12-9 순차 논리회로의 타이밍 다이어그램이다. q_0 상태($Q_1 = Q_2 = 0$)에서 $x = 0, 1, 0, 1, 1, 0$이 입력되면 상태는 q_2, q_3, q_1, q_0, q_0, q_2로 변하는 것을 알 수 있다. 또한 q_2 상태(Q1=1, Q2=0)일 때 x=0, 1, 1, 0, 1, 0, 0이 입력되면 상태는 q_1, q_0, q_0, q_2, q_3, q_1, q_3으로 변하는 것을 알 수 있다. 이러한 결과는 그림 12-10의 상태도에 동일한 입력 시퀀스가 입력되었을 때의 결과와 일치한다.

그림 12-11 그림 12-9 순차 논리회로의 타이밍 다이어그램

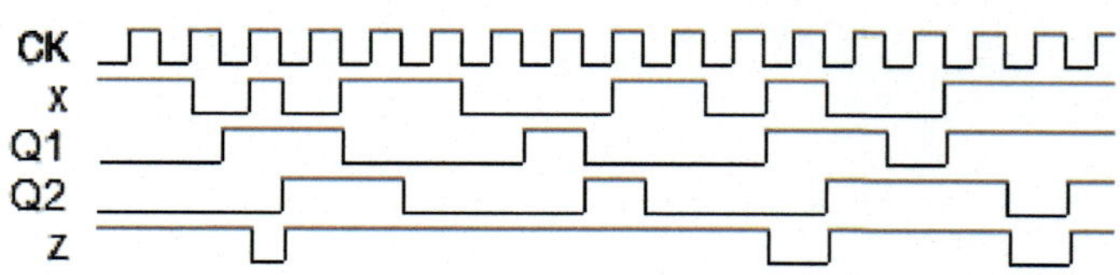

예제 12-4

그림 12-12와 같이 T 플립플롭으로 구성된 순차 논리회로를 해석하라.

그림 12-12 | T 플립플롭 순차 논리회로

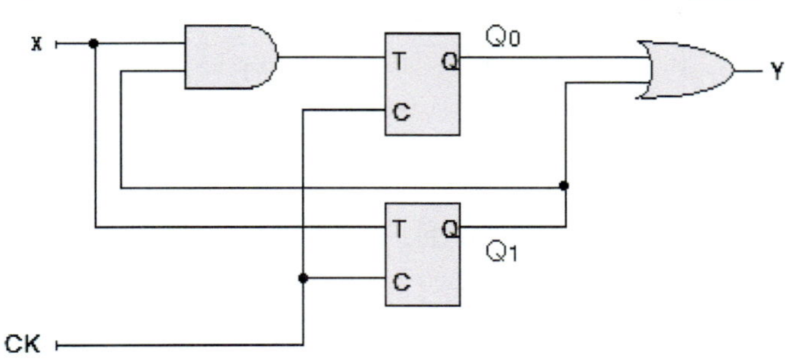

풀이

플립플롭의 제어 입력식과 출력식을 구하면 다음과 같다. T 플립플롭으로 구성되어 있으므로 T 입력에 대한 제어 입력식이 필요하다.

$$T_0(n) = x(n)Q_1(n)$$

$$T_1(n) = x(n)$$

$$Y(n) = Q_0(n) + Q_1(n)$$

T 플립플롭의 특성 방정식 $Q_{n+1} = T_n \oplus Q_n$로부터 다음 상태식을 구하면 다음과 같다.

$$Q_0(n+1) = (x(n)Q_1(n)) \oplus Q_0(n)$$

$$Q_1(n+1) = x(n) \oplus Q_1(n)$$

이들 식으로부터 표 12-8과 같은 진리표를 작성할 수 있다.

표 12-8 | 그림 12-12 순차 논리회로의 진리표

입력	현재 상태		제어 입력		다음 상태		출력
x(n)	$Q_0(n)$	$Q_1(n)$	$T_0(n)$	$T_1(n)$	$Q_0(n+1)$	$Q_1(n+1)$	Y(n)
0	0	0	0	0	0	0	0
0	0	1	0	0	0	1	1
0	1	0	0	0	1	0	1
0	1	1	0	0	1	1	1
1	0	0	0	1	0	1	0
1	0	1	1	1	1	0	1
1	1	0	0	1	1	1	1
1	1	1	1	1	0	0	1

표 12-8로부터 상태천이표를 구하면 표 12-9가 된다.

표 12-9 | 그림 12-12 순차 논리회로의 상태천이표

현상태 $[Q_{0(n)}, Q_{1(n)}]$	$[Q_{0(n+1)}, Q_{1(n+1)}]/Y$	
	x=0	x=1
[0, 0]	[0, 0]/0	[0, 1]/0
[0, 1]	[0, 1]/1	[1, 0]/1
[1, 0]	[1, 0]/1	[1, 1]/1
[1, 1]	[1, 1]/1	[0, 0]/1

표 12-9에서 $q_0 = [0, 0]$, $q_1 = [0, 1]$, $q_2 = [1, 0]$, $q_3 = [1, 1]$라 하고 다시 표로 나타내면 표 12-10과 같은 상태표가 된다.

표 12-10 | 그림 12-12 순차 논리회로의 상태표

현재 입력 x / 현재 상태 Q_0, Q_1	0	1
q_0	$q_0/0$	$q_1/0$
q_1	$q_1/1$	$q_2/1$
q_2	$q_2/1$	$q_3/1$
q_3	$q_3/1$	$q_0/1$

표 12-10의 상태표에서 보면 출력은 입력과 무관하게 상태에 의해서만 결정됨을 알 수 있다. 따라서 이 회로는 무어 머신이다. 표 12-10의 상태표를 상태도로 나타내면 그림 12-13과 같다.

그림 12-13 그림 12-12 순차 논리회로의 상태도

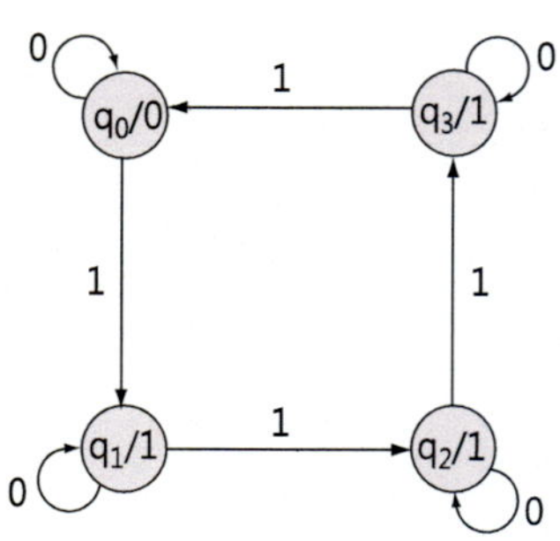

그림 12-14는 위에서 설명한 순차 논리회로의 타이밍 다이어그램이다. 이 그림에서 입력 x=0이면 상태(Q0, Q1)은 변하지 않고 x=1이면 상태가 계속 변함을 알 수 있다. 이 결과는 그림 12-13의 상태도와 일치한다.

▌그림 12-14 ▌ 순차 논리회로의 타이밍 다이어그램

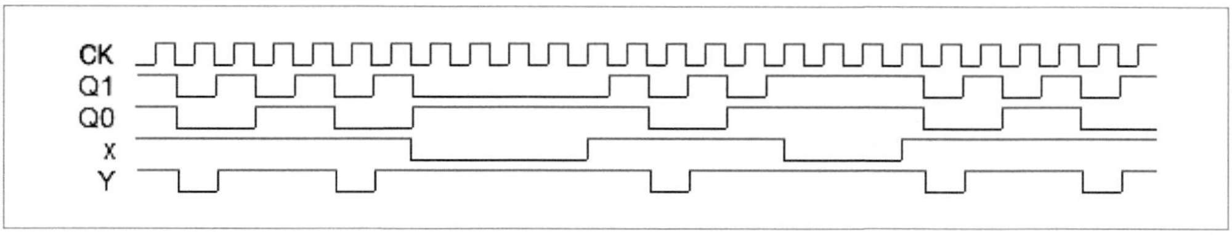

연습문제

12.1 다음 상태표는 입력이 x이고, 출력이 z인 순차 논리회로를 나타낸 것이다. 이 회로에 대한 상태도를 그려라.

현재 상태	다음 상태		출력	
	x = 0	x = 1	x = 0	x = 1
A	A	E	1	0
B	C	F	0	0
C	B	H	0	1
D	E	F	0	0
E	D	A	0	1
F	B	F	1	1
G	D	H	0	1
H	H	G	1	0

12.2 다음과 같은 순차 논리회로를 해석하라. q_1, q_2는 상태를 나타내는 상태변수이다.

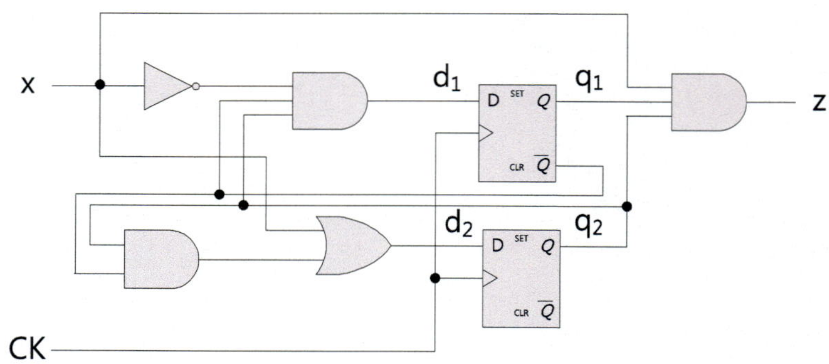

(a) D 플립플롭의 제어입력식(d_1, d_2)과 전체 출력식(z)을 구하라.

(b) 다음 상태 방정식을 구하라. 다음 상태는 Q_1, Q_2로 표현하라.

(c) 상태천이표를 구하라.

(d) 상태도를 그려라.

12.3 다음과 같은 순차 논리회로를 해석하라. q_1, q_2는 상태를 나타내는 상태변수이다.

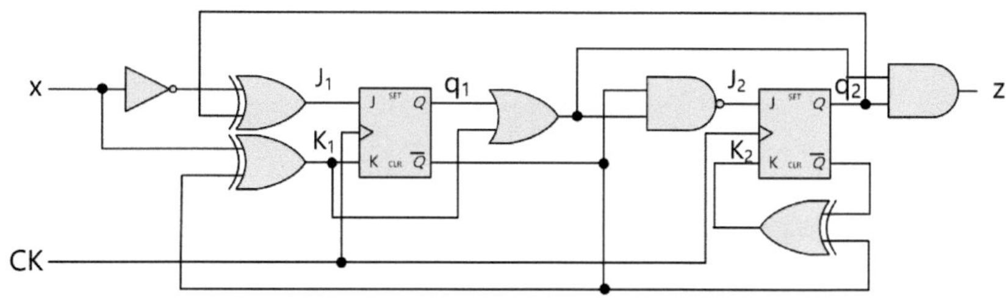

(a) JK 플립플롭의 제어입력식(J_1, K_1, J_2, K_2)과 전체 출력식(z)을 구하라.

(b) 다음 상태 방정식을 구하라. 다음 상태는 Q_1, Q_2로 표현하라.

(c) 상태천이표를 구하라.

(d) 상태도를 그려라.

12.4 다음 그림과 같은 상태도를 갖는 순차 논리회로가 있다.

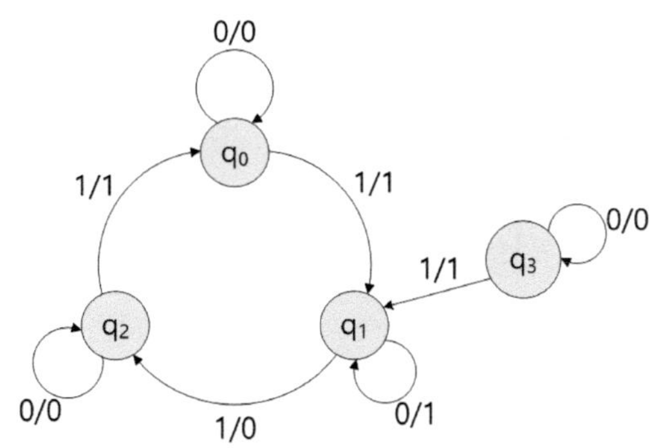

(a) 상태표를 그려라.

(b) q_0상태에서 '1100101'의 시퀀스가 입력될 때 출력 시퀀스와 상태 천이를 구하라.

12.5 3개의 D 플립플롭으로 구성되는 순차 논리회로가 다음과 같은 다음 상태식으로 표현된다.

$$D_0 = q_1\overline{q_2},\ D_2 = \overline{q_1} + x$$
$$D_1 = q_2,\ \ z = x\overline{q_1} + \overline{x}q_1$$

(a) 상태천이표를 그려라.

(b) 상태도를 그려라.

(c) $q_2q_1q_0 = 001$의 상태에서 '10011'의 시퀀스가 입력될 때, 출력 시퀀스를 구하라.

(d) (c)에서 구한 입출력 시퀀스를 타이밍 다이어그램으로 나타내어라.

12.6 다음과 같은 순차 논리회로에 대하여 물음에 답하라.

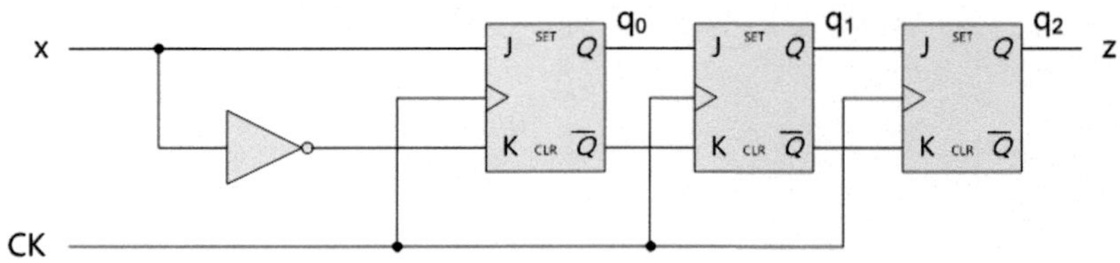

(a) 상태천이표를 그려라.

(b) 상태도를 그려라.

(c) 이 회로의 기능은 무엇인가?

12.7 다음 순차 회로의 (a) 상태천이표와 (b) 상태도를 그려라. 이 순차 논리회로의 기능은 무엇인가?

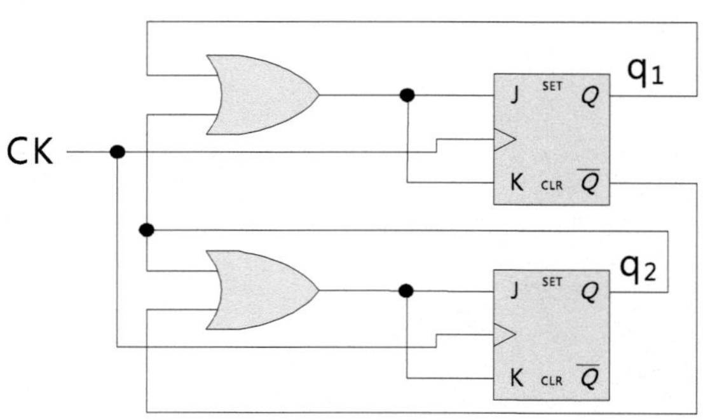

12.8 순차 논리회로가 4개의 플립플롭 A, B, C, D와 1개의 입력 x를 갖고 있다. 다음 상태식은 다음과 같다. 물음에 답하라.

$$A(n+1) = (C\overline{D} + \overline{C}D)x + (CD + \overline{C}\,\overline{D})\overline{x}$$
$$B(n+1) = A$$
$$C(n+1) = B$$
$$D(n+1) = C$$

(a) 다음 상태식으로부터 상태천이표를 그려라.
(b) 상태도를 그려라.
(c) 상태 ABCD=0001에서 시작해서 x=101일 때, 상태의 순차는?
(d) 상태 ABCD=0000에서 시작해서 x=011일 때, 상태의 순차는?

12.9 어떤 순차 논리회로가 2개의 플립플롭(A, B)과 2개의 입력(x, y), 1개의 출력 z를 갖고 있다. 플립플롭 제어입력식과 출력식은 다음과 같다.

$$J_A = xB + \overline{y}\,\overline{B} \qquad K_A = x\overline{y}\,\overline{B}$$
$$J_B = x\overline{A} \qquad K_B = x\overline{y} + A$$
$$z = xyA + \overline{x}\,\overline{y}B$$

(a) 논리회로도를 그려라.
(b) 상태천이표를 작성하라.
(c) 상태도를 작성하라.
(d) 다음 상태식을 구하라.

12.10 다음 순차 논리회로를 해석하라.

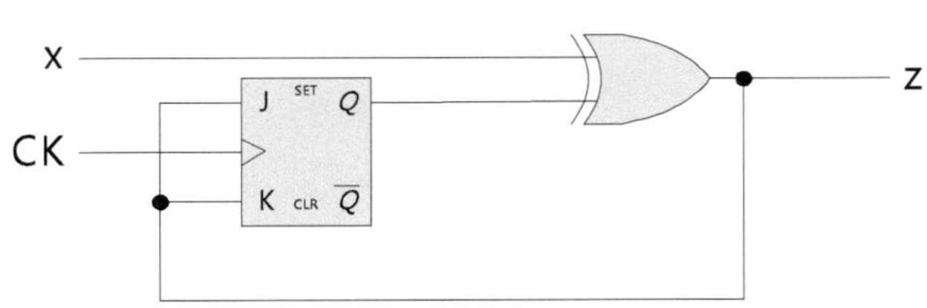

(a) 상태천이표와 (b) 상태도를 그려라.

12.11 다음 순차 논리회로를 해석하라.

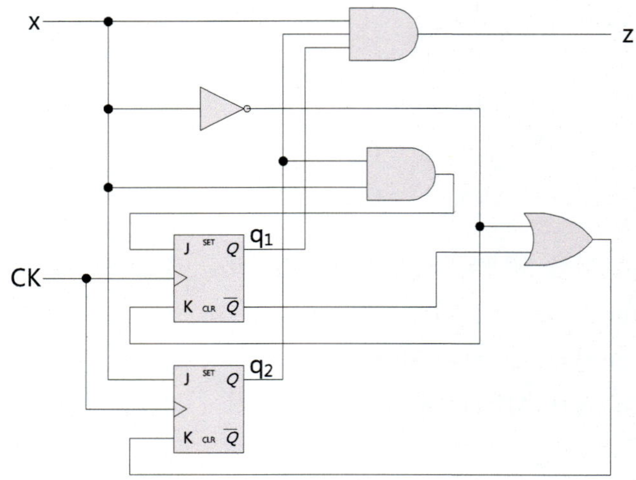

(a) 상태천이표를 그려라.

(b) 상태도를 그려라.

(c) $q_1q_2 = 00$ 인 상태에서 시퀀스 '01101010'이 입력되었을 때 출력 시퀀스를 구하라.

(d) 로직웍스를 이용하여 $q_1q_2 = 00$ 인 상태에서 입력 시퀀스 '01101010'에 대한 출력 시퀀스와 상태변화를 타이밍 다이어그램으로 나타내어라.

12.12 다음과 같은 동기 순차 논리회로를 해석하라.

(a) 제어 입력식, 전체 출력식, 다음 상태식을 구하라.

(b) 순차 논리회로의 진리표를 구하라.

(c) 상태천이표, 상태표, 상태도를 구하라.

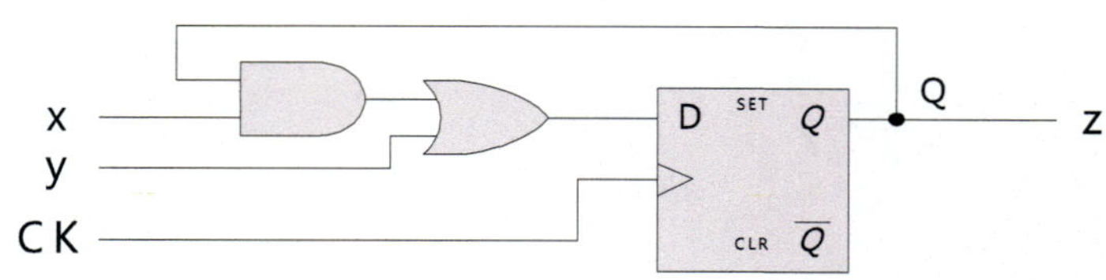

12.13 그림 12-11의 타이밍 다이어그램으로부터 상태천이표를 구하라. 여기서 구한 상태천이표가 표 12-6과 같은지 비교하라.

Hint 클럭의 하강모서리 직전의 Q1, Q2는 현재 상태이고 하강모서리 직후의 Q1, Q2는 다음 상태이다.

12.14 다음 그림과 같은 타이밍 다이어그램을 갖는 순차 논리회로를 해석하라. x는 입력, Q_1, Q_2는 플립플롭의 출력이고 z는 전체 출력이다. 플립플롭은 하강 모서리에서 동작한다.

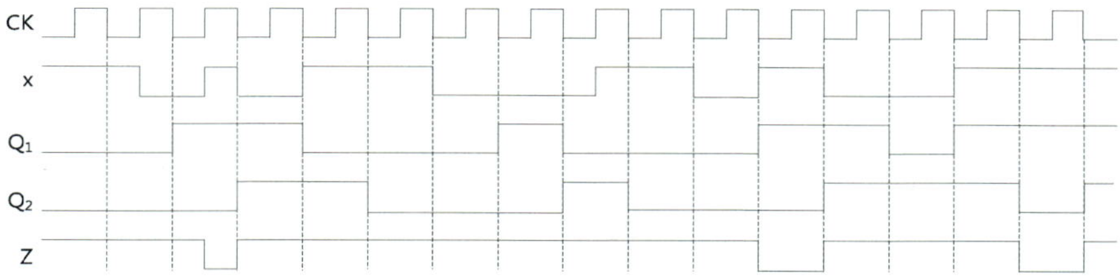

(a) 다음 상태천이표를 완성하라. x는 입력이고 z는 전체 출력이다. Q_1, Q_2는 현재 상태이고 Q_1+, Q_2+는 다음 상태를 나타낸다.

x	Q_1	Q_2	Q_1+	Q_2+	z
0	0	0			
0	0	1			
0	1	0			
0	1	1			
1	0	0			
1	0	1			
1	1	0			
1	1	1			

(b) (a)에서 구한 상태천이표를 상태도로 나타내라.

CHAPTER

13

동기 순차 논리회로의 설계

학습목표

1 동기 순차 논리회로의 설계과정을 이해하고 설명할 수 있다.
2 순차 논리회로의 동작을 상태도로 나타낼 수 있다.
3 상태할당 및 상태축소 방법을 이해하고 등가상태를 찾아 상태축소를 할 수 있다.
4 플립플롭의 여기표와 상태천이표를 이용하여 플립플롭의 제어입력식을 작성할 수 있다.
5 시퀀스 발생기, 시퀀스 감지기, 시퀀스 변환기 회로를 설계할 수 있다.

13.1 동기 순차 논리회로의 설계과정

주어진 동기 순차 논리회로를 분석하고 상태표와 상태도를 작성하는 것은 비교적 용이하지만, 반대로 주어진 조건에 따라 동기 순차 논리회로를 설계하는 것은 복잡하고 어느 정도의 경험이 필요하다. 일반적으로 순차 논리회로를 설계하기 위해 진행하는 과정은 다음과 같다.

① 회로 동작의 기술

모든 입력 및 출력의 관계를 기술하고, 회로의 동작을 나타내기 위해 필요한 상태를 정의한다.

② 상태도 작성

단계 ①의 동작설명으로부터 상태도를 작성한다.

③ 상태표 작성

상태도로부터 상태표를 작성한다.

④ 상태표의 최소화

위에서 구한 상태표에서 여분 상태(redundancy state)를 제거하여 최소의 상태를 포함하는 축소된 상태표를 작성한다.

⑤ 상태천이표의 작성

축소된 상태표에 표시된 각각의 상태에 대해 이진코드를 할당하여 상태천이표를 작성한다.

⑥ 플립플롭의 제어 입력식과 전체 회로의 출력식 작성

사용할 플립플롭의 종류를 결정하고 플립플롭의 여기표를 이용하여 플립플롭의 제어 입력식과 전체 회로의 출력식을 구한다.

⑦ 회로의 구성

제어입력식과 출력식을 이용하여 순차 논리회로도를 작성한다.

▌그림 13-1▌ 동기 순차 논리회로 설계 과정

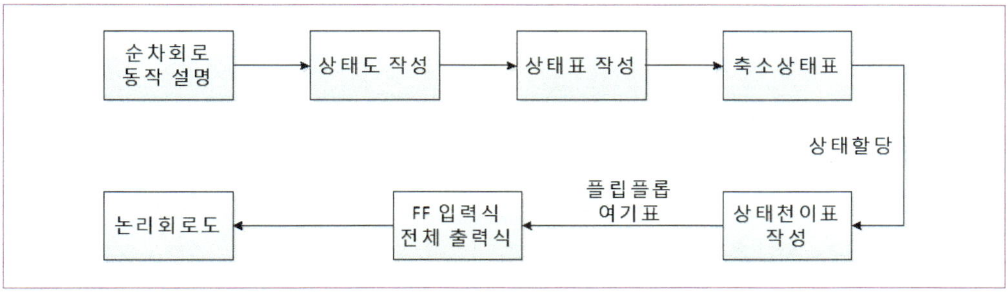

그림 13-1은 동기 순차 논리회로의 설계과정을 나타낸 것이다. 이 중에서 순차 논리회로의 동작을 나타내기 위해 필요한 상태를 정의하고 상태도나 상태표를 작성하는 작업이 가장 중요하며 어려운 과정이다. 상태는 과거의 입력 시퀀스에 의해 결정되므로 과거 입력에 따라 시스템이 어떤 상태를 갖게 되는지 정확히 파악해야 한다. 상태표를 구한 다음 등가상태를 찾아내어 제거하고 축소된 상태표를 작성한다. 등가상태가 존재하더라도 시스템의 동작은 동일하므로 경우에 따라서는 상태축소과정을 생략할 수 있다. 상태표의 상태는 문자기호로 표시되어 있으므로 각 상태에 대해 이진코드를 할당하여 상태천이표를 작성한다. 상태천이표가 작성되면 어떤 플립플롭을 쓸 것인가를 결정하고 선정된 플립플롭의 여기표를 이용하여 플립플롭의 제어입력식과 전체 회로의 출력식을 구하고 이로부터 순차 논리회로를 구성하면 설계 작업이 마무리된다. JK 플립플롭 또는 D 플립플롭을 주로 사용하는데 사용하는 플립플롭에 따라 회로가 복잡해지기도 하고 또는 간단해지기도 하므로 플립플롭의 선택은 회로의 성격에 맞게 하여야 한다.

13.2 상태축소와 상태할당

순차 논리회로에서의 상태는 플립플롭의 출력으로 표시된다. 따라서 순차 논리회로에서 상태 수가 많아지면 필요한 플립플롭의 수가 증가한다. 플립플롭이 증가하면 회로구성 비용이 증가할 수 있으므로 순차 논리회로를 설계할 때, 가능한 한 상태의 수를 줄이는 것이 필요하다. 이와 같이 **순차 논리회로를 설계할 때 상태의 수를 줄이는 과정을 상태축소(state reduction)**라고 한다. 또한 **상태할당이란 각 상태에 이진 코드를 부여하는 과정**을 말한다. 예를 들어 순차 논리회로의 상태 수가 4개 이면 두 자리의 이진코드가 필요하고, 상태 수가 5~8개 이면 세 자리의 이진코드가 각각의 상태에 할당된다. 순차 논리회로를 구성하는 요소 중에 플립플롭 제어 회로와 출력 회로는 조합 논리회로로 구성이 되는데, 상태할당을 어떻게 하느냐에 따라 회로의 복잡도가 달라진다.

논리회로의 간소화 목적은 비용의 절감이다. 모든 공학적인 작업에는 반드시 비용 문제를 고려하여야 한다. 설계한 회로가 복잡하면, 설계에 투입되는 노력과 시간이 증가하고 복잡한 회로를 제작하는 데에도 많은 비용이 들어가게 된다. 이러한 회로는 고장 발생 확률도 높아져 사후 관리에도 많은 비용이 들어가므로 설계할 때에 반드시 간소화할 수 있으면 최대로 간소화시키는 것이 좋다.

(1) 등가상태와 상태축소

일반적으로 순차 논리회로에서 두 개의 상태를 구분할 수 없으면 등가상태(equivalent state)라고 한다. 예를 들어 두 개의 상태가 있을 때, 입력을 인가하고 출력을 관찰하는 것만으로 순차 논리회로가 둘 중 어느 상태에서 시작되었는지 알 수 없으면 두 개의 상태는 등가상태가 된다.

따라서 등가상태는 다음과 같이 정의할 수 있다. 순차 논리회로가 두 개의 상태 S_i, S_j 중 어느 상태에서 시작하든 모든 입력 시퀀스에 대해 동일한 출력 시퀀스가 생성되면 두 상태는 등가이다. 그러나 모든 입출력 시퀀스를 조사하기 어렵기 때문에 다음과 같은 정리를 이용하여 등가상태를 확인할 수 있다.

① **임의의 입력에 대해 S_i상태의 출력이 S_j상태의 출력과 같고,**

② **두 상태의 다음 상태가 등가이면 두 상태 S_i, S_j는 등가**이다.

임의의 입력에 대해 S_i, S_j의 출력이 같고 다음 상태가 같으면 두 상태 S_i, S_j는 등가이다.

모든 입력 시퀀스에 대해 이 조건이 충족되면 하나의 상태는 여분 상태(redundant state)가 되며, 여분상태는 제거해도 순차 논리회로의 동작은 변하지 않는다. 상태축소는 이러한 사실을 기초로 여분의 등가상태를 찾아내어 제거하는 과정이다.

가장 간단한 상태축소 방법은 상태표를 조사하여 등가 조건을 만족하는 상태를 찾아내어 잉여 상태를 제거하는 것이다. 잉여 상태가 제거된 상태표는 원래 상태표와 동일한 동작을 해야 한다. 즉 동일한 입력 시퀀스에 대해 동일한 출력 시퀀스를 생성해야 한다. n개의 플립플롭으로 2^n개의 상태를 만들 수 있으므로 상태의 수를 줄이면 플립플롭의 수도 줄일 수 있다. 그러나 플립플롭의 수는 감소하지만, 그로 인하여 조합 논리회로 부분이 복잡해져 더 많은 논리 게이트를 필요로 하는 경우도 있다. 이로 인하여 상태축소 과정은 경우에 따라 생략할 수 있으며 상태축소 과정을 생략하더라도 순차 논리회로의 동작은 변하지 않는다.

그림 13-2와 같은 상태도를 갖는 순차 논리회로를 이용하여 상태축소의 필요성과 방법을 살펴보기로 한다. 이 회로에서 입출력 순서만이 중요하며, 내부 상태는 단지 입출력 순서를 만들기 위해 사용되므로 상태 순서의 변화는 별 의미가 없다.

▌그림 13-2 ▌ 상태도의 예

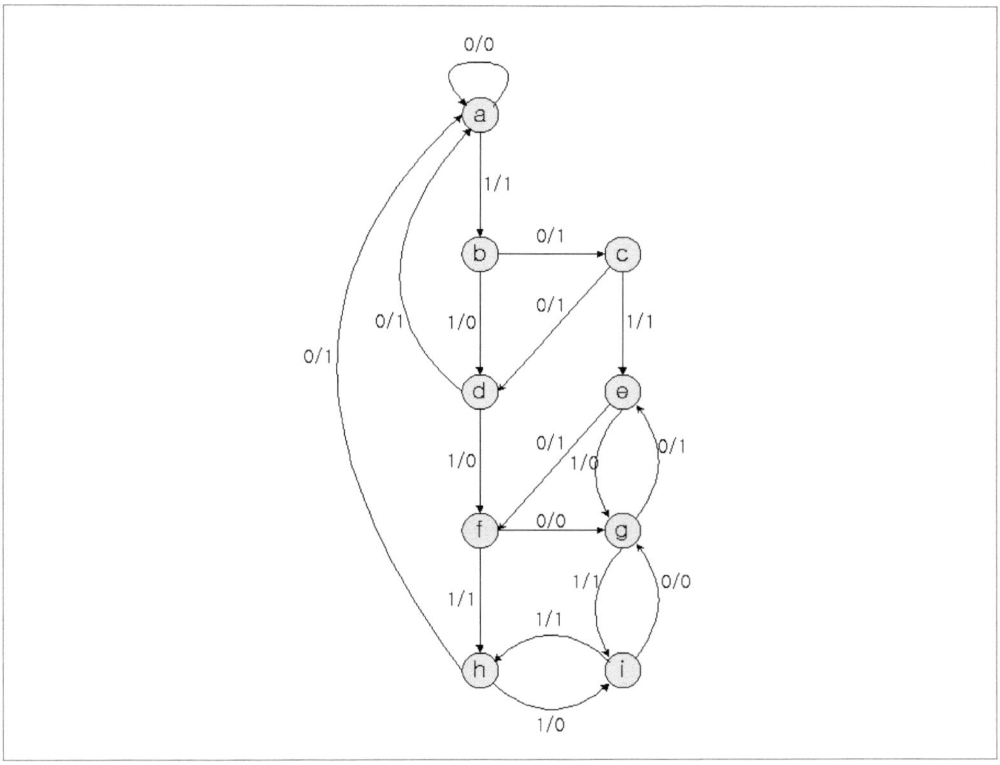

그림 13-2의 순차 논리회로에 가해지는 입력 시퀀스에 따라 오직 한 가지의 출력 시퀀스가 생성된다. 예를 들어 초기 상태 a에서 시작하는 입력 시퀀스 '01010110100'을 생각해보자. 이 회로는 0 또는 1의 입력에 대하여 0 또는 1인 출력을 만들어 내며, 회로를 다음 상태로 가도록 한다. 그림 13-2의 상태도로부터 위와 같은 입력 시퀀스에 대해 아래에 표시한 출력 시퀀스와 상태 시퀀스를 구할 수 있다. 초기 상태 a일 때 입력이 0이면 출력은 0이 되고 상태는 a 상태로 남아 있게 된다. 다음 1이 입력되면, 출력은 1이 되고 상태는 b의 상태로 천이한다. b 상태에서 0이 입력되면 출력은 1이 되고 다음 상태는 c가 된다. 이를 계속 추적하면 다음과 같은 시퀀스를 구할 수 있다.

상태	a	a	b	c	e	f	h	i	g	i	g	i
입력	0	1	0	1	0	1	1	0	1	0	0	
출력	0	1	1	1	1	1	0	0	1	0	1	

각 열에는 현재 상태, 입력값, 출력값이 표시되어 있다. 입력에 대한 다음 상태는 현재 상태의 오른쪽에 나와 있다. **입력 시퀀스에 의해 결정되는 출력 시퀀스가 중요하므로 상태 그 자체는 그다지 중요하지 않다.**

그림 13-2에 있는 9개의 상태보다 적은 상태 수를 갖는 순차 논리회로를 가정해보자. 만약 **동일한 입력 시퀀스가 두 회로에 가해져서 동일한 출력 시퀀스가 발생된다면 이 두 회로는 입출력에 관해서 동등(equivalent)**하다. 동등한 회로의 입출력 동작은 같으므로 상태축소 문제는 입출력 관계는 변화시키지 않고 순차 회로의 상태 수가 줄어든 다른 동등 순차 논리회로를 찾는 것이다.

그림 13-2의 상태도를 갖는 순차 논리회로를 중심으로 상태축소 과정을 살펴보기로 하자. 이 회로는 9개의 상태를 가지므로 플립플롭이 최소 4개가 필요하다. 상태축소 과정에서는 상태도를 사용하는 것 보다 상태표를 이용하는 것이 훨씬 편리하므로 그림 13-2의 상태도에 대한 상태표를 작성하면 표 13-1과 같다.

표 13-1 | 상태축소 전의 상태표

현재 상태	다음 상태		출력	
	x=0	x=1	x=0	x=1
a	a	b	0	1
b	c	d	1	0
c	d	e	1	1
d	a	f	1	0
e	f	g	1	0
f	g	h	0	1
g	e	i	1	1
h	a	i	1	0
i	g	h	0	1

표 13-1에서 등가상태를 찾아 제거해 보자. 이 상태표에서 0과 1의 입력에 대하여 다음 상태가 같고 출력이 같은 2개의 현재 상태가 있는지 조사한다. f와 i의 상태가 위의 조건을 만족한다. 이들은 모두 다음 상태가 g와 h이며 출력은 0 과 1이다. 따라서 f와 i는 등가이기 때문에 하나는 제거할 수 있다. 제거하는 방법은 f와 i의 상태 중 i를 제거한다고 가정하여 표 13-1의 다음 상태 중에서 i로 표시된 상태를 f로 대치한다. 그러면, g와 h 상태에서 x=1일 때 다음 상태가 i에서 f로 대치된다. 그리고 난 후, d 상태와 h 상태를 보자. d와 h의 상태가 다시 등가 상태임을 알 수 있다. d와 h의 두 상태 중에서

하나는 제거할 수 있게 된다. h를 제거한다고 가정하여 상태표상에서 h로 표시된 상태는 d로 대치한다. 이제 더 이상 등가 상태는 없으므로 상태축소의 과정은 끝난다. 표 13-2에는 등가 상태를 찾고 제거하는 과정을 보이고, 표 13-3에는 완료된 축소 상태표를 나타내었다.

표 13-2 | 상태축소 과정

현상태	다음 상태		출력	
	x=0	x=1	x=0	x=1
a	a	b	0	1
b	c	d	1	0
c	d	e	1	1
d	a	f	1	0
e	f	g	1	0
f	g	~~h~~ d	0	1
g	e	~~i~~ f	1	1
~~h~~ 제거	a	~~i~~ f	1	0
~~i~~ 제거	g	h	0	1

표 13-3 | 상태축소 후의 상태표

현상태	다음 상태		출력	
	x=0	x=1	x=0	x=1
a	a	b	0	1
b	c	d	1	0
c	d	e	1	1
d	a	f	1	0
e	f	g	1	0
f	g	d	0	1
g	e	f	1	1

표 13-3에서 보는 바와 같이 9개의 상태에서 7개의 상태로 축소되었다. 축소된 상태도를 나타내면 그림 13-3과 같다. 따라서 상태축소를 한 후에는 3개의 플립플롭만 사용하면 되므로 플립플롭의 개수를 줄이고, 그에 따른 주변 회로도 간단히 설계할 수 있다.

앞의 입력 시퀀스를 그림 13-3의 축소된 상태도에 적용하면 다음의 상태 시퀀스 및 출력 시퀀스를 구할 수 있다.

상태	a	a	b	c	e	f	d	f	g	f	g	f
입력	0	1	0	1	0	1	1	0	0	1	0	
출력	0	1	1	1	1	1	0	0	1	0	1	

그림 13-2의 경우와 비교해보면 상태는 다를지라도 동일한 입력 시퀀스에 대한 출력 시퀀스는 동일함을 알 수 있다.

순차 논리회로의 상태축소는 단지 외부 입출력 관계에만 관심이 있을 때 의미가 있다. 외부 출력은 상태축소 알고리즘을 적용하기 전의 상태의 수와는 무관하여야 한다.

이 예의 순차 논리회로에서는 9개의 상태가 7개로 줄었다. 상태축소 후에는 m개의 플립플롭은 2^m개의 상태를 나타낼 수 있으므로, 7개의 상태를 표현하기 위해서 3개의 플립플롭이 필요하다. 1개의 플립플롭이 하나의 비트를 지정하므로 3개의 플립플롭은 2

▌그림 13-3 ▌ 상태축소 후 상태도

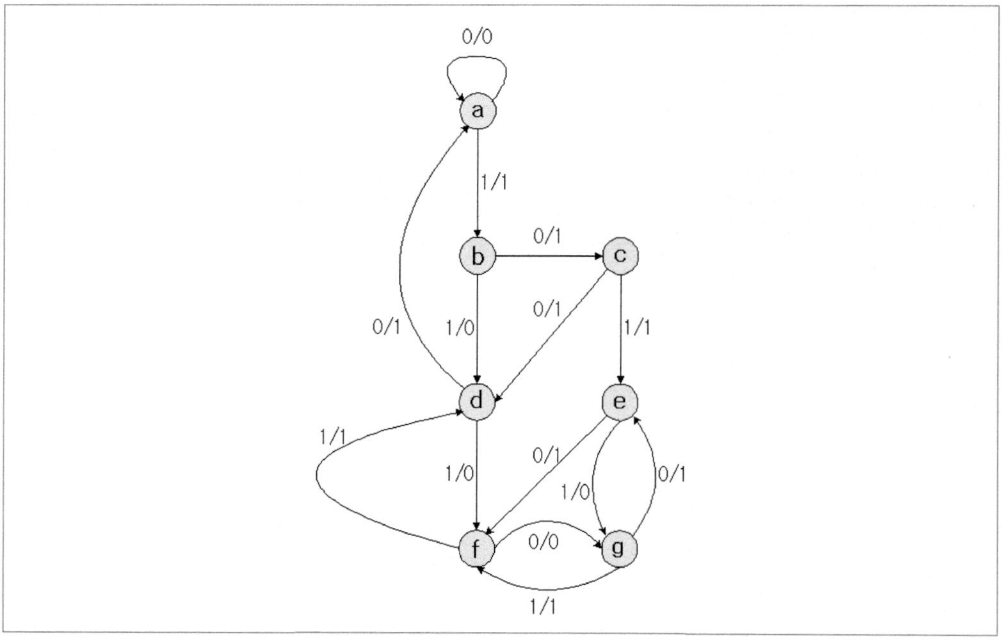

진수 000에서 111까지의 상태를 구성할 수 있다. 표 13-1의 상태표를 사용하면 9개의 상태에 이진값이 할당되어야 하고, 표 13-3의 축소된 상태표를 사용하면 7개의 상태에 이진값을 할당하면 된다. 할당되지 않은 이진수는 임의 조건으로 처리하면 된다. 임의 조건은 불 대수를 간소화하는데 사용되므로 각 상태에 할당되는 이진값에 따라 순차 논리회로를 구성하는 조합 논리회로 부분의 구성이 달라질 수 있다. 이 예에서는 플립플롭의 개수가 줄어 회로가 간단해짐을 직관적으로 알 수 있으나, 경우에 따라서는 상태의 수는 감소하더라도 플립플롭의 개수는 줄지 않는 경우도 있다. 예를 들면, 상태축소 전의 상태수가 13개이고, 축소 후의 상태수가 9개인 경우 필요한 플립플롭의 개수는 4개로 변화가 없다. 그러나 축소 후에 상태할당에 사용되지 않는 이진값 즉, 임의 조건으로 처리할 수 있는 항이 증가하기 때문에 임의 조건에 따라 주변 회로가 더 간단해질 수 있다.

일반적으로 상태표에서 상태 수의 축소는 적은 부품으로 된 회로를 구성하는 것처럼 보인다. 그러나 상태표에서 상태수가 줄어든다고 해서 반드시 플립플롭이나 게이트의 수가 감소하는 것은 아니다.

예제 13-1

다음과 같은 상태표를 갖는 순차 논리회로의 상태를 축소하라.

표 13-4 | [예제 13-1]의 상태표

현재 상태 \ 입력 x	0	1
q_0	$q_1/0$	$q_2/1$
q_1	$q_2/0$	$q_0/1$
q_2	$q_3/1$	$q_1/0$
q_3	$q_2/0$	$q_0/1$

상태표(a)

현재 상태 \ 입력 x	0	1
q_0	$q_1/0$	$q_2/1$
q_1	$q_1/0$	$q_0/1$
q_2	$q_3/1$	$q_1/0$
q_3	$q_3/0$	$q_0/1$

상태표(b)

현재 상태 \ 입력 x	0	1
q_0	$q_1/0$	$q_2/1$
q_1	$q_3/0$	$q_0/1$
q_2	$q_3/1$	$q_1/0$
q_3	$q_1/0$	$q_0/1$

상태표(c)

풀이

표 13-4의 상태표(a)에서 q_1과 q_3는 입력 0과 1에 대해 출력이 같고, 다음 상태가 같으므로 등가상태이다. 따라서 상태 q_3를 제거하고 표시하면 표 13-5와 같다.

그림 13-4 자기복귀 등가상태

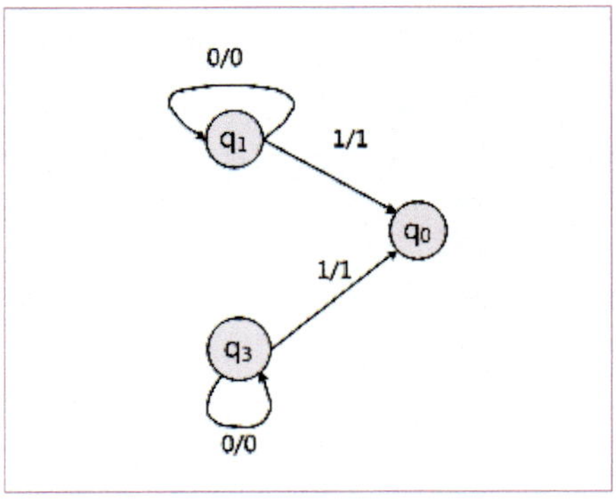

표 13-5 축소된 상태표(a)

현재 상태 \ 입력 x	0	1
q_0	$q_1/0$	$q_2/1$
q_1	$q_2/0$	$q_0/1$
q_2	$q_1/1$	$q_1/0$

그림 13-4는 표 13-4의 상태표 (b)에서 q_1, q_3에 대한 상태도이다. 그림 13-4에서 상태표(b)에서 순차 논리회로가 상태 q_1에 있을 때 입력이 0이면 상태는 변하지 않고 출력은 0이 된다. 입력이 1이면 다음 상태는 q_0가 되고 출력은 1이 된다. 또한 상태 q_3에 있을 때도 입력이 0이면 상태는 변하지 않고 출력은 0이 된다. 입력이 1이면 다음 상태는 q_0가 되고 출력은 1이 된다. 따라서 현재 상태가 q_1이든 q_3이든 모든 입력 시퀀스에 대해 출력 시퀀스는 같아지므로 두 상태는 등가상태이다. 이와 같은 등가 상태를 자기복귀 등가상태라 한다. 자기복귀 등가상태 중 하나인 상태 q_3를 제거하고 표시하면 표 13-6과 같다.

그림 13-5 상호참조 등가상태

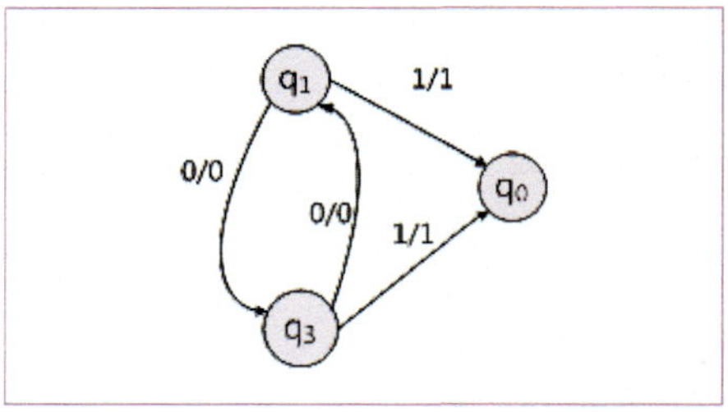

표 13-6 축소된 상태표(b)

현재 상태 \ 입력 x	0	1
q_0	$q_1/0$	$q_2/1$
q_1	$q_1/0$	$q_0/1$
q_2	$q_1/1$	$q_1/0$

표 13-4의 상태표(c)에서 상태 q_1, q_3를 살펴보자. 그림 13-5는 상태표(c)에서 q_1, q_3에 대한 상태표이다. 그림 13-5에서 현재 상태가 q_1이든 q_3이든 입력이 0이면 출력은 같고 다음 상태는 상대방 상태가 된다. 입력이 1이면 다음 상태는 q_0가 되고 출력은 1이 된다. 따라서 현재 상태가 q_1이든 q_3이든 모든 입력 시퀀스에 대해 출력 시퀀스는 같아지므로 두 상태는 등가상태이다. 이와 같은 등가 상태를 상호참조 등가상태라 한다. 상호참조 등가상태 중 하나인 상태 q_3를 제거하고 표시하면 표 13-6과 같다.

지금까지 살펴본 내용을 정리하면 두 상태가 임의 입력에 대해 출력이 같고 다음 상태가 1) 같거나 2) 자기자신 또는 서로 상대방 상태이면 두 상태는 등가상태이다.

(2) 상태할당

S_0, S_1, S_2, S_3로 표현된 4개의 상태를 이진코드로 나타낸다면 S_0=00, S_1=01, S_2=10, S_3=11로 표현할 수 있다. 이와 같이 기호로 표현된 상태를 이진코드로 표현하는 것을 상태할당이라고 한다. 각각의 상태에 이진코드를 할당하는 방법은 여러 가지가 있다. 상태할당 방법에 따라 순차 논리회로의 동작은 변하지 않지만 순차 논리회로의 구성은 크게 달라질 수 있다.

표 13-7과 같이 7개의 상태를 갖는 순차 논리회로를 예로 들어 상태할당에 대해 살펴보자. 상태할당에서 각 상태에 서로 다른 이진코드들이 할당된다면 어떻게 할당되든 동작에는 관계가 없다. 표 13-8에 7가지 상태에 이진코드를 할당하는 두 가지 방안을 나타내었다. 이 두 가지 방법뿐만 아니라 훨씬 더 많은 방법이 있을 수 있다. 표 13-8에서 2안은 이진코드를 순차적으로 선택하였으며, 1안은 임의의 이진코드를 할당하였다.

표 13-7 | 7개의 상태를 가진 상태표

현재 상태	다음 상태	
	x=0	x=1
a	b/0	e/0
b	c/0	g/0
c	d/0	f/0
d	a/1	a/0
e	g/0	c/0
f	a/0	a/1
g	f/0	d/0

표 13-8 | 상태할당의 예

상태	1안	2안
	$c_1c_2c_3$	$c_1c_2c_3$
a	000	000
b	001	001
c	011	010
d	010	011
e	101	100
f	110	101
g	111	110

표 13-9 | 이진코드가 할당된 상태천이표

현상태	다음 상태	
	x=0	x=1
000 (a)	001/0	101/0
001 (b)	011/0	111/0
011 (c)	010/0	110/0
010 (d)	000/1	000/0
101 (e)	111/0	011/0
110 (f)	000/0	000/1
111 (g)	110/0	010/0

표 13-9는 표 13-8의 1안에 따라 표 13-7을 이진코드 할당하여 표시한 상태천이표이다. 이와 같이 이진코드로 표시된 상태표를 상태천이표라 한다. 앞에서 설명한 바와 같이 상태할당에 따라 순차 논리회로의 동작은 동일하지만 순차 논리회로를 구성하는 조합 논리회로 부분이 달라진다.

표 13-8의 1안에 따라 상태를 할당하고 JK 플립플롭으로 순차 논리회로를 구성하면 플립플롭의 제어입력식과 출력식은 다음과 같이 표현된다. 상태천이표를 이용하여 플립플롭의 입력식과 출력식을 구하는 방법은 나중에 설명한다.

$$J_1 = \overline{c_2}x + c_3x,\ K_1 = \overline{c_3} + x$$

$$J_2 = c_3,\ K_2 = \overline{c_3}$$

$$J_3 = \overline{c_2},\ K_3 = c_2$$

$$z = \overline{c_3}\,\overline{c_2}\,\overline{c_1}\,\overline{x} + \overline{c_3}c_1x$$

그러나 2안에 따라 상태할당을 하고 마찬가지로 JK 플립플롭으로 순차 논리회로를 구성하면 플립플롭의 제어입력식과 출력식은 다음과 같이 달라진다.

$$J_1 = x\overline{c_3} + x\overline{c_2}, K_1 = x + c_3$$

$$J_2 = c_1\overline{c_3} + \overline{c_1}c_3,\ K_2 = c_3 + \overline{x}c_1 + x\overline{c_1}$$

$$J_3 = c_2 + \overline{x}\,\overline{c_1}, K_3 = 1$$

$$z = xc_1c_3 + \overline{x}c_2c_3$$

두 가지 상태할당 방법에 따른 플립플롭의 제어입력식을 비교해보면 2안이 1안 보다 훨씬 복잡해짐을 알 수 있다. 기본적인 상태할당 방법은 상태도에서 이웃하는 상태에게 이웃하는 이진코드를 할당하는 것이다. 그러나 현재까지 조합 논리회로를 가장 간단하게 구성할 수 있는 최적의 상태할당 방법은 없다. 상태할당에 관해 더 많은 내용을 알고 싶은 독자는 관련 서적[7]을 통해 각자 공부해 보기 바란다.

---

7) Digital Logic Circuit Analysis & Design, V.P. Nelson et al, Prentice Hall, 1995

13.3 플립플롭을 이용한 순차 논리회로 설계

(1) JK 플립플롭을 이용한 설계

상태할당에 의해 상태 천이표가 얻어지면 플립플롭의 여기표와 K-map을 이용하여 플립플롭의 제어입력식과 출력식을 구할 수 있다. 먼저 플립플롭의 여기표를 이용하여 입력과 현재 상태의 모든 조합에 대한 플립플롭의 입력과 시스템의 출력에 대한 진리표를 구한다. 이 진리표로부터 K-map과 같은 불 대수 간소화방법을 이용하여 각 플립플롭의 입력과 시스템 출력에 대한 간소화된 불 대수를 구한다.

플립플롭의 상태 천이와 입력 관계를 도표로 표현한 것을 여기표(excitation table)라 한다. 이러한 여기표는 각 플립플롭의 진리표에서 구할 수 있는 데, 플립플롭의 출력이 0 → 0, 0 → 1, 1 → 0, 1 → 1로 변하기 위해 필요한 입력 조건을 나타낸 것이다. SR 플립플롭 및 JK 플립플롭, 그리고 D 플립플롭의 여기표는 표 13-10과 같다. 표 13-10에서 JK 플립플롭의 현재 상태 Q(n)=0일 때 다음 상태 Q(n+1)=1이 되려면, J(n)=1이고 K(n)=d 임을 알 수 있다. 또한 D 플립플롭은 현재 상태와 무관하게 입력 D(n)에 따라 다음 상태가 정해지므로, D(n)=Q(n+1)이 된다.

표 13-10 | 플립플롭의 여기표

SR 플립플롭				JK 플립플롭				D 플립플롭		
현상태 Q(n)	다음상태 Q(n+1)	입력 S(n)	입력 R(n)	현상태 Q(n)	다음상태 Q(n+1)	입력 J(n)	입력 K(n)	현상태 Q(n)	다음상태 Q(n+1)	입력 D(n)
0	0	0	d	0	0	0	d	0	0	0
0	1	1	0	0	1	1	d	0	1	1
1	0	0	1	1	0	d	1	1	0	0
1	1	d	0	1	1	d	0	1	1	1

예제 13-2

표 13-11과 같은 상태천이표로 주어진 순차 논리회로를 JK 플립플롭으로 설계하라.

표 13-11 | [예제 13-2] 상태천이표

현재 상태 \ 현재 입력		x	
Q_1	Q_2	0	1
0	0	0,0/0	0,1/0
0	1	0,0/0	1,0/0
1	0	0,0/0	1,0/1
1	1	d,d/d	d,d/d

풀이

표 13-11의 상태천이표에서 현재 상태 [1, 1]은 다음 상태와 출력이 모두 임의 조건(don't care)이므로 발생하지 않는 상태이다. 4개의 상태를 나타내기 위해서는 2개의 플립플롭이 필요하다. JK 플립플롭을 선택한다면 표 13-11을 만족하는 회로 구성을 위한 플립플롭의 여기표는 표 13-12와 같다.

표 13-12 | 표 13-11의 상태천이표에 대한 JK 플립플롭 여기표

입력	현재상태		다음상태		플립플롭 1		플립플롭 2		출력
x	Q_1	Q_2	Q_1	Q_2	J_1	K_1	J_2	K_2	z
0	0	0	0	0	0	d	0	d	0
0	0	1	0	0	0	d	d	1	0
0	1	0	0	0	d	1	0	d	0
0	1	1	d	d	d	d	d	d	d
1	0	0	0	1	0	d	1	d	0
1	0	1	1	0	1	d	d	1	0
1	1	0	1	0	d	0	0	d	1
1	1	1	d	d	d	d	d	d	d

여기서 x, Q_1, Q_2를 입력으로 하고, 플립플롭의 입력 J_1, K_1, J_2, K_2 및 출력 z 각각에 대한 최소화된 논리식을 구하면 다음과 같다.

▌그림 13-6 ▌ [예제 13-2]에 대한 플립플롭 제어입력식과 출력식

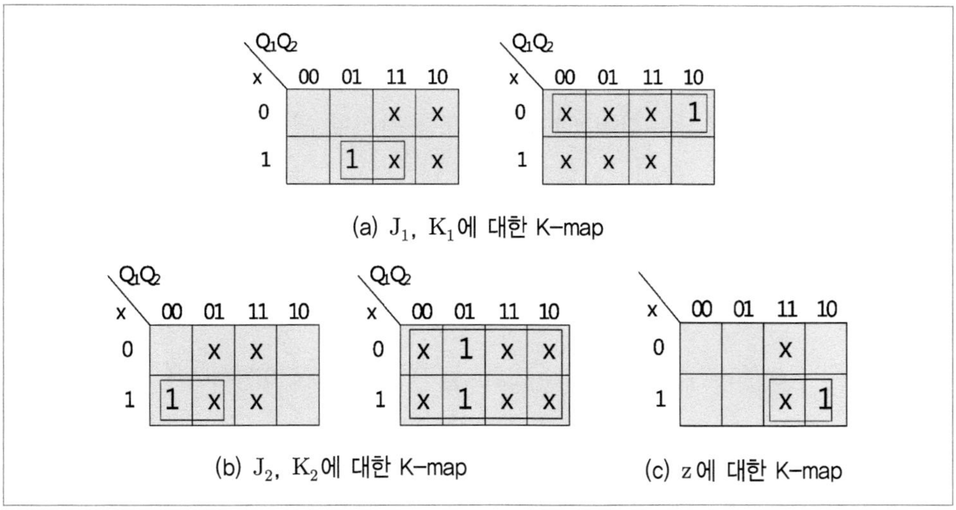

$$J_1 = xQ_2,\ J_2 = x\overline{Q_1}$$

$$K_1 = \overline{x},\ K_2 = 1$$

$$z = xQ_1$$

플립플롭의 제어입력식과 전체 출력식으로부터 회로를 그리면 그림 13-7과 같다.
물론 다른 종류의 플립플롭을 사용하면 제어입력에 대한 진리표의 내용과 회로가 달라질 것이다.

▌그림 13-7 ▌ 구현된 회로

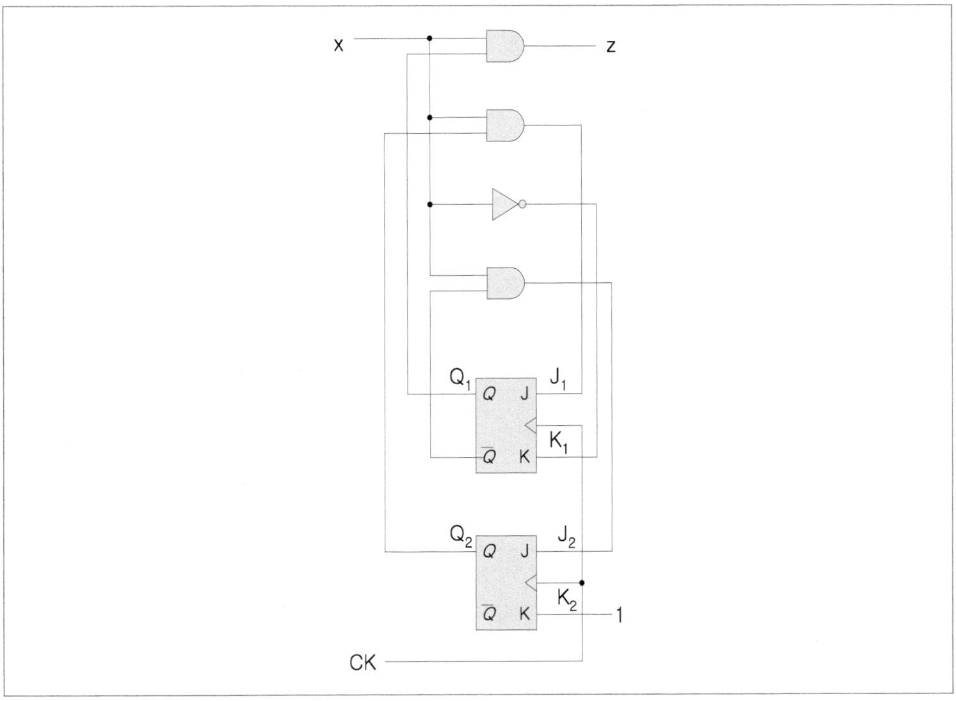

(2) D 플립플롭을 이용한 설계

D 플립플롭을 이용하여 순차 논리회로를 설계하면 JK 플립플롭 보다 설계과정이 훨씬 간단하다. D 플립플롭은 입력이 하나이고 다음 상태는 현재 상태와 관계없이 현재 입력에 의해 결정되므로($D(n) = Q(n+1)$) 여기표를 작성할 필요 없이 상태천이표에서 플립플롭의 제어 입력식을 구할 수 있기 때문이다. 그러나 논리회로도는 JK 플립플롭을 이용한 경우 보다 복잡할 수 있다.

예제 13-3

다음과 같은 상태천이표를 갖는 순차 논리회로를 D 플립플롭을 이용하여 설계하라.

표 13-13 | [예제 13-3]의 상태천이표

현재 상태		다음 상태/출력	
Q_0	Q_1	x = 0	x = 1
0	0	0,0/0	0,1/0
0	1	0,0/0	1,1/0
1	0	0,0/0	0,1/1
1	1	1,0/0	1,1/0

풀이

D 플립플롭의 다음 상태가 1이 되려면 입력 D=1이 되어야 하므로 표 13-13에서 다음 상태가 1이 되는 경우를 이용하여 D 플립플롭의 제어 입력식을 구할 수 있다. 첫 번째 D 플립플롭의 간소화된 제어 입력식을 구하면 다음과 같다.

그림 13-8 [예제 13-3]의 D_0 제어입력식

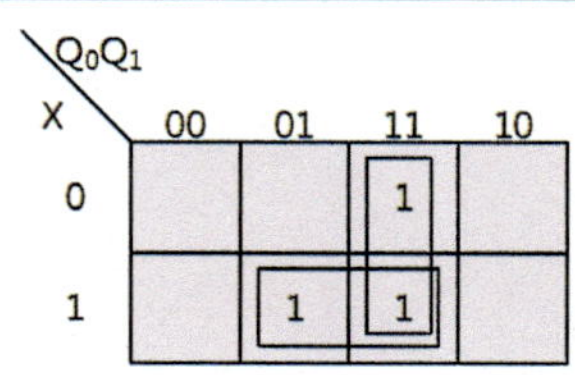

$D_0 = Q_0Q_1 + XQ_1$

같은 방법으로 두 번째 플립플롭의 입력 D_1을 K-map으로 표시하고 간소화하면 다음과 같다.

그림 13-9 [예제 13-3]의 D_1 제어입력식

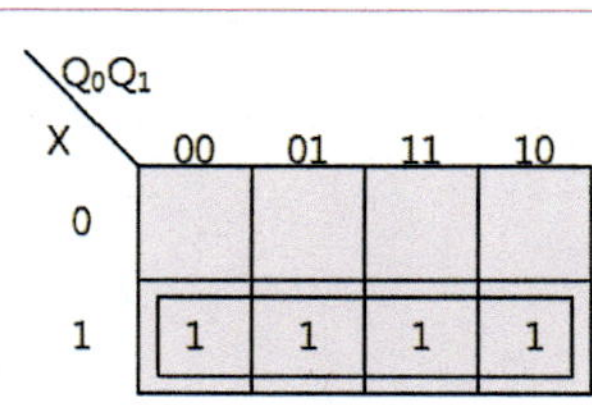

$D_1 = X$

출력 Z를 K-map으로 표시하고 간소화된 출력식을 구하면 아래와 같다.

▌그림 13-10▌ [예제 13-3]의 Z 출력식

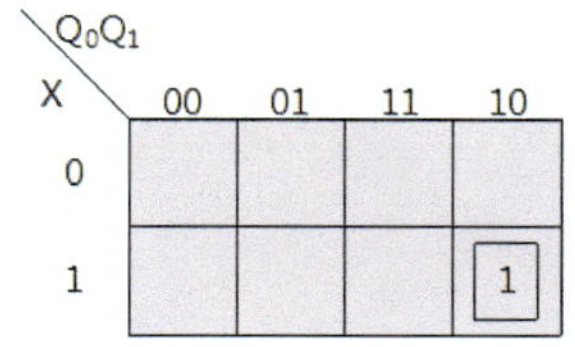

$$Z = XQ_0\overline{Q}_1$$

지금까지 구한 플립플롭 제어입력식과 전체 출력식을 이용하여 순차 논리회로도를 그리면 그림 13-11과 같다.

▌그림 13-11▌ [예제 13-3]의 순차 논리회로

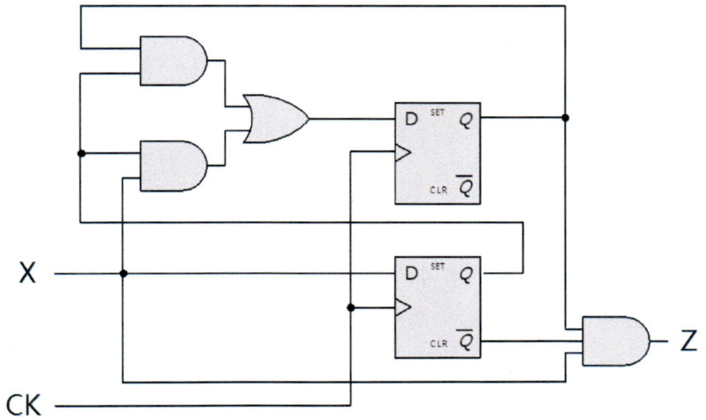

13.4 시퀀스 발생기 설계

시퀀스 발생기는 유한한 길이의 출력 시퀀스를 반복적으로 생성하는 순차 논리회로이다. 10장에서 설명한 카운터는 클럭이 입력될 때 마다 정해진 값이 차례대로 출력되는 회로이므로 대표적인 시퀀스 발생기 회로이다.

그러나 10장에서 설명한 카운터는 비동기 카운터이다. 여기서는 상태표를 이용하여 동기 카운터의 설계 방법을 알아보기로 하자.

예제 13-4

그림 13-12와 같은 상태도를 갖는 8진 동기 카운터를 D 플립플롭을 이용하여 설계하라.

▌그림 13-12▌ 8진 카운터의 상태도

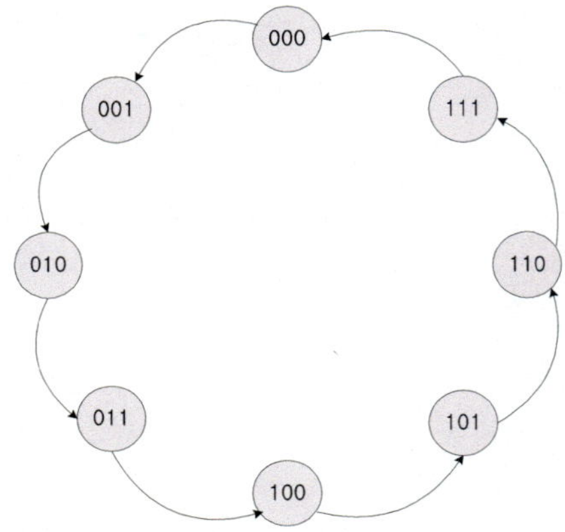

풀이

그림 13-12의 상태도를 살펴보면 000 → 001 → 010 → 011 → 100 → 101 → 110 → 111 → 000의 순서로 시퀀스가 발생함을 알 수 있다. 이러한 상태도를 상태천이표로 나타내면 표 13-14와 같다. 이 표에 D 플립플롭의 여기표도 함께 표시하였다.

표 13-14 | 8진 카운터의 플립플롭 여기표

현재 상태			다음 상태			입력		
Q_1	Q_2	Q_3	Q_1	Q_2	Q_3	D_1	D_2	D_3
0	0	0	0	0	1	0	0	1
0	0	1	0	1	0	0	1	0
0	1	0	0	1	1	0	1	1
0	1	1	1	0	0	1	0	0
1	0	0	1	0	1	1	0	1
1	0	1	1	1	0	1	1	0
1	1	0	1	1	1	1	1	1
1	1	1	0	0	0	0	0	0

8개의 상태를 가지므로 3개의 D 플립플롭이 필요하다. 여기표로부터 K-map을 이용하여 D_1, D_2, D_3의 불 대수식을 구하면,

▌그림 13-13▐ [예제 13-4]의 플립플롭 입력에 대한 K-map

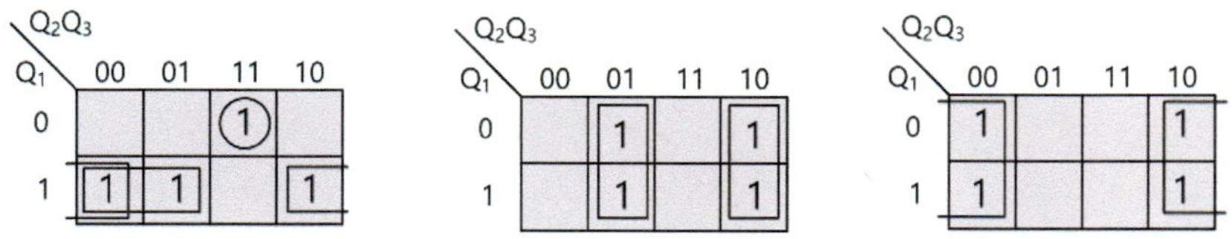

(a) D_1　　(b) D_2　　(c) D_3

$$D_1 = \overline{Q_1}Q_2Q_3 + Q_1\overline{Q_3} + Q_1\overline{Q_2}$$
$$D_2 = \overline{Q_2}Q_3 + Q_2\overline{Q_3}$$
$$D_3 = \overline{Q_3}$$

가 된다. 위 식을 만족하는 8진 동기 카운터 회로를 그리면 그림 13-14와 같다.

이 예에서는 전체 입력과 출력이 없으므로 상태도와 여기표가 간단하다. D 플립플롭을 사용하기 때문에 플립플롭 입력의 수는 적으나, JK 플립플롭을 사용하여 카운터를 구성하는 것보다 회로는 복잡해진다.

▌그림 13-14▐ [예제 13-4] 8진 동기 카운터 회로

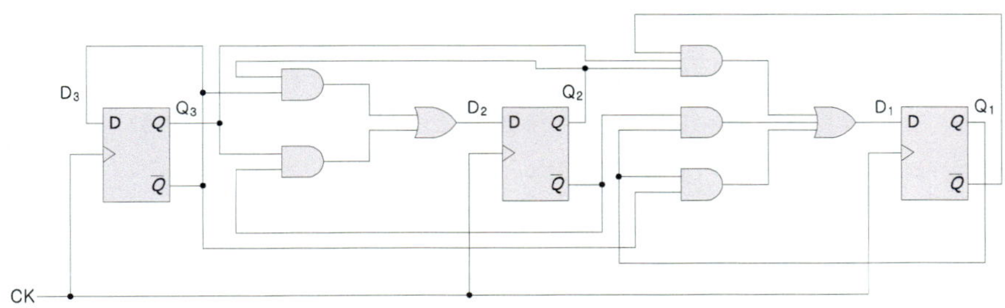

예제 13-5

플립플롭을 이용하여 스텝 모터의 제어 신호를 설계하라. 스텝 모터 제어 회로에는 회전 방향을 제어하는 입력(DIR)이 있다. 사용한 모터는 유니폴라 방식이며, 2상 여자 방식(A와 B, $\overline{A}$와 $\overline{B}$의 4가지 출력이 있음)으로 제어한다. 플립플롭은 JK 플립플롭을 사용한다.

풀이

스텝 모터를 2상 여자 방식으로 제어하므로 제어 출력 신호는 4가지 상태를 가진다. 즉, AB, $\overline{A}$B, A$\overline{B}$, $\overline{A}\overline{B}$의 신호를 출력하며 이들을 각각 S0, S1, S2, S3의 4가지 상태로 표현하자. 회전 방향은 반시계 방향(DIR=1)일 때, AB → $\overline{A}$B → $\overline{A}\overline{B}$ → A$\overline{B}$ → AB → ⋯의 순서로 출력되며, 시계 방향(DIR=0)으로 회전할 때는 AB → A$\overline{B}$ → $\overline{A}\overline{B}$ → $\overline{A}$B → AB →⋯의 순서로 값이 출력되어야 한다. 이를 상태도로 나타내면 그림 13-15와 같다. 그림 13-15는 무어머신이므로 상태 기호와 출력을 함께 표시하였다. 그림 13-15에서 DIR=0이면 S0→S3→S2→S1→S0의 순서로 상태가 변하고, DIR=1이면 S0→S1→S2→S3→S0의 순서로 상태가 변한다.

▌그림 13-15▌ 스텝 모터 제어 상태도

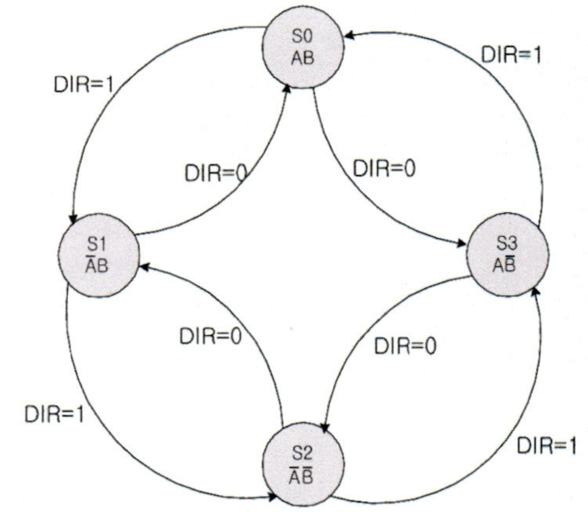

JK 플립플롭으로 구현하였을 때, 플립플롭은 2개가 필요하다. 각 상태(Q_0, Q_1)에 대한 상태 할당은 S0 = 00, S1 = 01, S2 = 10, S3 = 11이라고 하고 출력은 A, B, $\overline{A}$, $\overline{B}$라고 하였을 때, 플립플롭 여기표는 표 13-15와 같다.

출력은 4개가 있으나 A와 $\overline{A}$, 그리고 B와 $\overline{B}$는 서로 보수이다. 따라서 실제로는 A와 B의 2가지 출력에 NOT 게이트 2개가 있는 것과 같다. 단, 스텝 모터의 여자 방식이 1상 여자 혹은 1-2상 여자 방식이 되면 A와 $\overline{A}$ 그리고 B와 $\overline{B}$는 항상 보수의 관계에 있지는 않으므로 출력이 4개가 필요하다. 1상 또는 1-2상 여자방식으로 스텝 모터를 구동하기 위한 제어 신호 발생회로는 각자 해결하여 보기로 한다.

표 13-15 | 스텝 모터에 대한 플립플롭 여기표

입력	현상태		다음상태		제어입력				출력			
DIR	$Q_0(n)$	$Q_1(n)$	$Q_0(n+1)$	$Q_1(n+1)$	J_0	K_0	J_1	K_1	A	B	$\overline{A}$	$\overline{B}$
0	0	0	1	1	1	x	1	x	1	1	0	0
0	0	1	0	0	0	x	x	1	0	1	1	0
0	1	0	0	1	x	1	1	x	0	0	1	1
0	1	1	1	0	x	0	x	1	1	0	0	1
1	0	0	0	1	0	x	1	x	1	1	0	0
1	0	1	1	0	1	x	x	1	0	1	1	0
1	1	0	1	1	x	0	1	x	0	0	1	1
1	1	1	0	0	x	1	x	1	1	0	0	1

표 13-15로부터 그림 13-16의 K-map을 이용하여 플립플롭 입력과 출력에 관한 식을 구하면 다음과 같다.

$$J_0 = \mathrm{DIR}Q_1 + \overline{\mathrm{DIR}}\,\overline{Q_1} = \overline{(\mathrm{DIR} \oplus Q_1)}$$

$$K_0 = \mathrm{DIR}Q_1 + \overline{\mathrm{DIR}}\,\overline{Q_1} = \overline{(\mathrm{DIR} \oplus Q_1)}$$

$$J_1 = 1$$

$$K_1 = 1$$

$$A = Q_0Q_1 + \overline{Q_0}\,\overline{Q_1} = \overline{(Q_0 \oplus Q_1)}$$

$$\overline{A} = Q_0 \oplus Q_1$$

$$B = \overline{Q_0}$$

$$\overline{B} = Q_0$$

그림 13-16 [예제 13-5]의 플립플롭 입력에 대한 K-map

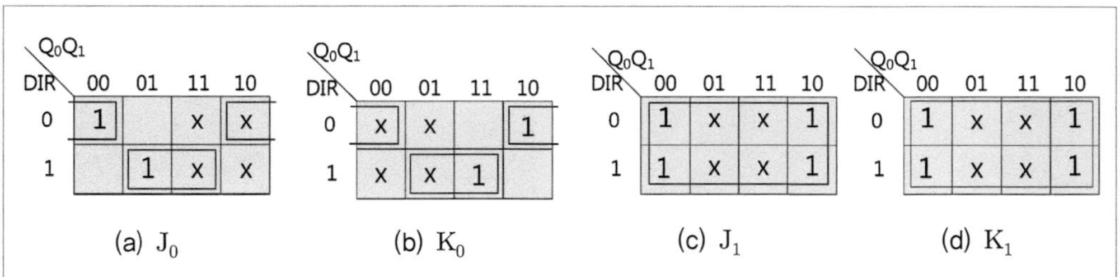

위의 식을 이용하여 구현한 회로도는 그림 13-17과 같다.

그림 13-17 [예제 13-5] JK 플립을 이용한 스텝 모터 제어회로

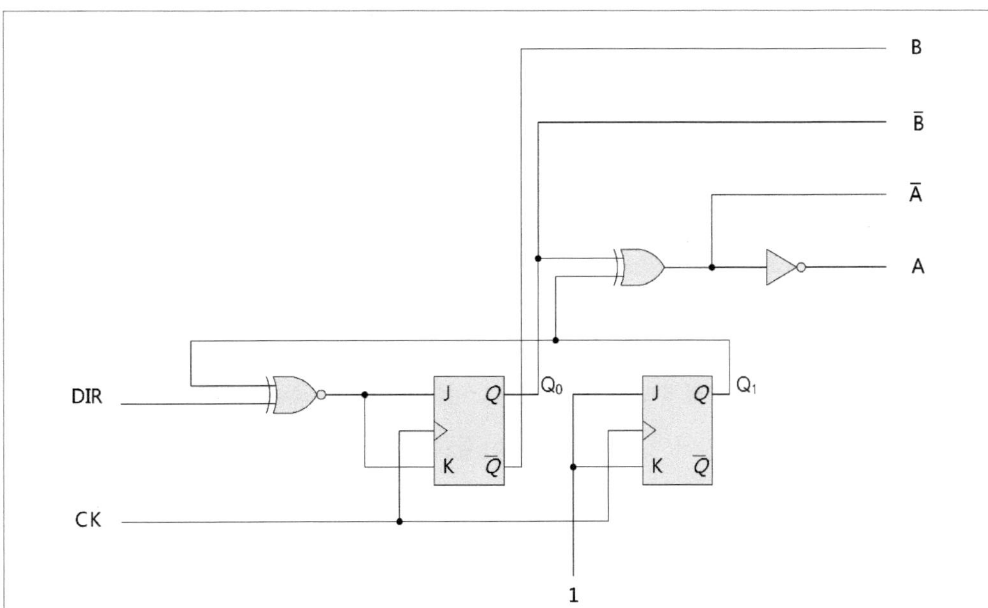

모터 ON-OFF 기능을 추가해 보자. 스텝 모터는 A, $\overline{A}$, B, $\overline{B}$ 신호가 변하지 않으면 정지 상태로 유지되며, 이를 제어 회로에서 구현하려면 ON 모드일 때는 클럭 신호가 인가되고, OFF 모드일 때는 플립플롭의 클럭 신호가 인가되지 않도록 하면 된다. 따라서 ON-OFF 제어 신호와 그림 13-17의 클럭 신호(CK)를 AND 게이트 입력으로 하고 AND 게이트의 출력을 JK 플립플롭의 클럭으로 사용하면 간단히 해결된다. 그림 13-18에 회로도를 나타내었다.

그림 13-18 ON-OFF 기능이 있는 스텝 모터 제어회로

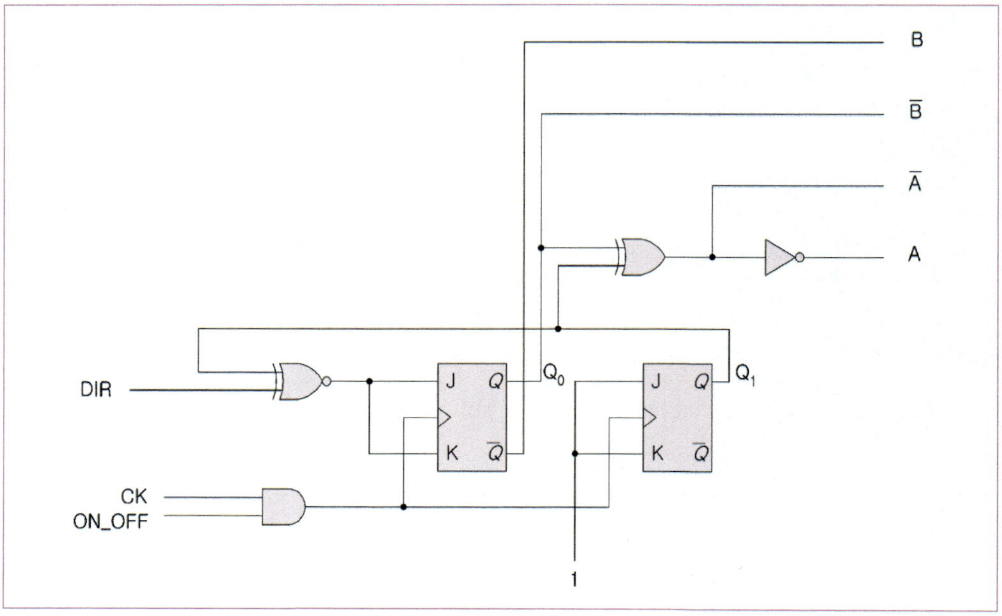

13.5 시퀀스 검출기 설계

순차 논리회로의 또 다른 활용은 시퀀스 검출기(sequence detector)이다. 시퀀스 검출기는 입력으로 받는 비트열로부터 지정된 시퀀스를 검출하는 순차 논리회로이다. 지정된 시퀀스가 검출되면 출력이 1이 된다. 시퀀스 검출기는 중복형과 비중복형이 있다. 중복형은 시퀀스의 마지막 비트열이 다음 시퀀스의 시작으로 사용되는 경우이다. 예를 들어 입력된 비트열의 마지막 5비트가 11011이면 출력이 1이 되는 시퀀스 검출기에서, 중복형은 마지막 두 개의 1이 다음 시퀀스의 시작으로 사용된다. 만약 입력 비트열이 '11011011011'일 때 중목형은 '00001001001'이 출력되고 비중복형은 '00001000001'이

출력된다. 또 다른 예로 마지막으로 입력된 3개의 비트열 중에서 두 개가 1이면 출력이 1이 되는 순차 논리회로를 생각해 보자. 입력 비트열이 011011100이면 연속하는 3비트 중 1의 개수가 2개이면 출력이 1이 되므로 001111010의 출력 시퀀스가 얻어진다.

예제 13-6

입력 비트열에서 '1011'의 시퀀스가 검출되면 출력이 '1'이 되는 중복형 시퀀스 검출기를 설계하라. 단 JK 플립플롭과 D 플립플롭을 각각 하나씩 사용하라.

풀이

이 회로의 동작을 좀 더 자세히 살펴보자. 아래는 입력 비트열에 따라 생성되는 출력 시퀀스를 나타낸 것이다.

입력	0	1	1	0	1	0	1	1	0	1	1	1	0	1	0	1	1	1	0	0
출력	0	0	0	0	0	0	0	1	0	0	1	0	0	0	0	0	1	0	0	0

입력 비트열 중에서 '1011'이 있으면 출력은 1이 된다. '1011011'과 같은 비트열이 입력되면 중복형이므로 '0001001'이 출력된다.
시퀀스 발생기에서 새로운 비트가 입력되었을 때 이전에 입력된 시퀀스를 알아야 출력을 결정할 수 있다. 따라서 저장해야 할 정보는 지금까지 입력된 시퀀스이며 이것이 곧 상태이다. 만약 기억해야 할 시퀀스의 종류가 8개이면 저장해야할 정보가 8개가 되므로 상태는 8개가 된다.
예를 들어 마지막으로 1을 수신했을 때 출력이 1이 되기 위해서는 이전 세 개의 입력이 '101' 임을 기억하는 상태가 있어야 한다.
'1011'의 시퀀스를 감지하기 위해 저장해야 할 정보는 지금까지 입력된 시퀀스가 <초기상태, 1, 10, 101>인 경우다. '초기상태'는 '1011'의 시작을 나타내는 첫 번째 1이 입력되지 않은 상태이다. 최종적으로 1011을 감지하므로 4가지 이외의 이전 입력 정보는 최종 결과를 얻는데 도움이 되지 않기 때문에 저장할 필요가 없다. 따라서 이 시퀀스 검출기는 4개의 상태를 갖는다.

이러한 정보를 이용하여 상태도 작성 과정을 자세히 살펴보기로 하자.

① 적어도 하나의 상태를 가져야 하므로 초기 상태부터 시작한다. 초기 상태를 S0라 하자. 이 상태는 앞에서 설명한 '초기상태'이다.

② 0 또는 1의 입력에 따라 상태 S0를 떠나는 두 개의 화살표를 그린다. 검출 시퀀스(1011)는 1부터 시작하므로 S0에서 입력이 0이면 다시 S0 상태로 되돌아간다. 입력이 1이면 이러한 사실(1이 입력되었다는 사실)을 기억해야 하므로 새로운 상태 S1을 할당하고, S1으로 시스템의 상태를 변경한다. S1은 지금까지의 입력이 '1'인 상태이다.

▌그림 13-19▐ '1'이 입력된 상태

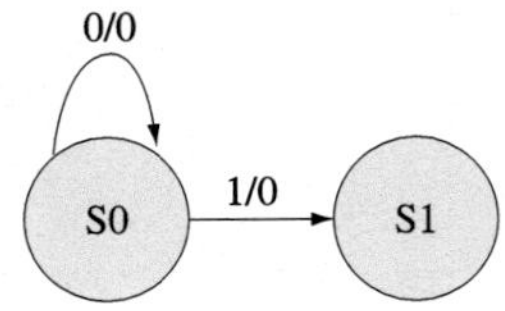

아직까지 검출 시퀀스를 찾지 못했으므로 출력은 0이다.

③ 상태 S1에 있을 때 입력이 1이면 같은 상태에 머무르고 0이면 지금까지 입력된 시퀀스가 '10'임을 기억해야 한다. 따라서 입력 시퀀스의 마지막 두 비트가 '10'임을 나타내는 새로운 상태 S2로 이동한다.

▌그림 13-20▐ '10'이 입력된 상태

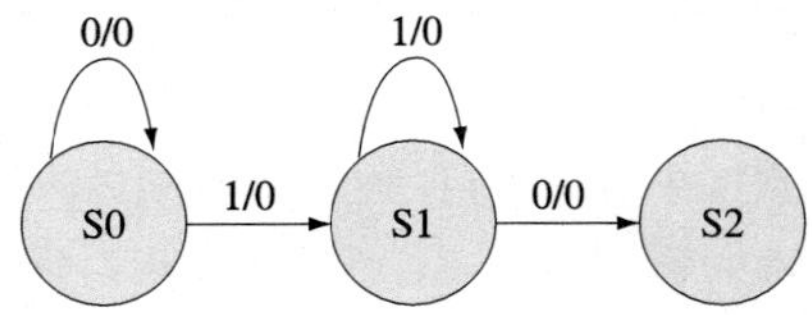

S1에서 입력이 1이면 다음 상태는 S0가 아니라 S1이 된다. 이는 1을 검출 시퀀스의 첫 번째 비트로 보기 때문이다. 출력은 계속 0이다.

④ S2 상태에서 입력이 1이면 검출 시퀀스의 세 번째 비트를 검출한 것이 되고 새로운 상태 S3로 천이하여 이것을 기억한다. 상태 S3는 지금까지 입력된 시퀀스가 '101'임을 나타낸다.

▌그림 13-21▐ '101'이 입력된 상태

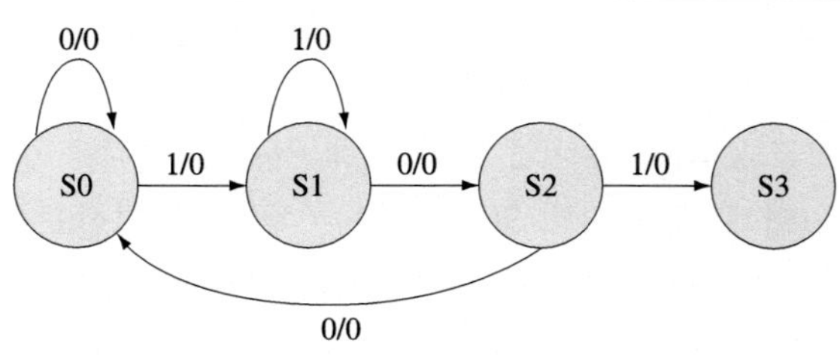

S2에서 0이 입력되면 '100'이 되며 이는 검출 시퀀스의 어떤 부분에도 해당하지 않으므로 시퀀스 검출을 다시 시작해야 한다. 따라서 다음 상태는 S0가 된다.

⑤ S3 상태에서 '1'이 입력되면 원하는 시퀀스가 검출된 것이다. 따라서 출력은 1이 된다. 그러나 '1'은 또 다른 시퀀스의 첫 번째 '1'로 생각할 수 있으므로 다음 상태는 S0가 아니라 S1이 된다. S3 상태에서 '0'이 입력되면 입력 시퀀스가 '1010'이었음을 나타낸다. 이는 마지막 두 비트가 '10'임을 의미하며 따라서 다음 상태는 S2가 된다. 지금까지의 설명을 종합하여 상태도를 완성하면 그림 13-22와 같다.

▌그림 13-22 ▌ '1011'을 감지하기 위한 상태도

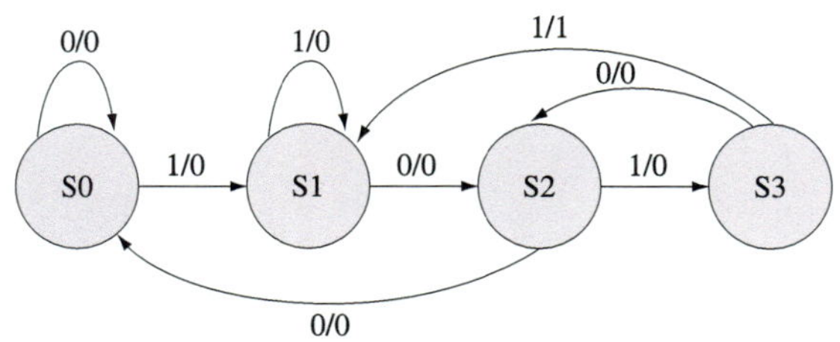

'현재 상태'와 '입력'을 입력으로 사용하고 '다음 상태'와 '출력'을 진리표의 출력으로 사용하여 상태표를 작성한다. 그림 13-22의 상태도를 상태표로 나타내면 표 13-16과 같다.

표 13-16 | [예제 13-6]의 상태표

현재 상태	입력	다음 상태	출력
S0	0	S0	0
S0	1	S1	0
S1	0	S2	0
S1	1	S1	0
S2	0	S0	0
S2	1	S3	0
S3	0	S2	0
S3	1	S1	1

상태도에서는 상태를 나타내기 위해 기호를 사용하였다. 설계를 위해서는 기호를 이진 코드로 대체해야 한다. m개의 상태가 있다면 $2^n \geq m$을 만족하는 n비트 코드가 필요하다. 여러 가지 상태할당이 가능하지만 한 가지 예를 들면 아래 표와 같다.

표 13-17 | 상태할당

상태	이진 코드 A	B
S0	0	0
S1	0	1
S2	1	0
S3	1	1

이와 같이 이진 코드를 할당하고 상태천이표를 작성하면 다음과 같다.

표 13-18 | [예제 13-6]의 상태천이표

현재 상태 A	B	입력 X	다음 상태 A	B	출력 Y
0	0	0	0	0	0
0	0	1	0	1	0
0	1	0	1	0	0
0	1	1	0	1	0
1	0	0	0	0	0
1	0	1	1	1	0
1	1	0	1	0	0
1	1	1	0	1	1

JK와 D 플립플롭을 모두 이용하여 시퀀스 검출기를 구성해 보자. 검출기의 일반적인 구조는 그림 13-23과 같다. 이 구성에서 결정해야 할 부분은 플립플롭의 입력과 전체 출력을 나타내는 조합 논리회로 부분이다.

▌그림 13-23 ▌ [예제 13-6]의 시퀀스 검출기의 구성

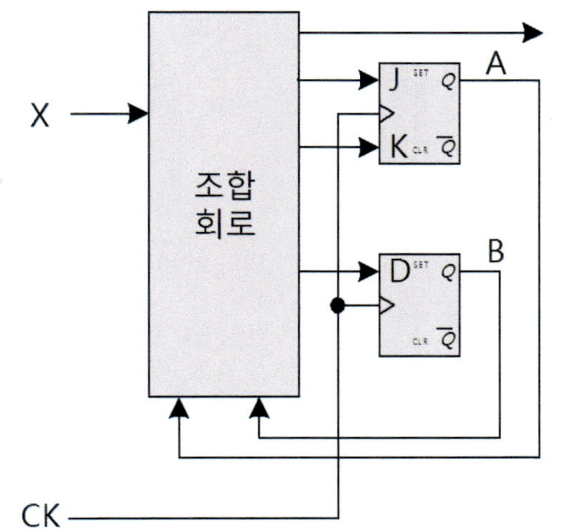

상태천이표를 확장하여 JK 플립플롭과 D 플립플롭의 여기표를 작성하면 표 13-19와 같다. 여기서 상태 비트 A는 JK 플립플롭으로 나타내고 상태 비트 B는 D 플립플롭으로 나타낸다.

표 13-19 | [예제 13-6]의 여기표

현재 상태	입력	다음 상태	출력	플립플롭 입력		
AB	X	AB	Y	J_A	K_A	D_B
00	0	00	0	0	x	0
00	1	01	0	0	x	1
01	0	10	0	1	x	0
01	1	01	0	0	x	1
10	0	00	0	x	1	0
10	1	11	0	x	0	1
11	0	10	0	x	0	0
11	1	01	1	x	1	1

상태천이표로부터 플립플롭의 입력(J_A, K_A, D_B)을 A, B, X의 불 대수로 나타낸다. K-map을 이용하여 나타내면 다음과 같다.

CHAPTER 13

▌그림 13-24▐ [예제 13-6]의 플립플롭 입력식

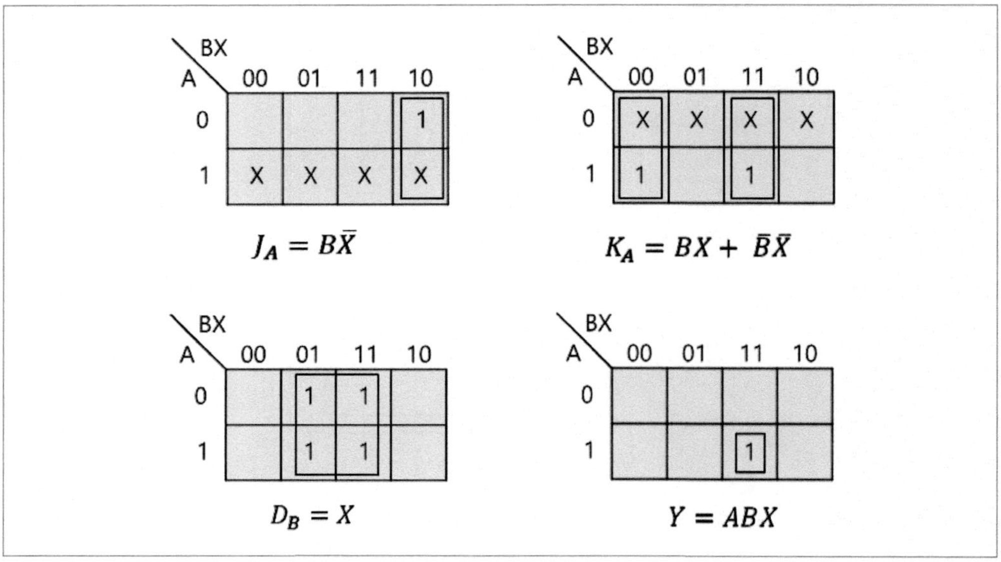

지금까지 구한 플립플롭 입력식과 전체 출력식을 논리회로도로 나타내면 그림 13-25와 같다.

▌그림 13-25▐ [예제 13-6]의 시퀀스 검출기 회로도

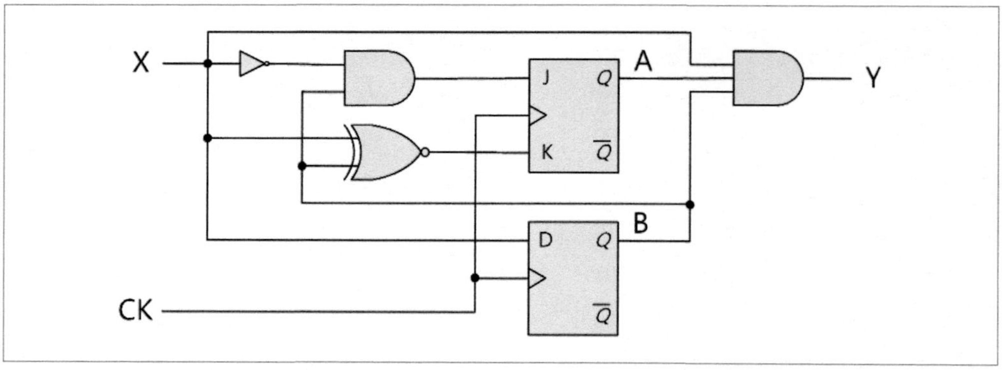

13.6 시퀀스 변환기 설계

시퀀스 변환기는 입력 시퀀스를 알고리즘에 따라 출력 시퀀스로 변환하는 순차 논리회로이다. 이러한 회로는 직렬로 데이터를 처리하는 경우에 많이 사용되며 병렬 처리 시스템 보다 처리 속도는 느리지만 회로가 간단해지는 장점이 있다.

여기서는 시리얼 이진 덧셈기를 이용하여 시퀀스 변환기의 설계 방법을 알아보기로 하자. 시리얼 이진 덧셈기는 두 개의 이진 입력 시퀀스를 받고 자리올림을 고려하여 출력 시퀀스를 생성하는 시퀀스 변환기이다.

예를 들어, X_1 시퀀스=00110이고 X_2 시퀀스=01110일 때 출력 $Z = X_1 + X_2$라고 하면 출력 시퀀스=01011이 되는 시퀀스 변환기이다. X_1, X_2와 클럭이 입력된 후 출력 Z와 자리올림을 표시하면 표 13-20과 같다. t_4 시점에서 Z=1이 되는 이유는 t_3 시점에서 발생한 자리올림이 같이 더해지기 때문이다. 이러한 사실로부터 기억되어야 할 정보는 자리올림임을 알 수 있다.

표 13-20 | 시리얼 이진 덧셈기의 동작

	t_1	t_2	t_3	t_4	t_5
X_1	0	0	1	1	0
X_2	0	1	1	1	0
Z	0	1	0	1	1
자리올림	0	0	1	1	0

▌그림 13-26▌ 시리얼 이진 덧셈기의 동작과 상태도

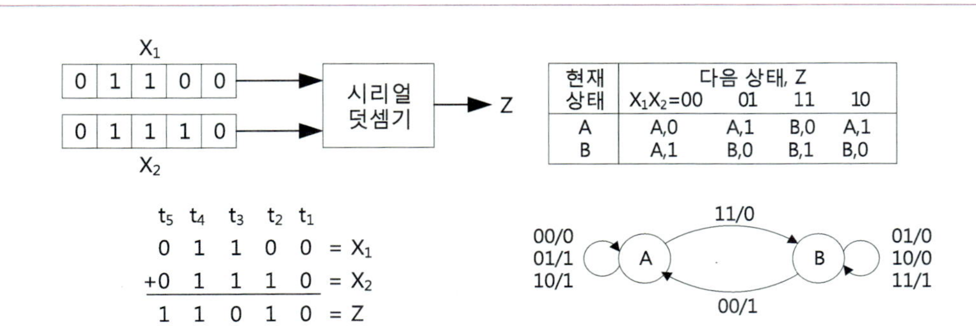

(a) 시리얼 이진 덧셈기의 동작 알고리즘

(b) 상태표와 상태도

t 시점에서 입력 시퀀스에 대한 회로의 출력은 입력 값과 이전 (t-1) 시점에서 발생한 자리올림에 의해 결정된다.

순차 논리회로의 상태는 과거 입력에 의해 생성된 정보 중 저장해야 할 정보를 나타낸다. 따라서 저장해야 할 정보가 어떤 것인지 파악하면 어떤 상태를 가지는지 알 수 있다. 저장해야 할 정보의 개수가 상태의 개수가 되는 것이다. 시리얼 이진 덧셈기에서는 과거의 입력에 의해 발생한 정보 중 저장해야할 정보는 자리올림이므로 자리올림=1인 경우와 자리올림=0인 경우로 나눌 수 있다. 자리올림이 0인 상태를 A라 하고 자리올림이 1인 상태를 B라 하자.

입력 시퀀스 $X_1X_2=00$, 01, 10, 11이 차례로 입력될 경우, 상태도는 그림 13-26(b)과 같다. 예를 들어 입력이 00, 01, 10인 경우에는 자리올림이 없으므로 상태 A에 계속 머무르게 된다. 출력 Z는 두 이진 입력의 합으로 결정되므로 입력이 00일 때는 출력 Z=0, 입력이 01 또는 10일 때는 Z=1이 된다. 입력=11이면 자리올림이 생기므로 다음 상태는 상태 B가 된다. 상태 B에서 입력=01 또는 10이면 출력 Z=0이 되고 다시 자리올림이 발생한다. 따라서 다음 상태는 B가 된다. 상태 B에 있을 때 입력=11이 되면 출력 Z=1이 되고 자리올림이 발생하므로 계속 상태 B에 머무른다. B 상태에서 입력=00이면 출력은 1되고 자리올림은 발생하지 않으므로 상태 A가 된다.

위에서 구한 상태표로부터 여기표를 구하면 표 13-21과 같다.

표 13-21 | 시리얼 이진 덧셈기의 여기표

Q(n)	X_1	X_2	Q(n+1)/Z	D(n)
0	0	0	0/0	0
0	0	1	0/1	0
0	1	0	0/1	0
0	1	1	1/0	1
1	0	0	0/1	0
1	0	1	1/0	1
1	1	0	1/0	1
1	1	1	1/1	1

여기표를 이용하여 그림 13-27과 같이 D 플립플롭의 입력에 대한 K-map을 그리고 입력식을 구한다.

▌그림 13-27▐ 입력 D에 대한 K-map

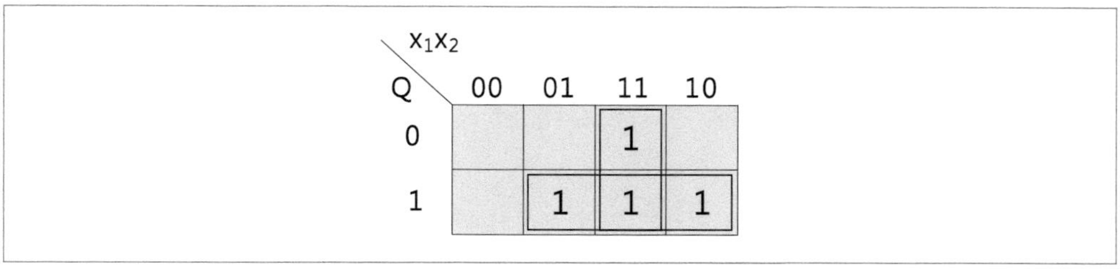

$$D = x_1 x_2 + Q x_2 + Q x_1$$

여기표로부터 그림 13-28과 같이 출력 Z에 대한 K-map을 그리고 출력식을 구한다.

▌그림 13-28▐ Z에 대한 K-map

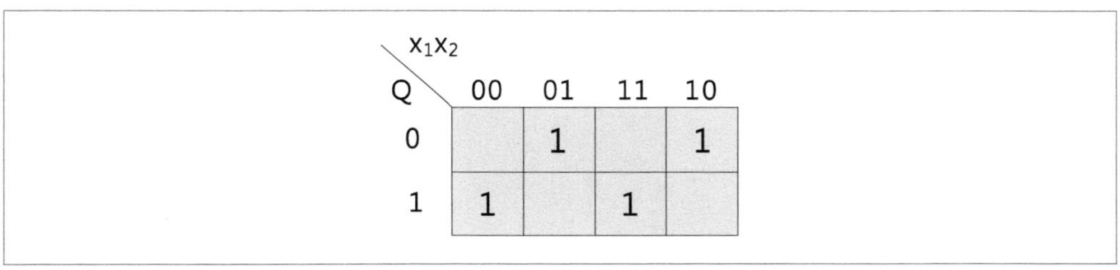

$$Z = x_1 \oplus x_2 \oplus Q$$

입력식과 출력식을 이용하여 논리회로도를 그린다.

▌그림 13-29▐ 시리얼 이진 덧셈기 회로

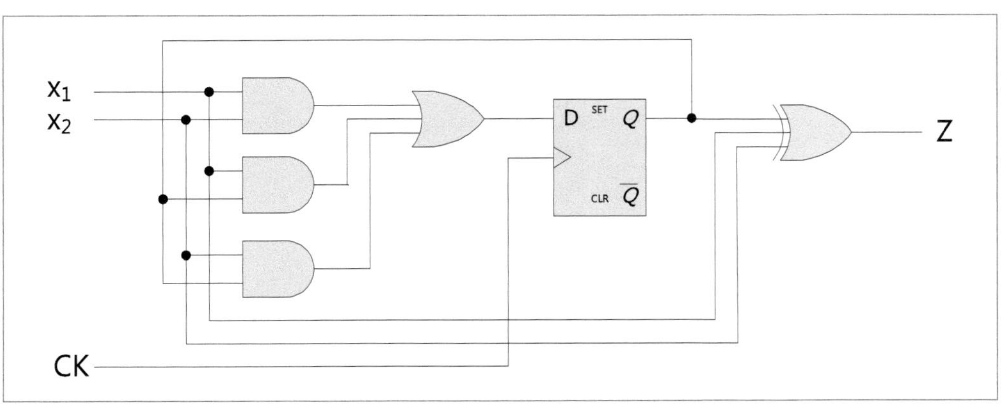

예제 13-7

직렬 입력되는 이진 데이터에 대하여 짝수 패리티를 생성하는 순차 논리회로를 설계하라. 입력 비트는 클럭 신호에 동기되어 1비트씩 입력된다.

풀이

짝수 패리티 발생기는 현재까지 입력된 직렬 데이터에서 1인 비트 수가 홀수 개이면 출력으로 "1"을 생성하고, 짝수 개이면 출력으로 "0"을 생성하는 회로이다.

먼저, 이 회로는 현재까지 입력된 1의 개수가 짝수인 상태(S0)와 홀수인 상태(S1)의 2가지 상태를 갖는다. 따라서 새로 입력되는 데이터 비트가 0이면 1의 개수가 변하지 않으므로 현재 상태를 유지하고, 1이면 1의 개수가 변하므로 다른 상태가 된다. S0 상태에서는 1의 개수가 짝수이므로 짝수 패리티를 위한 출력은 0이 되고, S1인 상태에서는 1의 개수가 홀수이므로 출력은 1이 된다.

위와 같은 내용을 상태도로 그리면 그림 13-30과 같다.

그림 13-30 짝수 패리티 발생기의 상태도

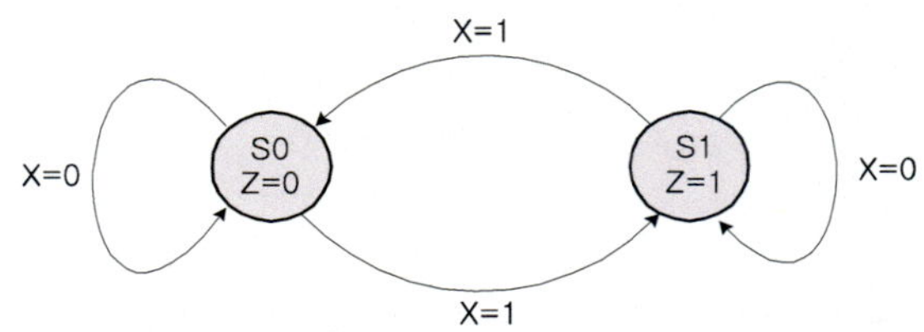

2개의 상태를 가지므로 플립플롭은 1개가 필요하며, 여기서는 JK 플립플롭을 사용하기로 한다. 상태도로부터 상태천이표를 작성하면 표 13-22와 같다.

표 13-22 | 짝수 패리티 발생기에 대한 플립플롭 여기표

입력 x	현재상태 Q(n)	다음상태 Q(n+1)	플립플롭 입력 J	K	현재출력 Z
0	0	0	0	x	0
0	1	1	x	0	1
1	0	1	1	x	0
1	1	0	x	1	1

표 13-22로부터 플립플롭 입력식과 출력식을 구하면 다음과 같다.

$$J = x \qquad K = x$$

$$Z = Q(n)$$

따라서 짝수 패리티 발생기 회로는 그림 13-31과 같다.

▌그림 13-31▌ 짝수 패리티 발생 회로

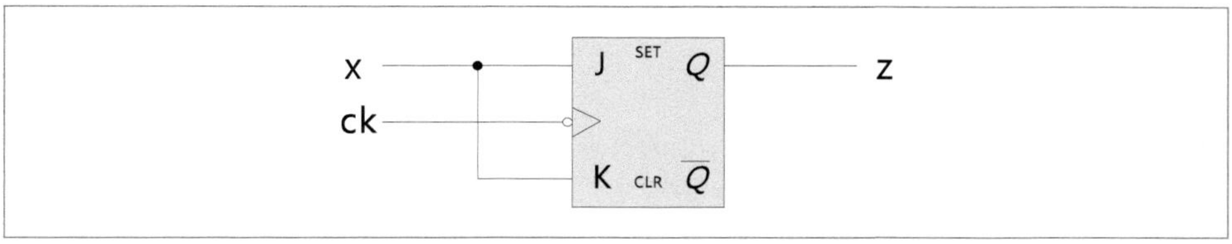

순차 논리회로 설계 실험

(1) 사용 부품

부품명	규격	수량
IC	7408	1
IC	7476	2

부품명	규격	수량
IC	7432	1

(2) 사용 기자재

- 논리회로 실험 장치(Logic Lab)
- 함수 발생기

(3) 실험: 교통신호등 제어회로 만들기

다음과 같이 4색으로 구성되는 교통신호등 제어회로를 설계하고 구성하고자 한다.

교통신호등에 따라 차량은 다음과 같이 운행한다.

- 적색 → 정지
- 녹색 → 직진
- 녹색 + 화살표 → 직진과 좌회전
- 화살표 + 적색 → 좌회전
- 황색 → 경고

이 신호등의 동작 순서는 다음과 같다.

- 적색 → 녹색 → (녹색 + 화살표) → (적색 + 화살표) → 황색 → 적색 → ⋯

실험순서

① 교통신호등의 동작을 상태도로 나타내어라.

② 교통신호등의 동작을 상태천이표로 나타내어라.

③ JK 플립플롭을 이용하여 구현할 경우, 순차 논리회로의 여기표를 그리고 플립플롭 입력식과 전체 출력식을 구하라.

표 13-23 | 교통 신호등의 여기표

현재 상태			다음 상태			제어 입력						출력			
Q0	Q1	Q2	Q0	Q1	Q2	J0	K0	J1	K1	J2	K2	YR	Yy	YL	YG
0	0	0													
0	0	1													
0	1	0													
0	1	1													
1	0	0													
1	0	1													
1	1	0													
1	1	1													

④ 교통신호등 제어회로도를 그려라.

⑤ ④에서 구한 제어회로도를 논리회로 실험 장치에 구성하고 클럭을 입력할 때마다 켜지는 신호등을 표 13-24에 ○로 표시하라. 실험 결과가 상태도와 일치하는지 확인하라.

표 13-24 | 교통 신호등 실험 결과

클럭순서	녹색등	적색등	황색등	화살표
1				
2				
3				
4				
5				

(4) 실험결과 및 검토

① 실험에서 구한 회로를 로직웍스로 시뮬레이션하고 그 결과를 실험 결과와 비교하라. 일치하지 않으면 원인을 분석하고 회로를 수정하라.

② 이 회로는 시퀀스 발생기, 시퀀스 감지기, 시퀀스 변환기 중에서 어떤 회로인가?

③ 이 회로의 상태는 어떻게 구분되는가?

연습문제

13.1 q_1q_2는 현재 상태, Q_1Q_2는 다음 상태를 나타낸다고 하자. 입력을 x, 출력을 z라고 할 때 다음과 같은 불 대수식으로 표현되는 순차 논리회로를 구현하라.

$$Q_1 = \overline{x}\,\overline{q_1} + xq_1$$

$$Q_2 = x + q_1 + q_2$$

$$z = xq_1\overline{q_2}$$

(a) 상태도를 작성하라.

(b) D 플립플롭을 사용한 순차 논리회로도를 그려라.

13.2 다음 상태표에서 상태의 수를 줄이고 축소된 상태표를 작성하라.

현상태	다음 상태		출력	
	x=0	x=1	x=0	x=1
a	f	b	0	0
b	d	c	0	0
c	f	e	0	0
d	g	a	1	0
e	d	c	0	0
f	f	b	1	1
g	g	h	0	1
h	g	a	1	0

13.3 다음 그림과 같은 상태도에 대해 답하라.

(a) 상태도를 상태표로 나타내어라.

(b) 축소된 상태표를 구하라.

(c) 축소된 상태도를 그려라.

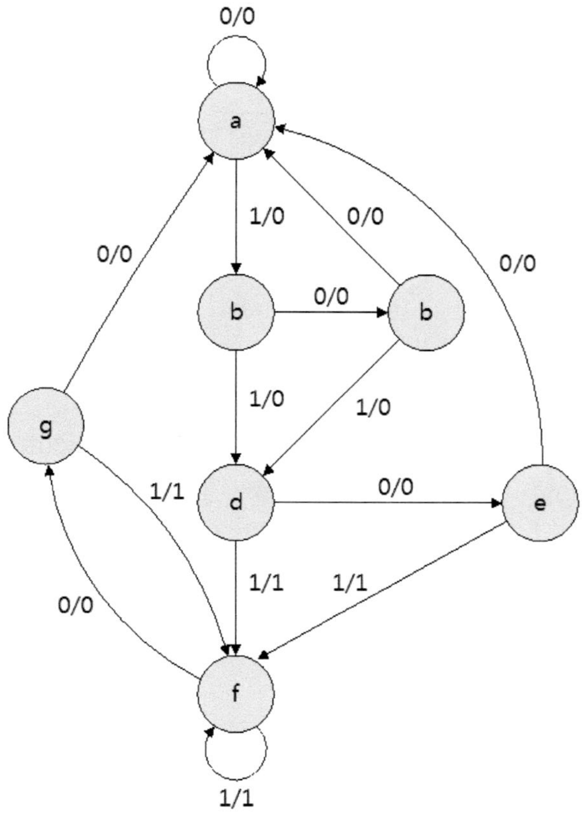

13.4 문제 13.2에서 초기 상태를 a로 가정하고 입력 시퀀스가 다음과 같을 때 출력 시퀀스를 구하라.

01110010011

13.5 문제 13.2에서 축소된 상태표로 문제 13.4를 반복하라.

13.6 [예제 13-2]에서 JK 플립플롭 대신 D 플립플롭을 사용하여 순차 논리회로를 설계하라.

13.7 다음 순차회로에 대한 (a) 상태표와 (b) 상태도를 그려라. 또 Q_1을 JK 플립플롭으로 대체하고, Q_2를 T 플립플롭으로 대체하여 순차회로를 다시 설계하고자 한다. (c) 새 플립플롭의 입력 J_1, K_1, T_2에 대한 논리식을 구하라. (d) 새로 설계한 순차회로의 논리회로도를 그려라.

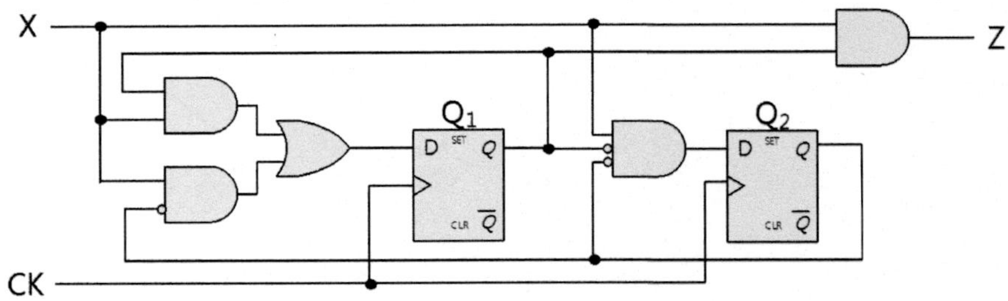

13.8 [예제 13-3]에서 D 플립플롭 대신에 JK 플립플롭을 사용하여 회로를 구성하라.

13.9 10진 동기 카운터를 설계하라. 카운터의 출력은 0010 → 0011 → 0100 → 0101 → 1101 → 1010 → 0110 → 0111 → 1000 → 1001 → 0010의 순서로 변한다.

(a) 카운터의 상태도를 그려라.

(b) JK 플립플롭을 사용한다고 가정하고 상태천이표와 플립플롭 여기표를 작성하라.

(c) JK 플립플롭 입력식을 구하라.

(d) 10진 동기 카운터의 회로도를 그려라.

13.10 플립플롭의 특성 방정식을 이용하면 여기표를 작성하지 않고 순차 논리회로에 사용되는 플립플롭의 입력식을 구할 수 있다. JK 플립플롭의 현재 출력을 q, 다음 출력을 Q라 할 때, 특성 방정식은 $Q = J\bar{q} + \overline{K}q$로 표시된다. 따라서 순차 논리회로의 상태천이표로부터 다음 상태를 나타내는 논리식을 구하고, 이를 특성 방정식과 비교하여 입력 J, K를 구한다.

다음과 같은 상태천이표를 갖는 순차 논리회로를 JK 플립플롭으로 설계할 때, J, K의 입력식을 구하라.

q_1	q_2	$Q_1\ Q_2\ /Z$	
		x=0	x=1
0	0	00/0	01/0
0	1	00/0	11/1
1	1	01/0	10/0
1	0	11/1	10/0

(a) Q_1과 Q_2의 K-Map을 완성하라.

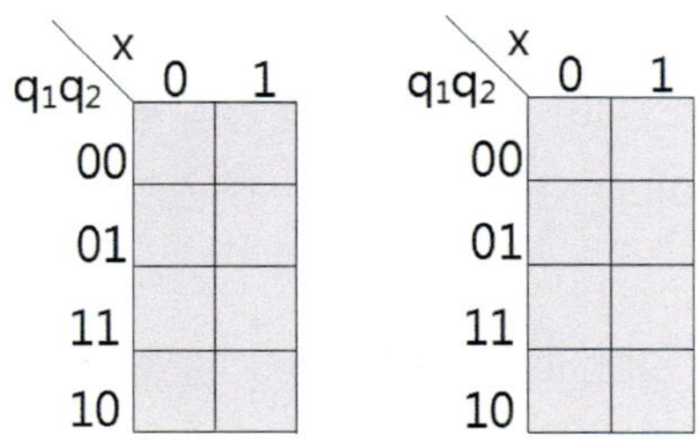

(b) K-Map을 이용하여 Q_1과 Q_2의 간소화된 논리식을 구하라.

(c) (b)에서 구한 Q_1과 Q_2의 논리식을 JK 플립플롭의 특성 방정식과 비교하여 J, K의 입력식을 구하라.

13.11 0101의 입력 시퀀스가 감지되면 출력이 1이 되는 순차 논리회로를 설계하라. 예를 들어 0101010이 입력되면 출력 시퀀스는 0001010이 생성되어야 한다. 이 회로의 동작을 상태도로 나타내면 아래와 같다. A는 초기상태이며, B는 '0'이 입력된 상태이다. C와 D는 각각 '01'과 '010'이 입력된 상태를 나타낸다.

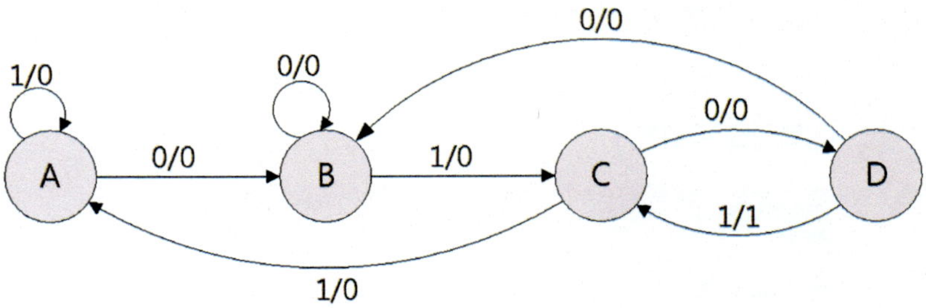

(a) 이 순차 논리회로의 상태표를 그려라.

(b) A = 00, B = 01, C = 11, D = 10의 상태할당을 했을 때, 상태천이표를 그려라.

(c) 두 개의 D 플립플롭을 사용한다고 가정하고 각 플립플롭의 간소화된 입력식과 출력식을 구하라.

(d) 위에서 구해진 입력식과 출력식을 이용하여 순차 논리회로도를 그려라.

13.12 입력(x) 시퀀스 "101"을 검출하는 동기 순차회로를 D 플립플롭을 사용하여 (a) 밀리머신과 (b) 무어머신으로 설계하라. 시퀀스의 중복은 허용되지 않는다.

13.13 다음과 같은 상태천이표를 갖는 순차회로를 JK 플립플롭으로 설계하기 위한 여기표를 작성하고 J_1, K_1, J_2, K_2의 논리식을 구하라. x는 입력이고 q_1, q_2는 현재 상태, Q_1, Q_2는 다음 상태이다.

x	q_1	q_2	Q_1	Q_2
0	0	0	0	0
0	0	1	0	0
0	1	0	0	0
0	1	1	0	0
1	0	0	0	1
1	0	1	1	0
1	1	0	1	1
1	1	1	1	1

13.14 [예제 13-5]의 스텝 모터 제어 회로를 D 플립플롭을 이용하여 설계하라.

13.15 [예제 13-5]에서는 2상 여자 방식으로 스텝 모터 제어회로를 구현하였다. 1-2상 여자 방식을 위한 제어 회로를 설계하라. 1-2상 여자 방식의 동작은 다음과 같은 출력 시퀀스를 가진다.

$A \rightarrow AB \rightarrow B \rightarrow \overline{A}B \rightarrow \overline{A} \rightarrow \overline{A}\,\overline{B} \rightarrow \overline{B} \rightarrow A\overline{B} \rightarrow A \rightarrow \cdots$ 와

$A \rightarrow A\overline{B} \rightarrow \overline{B} \rightarrow \overline{A}\,\overline{B} \rightarrow \overline{A} \rightarrow \overline{A}B \rightarrow B \rightarrow AB \rightarrow A \rightarrow \cdots$ 의 2가지 시퀀스가 회전 방향(DIR)에 따라 선택된다.

출력 시퀀스의 종류가 8개이므로 1-2상 여자방식 제어 회로는 8개의 상태를 가져야 한다. JK 플립플롭을 사용하여 1-2상 여자방식 스텝 모터 제어회로를 구현하여라.

13.16 [예제 13-7]의 짝수 패리티 발생기를 밀리머신(Mealy Machine)으로 나타내고, 이를 논리회로로 구현하라.

13.17 다음 그림은 시퀀스 발생기의 타이밍 다이어그램을 나타낸 것이다. 이 순차 논리회로의 입력은 없고 출력은 z이다. 물음에 답하라.

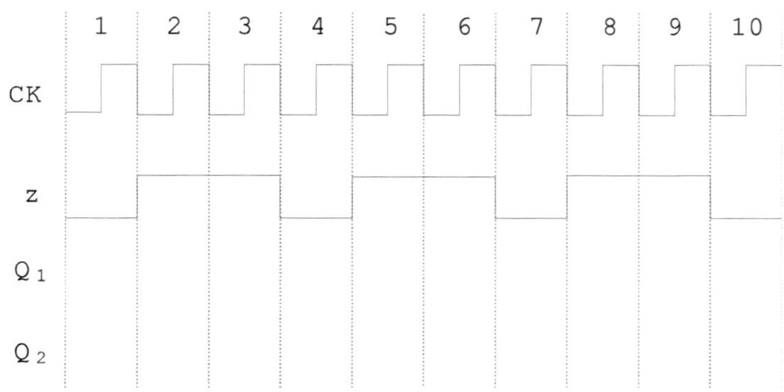

(a) 이 회로의 출력 시퀀스를 10비트 써라.

(b) 반복되는 시퀀스의 비트 수(시퀀스 길이)는 얼마인가? 이와 같은 시퀀스 발생기의 상태 수는 시퀀스 길이와 같다. 이 회로의 상태 수는 몇 개인가?

(c) 상태를 상태변수 Q_1, Q_2로 나타낼 때 Q_1, Q_2를 타이밍 다이어그램에 나타내어라.

(d) 상태도를 작성하라.

(e) 상태천이표를 작성하라.

(f) D 플립플롭을 사용하여 구현할 때 플립플롭의 제어입력식과 전체 출력식을 구하라.

(g) 순차 논리회로도를 그려라.

13.18 다음과 같이 동작하는 껌 자판기를 설계하라. 투입 금액이 15센트 이상이면 출력 변수 z = 1이 되고 껌이 배출된다. 사용하는 동전은 5센트 니켈과 10센트 다임이다. 니켈을 투입하면 입력 변수 n = 1이 되고, 다임을 투입하면 입력 변수 d = 1이 된다. 두 개의 동전이 동시에 투입되는 경우는 없다. D 플립플롭을 사용하고 무어머신으로 설계하라.

Hint 투입된 금액을 나타내는 상태를 정하시오.

13.19 입력 x, y이고 출력이 z인 순차회로가 있다. x, y에서 입력된 1의 총 개수가 4의 배수이면 출력이 1이 되는 순차회로를 D 플립플롭으로 설계하라.

Hint 입력된 1의 개수를 상태로 사용한다.

(a) 이 회로의 상태도를 그려라

(b) 다음 상태천이표를 완성하라. q_1, q_0는 현재 상태이고 Q_1, Q_0는 다음 상태이다.

x	y	q_1	q_0	Q_1	Q_0	z
0	0	0	0			
0	0	0	1			
0	0	1	0			
0	0	1	1			
0	1	0	0			
0	1	0	1			
0	1	1	0			
0	1	1	1			
1	0	0	0			
1	0	0	1			
1	0	1	0			
1	0	1	1			
1	1	0	0			
1	1	0	1			
1	1	1	0			
1	1	1	1			

(c) QMCLogicMinimizer 프로그램을 이용하여 D 플립플롭의 간소화된 입력식을 구하라.

(d) 논리회로도를 그려라.

APPENDIX

A 실험의 기초

학습목표

1 디지털 논리회로 실험에 필요한 기초 장비를 사용할 수 있다.
2 회로도를 보고 회로를 결선할 수 있다.
3 실험 보고서를 작성할 수 있다.

A.1 파워 서플라이 사용법

파워 서플라이(power supply)는 전원 공급 장치로서 일반적으로 직류 전원을 공급한다. 실험에서 사용하는 파워 서플라이는 그림 A-1과 같다. 실험실에 따라 모양이나 기능에 차이가 있을 수 있다.

▌그림 A-1▌ 파워 서플라이

그림 A-1에서 보는 바와 같이 정전압 출력이 2개인 경우가 많으며, 실험에서 전압의 크기를 바꿀 수 있는 배터리라고 할 수 있다.

사용법은 다음과 같다.

(1) 필요한 전압을 설정한다.

▌그림 A-2▌ 전압 설정

전압 조절 노브(knob)를 사용하여 전압 표시창을 보면서 원하는 전압을 설정한다.

(2) 케이블을 이용하여 회로와 연결한다.

▌그림 A-3▐ 전원 연결용 케이블

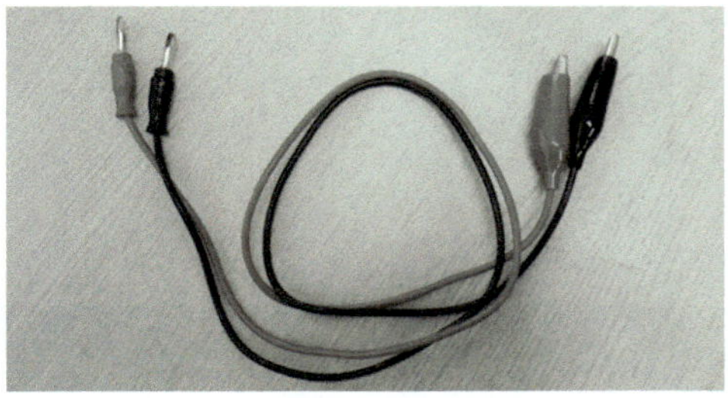

▌그림 A-4▐ 파워 서플라이에서의 연결 모양

▌그림 A-5▐ 회로에서의 연결 모양

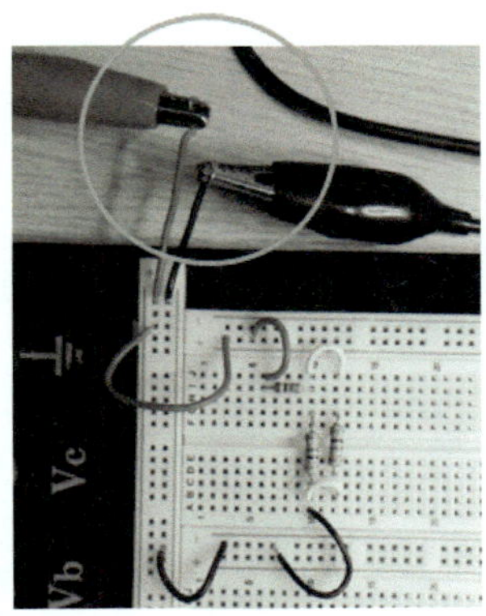

연결 케이블은 그림 A-3에서 보는 것과 같이 검은색과 붉은색 케이블이 한 쌍을 이루고 있으며, 붉은색 선은 (+)로, 검은색 선은 (-)로 사용한다. 케이블의 한 쪽은 라디오 잭 형태이고, 반대쪽은 악어 클립으로 되어 있다. 그림 A-4에서와 같이 라디오 잭을 파워 서플라이에 연결하고, 악어 클립을 그림 A-5에서와 같이 회로 쪽으로 연결한다. 회로 쪽 연결을 할 때에는 그림 A-5의 원 내부에서 보는 것처럼 두 악어 클립이 닿지 않도록 사이를 띄워 두어야 한다. 두 단자가 닿으면 합선(short)이 발생하여 회로가 파손될 우려가 있다.

(3) 전원을 켜고 실험을 한다.

전압을 설정하는 동안은 파워 서플라이의 전원을 켜고, 설정이 끝나면 일단 전원을 끈 후에 케이블을 연결한다. 회로 결선과 케이블 연결이 완료되면 파워 서플라이의 전원을 켜서 실험을 하여야 한다. 파워 서플라이의 전원을 켜고 회로 결선을 하면 결선 과정에서 회로 파손이 발생할 수 있으니 주의하여야 한다.

A.2 브레드 보드 사용법

브레드 보드(bread board)는 실험 또는 회로 테스트용으로 회로를 결선하고 동작을 확인하기 위해 사용하는 특수한 보드이다.

그림 A-6 브레드 보드

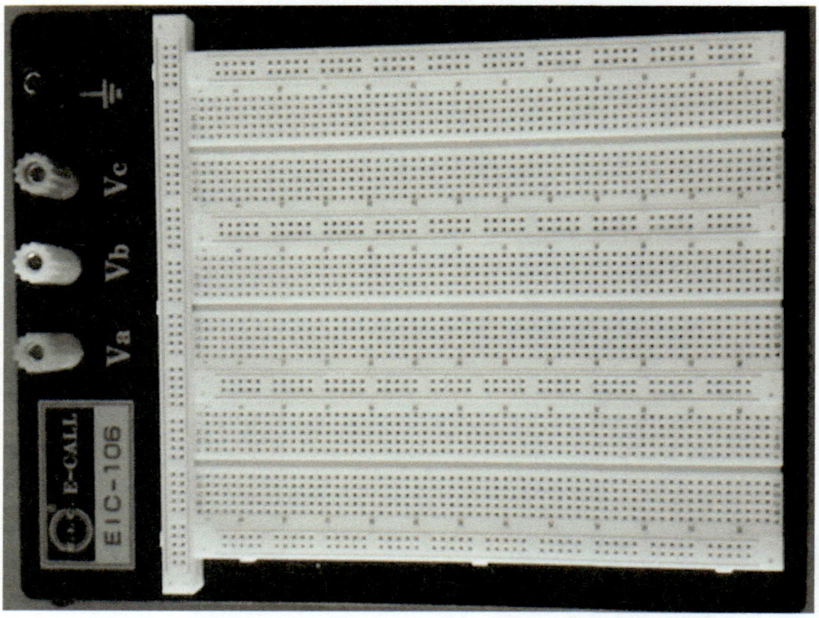

브레드 보드의 특징은 다음과 같다.

- 회로 테스트용
- 부품과 전선을 꽂는 것으로 회로 제작
- 보드 속에서 미리 연결된 점들이 있음
- 부품을 적당한 위치에 배치한 후, 부품 단자와 연결된 다른 연결점에 전선을 이용하여 다른 부품과 연결

브레드 보드의 내부 연결 모습은 그림 A-7과 같다.

▌그림 A-7▐ 브레드 보드의 내부 연결

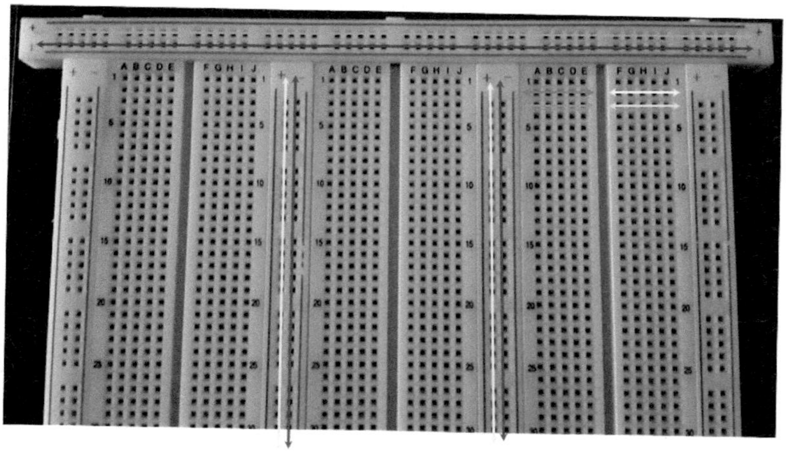

그림 A-7에서 브레드 보드에 붉은색 선과 푸른색 선을 따라 길게 배치된 구멍들은 각 선을 따라 각각 연결되어 있다. 따라서 각 선을 따라 배치된 어느 구멍에 선을 연결하더라도 같은 결과가 된다. 이 2 줄은 주로 전원(+5V와 GND) 연결에 이용한다.

2 줄 사이에 긴 홈을 경계로 양쪽에 5개씩 배치된 구멍들은 5개씩 내부에서 연결되어 있다. 홈을 중심으로 IC나 부품을 꽂고, 나머지 구멍들을 회로 연결에 사용한다.

브레드 보드에 부품을 배치하는 방법은 그림 A-8과 같다.

APPENDIX A

▌그림 A-8▐ 바른 부품 배치 방법

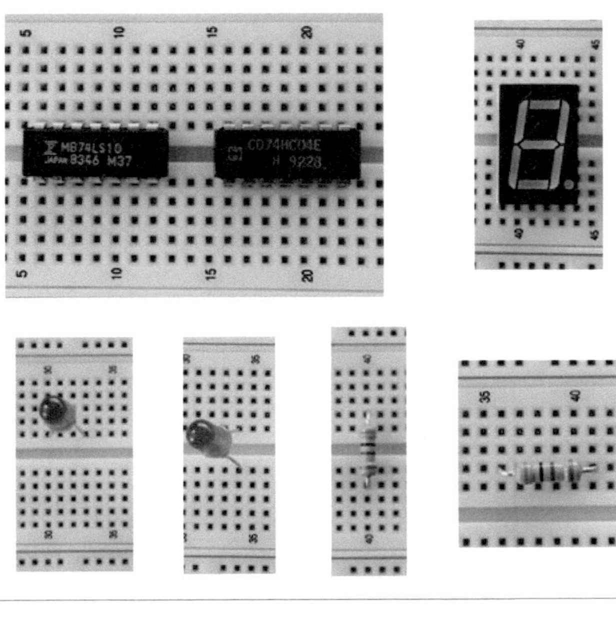

그림 A-9와 같이 배치하는 것은 잘못된 방법이다.

그림 A-9 잘못된 부품 배치

그림 A-9의 위쪽은 IC의 1번과 14번, 2번과 13번이 각각 연결되게 되어 잘못이고, 아래쪽 왼쪽은 LED의 2 단자가 연결되었으며, 아래 오른쪽의 FND의 위쪽 5개의 단자가 연결되어 잘못된 배치이다.

A.3 회로도와 회로 결선

그림 A-10 회로도 예 1

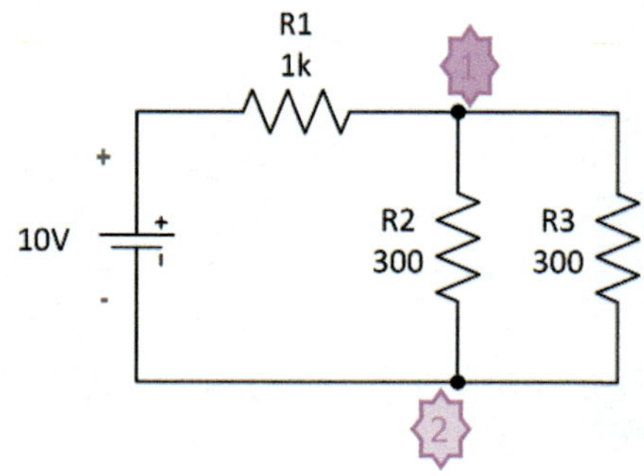

▌그림 A-11▌ 그림 A-10의 회로에 대한 결선 모습

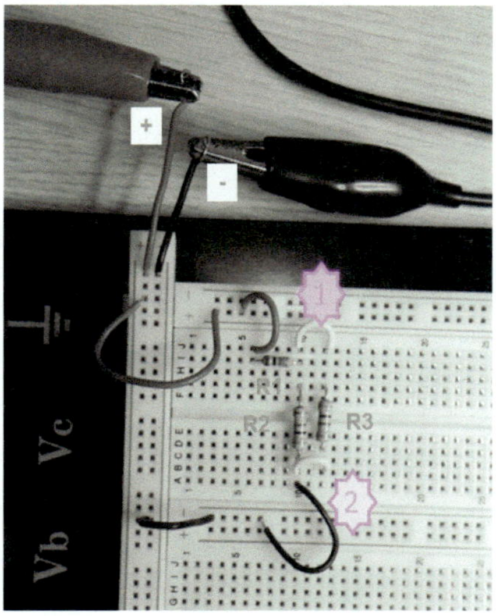

그림 A-10의 회로도를 브레드 보드에 연결한 것이 그림 A-11이다. 결선 과정은 그림 A-12에 보인다. 먼저 부품을 적당한 위치에 배치한 다음, 회로도의 연결점을 보고 선을 이용하여 연결한다. 마지막으로 전원을 연결한다. 연결 전선의 피복을 벗겨 브레드 보드에 꽂아야 하는데 너무 길게 벗겨서 선이 서로 닿지 않도록 하여야 한다. 일반적으로 0.5~1cm 정도가 적당하다.

▌그림 A-12▌ 결선 과정

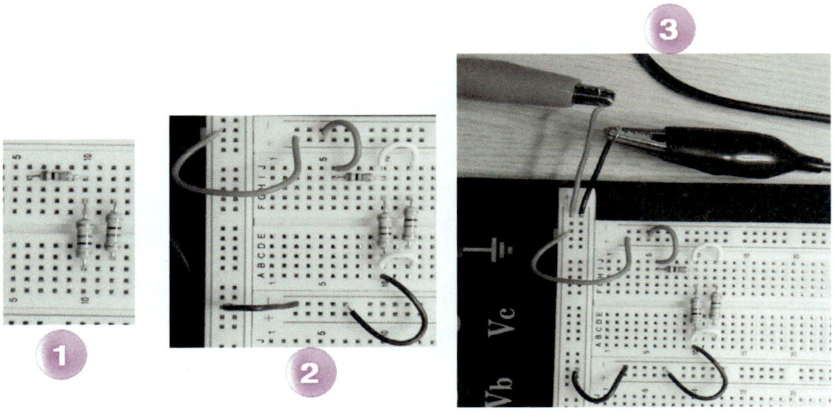

그림 A-13과 그림 A-14에서 IC를 사용한 회로 결선 모습을 보인다.

그림 A-13 회로도 예 2

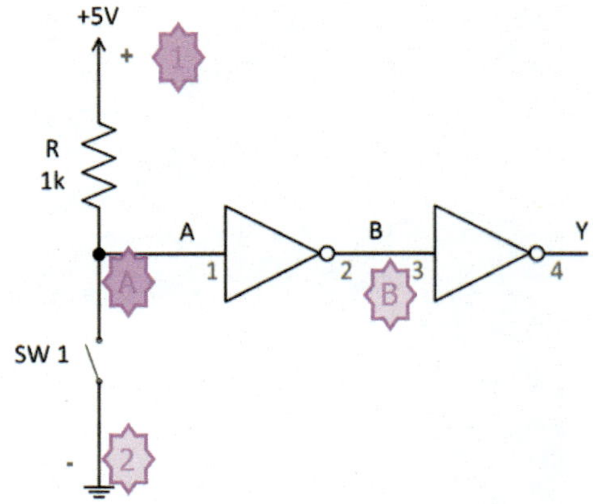

그림 A-14 그림 A-13에 대한 결선 모습

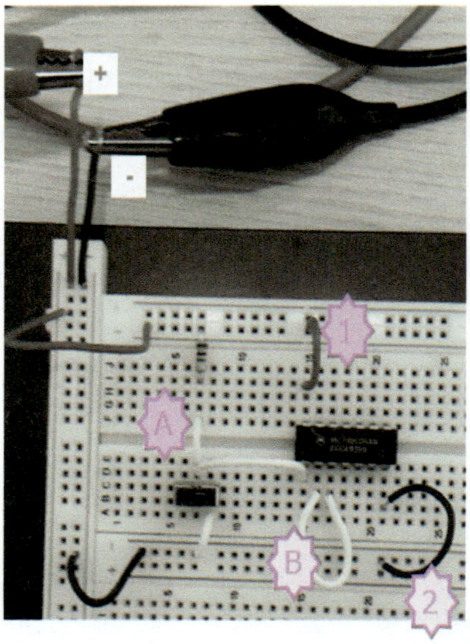

IC를 사용할 때에는 IC의 방향에 주의하여야 하며 그림 A-15에서 보는 것과 같이 반달 홈이 파진 부분을 왼쪽으로 놓았을 때, 반달 아래에 있는 핀이 1번 핀이 되고 반시계 방향으로 핀 번호가 차례대로 부여된다.

▌그림 A-15▌ IC의 방향과 핀 번호

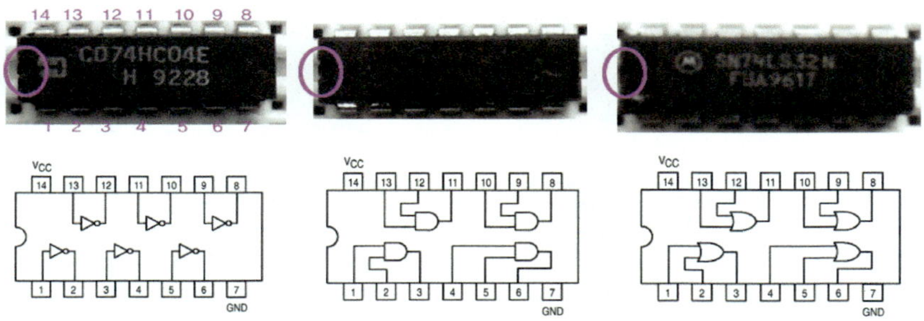

그림 A-13의 회로 결선 과정이 그림 A-16에 보인다.

▌그림 A-16▌ 그림 A-13에 대한 결선 과정

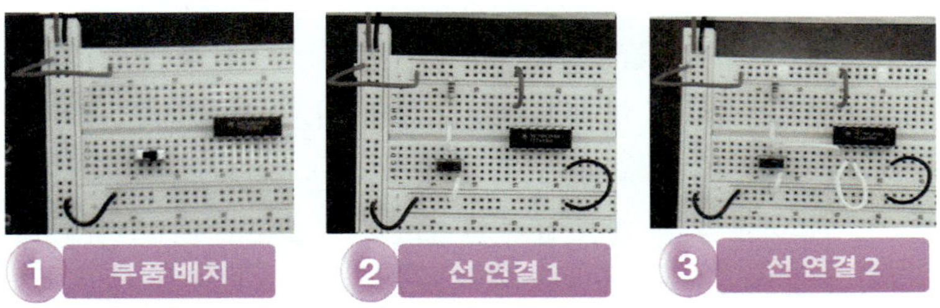

A.4 전압계와 전압 측정

▌그림 A-17▌ 멀티미터

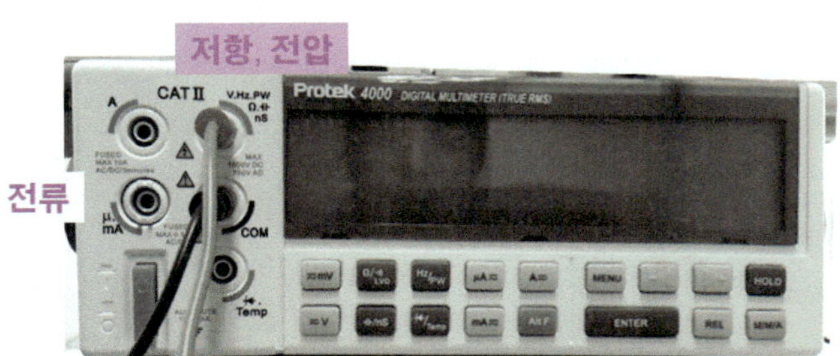

그림 A-17은 실험실용 멀티미터이다. 멀티미터는 전압 외에 전류, 저항도 측정할 수 있으며 측정 대상에 따라 단자 연결 위치가 다르니 주의하여야 한다. 그림 A-17에 전압 측정을 위한 단자 연결 모습을 보인다.

▌그림 A-18▌ 측정용 케이블

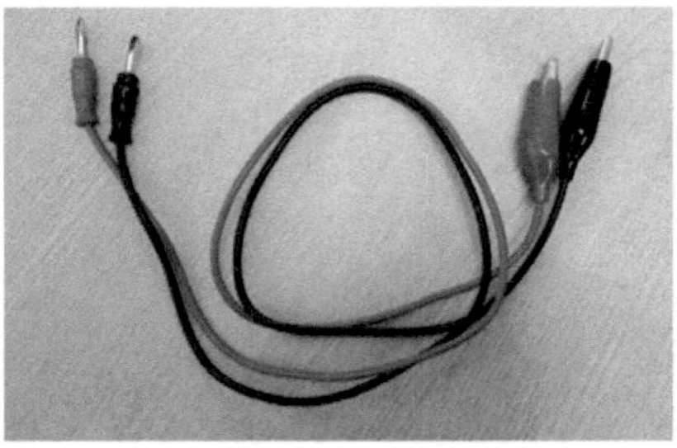

▌그림 A-19▌ 측정 모습

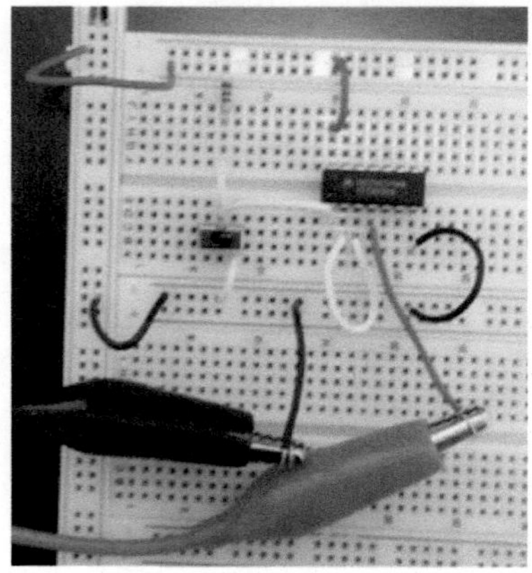

그림 A-18에 측정용 케이블을 보인다. 전원 연결 케이블과 같은 모양이며, 이와는 다르게 악어 클립 부분이 탐침 형태를 갖는 것도 있다. 실험을 하는 경우 같은 출력 단자에 대해 입력 조건을 다르게 주어 반복 측정을 하는 경우가 많아 그림 A-19와 같이 회로에 고정시킬 수 있는 악어 클립 형태를 쓰는 것이 편리할 때도 있다. 케이블을 연결할 때, 붉은색은 (+), 검은색은 (-) 즉, GND에 연결하는 것이 편리하다.

▌그림 A-20▌ 전압 측정(1)

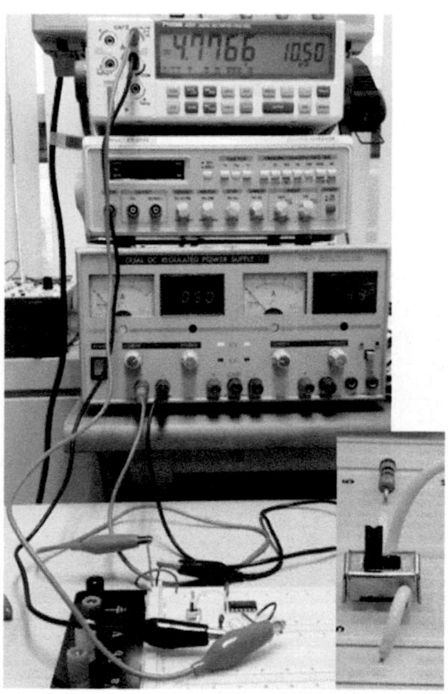

▌그림 A-21▌ 전압 측정(2)

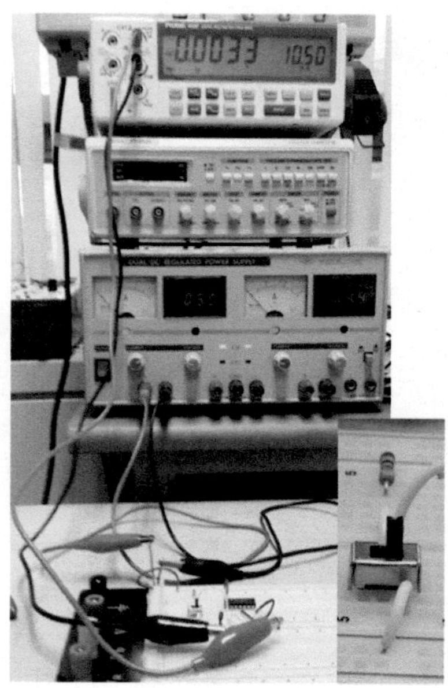

A.5 LED & Switch 보드

▌그림 A-22▐ LED & Switch 보드

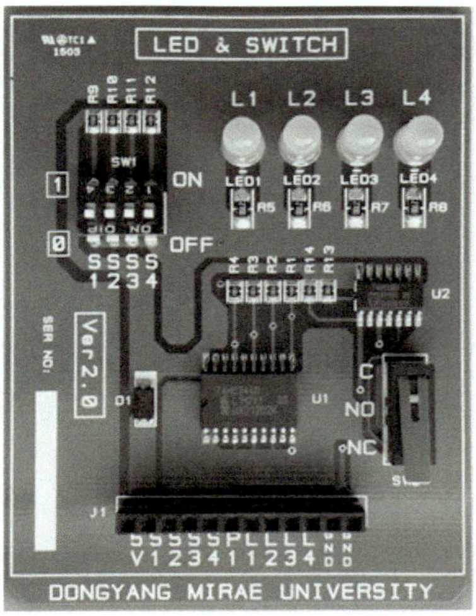

그림 A-22에 실험을 위해 자체 제작한 LED & Switch 보드를 보인다. 이 보드에는 DIP Switch 4개(S1~S4)와 LED 4개(L1~L4)와 펄스 입력을 위한 마이크로 스위치(P1)가 있다. 스위치와 LED의 상태에 대한 표는 다음과 같다.

Switch 상태	S1~S4
On	H
Off	L

L1~L4	LED 상태
L	Off
H	On

회로에 사용하는 모습은 그림 A-23과 같다. 보드에는 스위치와 LED 등을 연결하기 위한 커넥터가 있으며, 위치는 보드에 마킹되어 있다. 이 보드를 사용하기 위해서는 보드의 전원(+5V와 GND 단자)을 반드시 연결하여야 한다.

그림 A-23 LED & Switch 보드 사용 예

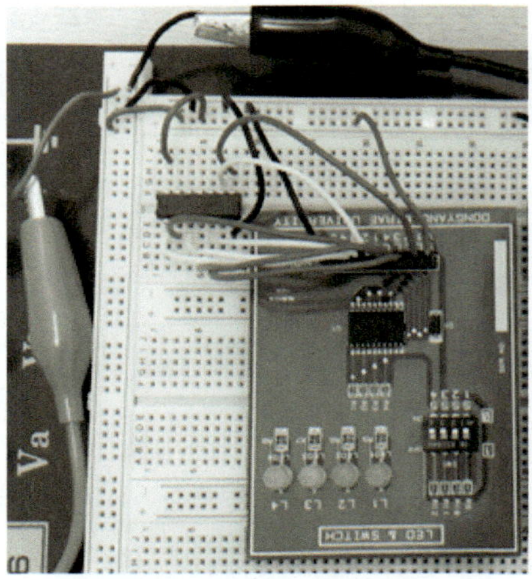

A.6 실험할 때 주의 사항

- IC를 다룰 때 IC의 핀에 직접 손이 닿지 않도록 하고, 반드시 몸체 부분을 잡아야 한다. IC는 정전기에 취약하므로 손에서 발생한 정전기에 의해 파손될 수 있다.
- 모든 IC의 전원단자에는 +5V, 접지단자에는 GND를 연결해야 한다. 일반적으로 회로도에는 전원단자와 접지단자는 표시하지 않는다.
- 회로를 결선할 때는 반드시 전원을 OFF 시켜야 한다.
- 측정한 전압 값이 0~0.4[V] 또는 2.4~5.0[V]를 벗어나면 회로의 결선을 잘못하였거나 IC가 파손된 경우이다. 전원을 끄고 결선을 다시 확인하도록 한다.
- IC의 위 부분을 손으로 만졌을 때 뜨거우면 대부분 IC가 파손된 경우이다. 화상을 입을 수도 있으므로 주의해야 하며, 이러한 IC는 반드시 교체해야 한다.
- 실험 중 파워 서플라이의 전압값이 변하거나, 전류가 과도하게 흐르는 경우(본 교재의 실험인 경우 수 mA 정도 흐름)에는 전원을 차단하여야 한다.

A.7 실험 보고서 작성

실험 보고서는 표지와 본문으로 구분한다.

(1) 표지

표지는 별도의 페이지로 구성하며 다음의 내용이 쉽게 알아볼 수 있도록 배치한다.

- 실험 제목 - 페이지의 상단 중앙에 큰 글씨로 작성
- 실험 일시 - 페이지 우측 하단부에 보통 글씨 크기로 작성
- 실험자 (학번, 이름) - 페이지 우측 하단부에 보통 글씨 크기로 작성
- 보고서 제출일 - 페이지 우측 하단부에 보통 글씨 크기로 작성
- 교수명 - 페이지 우측 하단부에 보통 글씨 크기로 작성

(2) 본문

본문에는 다음과 같은 내용이 순서대로 포함되어야 한다.

- 실험 부품 리스트
- 실험시 사용 장비 리스트

- 실험명
- 실험회로도
- 실험 결과표
- 실험 사진

- 결과에 대한 분석 및 토론
- 결론

하나의 보고서에 작은 실험들이 여러 가지 포함되므로 실험 부품 리스트와 사용 장비 리스트는 보고서에 포함된 실험 전체에 대해서 정리하여 작성한다.

세부 실험마다 실험명, 실험회로도, 결과표와 사진을 작성한다.

결과에 대한 분석 및 토론과 결론은 세부 실험 전체에 대하여 정리하여 작성한다.

APPENDIX

B 로직웍스 사용법

B.1 로직웍스란?

로직웍스(LogicWorks)는 디지털 논리회로를 공부하는데 유용하게 사용할 수 있는 DesignWorks Solution사의 대화형 논리회로 설계 도구이다. 로직웍스를 이용하여 논리회로도를 그리거나 논리회로 동작을 시뮬레이션할 수 있다. 디지털 논리회로를 설계하여 하드웨어로 구성하기 전에 시뮬레이션을 통하여 회로의 동작을 검증할 수 있으면 설계 오류를 줄이고 시간을 단축할 수 있다.

로직웍스는 스위치나 LED, 클럭과 같은 기본적인 입출력 소자 뿐 만 아니라 74시리즈의 각종 논리소자와 응용소자를 포함하고 있으므로 실제 회로를 그리고 동작을 시뮬레이션하는데 사용된다. 특히 클럭 신호를 하나씩 공급하면서 동작을 시뮬레이션할 수 있는 싱글스텝 시뮬레이션이 가능하기 때문에 회로의 동작을 이해하는 데 매우 편리하다.

그림 B-1은 그레이 코드를 이진 코드로 변환하는 코드변환기의 동작을 시뮬레이션 한 것이다. G2, G1, G0 스위치로 그레이코드를 입력하면 XOR 게이트로 구성되는 조합 논리회로에 의해 B2, B1, B0의 이진코드가 얻어진다. 이진코드에 7447 7-세그먼트 드라이버와 7-세그먼트 LED를 연결하면 변환기 회로의 동작을 시뮬레이션할 수 있다.

▌그림 B-1▐ 그레이코드-이진코드 변환기의 로직웍스 시뮬레이션

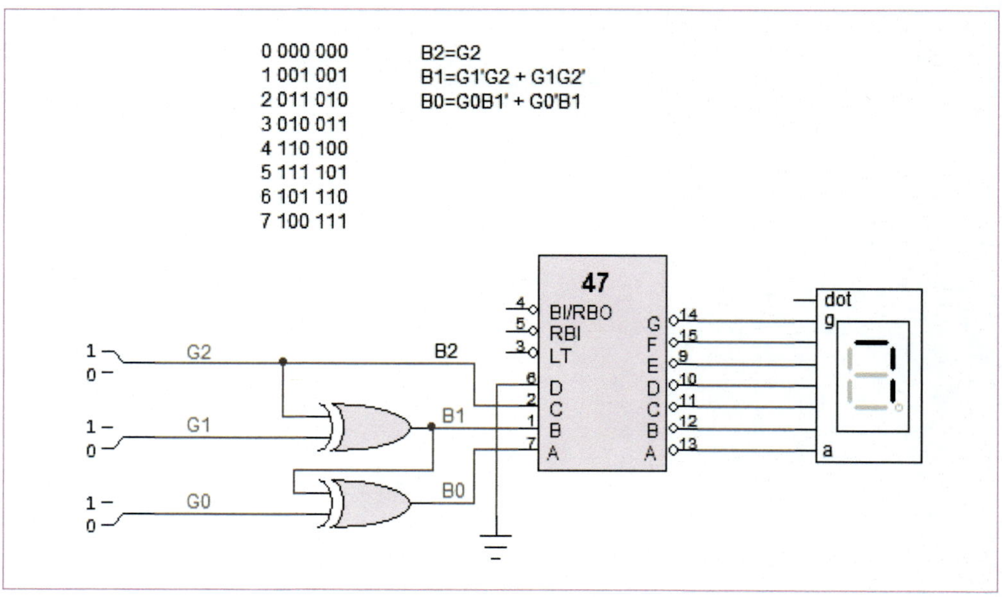

B.2 로직웍스의 설치

로직웍스는 정식버전과 데모버전이 있다. 데모버전은 저장과 인쇄기능이 지원되지 않지만 기본적인 시뮬레이션은 모두 할 수 있다. 데모버전을 구하려면 해당 사이트에 접속하여 먼저 가입신청을 해야 한다.

그림 B-2와 같이 http://designworkssolutions.com에 접속하여 "Request a Demo" 메뉴를 클릭한다.

▌그림 B-2▐ DesignWorks 홈페이지

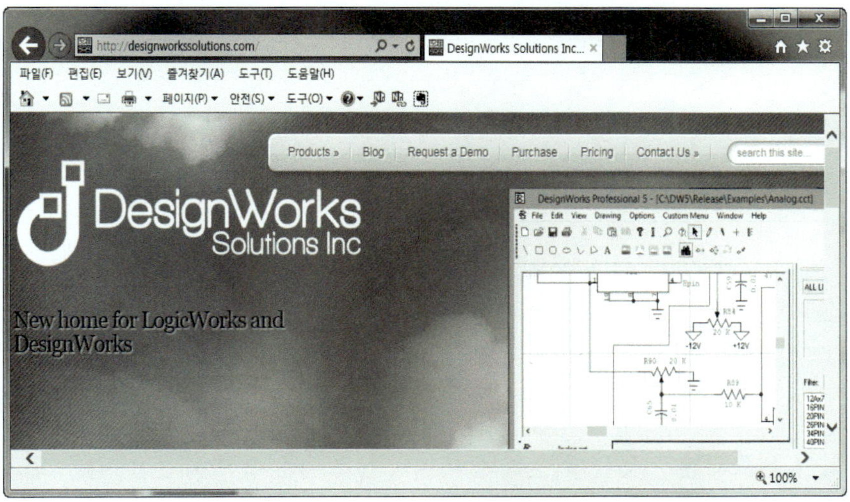

그림 B-3과 같은 가입화면이 나타나면 이메일을 포함하여 화면에서 요구하는 항목을 기입하고 [Request] 버튼을 클릭한다.

▌그림 B-3▌ 가입 작성 화면

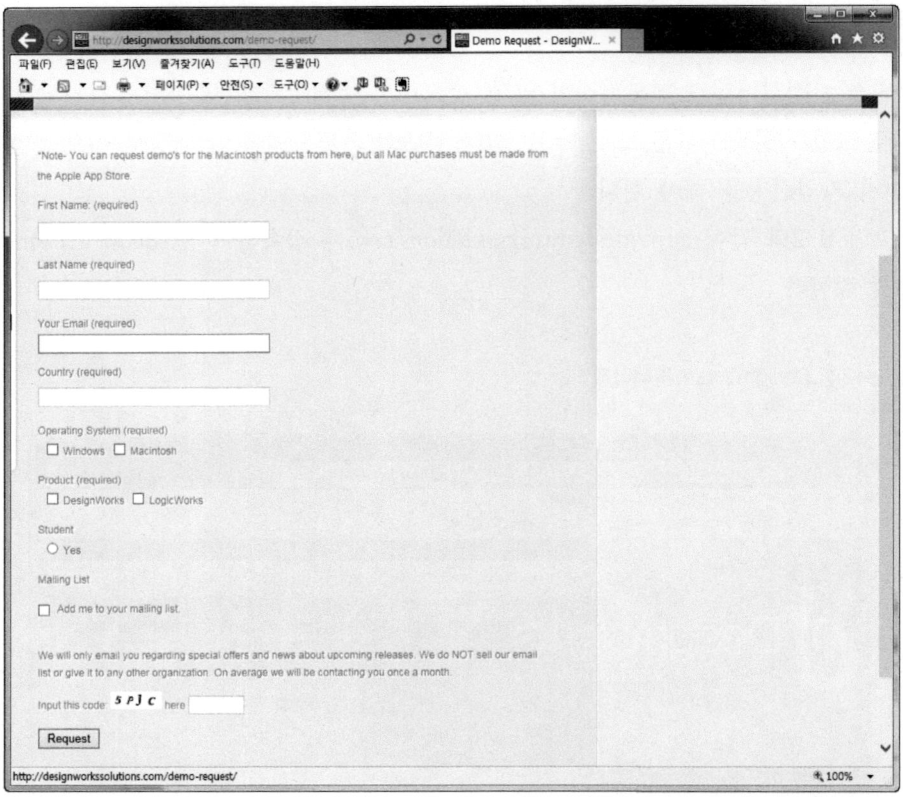

요청이 완료되면 가입을 확인하는 이메일을 보내준다. 보내온 메일을 열고 "Yes, subscribe me to this list"를 클릭하여 가입한다. 가입을 완료한 후 다시 보내온 메일(DEMO LINK)에서 "LogicWorks Demo"를 클릭하여 데모버전을 다운로드하고 설치한다.

B.3 로직웍스 화면 구성과 기능

로직웍스를 실행하려면 바탕화면의 로직웍스 아이콘을 더블 클릭한다.

| 그림 B-4 | 로직웍스 아이콘

로직웍스가 실행되면 그림 B-5와 같은 "Welcome to LogicWorks" 화면이 나타난다.

| 그림 B-5 | 로직웍스 초기화면

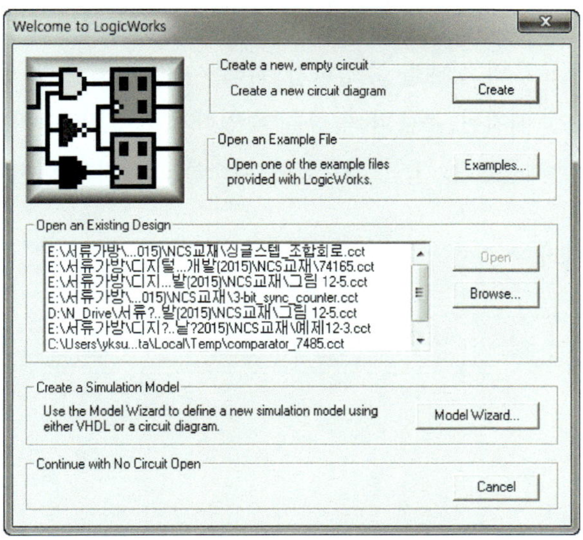

[Create] 버튼을 클릭하면 그림 B-6과 같은 로직웍스 작업 화면이 나타난다. 이 작업 화면에서 새로운 회로도를 작성한다. 로직웍스 화면은 툴바 외에 드로잉 윈도우(drawing window 또는 circuit window), 타이밍 윈도우(timing window), 부품 팔레트(parts palette)의 세 부분으로 구성된다.

각각의 윈도우를 자세히 살펴보기로 하자.

▌그림 B-6▌ 로직웍스 작업 화면

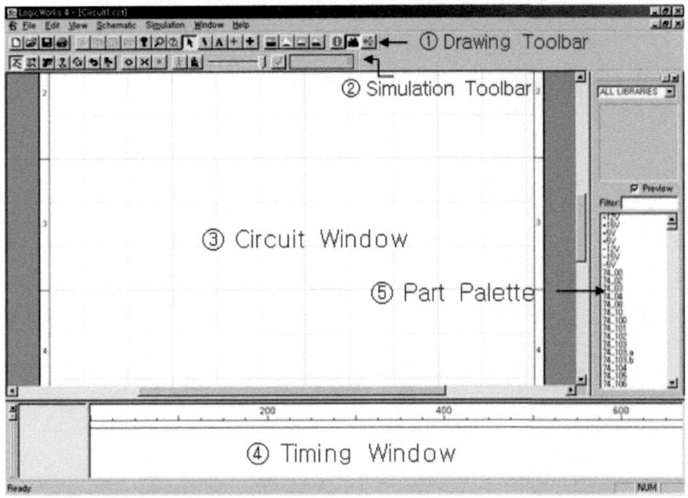

(1) 드로잉 툴바(Drawing Toolbar)

드로잉 툴바는 회로를 그리는데 사용되는 도구들로 구성된 툴바이며 커서의 기능을 변경하거나 드로잉 윈도우의 상태를 수정하기 위해 사용된다.

드로잉 윈도우에 배치된 부품의 속성을 확인하거나, 화면의 확대/축소, 신호 값을 확인하기 위한 툴이 제공된다. 또한 신호선나 버스를 그리기 위한 툴도 포함되어 있다.

▌그림 B-7▌ 드로잉 툴바

① 부품 속성 확인
② 특정 부분 확대
③ 신호 값 조사
④ 포인팅 커서 - 특정 부분을 선택할 때 사용
⑤ 삭제용 커서 - 원하는 부분을 삭제할 때 사용
⑥ 텍스트 입력 커서 - 회로도에 텍스트를 입력할 때 사용
⑦ 신호선 입력 커서 - 신호 선을 그릴 때 사용.
⑧ 버스 입력 커서 - 버스(회로 내에서 공유되는 선)를 그릴 때 사용
⑨ 화면 축소
⑩ 화면 확대
⑪ 전체 화면을 표시
⑫ 일반 크기로 화면 표시

(2) 시뮬레이션 툴바(Simulation Toolbar)

시뮬레이션 툴바는 시뮬레이션 조건을 설정하거나 시뮬레이션을 위한 툴을 제공한다.

▌그림 B-8▐ 시뮬레이션 툴바

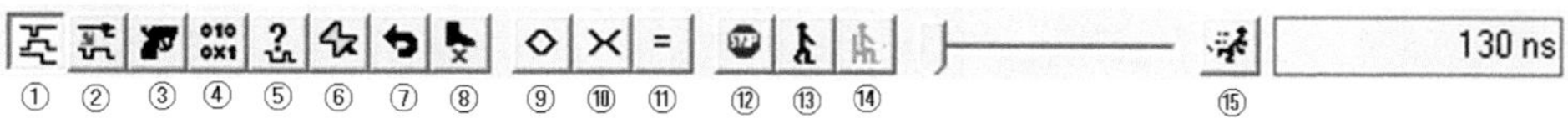

① 타이밍 윈도우를 표시하거나 숨김
② 타이밍 윈도우에 다른 신호 추가
③ 트리거 설정 대화상자 호출
④ I/O 패널 화면 추가
⑤ 시뮬레이션 파라미터 설정
⑥ 신호 고정과 해제
⑦ 시뮬레이션 리셋
⑧ 미지 상태 클리어
⑨ 타이밍 간격 확대
⑩ 타이밍 간격 축소
⑪ 타이밍 간격 표준
⑫ 시뮬레이션 중지
⑬ 싱글 스텝 시뮬레이션
⑭ 시뮬레이션 일지 정지
⑮ 시뮬레이션 시작

(3) 드로잉 윈도우(Drawing Window)

드로잉 윈도우는 회로도를 그리는 영역이다. 부품 팔레트에서 부품을 선택한 다음 드로잉 윈도우에 배치하고 신호선(wire)으로 연결하여 회로도를 그린다. 마우스 오른쪽 버튼으로 부품을 클릭하면 부품을 조작할 수 있는 팝업 메뉴를 호출할 수 있다.

그림 B-9는 회로도가 그려진 드로잉 윈도우이다.

그림 B-9 드로잉 윈도우

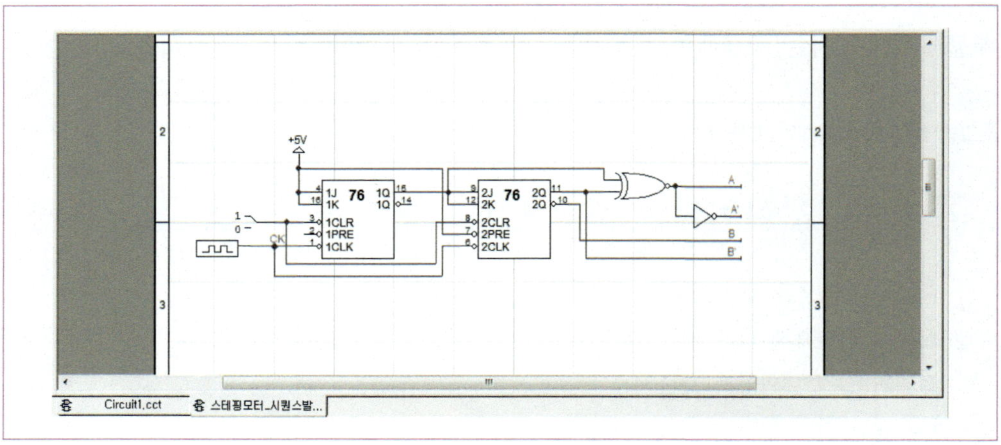

(4) 타이밍 윈도우(Timing Window)

회로도를 작성하고 회로를 시뮬레이션하면 시간에 따른 신호의 파형이 타이밍 윈도우에 표시된다. 타이밍 윈도우에 표시되는 신호는 드로잉 윈도우에서 지정된다. 타이밍 윈도우를 닫더라도 디자인 파일이 닫히는 것은 아니다. 그림 B-10은 타이밍 윈도우의 구성을 나타낸 것이다.

그림 B-10 타이밍 윈도우

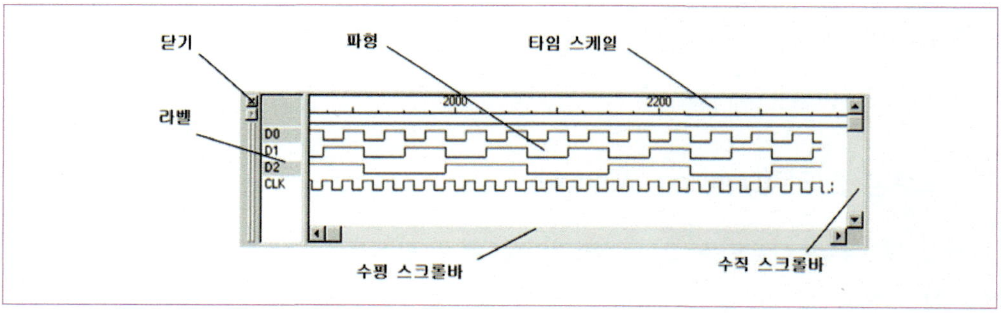

타이밍 윈도우에 표시된 신호를 마우스 왼쪽 버튼으로 클릭한 채 끌어 옮기면 위 아래 위치를 바꿀 수 있다. 또한 타이밍 윈도우에서 마우스의 왼쪽 버튼을 클릭한 채로 원하는 간격만큼 끌면 타이밍 다이어그램의 일부분을 선택할 수 있다. 신호의 파형 부분을 마우스의 오른쪽 버튼으로 클릭하면 타이밍 다이어그램을 조작할 수 있는 팝업 메뉴를 호출할 수 있다. 신호 라벨 부분을 오른쪽 버튼으로 클릭하면 신호를 추가하거나 제거하는 팝업 메뉴가 호출된다.

(5) 부품 팔레트(Parts Palette)

부품 팔레트는 사용자가 드로잉 윈도우에 배치할 부품을 선택하는 영역이다. 기본적으로 드로잉 윈도우 오른쪽에 위치하지만 부품 팔레트 위쪽의 이중 띠 모양의 타이틀 바를 마우스 왼쪽 버튼으로 클릭하고 다른 위치로 끌고 가면 위치를 바꿀 수 있다.

부품 팔레트는 여러 개의 부품 라이브러리 그룹을 포함하고 있다. 라이브러리를 선택하고 해당되는 라이브러리에 속하는 부품 이름을 더블클릭하면 부품이 선택된다. 라이브러리 파일은 .CLF 확장자를 가지고 있는데, 로직웍스에는 다음과 같은 라이브러리 그룹이 있다. 라이브러리 창에서 라이브러리를 선택하면 해당 라이브러리에 들어 있는 부품목록이 디바이스 창에 나타난다.

(a) 7400.CLF
(b) Connectors.CLF
(c) Discretes.CLF
(d) Pseudo Devices.CLF
(e) Simulation Gates.CLF
(f) Simulation IO.CLF
(g) Simulation Logic. CLF
(h) Spice.CLF

부품 팔레트의 디바이스 창에서 배치할 부품을 선택하면 그림 B-11과 같이 부품의 모양이 Preview 영역에 표시된다. 선택된 부품을 드로잉 윈도우에 배치하여 회로도를 그린다.

▌그림 B-11▌ 부품 팔레트

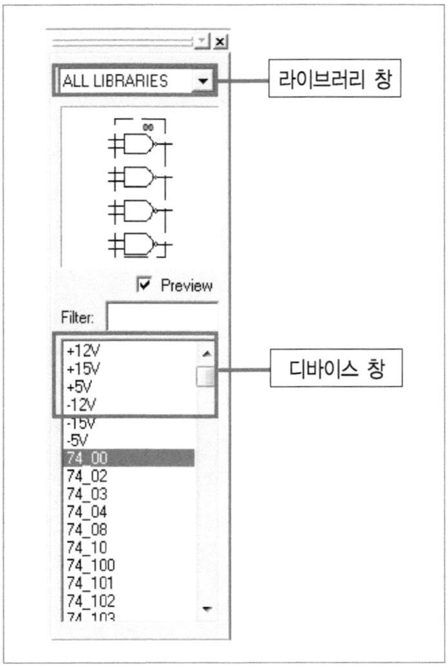

APPENDIX B

B.4 조합 논리회로의 입력과 시뮬레이션

로직웍스를 이용하여 조합 논리회로를 입력하고 시뮬레이션하는 방법을 설명한다. 여기서는 AND 게이트를 입력하고 게이트의 입력에 따른 출력을 시뮬레이션해 보기로 한다.

(1) 로직웍스를 실행하고 [File] – [New] – [Circuit] – [확인]을 차례로 클릭한다.

▌그림 B-12▌ 새로 만들기

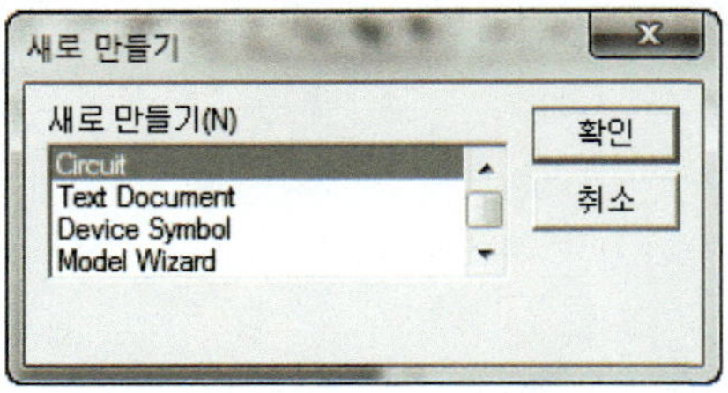

(2) 부품 배치하기

① 우측 상단의 라이브러리 창에서 [Simulation Gates.CLF]를 선택하고 디바이스 창에서 [AND-2]를 더블 클릭한다. [AND-2]는 2-입력 AND 게이트이다.

▌그림 B-13▌ 부품 선택

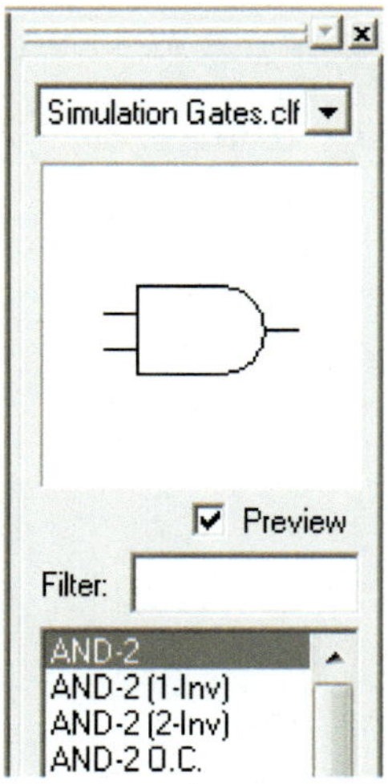

② 부품을 드로잉 윈도우의 적절한 위치에 놓고 왼쪽 버튼을 클릭하여 배치한다. 반복하려면 다른 위치를 선택하고 다시 왼쪽 버튼을 클릭한다. 종료하려면 [ESC] 키를 누른다.

그림 B-14 AND 게이트 배치

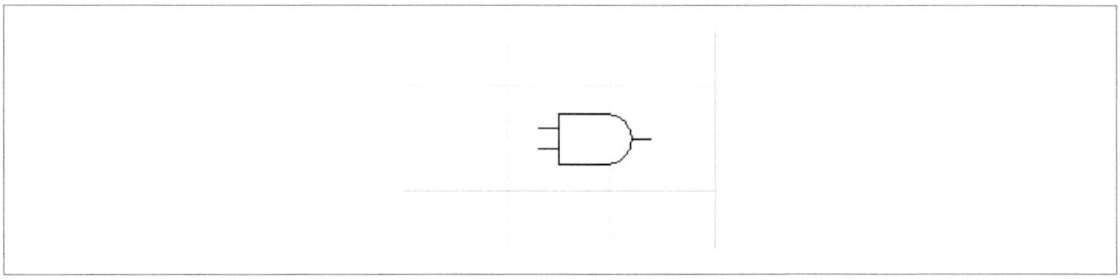

③ 라이브러리 창에서 [Simulation IO.CLF]를 선택하고 디바이스 창에서 [Binary Switch] 선택하여 AND 게이트 입력 쪽에 배치한다. [Binary Switch]는 이진 입력을 설정하기 위한 입력 스위치이다.

그림 B-15 [Binary Switch]의 배치

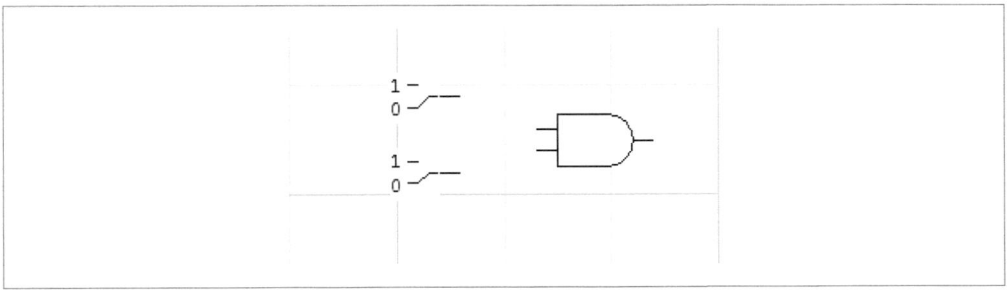

④ 디바이스 창에서 [Binary Probe]를 선택하여 논리 값을 확인하고 싶은 위치에 배치한다. [Binary Probe]는 신호의 논리 값을 표시하는 출력도구이다.

그림 B-16 [Binary Probe]의 배치

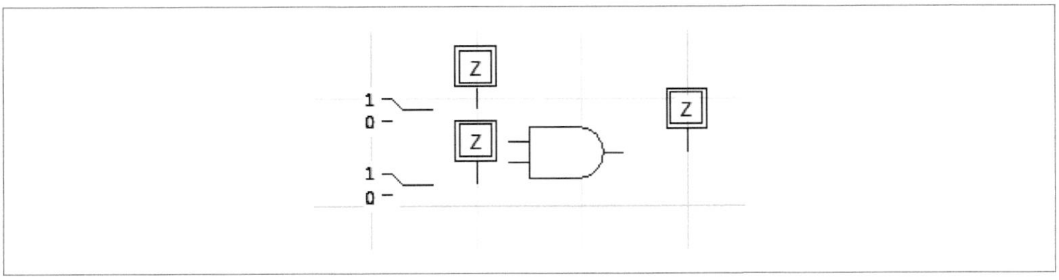

(3) 결선하기

AND 게이트의 출력을 왼쪽 버튼으로 누른 채 오른쪽에 있는 [Binary Probe]까지 끌어 오면 신호선이 연결된다. 같은 방법으로 그림 B-17과 같이 [Binary Switch]의 출력을 AND 게이트의 입력과 연결한다. AND 게이트의 출력은 [Binary Probe]에 연결한다. 이와 같이 연결하면 신호의 값이 [Binary Probe]에 실시간으로 표시된다.

▌그림 B-17▌ 결선하기

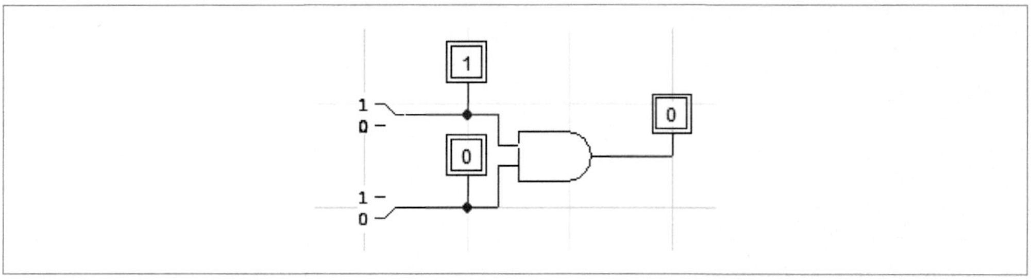

(4) 신호에 라벨 붙이기

드로잉 툴바에서 텍스트(또는 네이밍) 아이콘을 선택한다. 아이콘이 연필 모양으로 바뀌면 라벨을 붙일 신호(주황색)를 클릭하고 라벨을 입력한다. 신호에 붙인 라벨은 분홍색으로 표시된다. 라벨이 붙은 신호가 타이밍 윈도우에 표시된다.

▌그림 B-18▌ 라벨 붙이기

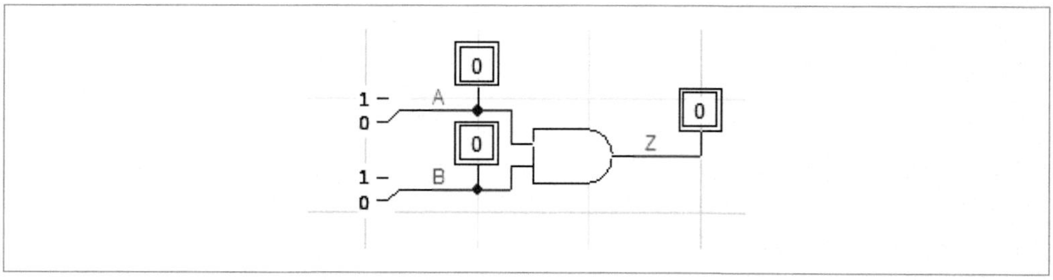

(5) 시뮬레이션 하기

[Binary Switch]를 한번 클릭할 때마다 스위치의 논리값이 변한다. 신호에 [Binary Probe]가 연결되어 있으면 신호의 값이 [Binary Probe]에 표시된다. A, B 스위치 입력을 바꾸면서 출력(Z)값을 표 B-1에 기록한다.

표 B-1 | AND 게이트 시뮬레이션 결과

입력		출력
A	B	Z

예제 B-1

그림 B-19와 같은 이진코드를 3초과 코드로 변환하는 코드변환기 회로를 시뮬레이션하라.

그림 B-19 이진-3초과 코드 변환기

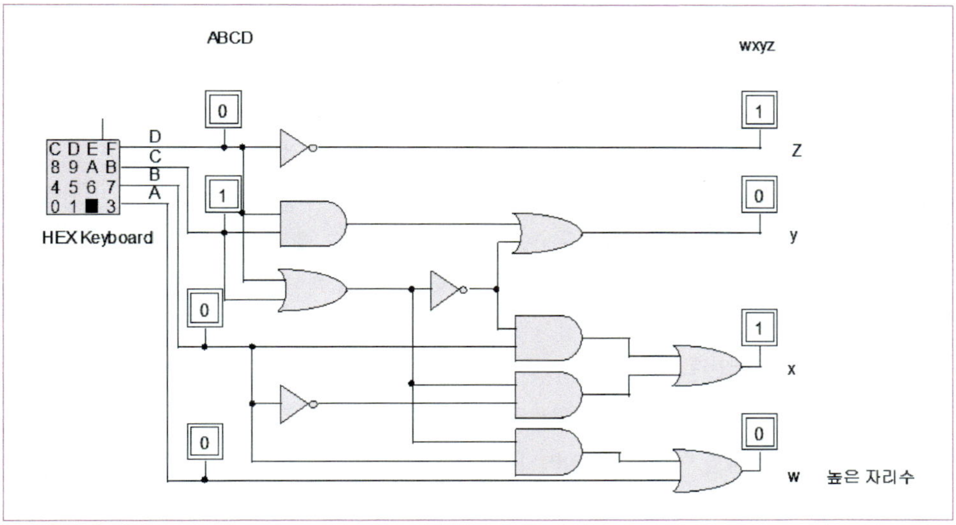

풀이

이 예제에서는 이진 코드를 입력하기 위해 바이너리 스위치 대신 HEX 키보드를 이용해 보자. 다음과 같은 순서로 시뮬레이션을 진행한다.

① 그림 B-19의 변환기 회로를 입력한다. HEX 키보드를 선택하기 위해 부품 팔레트의 “Filter” 창에 “Hex Keyboard”를 입력한다.

② 회로도의 입력이 완료되면 시뮬레이션 툴바의 실행 버튼 을 클릭한다.

③ HEX 키보드에서 5를 선택했을 때, ABCD=0101이고 wxyz=1000인지 확인한다.

④ HEX 키보드에서 다른 값을 선택하고 선택된 값의 이진값이 ABCD에 표시되고 여기에 3을 더한 값이 wxyz에 나타나는지 확인한다.

예제 B-2

그림 B-20의 7447 7-세그먼트 드라이버와 7-세그먼트 회로를 시뮬레이션하라.

▌그림 B-20▌ 7447과 7-세그먼트 LED

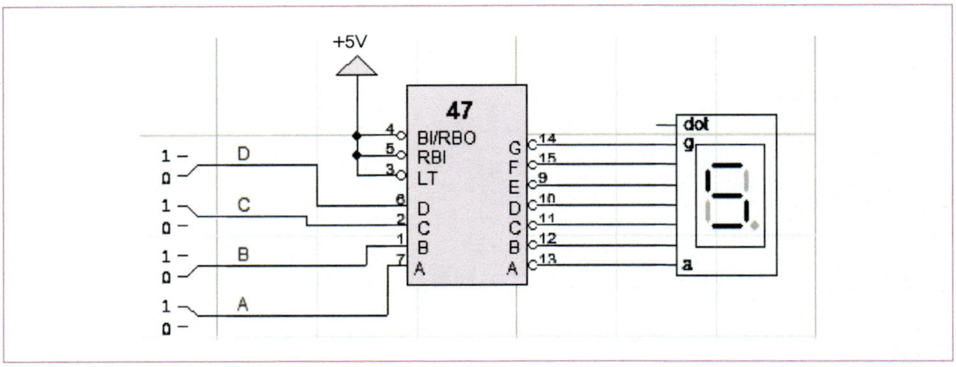

풀이

이 예제에서는 74시리즈 소자와 7-세그먼트 LED의 명칭을 파악하고 회로에서 이용해 보자. 다음과 같은 순서로 부품을 배치하고 시뮬레이션을 수행한다.

① 스위치 A, B, C, D를 배치한다.
② 7-세그먼트 LED와 7447을 배치한다. 7-세그먼트 LED는 부품 팔레트의 "Filter" 창에 "7-Seg Disp"를 입력하면 선택할 수 있다. 7447은 "74_47"을 입력하여 선택한다.
③ 접지를 배치한다. 접지 심볼은 "Filter" 창에 "GND"를 입력하여 선택한다.
④ 배선을 연결한다
⑤ 신호에 라벨을 붙인다.
⑥ 회로도 입력이 완료되면 시뮬레이션 툴바의 실행 버튼 을 클릭한다.
⑦ A, B, C, D 스위치를 이용하여 0000~1111까지 입력했을 때 7-세그먼트 LED에 0~F까지의 숫자가 표시되는지 확인한다.

예제 B-3

7483 두 개를 이용하여 8비트 전가산기를 설계하고 시뮬레이션 하라.

풀이

7483은 4비트 전가산기이다. 따라서 7483 두 개를 사용하면 8비트 전가산기를 구성할 수 있다. 8비트를 하위 4비트와 상위 4비트로 구분하여 하위 4비트 전가산기에서 발생하는 캐리를 상위 4비트 가산기에 연결하면 8비트 덧셈 연산을 할 수 있다.

그림 B-21과 같이 회로를 구성한다. 이 때 4비트 입력은 Hex 키보드를 이용하고 4비트 덧셈 결과는 Hex Display를 이용하여 표시한다. 그림 B-21에서 보면 하위 4비트 가산기에 A와 9가 입력된다. 따라서 합은 3이 되고 캐리가 발생한다. 상위 4비트에서는 6과 0의 합에 캐리가 더해지므로 합은 7이 된다.

▌그림 B-21▐ 8비트 전가산기

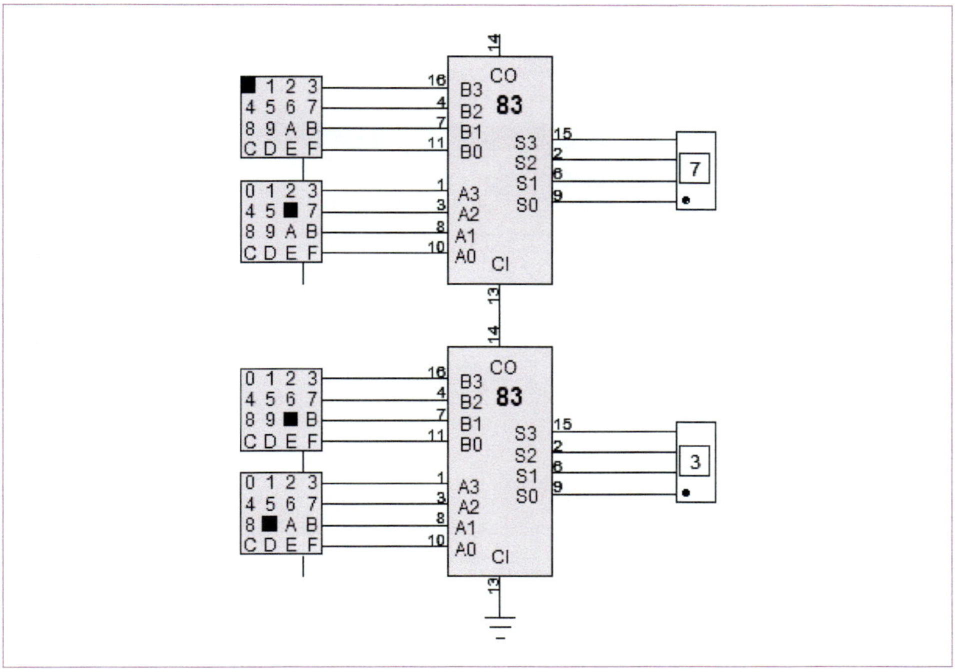

예제 B-4

74138 디코더의 동작을 클럭(Clock)을 이용하여 시뮬레이션 하라.

풀이

74138의 선택신호 A, B, C에는 독립된 클럭을 연결하되 A 클럭은 (25,25), B 클럭은 (50,50), C 클럭은 (100,100)으로 설정한다. (25, 25)는 클럭의 ON 시간과 OFF 시간을 나타내는 데, 자세한 것은 B.5절의 "회로도 입력과 부품 속성 지정"을 참조하라.

시뮬레이션을 위한 트리거 조건을 그림 B-22와 같이 설정한다. 트리거 조건 설정은 B.5절의 "시뮬레이션 하기"를 참조하라.

▌그림 B-22▐ 트리거를 이용한 시뮬레이션 설정

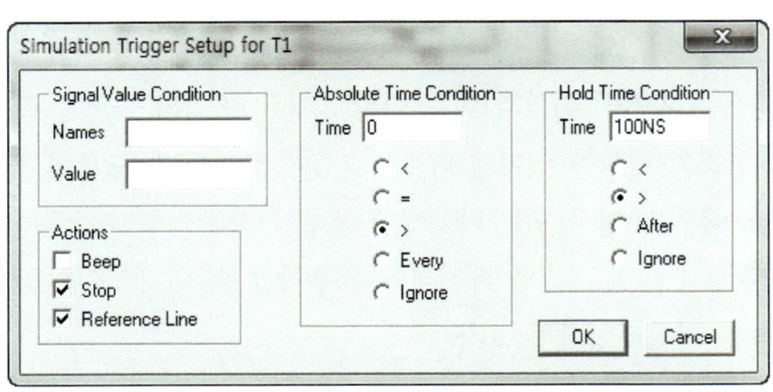

시뮬레이션 실행 버튼을 한 번 누를 때마다 100NS씩 시뮬레이션이 실행되며 그림 B-23과 같은 결과를 얻을 수 있다.

▌그림 B-23▌ 74138 디코더 시뮬레이션 결과

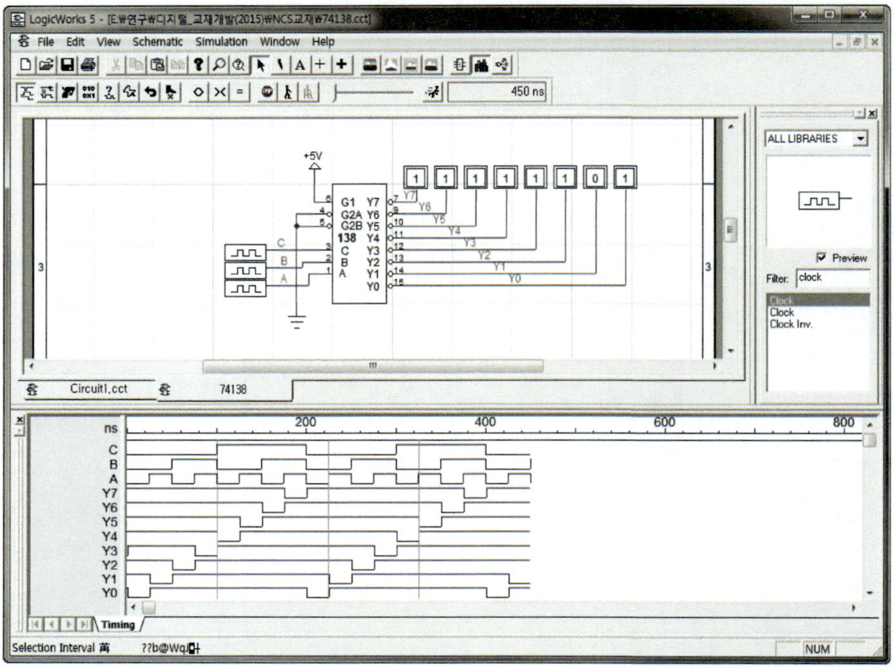

그림 B-23에서 C=B=A=0일 때는 Y0 출력이 0이 되고, C=1, B=A=0이면 Y4 출력이 0이 됨을 알 수 있다. 따라서 C, B, A에 대응하는 출력이 0이 된다.

B.5 순차 논리회로의 입력과 시뮬레이션

조합 논리회로와 달리 순차 논리회로를 시뮬레이션하기 위해서는 타이밍 다이어그램을 이해하는 것이 중요하다. 조합 논리회로에서는 현재의 입력과 출력만 확인하면 되지만, 순차 논리회로에서는 과거의 입력과 이로 인한 상태의 변화와 출력을 확인해야 한다. 시간 경과에 따른 신호의 변화는 타이밍 다이어그램에 표시된다. 드로잉 윈도우에 그린 회로에 신호 이름을 붙이면 이 신호는 타이밍 윈도우에 자동으로 추가된다. 필요하면 나중에 타이밍 윈도우에서 직접 신호를 제거하거나 추가할 수 있다. 그림 B-24와 같은 순차 논리회로의 동작을 시뮬레이션해 보자.

▌그림 B-24▌ JK 플립플롭으로 구성된 순차 논리회로

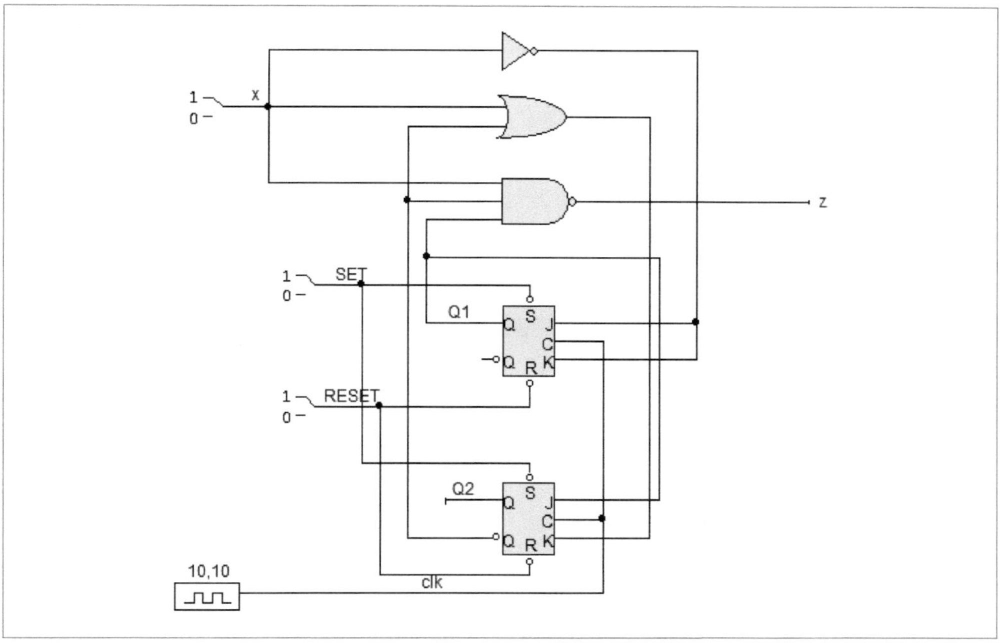

(1) 회로도 입력과 부품 속성 지정

먼저 드로잉 윈도우에 부품을 배치하고 신호를 연결한다. 그림 B-24에서 사용된 JK 플립플롭은 부품 팔레트의 "Filter" 창에 "JK Flip Flop"을 입력하면 선택할 수 있다. 플립플롭에 필요한 클럭 신호는 "Filter" 창에 "Clock"을 입력하여 선택한다. 그림 B-24에서 클럭의 ON 타임=10ns, OFF 타임=10ns로 표시되어 있다. 클럭 신호의 ON/OFF 타임을 결정하기 위해서는 클럭을 마우스의 오른쪽 버튼으로 클릭한다. 이때 그림 B-25와 같은 팝업 메뉴가 나타난다.

▌그림 B-25▌ 부품 팝업 메뉴

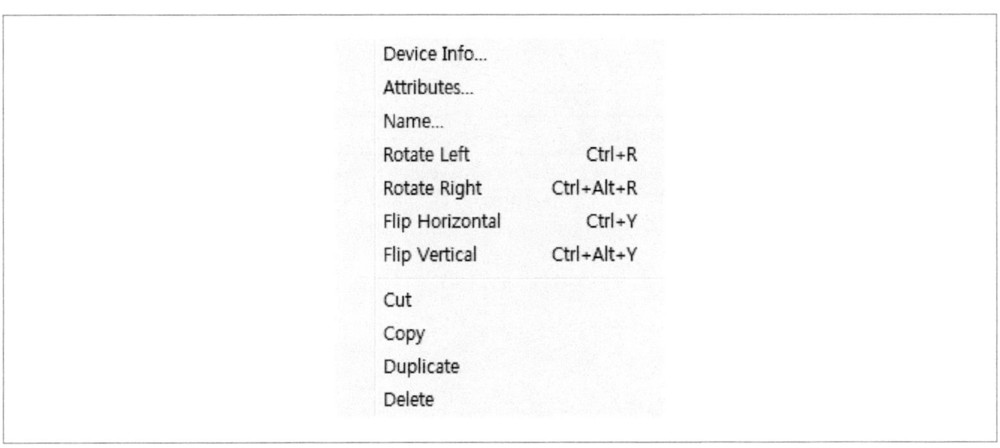

이 팝업 메뉴에서 "Attributes"를 선택하면 그림 B-26과 같은 부품 속성을 지정할 수 있는 창이 나타난다. 이 창에서 "Delay Dev"를 선택하고 아래 창에 클럭의 ON 타임과 OFF 타임을 10ns로 설정하기 위해 "10,10"을 입력하고 "Visible"을 체크한다. "Visible"을 체크해 두면 ON/OFF 타임이 드로잉 윈도우에 나타난다.

▌그림 B-26▐ 부품 속성 창

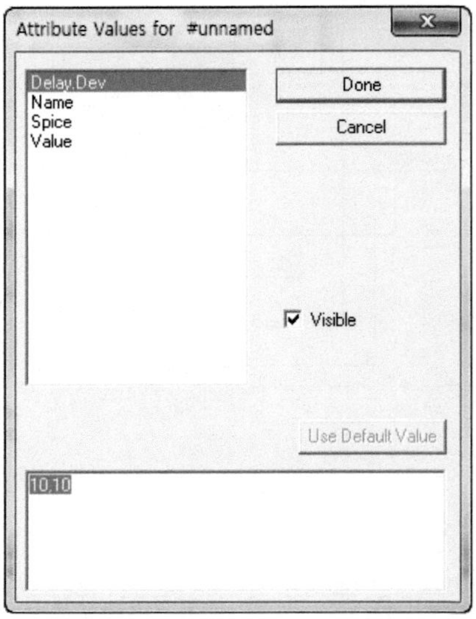

(2) 시뮬레이션 하기

그림 B-24에서 SET과 RESET 스위치는 플립플롭의 초기값을 설정하기 위한 것이다. SET=1로 하고 RESET=0으로 한 번만 설정하면 플립플롭의 출력이 모두 0으로 클리어 된다. 일반적인 동작을 위해서는 한 번만 클리어 시킨 후에 SET과 RESET을 모두 1로 설정해야 한다.

▌그림 B-27▐ 트리거 설정

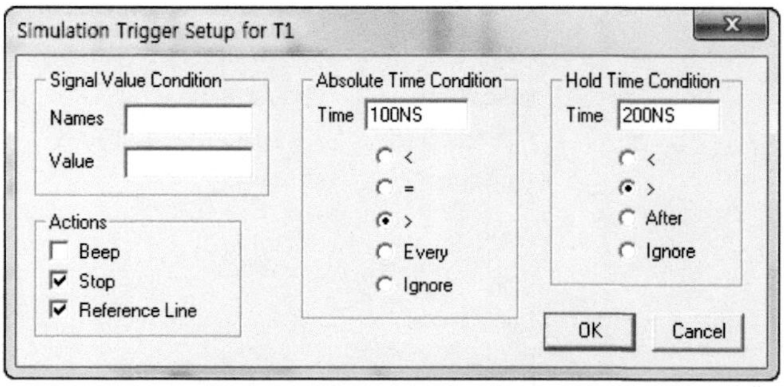

회로를 모두 입력하고 시뮬레이션 실행 버튼 을 누르면 타이밍 윈도우 창에 파형이 나타난다. 그러나 신호가 빠르게 지나가기 때문에 눈으로 확인하기 어렵다. 이 문제를 해결하기 위해 시뮬레이션 실행 버튼을 클릭하면 일정 시간동안만 시뮬레이션을 진행하도록 트리거를 설정한다.

트리거를 설정하려면 트리거 툴 을 클릭하여 그림 B-27과 같은 대화상자를 호출한다. 이 그림에서 Signal Value Condition과 Time Condition이 모두 충족될 때 지정된 Actions이 수행된다. 예를 들어, 그림 B-27과 같이 Actions 항목에서 "Stop"과 "Reference Line"에 체크를 하고 Absolute Time=100ns, Hold Time=200ns로 설정해 보자. 시뮬레이션을 시작하여 시뮬레이션 시간이 Absolute time(100ns)보다 커지면 Hold Time(200ns) 만큼 더 시뮬레이션 한 후에 지정된 Action 실행된다. 따라서 처음 100ns 동안 시뮬레이션이 진행되다가 100ns가 지나면 Hold Time(200ns) 만큼 더 시뮬레이션이 진행된 다음 중지된다. 다시 실행 버튼을 클릭하면 Hold Time(200ns) 동안 실행되고 실행이 멈춘다. 이 때 그림 B-28에 표시된 바와 같이 Hold Time(200ns) 마다 수직 참조선(reference line)이 다이어그램에 표시된다.

▌그림 B-28 ▌ 시뮬레이션 회로와 타이밍 다이어그램

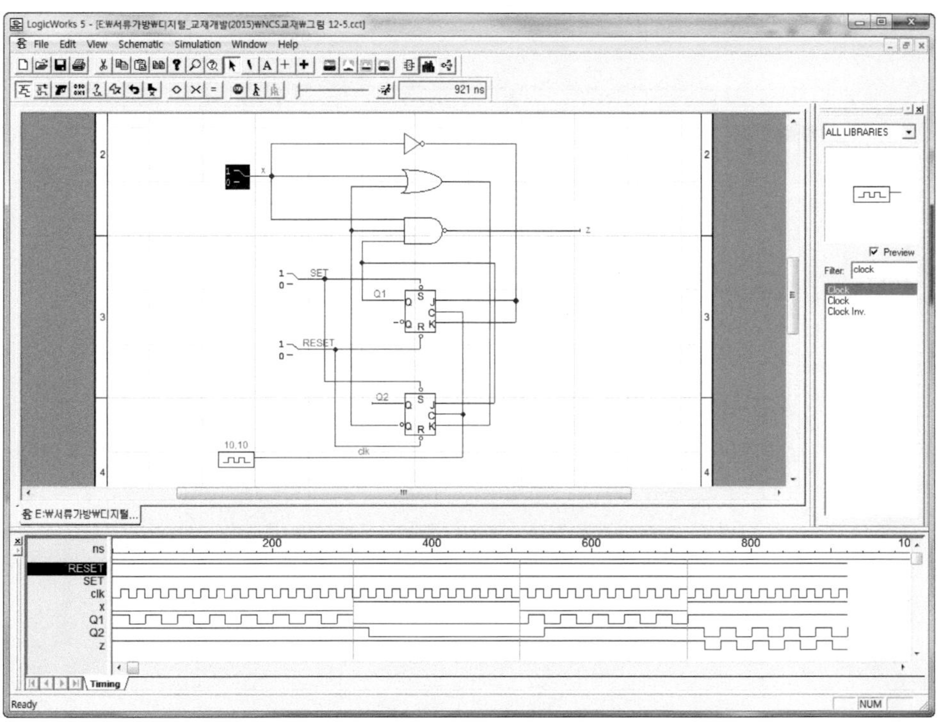

만약 처음 800ns 동안만 시뮬레이션 하려면 Absolute Time=800ns, Hold Time은 "Ignore"로 설정하고 시뮬레이션을 실행하면 800ns 동안만 실행하고 멈춘다. 다시 실행 버튼을 클릭하면 연속적으로 실행이 진행된다.

입력 x 를 바꾸어가며 시뮬레이션을 진행하려면 스위치 x 를 <Shft + 좌클릭>한 다음(역상으로 표시됨), 스위치를 한 번 클릭하고 실행하면 스위치 x 의 값이 바뀌어 시뮬레이션된다. 스위치 값은 스위치를 클릭할 때 변하지 않고 실행 버튼을 클릭할 때 변한다.

(3) 싱글 스텝 시뮬레이션

트리거를 설정하여 일정 시간 동안만 시뮬레이션을 할 수 있지만 클럭이 하나 입력될 때마다 신호의 변화를 살펴보려면 싱글 스텝 시뮬레이션 기능을 이용하는 것이 편리하다.

실행 버튼 대신 싱글스텝 버튼 을 클릭하면 싱글스텝 버튼을 누를 때마다 그림 B-29에 표시된 바와 같이 클럭이 하나씩 진행하면서 신호가 어떻게 변하는지 타이밍 윈도우에 나타난다. 시뮬레이션을 다시 시작하려면 시뮬레이션 리셋 버튼 을 클릭한다.

▌그림 B-29▌ 싱글 스텝 시뮬레이션

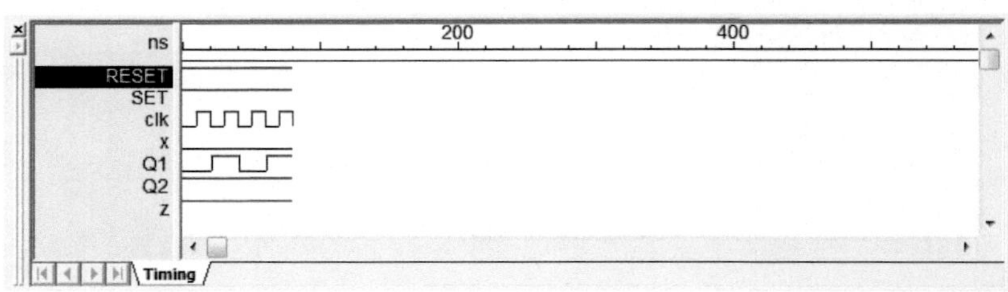

앞에서 설명한 바와 같이 입력 x 의 값을 바꾸어가면서 싱글 스텝 시뮬레이션을 진행하려면 스위치 x를 <Shft + 좌클릭>하여 역상으로 표시한 다음, 스위치를 한번 클릭하고 싱글스텝 버튼을 클릭하면 된다.

예제 B-5

다음과 같은 10진 비동기 카운터를 시뮬레이션하라. 단 100ns 단위로 시뮬레이션을 진행하고 수직 참조선이 표시되도록 하라.

그림 B-30 비동기 카운터 회로

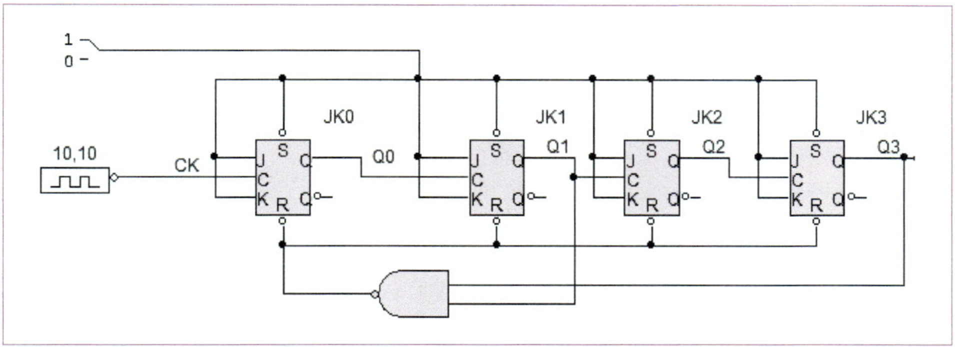

풀이

그림 B-30과 같이 회로도를 입력하고 트리거를 그림 B-31과 같이 설정한다.

그림 B-31 트리거 설정

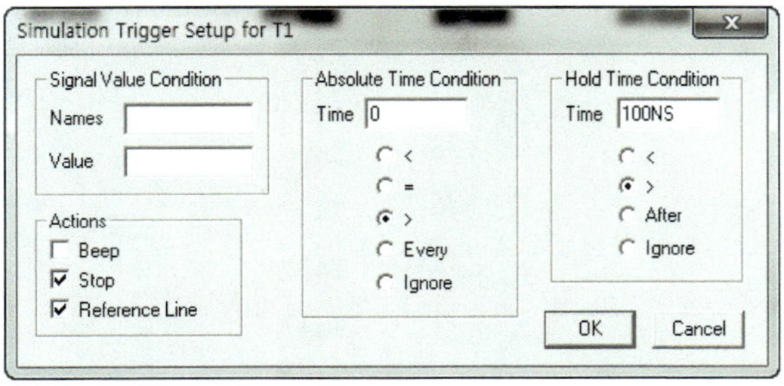

Absolute Time=0이므로 초기 시뮬레이션 시간은 없다. Hold Time=100ns이므로 실행 버튼을 클릭할 때마다 100ns씩 시뮬레이션하고 수직선을 표시한다.

그림 B-31은 시뮬레이션한 결과이다. 카운터 출력이 1010이 되면 모든 플립플롭이 리셋되어 다시 출력이 0000이 되는 것을 알 수 있다. 따라서 이 회로는 10진 카운터이다. 출력이 1010이 되는 순간 시간 지연에 의해 작은 글리치가 생기는 것을 볼 수 있다.

그림 B-32 비동기 카운터 시뮬레이션 결과

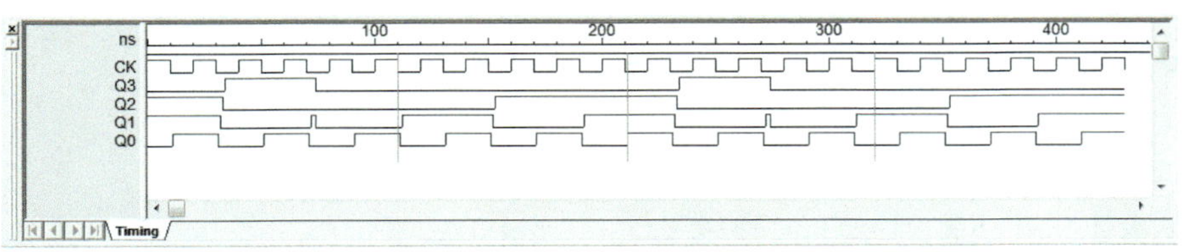

INDEX

O

P

Q

R

S

T

X

ㄱ

ㄴ

INDEX

ㅇ

ㅈ

저자약력

서열규

- 서울대학교 전기공학과 졸업
- KAIST 전기 및 전자공학과 공학석사
- KAIST 정보 및 통신공학과 공학박사
- 대우통신 컴퓨터 개발부 책임연구원
- 현) 동양미래대학교 자동화공학과 교수

오수환

- 서울대학교 제어계측공학과 졸업
- 서울대학교 제어계측공학과 공학석사
- 삼선전자 OA 연구실 선임연구원
- 현) 동양미래대학교 자동화공학과 교수

디지털 논리회로 설계 3판

발 행 일 • 2020년 2월 10일 3판 1쇄 발행
• 2022년 2월 10일 3판 2쇄 발행

저 자 • 서열규 · 오수환
발 행 자 • 최 봉 조
발 행 처 • 진샘미디어
주 소 • 서울시 은평구 연서로 5길 28 부호아파트 102동 상가5호
전 화 • 02)353-4421 / FAX 02)353-4431
홈페이지 • www.jinsaem.co.kr

신고번호 • 제311-2005-000025호
I S B N • 979-11-88791-31-6 93560

정가 26,000원